强制性条文速查系列手册

建筑施工强制性条文 速 查 手 册

（第三版）

闫军　主编

中国建筑工业出版社

图书在版编目（CIP）数据

建筑施工强制性条文速查手册／闫军主编. — 3 版
. — 北京：中国建筑工业出版社，2023.5
（强制性条文速查系列手册）
ISBN 978-7-112-28655-3

Ⅰ．①建… Ⅱ．①闫… Ⅲ．①建筑施工－建筑规范－
中国－手册 Ⅳ．①TU711-65

中国国家版本馆 CIP 数据核字（2023）第 069261 号

责任编辑：郭栋
责任校对：董楠

强制性条文速查系列手册
建筑施工强制性条文速查手册
（第三版）
闫军　主编
＊
中国建筑工业出版社出版、发行（北京海淀三里河路 9 号）
各地新华书店、建筑书店经销
北京红光制版公司制版
建工社（河北）印刷有限公司印刷
＊
开本：850 毫米×1168 毫米　1/32　印张：21⅛　字数：582 千字
2023 年 6 月第三版　　2023 年 6 月第一次印刷
定价：**89.00** 元
ISBN 978-7-112-28655-3
（41070）

本书根据最新的通用规范和项目规范编写。共收录建筑施工与安装相关规范数百本，强制性条文千余条。全书共分十篇。第一篇测量；第二篇施工与安装；第三篇验收；第四篇安全；第五篇技术，包括地下工程、模板与脚手架工程、幕墙与门窗工程、防雷、遮阳、保温供暖空调通风、地基基础等；第六篇建筑材料与环境保护；第七篇检查检测与鉴定加固；第八篇电气与智能；第九篇消防；第十篇造价。

　　本书供施工、监理、安全、材料、造价、施工图审查人员使用，并可供建筑人员、结构人员、注册考生、大中专院校师生学习参考。

第三版前言

由于最新的通用规范、项目规范等对本书的影响很大，故本书适时进行了再版更新。

通用规范、项目规范是住房和城乡建设部工程建设规范最新的改革发展研究成果，与国际接轨。强制性工程建设规范体系覆盖工程建设领域各类建设工程项目，分为工程项目类规范（简称项目规范）和通用技术类规范（简称通用规范）两种类型。项目规范以工程建设项目整体为对象，以项目的规模、布局、功能、性能和关键技术措施五大要素为主要内容。通用规范以实现工程建设项目功能性能要求的各专业通用技术为对象，以勘察、设计、施工、维修、养护等通用技术要求为主要内容。在全文强制性工程建设规范体系中，项目规范为主干，通用规范是对各类项目共性的、通用的专业性关键技术措施的规定。

《工程建设强制性条文》是工程建设过程中的强制性技术规定，是参与建设活动各方执行工程建设强制性标准的依据。执行《工程建设强制性条文》既是贯彻落实《建设工程质量管理条例》的重要内容，又是从技术上确保建设工程质量的关键。强制性条文的正确实施，对促进房屋建筑活动健康发展，保证工程质量、安全，提高投资效益、社会效益和环境效益都具有重要的意义。

强制性条文的内容，摘自工程建设强制性标准，主要涉及人民生命财产安全、人身健康、环境保护和其他公众利益。强制性条文的内容是工程建设过程中各方必须遵守的。按照建设部第81号令《实施工程建设强制性标准监督规定》，施工单位违反强制性条文，除责令整改外，还要处以工程合同价款2%以上4%以下的罚款。勘察、设计单位违反工程建设强制性标准进行勘察、设计的，责令改正，并处以10万元以上30万元以下的罚款。

新的"强制性条文速查系列手册"包括：

➤ 建筑设计强制性条文速查手册（第四版）

➤ 建筑施工强制性条文速查手册（第三版）

➤ 水暖电强制性条文速查手册

本书收集了通用规范、项目规范及分布于其他规范的零散强制性条文，方便读者快速查询。第三版更新加入了安装强制性条文的内容。

为保证强制性条文文本阐述含义的完整性和消除读者阅读障碍，以个别文字附上相关非强制性条文且用楷体标识，请读者留意。

本书由闫军主编，李瑶、张爱洁副主编。

目　录

第一篇　测　量

第二篇　施工与安装

第四篇　安　全

第五篇　技　术

第六篇　建筑材料与环境保护

第九篇　消　防

第十篇 造 价

第一篇　测　　量

一、《工程测量通用规范》GB 55018—2021

1 总则

1.0.1 为在工程建设中保障生命和财产安全、公共安全、生态环境安全，满足经济社会管理基本需要，规范工程测量基本要求，依据国家有关法律法规，制定本规范。

1.0.2 工程测量必须执行本规范。

1.0.3 工程建设所采用的技术方法和措施是否符合本规范要求，由相关责任主体判定。其中，创新性的技术方法和措施，应进行论证并符合本规范中有关技术指标的要求。

2 基本规定

2.1 测量基准

2.1.1 工程测量空间基准应符合下列规定：

　　1 大地坐标系统应采用 2000 国家大地坐标系；当确有必要采用其他坐标系统时，应与 2000 国家大地坐标系建立联系。

　　2 高程基准应采用 1985 国家高程基准；当确有必要采用其他高程基准时，应与 1985 国家高程基准建立联系。

　　3 深度基准在沿岸海域应采用理论最低潮位面，在内陆水域应采用设计水位。深度基准和高程基准之间应建立联系。

　　4 重力基准应采用 2000 国家重力基本网。

2.1.2 工程测量时间系统应采用公历纪元和北京时间。

2.1.3 对同一工程的地上地下测量、隧道洞内洞外测量、水域陆地测量，应采用统一的空间基准和时间系统。对同一工程的不同区段测量或不同期测量，应采用或转换为统一的空间基准和时间系统。

2.2 测量精度

2.2.1 工程测量应采用中误差作为精度衡量指标，并应以 2 倍中误差作为极限误差。

2.2.2 工程测量项目实施中应对成果实际精度进行评定或检测，并应符合下列规定：

    1 精度评定应通过测量平差计算所需的平面坐标、高程或其他几何量的中误差。

    2 精度检测应使用高精度或同精度检测方法，并应利用检测数据与原测量数据间的较差计算所需的平面坐标、高程或其他几何量的中误差。

    3 当精度评定或精度检测获得的中误差不大于项目技术设计或所用技术标准规定的相应中误差时，应判定成果精度为符合要求；否则，应判定成果精度不符合要求，并应按本规范第 2.3.4 条第 4 款的规定处理。

2.3 测量过程

2.3.1 工程测量任务实施前，应进行项目技术设计，并形成项目技术设计书或测量任务单。项目技术设计应符合下列规定：

    1 应根据项目合同及其约定的技术标准，确定项目任务以及成果的内容、形式、规格、精度和其他质量要求。

    2 应确定项目实施所用技术标准、作业方法、仪器设备、软件系统以及质量控制要求。

    3 应优先利用已有控制测量成果。已有控制点使用前，应对其点位及平面坐标、高程进行检查校核。

2.3.2 工程测量所用仪器设备和软件系统应符合下列规定：

    1 需计量检定的仪器设备，应按有关技术标准规定进行检定，并应在检定的有效期内使用。

    2 仪器设备应进行校准或检验。当仪器设备发生异常时，应停止测量。

3 软件系统应通过测评或试验验证。

2.3.3 工程测量过程应进行质量控制，并应符合下列规定：

1 观测作业和平差计算应采用项目技术设计或所用技术标准规定的方法。

2 原始观测数据应现场记录，并应安全可靠地存储。原始观测数据不得修改。

3 对观测数据应进行检查校核和平差计算，并应对存在的粗差和系统误差进行处理。当观测限差或所需中误差超出项目技术设计或所用技术标准的规定时，应立即返工处理。

4 当前一工序成果未达到规定的质量要求时，不得转入下一工序。

5 当项目技术设计内容发生变更时，应按原审定方式审定。

2.3.4 工程测量成果的质量检查、验收应符合下列规定：

1 项目承担方应实行过程检查和最终检查的二级检查制度。最终检查不合格的，成果不得交付和验收。

2 项目合同规定需要进行成果验收时，验收应由项目委托方或其委托的机构进行。验收不合格的，成果不得使用。

3 当出现下列情形之一时，应判定成果不合格：

　　1）控制点和变形监测的基准点、监测点设置不符合项目技术设计或所用技术标准的规定；

　　2）所用仪器设备不满足项目技术设计或所用技术标准规定的精度要求，或未经检定，或未在检定有效期内使用；

　　3）成果精度不满足项目技术设计或所用技术标准的规定；

　　4）原始观测数据不真实；

　　5）成果出现重大错漏。

4 当质量检查、验收不合格时，应退回整改。整改后的成果，应按与原成果相同的质量检查、验收方式进行重新检查、验收。

5 质量检查、验收应保留记录。

2.4 测量成果

2.4.1 工程测量成果应符合下列规定：

1 成果的内容、形式、规格、精度和其他质量要求等应符合项目技术设计或所用技术标准的规定。

2 对数字形式的成果，应采用可共享、可交换的开放数据格式存储。

3 应编制项目技术报告。项目技术报告应完整准确地描述工程测量项目的基本情况、技术质量要求、作业方法、实施过程、质量管理措施和成果实际达到的技术质量指标等。

2.4.2 工程测量成果管理应符合下列规定：

1 应设置可识别、可追溯的标识。

2 应按专业档案管理规定进行测量成果与资料的归档。

3 需要汇交的成果资料，应执行测绘成果汇交管理规定。

2.4.3 当采用数据库系统对工程测量成果进行管理时，应符合下列规定：

1 数据库系统应安全可靠。

2 入库前，应对数据内容的正确性和完整性进行检查。

3 入库后，应对数据库内容的完整性和逻辑一致性进行检查。

4 对建立的成果数据库，应进行可靠的数据备份及安全管理。

2.5 作业安全

2.5.1 工程测量作业应执行安全生产管理制度，避免作业人员受到伤害，仪器设备受到损毁。对大型或特殊工程测量项目，应建立安全生产应急预案，并应能针对突发事件有效实施。

2.5.2 工程测量现场作业应符合下列规定：

1 对禁止人员进入的安全管控区域、不具备安全作业条件的区域，严禁作业人员进入。

2 在道路、轨道交通、工业厂矿、施工工地及其他危险区域测量时，必须正确佩戴安全帽、警示服等安全防护用品。

3 在带电区域作业时，应使用绝缘性能良好的测量设备。作业人员应佩戴绝缘防护用品，与带电体的距离应满足最小安全距离要求。

4 在可能出现瓦斯气体的区域测量时，应使用防爆型测量仪器设备。

5 在远离城市、村镇、厂矿地区测量时，应有可靠的通信、交通等安全保障及应急救援措施。

2.5.3 水域测量应符合下列规定：

1 使用的船只应安全可靠。

2 必须配备救生装备。

3 应掌握测量区域的水流、礁石、险滩、沉船等情况。

4 当风浪危及船只和人员安全时，不得进行水上测量作业。

2.5.4 地下管线调查测量，或在狭窄地下空间进行其他测量，应符合下列规定：

1 在窨井口周围、狭窄地下空间入口处，应设置安全防护围栏，并应有专人看管。作业完毕，应立即盖好窨井盖或关好入口防护设施。

2 地下管线的开挖、调查，应在确保安全的情况下进行。电缆和燃气管道的开挖，应有权属单位指派的人员配合。

3 在井下作业或施放探头、电极导线时，严禁使用明火，并应进行有害、有毒及可燃气体的浓度测定，超标的管道应采取安全保护措施后作业。

4 严禁在氧气、燃气、乙炔等助燃、易燃、易爆管道上作充电点，进行直接法或充电法作业。严禁在塑料管道、燃气管道和高压电力管线使用钎探。

5 使用的探测仪器工作电压超过 36V 时，作业人员应使用绝缘防护用品。接地电极附近应设置明显警告标志，并应有专人看管。井下作业的探测设备外壳应接地。

　　6　在隧道、井巷贯通测量作业中，当相向工作面的警戒距离接近 20m 时，应立即报告工程施工方。

2.5.5　夜间现场测量，应在工作区域周边显著位置设置安全警示灯和临时地面安全导引墩标，作业人员应穿戴高可视警示服。

2.5.6　使用无人机等飞行器进行低空航摄，应符合下列规定：

　　1　无人机等飞行器应安全可靠。

　　2　飞行器飞行必须执行低空空域管理规定。

　　3　必须制定飞行器失控的应急预案，并应能针对应急事件立即启动实施。

2.5.7　对涉密工程进行测量时，应执行国家有关保密管理的规定。

3　控制测量

3.1　一般规定

3.1.1　平面控制网、高程控制网的等级应根据工程规模、控制网用途和精度要求确定，并应符合项目技术设计要求。

3.1.2　控制点的数量和分布应根据测量目的、工程规模和所测区域情况经设计确定。控制点应选在坚固稳定、便于观测、易于保护的位置，并应在其标志埋设稳固后使用。

3.1.3　控制测量应符合下列规定：

　　1　平面控制网的投影长度变形值不应大于 25mm/km；当有特殊要求时，应通过项目技术设计确定。

　　2　当同时进行陆地和水域测量时，应以陆地测量为主布设统一的控制网。

　　3　对相互接驳的工程，当分别建立控制网时，应通过联测确定不同控制网间的转换关系。

　　4　对隧道和其他地下工程，应实施地上地下联系测量，联系测量应有校核。

　　5　控制网应具有多余观测。

6 当需对控制网进行复测时，复测的精度不应低于原测量的精度。

3.1.4 当采用卫星定位测量方法进行平面控制测量时，应符合下列规定：

1 布设控制点时，应避开多路径及电磁环境的影响。

2 控制网基线平均长度、卫星高度截止角、有效观测卫星数、有效观测时段长度、位置精度因子、异步环闭合差、平差后最弱边相对中误差等技术指标应符合项目技术设计或所用技术标准的规定。

3.1.5 当采用水准测量方法进行高程控制测量时，应符合下列规定：

1 应布设成附合水准路线或闭合水准环。

2 水准线路长度、每千米高差偶然中误差、每千米高差全中误差、观测次数、往返测较差、附合或环线闭合差等技术指标应符合项目技术设计或所用技术标准的规定。

3 当需跨越超过 200m 的水域时，应采用构成闭合环的双水准路线过河方式。

3.1.6 当采用卫星定位测量方法进行高程控制测量时，应符合下列规定：

1 适用的等级应符合项目所用技术标准的规定。

2 应在高程异常模型或精化似大地水准面模型覆盖的区域内施测。高程异常模型或精化似大地水准面模型的精度应符合项目技术设计或所用技术标准的规定。

3 对测定的高程控制点成果应进行精度检测，检测点数不应少于 3 个。

3.1.7 控制测量的成果应包括控制网布设图、控制点平面坐标和高程成果表以及项目技术报告等。

3.2 现状测量的控制测量

3.2.1 现状测量的控制点应优先使用国家、地方各等级控制点。

3.2.2 当已有控制点不满足现状测量需要时,应利用国家、地方等级控制点作为起算点建立控制网。控制网起算点的等级和数量应符合项目技术设计或所用技术标准的规定。控制测量的具体技术要求应符合项目技术设计或所用技术标准的规定。

3.3 工程放样的控制测量

3.3.1 规划条件测设及核验时,应使用国家、地方等级控制点。当已有控制点不满足需要时,应进行控制点的加密。

3.3.2 工程施工控制网应符合下列规定:

1 平面坐标系应与工程的施工坐标系一致。

2 控制网应根据工程的类型、规模、布局、场地状况布设,控制点密度及分布应满足工程不同部位施工放样需要。

3 控制点的平面位置和高程中误差分别不应大于施工测量平面位置和高程中误差的 1/3。

4 工程施工过程中,应根据施工周期、地形及环境变化情况等对控制网进行复测。

3.3.3 隧道或其他地下工程施工控制测量应符合下列规定:

1 应根据两开挖洞口间的长度、贯通误差的限差,确定洞外洞内平面和高程控制测量的精度要求。

2 洞外控制网应沿两开挖洞口的连线方向布设。各洞口均应布设不少于 3 个相互通视的平面控制点。

3 两开挖洞口、竖井、斜井、平洞口的高程控制点应与有关洞外高程控制点组成闭合或往返路线。

3.4 变形监测的控制测量

3.4.1 变形监测应布设基准点,并应符合下列规定:

1 基准点应布设在监测对象变形影响范围以外,且位置稳定、易于长期保存的地方。

2 基准点数量、网形结构和观测精度应符合项目技术设计或所用技术标准的规定。

3 基准点应单独构网,或与工作基点、监测点联合构网。

3.4.2 基准点的测量及稳定性分析应符合下列规定:

1 各期变形观测时,应对基准点进行检测,当发现基准点有可能变动,或当监测点观测成果出现系统性异常时,应进行基准点复测。

2 用于长期变形监测的基准点,应定期复测,复测周期应符合项目技术设计或所用技术标准的规定。

3 当基准点所在区域受到地震、洪水、爆破等外界因素影响时,应进行基准点复测。

4 基准点复测后,应对基准点的稳定性进行检验分析。对不稳定的基准点,应予以舍弃。当剩余的基准点数不满足项目技术设计或所用技术标准的规定时,应补充布设新的基准点。

4 现状测量

4.1 一般规定

4.1.1 现状测量应根据项目技术设计在确定的时点采集建设工程所在区域的地理信息数据,制作相应的测量成果。具体成果的内容和要求应根据项目需求和成果用途通过项目技术设计确定。

4.1.2 现状测量的作业时点应根据成果用途、现势性要求及所测区域地形变化特征确定,并应符合下列规定:

1 用于工程策划、设计或扩建改造的现状测量,应在工程策划、设计或扩建改造开始前进行。

2 用于工程竣工验收的现状测量,应在工程竣工交付前进行。

3 用于专项调查或普查的现状测量,应在该专项调查或普查工作开始前进行。

4.1.3 现状测量应符合下列规定:

1 当需测绘大于1:500比例尺数字线划图时,应通过项目技术设计确定其精度及其他质量要求。

2 当需使用小于 1∶10000 比例尺数字线划图时，应收集已有国家基本比例尺地形图成果；当已有成果不满足项目要求需新测或修测时，应执行现行国家基本比例尺地形图测绘的规定。

3 当需建立建筑及设施的三维模型时，应通过项目技术设计确定模型的精细度和表达方式，并应符合城市信息模型建设的要求。

4.2　地面现状测量

4.2.1 数字线划图测绘应符合下列规定：

1 基本等高距不应大于表 4.2.1-1 的规定，其中地形类别划分应符合表 4.2.1-2 的规定。

表 4.2.1-1　数字线划图基本等高距

比例尺	基本等高距（m）			
	平地	丘陵地	山地	高山地
1∶500	0.5	0.5	1.0	1.0
1∶1000	0.5	1.0	1.0	2.5
1∶2000	1.0	1.0	2.5	2.5
1∶5000	1.0	2.5	5.0	5.0
1∶10000	1.0	2.5	5.0	10.0

表 4.2.1-2　地形类别划分

地形类别	划分原则
平地	大部分地面坡度在 2°以下（不含）的地区
丘陵地	大部分地面坡度在 2°（含）～6°（不含）的地区
山地	大部分地面坡度在 6°（含）～25°（不含）的地区
高山地	大部分地面坡度在 25°（含）以上的地区

2 平面精度应采用明显地物点相对于邻近控制点的平面位置中误差衡量，不应大于表 4.2.1-3 的规定；对隐蔽和其他施测困难地区，不应大于表 4.2.1-3 规定值的 1.5 倍。

表 4.2.1-3　数字线划图平面精度

比例尺	明显地物点平面位置中误差（m）			
	平地	丘陵地	山地	高山地
1：500	0.30	0.30	0.40	0.40
1：1000	0.60	0.60	0.80	0.80
1：2000	1.20	1.20	1.60	1.60
1：5000	2.50	2.50	3.75	3.75
1：10000	5.00	5.00	7.50	7.50

3 高程精度应以高程注记点、等高线插求点相对于邻近控制点的高程中误差衡量，并应符合下列规定：

1）1：500、1：1000 比例尺数字线划图高程注记点的高程中误差不应大于 0.15m；

2）等高线插求点高程中误差不应大于表 4.2.1-4 的规定；对隐蔽和其他施测困难地区，不应大于表 4.2.1-4 规定值的 1.5 倍。

表 4.2.1-4　数字线划图等高线插求点高程精度

地形类别	等高线插求点高程中误差
平地	$1/3 \times \Delta H$
丘陵地	$1/2 \times \Delta H$
山地	$2/3 \times \Delta H$
高山地	$1 \times \Delta H$

注：ΔH 为基本等高距。

4 测绘内容应根据项目需求和成果用途通过项目技术设计确定；图式符号应符合现行国家基本比例尺地形图图式的规定。

5 当测绘用于工程竣工验收的数字线划图时，地物点的平面和高程精度应符合项目技术设计或所用技术标准的规定。

4.2.2 数字正射影像图制作应符合下列规定：

1 影像地面分辨率不应低于表4.2.2的规定。

表 4.2.2 数字正射影像图影像地面分辨率要求

影像地面分辨率（m）	对应数字线划图比例尺
0.05	1∶500
0.1	1∶1000
0.2	1∶2000
0.5	1∶5000
1.0	1∶10000

2 平面精度应采用影像上地面明显地物点相对邻近控制点的平面位置中误差衡量，并对与对应比例尺数字线划图的平面精度要求一致。

3 影像应清晰、连续、无变形、无缺漏、无重叠。

4.2.3 数字高程模型和数字表面模型建立应符合下列规定：

1 模型应采用规则格网数据或点云数据的形式表达，其规格等级应符合表4.2.3-1的规定。

表 4.2.3-1 数字高程模型、数字表面模型规格等级规定

规格等级	规则格网数据	点云数据	
	格网间距（m）	平均点间距（m）	密度（点/m²）
Ⅰ级	0.5	≤0.25	≥16
Ⅱ级	1.0	≤0.5	≥4
Ⅲ级	2.0	≤1.0	≥1
Ⅳ级	5.0	≤2.0	≥1/4

2 模型精度应采用格网点或点云点相对于邻近控制点的高

程中误差衡量。高程中误差不应大于表 4.2.3-2 的规定；对隐蔽和其他施测困难地区，不应大于表 4.2.3-2 规定值的 1.5 倍。

表 4.2.3-2　数字高程模型、数字表面模型精度要求

规格等级	格网点或点云点的高程中误差（m）			
	平地	丘陵地	山地	高山地
Ⅰ级	0.25	0.50	0.75	1.25
Ⅱ级	0.50	0.75	1.50	2.50
Ⅲ级	0.50	1.25	2.50	3.50
Ⅳ级	0.75	1.75	3.50	5.00

4.2.4　道路、轨道交通、桥梁、架空线路、沟渠等线状工程断面图测绘应符合下列规定：

1　纵断面图应沿线状工程的中线测定，纵断面点应能可靠地描述中线的地形起伏特征。

2　横断面图的间隔应与线状工程中线的地形起伏特征相适应。每一横断面图应与中线垂直，横断面点应自中线点分别向两侧延伸，并应能可靠地描述该横断面的地形起伏特征。

4.3　地下空间设施测量

4.3.1　地下管线及附属设施测量应符合下列规定：

1　应测定各类管线的起讫点、分支点、交叉点、转折点以及附属设施的角点等明显特征点的平面坐标和高程。测定高程时，应区分管线的外顶高程和内底高程。管线明显特征点相对于邻近控制点的平面位置中误差不应大于 50mm，高程中误差不应大于 30mm。

2　应调查管线的类型、权属、断面形状尺寸、材质以及附属设施的用途、结构类型等基本属性信息。

3　应编绘反映地下管线、附属设施及其与地面道路、绿地、建筑等要素间关系的综合图。

4.3.2　地下综合体、交通设施、建筑物、综合管廊测量应符合

下列规定：

1 应测定各类明显特征点的平面坐标和高程。特征点相对于邻近控制点的平面位置中误差不应大于 100mm，高程中误差不应大于 30mm。

2 应测绘反映地下空间设施完整布局及类型、位置、形状和大小等的平面图。平面图上，应测注高程点和地下空间净空高度；出入口、通风口、通道以及消防和其他应急设施必须测定并完整表达。对多层地下空间，应测绘分层平面图。

3 编绘综合图时，应在平面图基础上叠加与地下空间设施相关的地面建筑、道路、绿地等要素。

4 测绘断面图时，应根据地下空间设施基本特征选择断面位置及方向。

4.4 水域现状测量

4.4.1 水域现状测量应符合下列规定：

1 应测定水上建筑、水下地形、水位或水面高程以及水域与陆地交界处的沿岸地形。

2 水上建筑及沿岸地形测量应符合本规范第 4.2 节的相关规定。

3 沿岸地形测量应与陆地测量相衔接。

4.4.2 水下地形测量应符合下列规定：

1 测深点的间距不应大于所测比例尺图上 10mm。

2 测深点的平面位置中误差，当测图比例尺小于或等于1∶5000时，不应大于图上 1.0mm；当测图比例尺大于 1∶5000 且小于 1∶500 时，不应大于图上 1.5mm；当测图比例尺大于或等于 1∶500 时，不应大于图上 2.0mm。

3 测深点的深度中误差，当水深在 20m 内时，不应大于 0.2m；当水深超过 20m 时，不应大于水深的 1.5％。

4.4.3 水位或水面高程测量应符合下列规定：

1 水位或水面高程测量成果应与水深测量相协同，测定时间及频率应根据水情、潮汐变化等确定。

2 水位或水面高程测量精度不应低于图根点的高程精度。

5 工程放样

5.1 一般规定

5.1.1 工程放样应利用建设工程规划条件、设计资料和使用的控制点成果，计算工程特征点平面坐标、高程及有关几何量，并应按项目技术设计或所用技术标准要求的精度进行实地测设。

5.1.2 工程放样应符合下列规定：

1 计算的工程特征点平面坐标、高程及有关几何量应进行正确性检查，确认无误后方可用于实地测设；

2 曲线工程放样时，应根据曲线类型、曲线要素计算曲线主点及其他特征点的平面坐标和高程；

3 实地测设的各种点、线等标识应准确、清晰，原始数据记录应真实、完整；

4 实地测设后，应利用相邻点、线间的几何关系进行校核。校核符合要求后，方可交付或用于工程施工。

5.2 规划条件测设及核验

5.2.1 建筑、市政等工程的定线测量、拨地测量、规划放线测量、规划验线测量及规划条件核验测量，应以工程的规划条件或经审批的图件为依据。

5.2.2 定线测量和拨地测量应符合下列规定：

1 定线测量测定的中线点、轴线点和拨地测量测定的定桩点相对于邻近控制点的点位中误差不应大于 50mm；

2 测定道路中心线、边线及其他地物边线的条件点应均匀分布。条件点的涵盖范围不应小于规划条件中指定范围的 2/3。

5.2.3 规划放线测量应符合下列规定：

1 拟建工程的主要角点、涉及规划条件的角点、规划路中线点或边线点、建设用地界线点应实地测设；

    2 放线测量应确保规划条件达到完全满足。

5.2.4 规划验线测量应进行灰线验线测量和正负零验线测量，并应符合下列规定：

    1 灰线验线测量应在工程施工开始之前进行。应检测对工程位置起重要作用的轴线、中线、边线交点坐标，以及涉及四至关系的细部点位坐标，并应与规划条件和工程设计图等资料进行比对。

    2 正负零验线测量应在工程主体结构施工到正负零时进行。应检测工程的条件点坐标、四至距离和正负零地坪高程。

5.2.5 规划条件核验测量应在工程已竣工且现场状况符合验收条件后进行，并应符合下列规定：

    1 地物点相对于邻近控制点的点位中误差、地物点之间的间距中误差和高程中误差不应大于表 5.2.5 的规定。

表 5.2.5　地物点点位、间距和高程中误差要求

地物点类别	点位中误差（mm）	间距中误差（mm）	高程中误差（mm）
涉及规划条件的地物点	50	70	40
其他地物点	70	100	40

    2 对建筑工程，应测定工程四至距离、高度、层数、室内外地坪高程以及总建筑面积、分栋建筑面积和每栋分层建筑面积。

5.3　施工放样及检测

5.3.1 工程施工放样应符合下列规定：

    1 应分析具体工程施工影响因素，并根据工程施工给定的建筑限差，按等影响原则确定施工测量精度；

    2 应根据工程施工控制网建立和实地测设作业的难易程度，根据施工测量精度确定施工控制网精度和实地测设精度；

3 应按本规范第3章的相关规定建立工程施工控制网；

4 应根据工程的施工进度，进行轴线投测、曲线测设、细部点放样和高程传递等实地测设。

5.3.2 实地测设应符合下列规定：

1 轴线投测时，应将工程设计的轴线投测到各施工层上。投测前，应校核轴线控制桩。投测后，应按闭合条件对投测的轴线进行校核，符合项目技术设计或所用技术标准的限差要求时，方可进行该施工层的其他放样，否则应重新进行轴线投测。

2 曲线测设时，应实地测设对曲线相对位置起控制作用的曲线主点和其他特征点。

3 细部点放样时，应对工程设计资料及计算出的工程特征点进行放样测设。对异形复杂建筑，应采用三维测量方法放样。

4 高程传递时，应将工程设计的高程传递至各施工层上。大型及特殊工程应从三处分别传递，其他工程应从两处分别传递。当传递的高程较差不大于项目技术设计或所用技术标准的限差时，应取其均值作为该施工层的基准高程，否则应重新进行高程传递。

5.3.3 当需对施工放样结果或有关施工过程进行第三方检测时，应符合下列规定：

1 检测所用的测量基准应与施工放样时的测量基准一致或转换为一致。

2 检测精度不应低于施工测量精度。

3 当检测的平面坐标、高程或其他几何量与对应的工程设计成果之间的较差大于由项目技术设计或所用技术标准规定中误差计算的极限误差时，应及时报告。

6 变形监测

6.1 一般规定

6.1.1 建设工程施工和使用期间进行变形监测时，应根据项目合同要求，通过项目技术设计对监测内容、监测精度、监测频率、变形预警值、变形速率阈值等作出规定。当监测对象对周边道路、地面、管线及其他对象产生影响时，应将受影响的对象纳入监测中。

6.1.2 对多期变形监测项目，每期监测后应提交本期及累计监测数据。全部监测完成后，除应提交各期监测数据及累计监测数据外，尚应提交项目技术报告。

6.1.3 变形监测点布设应符合下列规定：

1 监测点位置应根据工程结构、形状和场地地质条件等确定。工程结构重要节点、荷载突变部位、变形敏感部位应布设监测点；当工程结构、形状或地质条件复杂时，应加密布点。

2 监测点应设置标志，并应便于观测和保护。

3 当监测点被破坏或不能被观测时，应重新布点。

6.1.4 变形监测作业应符合下列规定：

1 应选用稳定可靠的基准点作为变形监测的起算点。

2 当需设置工作基点时，工作基点应设在相对稳定且便于作业的地方。每期应先联测工作基点与基准点，再利用工作基点对监测点进行观测。

3 对高层、超高层建筑或其他特殊工程结构，水平位移监测、挠度监测、垂直度及倾斜监测应避开风速大、日照强的时间段。

4 日照变形监测应选在昼夜温差大的时间段进行；风振变形监测应选在受强风作用的时间段进行。

5 变形监测作业时，应对监测对象及周边环境进行人工巡视检查。

6.1.5 当监测过程中发生下列情况之一时，应立即进行变形监测预警，同时应提高监测频率或增加监测内容：

1 变形量或变形速率出现异常变化；

2 变形量或变形速率达到或超出变形预警值；

3 工程开挖面或周边出现塌陷、滑坡；

4 工程本身或其周边环境出现异常；

5 由于地震、暴雨、冻融等自然灾害引起的其他变形异常情况。

6.1.6 当利用多期监测成果进行变形趋势预测时，应建立经检验有效的数学模型，并应给出预测结果的误差范围及适用条件。

6.2 施工期间变形监测

6.2.1 在下列对象的施工期间应进行变形监测：

1 基坑安全设计等级为一级、二级的基坑。

2 地基基础设计等级为甲级，或软弱地基上的地基基础设计等级为乙级的建筑。

3 长大跨度或体形狭长的工程结构。

4 重要基础设施工程。

5 工程设计或施工要求监测的其他对象。

6.2.2 施工期间变形监测内容应符合下列规定：

1 对基坑工程，应进行基坑及其支护结构变形监测和周边环境变形监测；

2 对本规范第6.2.1条各对象应进行沉降监测；

3 对高层和超高层建筑、体形狭长工程结构、重要基础设施工程，应进行水平位移监测、垂直度及倾斜监测；

4 对超高层建筑、长大跨度或体形狭长工程结构，应进行挠度监测、日照变形监测、风振变形监测；

5 对隧道、涵洞等拱形设施，应进行收敛变形监测。

6.2.3 基坑工程监测应符合下列规定：

1 应至少进行围护墙顶部水平位移、沉降以及周边建筑、道路等沉降的监测，并应根据项目技术设计要求对围护墙或土体深层水平位移、支护结构内力、土压力、孔隙水压力等进行监测。

2 监测点应沿基坑围护墙顶部周边布设，周边中部、阳角处应布点。

3 当基坑监测达到变形预警值，或基坑出现流沙、管涌、隆起、陷落，或基坑支护结构及周边环境出现大的变形时，应立即进行预警。

6.2.4 施工期间的沉降监测应符合下列规定：

1 监测频率应根据工程结构特点及加载情况确定，应至少在荷载增加到 25%、50%、75% 和 100% 时各观测 1 次。对大型、特殊监测对象，应提高监测频率。

2 施工过程中若暂时停工，在停工时及重新开工时应各观测 1 次；停工期间及工程主体完工至竣工验收期间，应按工程设计、施工要求确定监测频率。

6.2.5 施工期间的垂直度及倾斜监测应符合下列规定：

1 监测频率应根据倾斜速率每一个月至三个月观测 1 次；

2 当监测对象因场地大量堆载或卸载、降雨长期积水等导致倾斜速度加快时，应提高监测频率。

6.3 使用期间变形监测

6.3.1 当本规范第 6.2.1 条各监测对象竣工后未达到稳定状态前，应继续对其进行变形监测。

6.3.2 当使用中的建筑、设施或其场地出现裂缝、沉降、倾斜等变形，或当安全管理需要时，应实施变形监测。

6.3.3 使用期间的变形监测应符合下列规定：

1 监测内容、监测频率应根据监测对象的实际变形特征、结构特点和场地地质条件等确定；

2 对自施工期间延续的沉降监测、垂直度及倾斜监测、水平位移监测，工程竣工使用后第一年应观测 3 次或 4 次，第二年应至少观测 2 次，第三年后每年应至少观测 1 次，直至变形达到稳定状态为止；

3 当发生重大自然灾害或监测对象的变形趋势加大时，应提高监测频率，并应立即预警。

6.3.4 使用期间监测对象变形达到稳定状态的判定，应以所有监测点的最大变形速率均不超过项目技术设计给定的相应变形速率阈值为依据。

第二篇　施工与安装

一、《混凝土结构通用规范》GB 55008—2021（节选）

2.0.5　混凝土结构应根据结构的用途、结构暴露的环境和结构设计工作年限采取保障混凝土结构耐久性能的措施。

2.0.6　钢筋混凝土结构构件、预应力混凝土结构构件应采取保证钢筋、预应力筋与混凝土材料在各种工况下协同工作性能的设计和施工措施。

2.0.7　结构混凝土应进行配合比设计，并应采取保证混凝土拌合物性能、混凝土力学性能和耐久性能的措施。

2.0.8　混凝土结构应从设计、材料、施工、维护各环节采取控制混凝土裂缝的措施。混凝土构件受力裂缝的计算应符合下列规定：

　　1　不允许出现裂缝的混凝土构件，应根据实际情况控制混凝土截面不产生拉应力或控制最大拉应力不超过混凝土抗拉强度标准值；

　　2　允许出现裂缝的混凝土构件，应根据构件类别与环境类别控制受力裂缝宽度，使其不致影响设计工作年限内的结构受力性能、使用性能和耐久性能。

2.0.9　混凝土结构构件的最小截面尺寸应满足结构承载力极限状态、正常使用极限状态的计算要求，并应满足结构耐久性、防水、防火、配筋构造及混凝土浇筑施工要求。

2.0.11　当施工中进行混凝土结构构件的钢筋、预应力筋代换时，应符合设计规定的构件承载能力、正常使用、配筋构造及耐久性能要求，并应取得设计变更文件。

5　施工及验收

5.1　一般规定

5.1.1　混凝土结构工程施工应确保实现设计要求，并应符合下列规定：

　　1　应编制施工组织设计、施工方案并实施；

　　2　应制定资源节约和环境保护措施并实施；

　　3　应对已完成的实体进行保护，且作用在已完成实体上的荷载不应超过规定值。

5.1.2　材料、构配件、器具和半成品应进行进场验收，合格后方可使用。

5.1.3　应对隐蔽工程进行验收并做好记录。

5.1.4　模板拆除、预制构件起吊、预应力筋张拉和放张时，同条件养护的混凝土试件应达到规定强度。

5.1.5　混凝土结构的外观质量不应有严重缺陷及影响结构性能和使用功能的尺寸偏差。

5.1.6　应对涉及混凝土结构安全的代表性部位进行实体质量检验。

5.2　模板工程

5.2.1　模板及支架应根据施工过程中的各种控制工况进行设计，并应满足承载力、刚度和整体稳固性要求。

5.2.2　模板及支架应保证混凝土结构和构件各部分形状、尺寸和位置准确。

5.3　钢筋及预应力工程

5.3.1　钢筋机械连接或焊接连接接头试件应从完成的实体中截取，并应按规定进行性能检验。

5.3.2　锚具或连接器进场时，应检验其静载锚固性能。由锚具或连接器、锚垫板和局部加强钢筋组成的锚固系统，在规定的结构实体中，应能可靠传递预加力。

5.3.3　钢筋和预应力筋应安装牢固、位置准确。

5.3.4　预应力筋张拉后应可靠锚固，且不应有断丝或滑丝。

5.3.5　后张预应力孔道灌浆应密实饱满，并应具有规定的强度。

5.4 混凝土工程

5.4.1 混凝土运输、输送、浇筑程中严禁加水；运输、输送、浇筑过程中散落的混凝土严禁用于结构浇筑。

5.4.2 应对结构混凝土强度等级进行检验评定，试件应在浇筑地点随机抽取。

5.4.3 结构混凝土浇筑应密实，浇筑后应及时进行养护。

5.4.4 大体积混凝土施工应采取混凝土内外温差控制措施。

5.5 装配式结构工程

5.5.1 预制构件连接应符合设计要求，并应符合下列规定：

1 套筒灌浆连接接头应进行工艺检验和现场平行加工试件性能检验；灌浆应饱满密实。

2 浆锚搭接连接的钢筋搭接长度应符合设计要求，灌浆应饱满密实。

3 螺栓连接应进行工艺检验和安装质量检验。

4 钢筋机械连接应制作平行加工试件，并进行性能检验。

5.5.2 预制叠合构件的接合面、预制构件连接节点的接合面，应按设计要求做好界面处理并清理干净，后浇混凝土应饱满、密实。

6 维护及拆除

6.1 一般规定

6.1.1 混凝土结构应根据结构类型、安全性等级及使用环境，建立全寿命周期内的结构使用、维护管理制度。

6.1.2 应对重要混凝土结构建立维护数据库和信息化管理平台。

6.1.3 混凝土结构工程拆除应进行方案设计，并应采取保证拆除过程安全的措施；预应力混凝土结构拆除尚应分析预加力解除程序。

6.1.4　混凝土结构拆除应遵循减量化、资源化和再生利用的原则，并应制定废弃物处置方案。

6.2　结构维护

6.2.1　混凝土结构日常维护应检查结构外观与荷载变化情况。结构构件外观应重点检查裂缝、挠度、冻融、腐蚀、钢筋锈蚀、保护层脱落、渗漏水、不均匀沉降以及人为开洞、破损等损伤。预应力混凝土构件应重点检查是否有裂缝、锚固端是否松动。对于沿海或酸性环境中的混凝土结构，应检查混凝土表面的中性化和腐蚀状况。

6.2.2　对于严酷环境中的混凝土结构，应制定针对性维护方案。

6.2.3　满足下列条件之一时，应对结构进行检测与鉴定：

　　1　接近或达到设计工作年限，仍需继续使用的结构；

　　2　出现危及使用安全迹象的结构；

　　3　进行结构改造、改变使用性质、承载能力受损或增加荷载的结构；

　　4　遭受地震、台风、火灾、洪水、爆炸、撞击等灾害事故后出现损伤的结构；

　　5　受周边施工影响安全的结构；

　　6　日常检查评估确定应检测的结构。

6.2.4　对硬化混凝土的水泥安定性有异议时，应对水泥中游离氧化钙的潜在危害进行检测。

6.2.5　应对下列混凝土结构的结构性态与安全进行监测：

　　1　高度350m及以上的高层与高耸结构；

　　2　施工过程导致结构最终位形与设计目标位形存在较大差异的高层与高耸结构；

　　3　带有隔震体系的高层与高耸或复杂结构；

　　4　跨度大于50m的钢筋混凝土薄壳结构。

6.2.6　监测期间尚应进行巡视检查与系统维护；台风、洪水等特殊情况时，应增加监测频次。

6.2.7　混凝土结构监测应设定监测预警值，监测预警值应满足工程设计及对被监测对象的控制要求。

6.2.8　超过结构设计使用年限或使用期超50年的桥梁结构应进行检测评估，且检测评估周期不应超10年。

6.3　结构处置

6.3.1　出现下列情况之一时，应采取消除安全隐患的措施进行处理：

　　1　混凝土结构或结构构件的裂缝宽度或挠度超过限值；

　　2　混凝土结构或构件钢筋出现锈胀；

　　3　预应力混凝土构件锚固端的封端混凝土出现裂缝、剥落、渗漏、穿孔、预应力锚具暴露；

　　4　结构混凝土中氯离子含量超标或发现有碱骨料反应迹象。

6.3.2　经检测鉴定，存在安全隐患的结构应采取安全治理措施进行处理。

6.3.3　监测期间有预警的结构，应按照监测预警机制和应急预案进行处理。

6.3.4　遭受地震、洪水、台风、火灾、爆炸、撞击等自然灾害或者突发事件后，结构存在重大险情时，应立即采取安全治理措施。

6.4　拆除

6.4.1　拆除工程的结构分析应符合下列规定：

　　1　应按短暂设计状况进行结构分析；

　　2　应考虑拆除过程可能出现的最不利情况；

　　3　分析应涵盖拆除全过程，应考虑构件约束条件的改变。

6.4.2　拆除作业应符合下列规定：

　　1　应对周边建筑物、构筑物及地下设施采取保护、防护措施；

　　2　对危险物质、有害物质应有处置方案和应急措施；

3 拆除过程严禁立体交叉作业；

4 在封闭空间拆除施工时，应有通风和对外沟通的措施；

5 拆除施工时发现不明物体和气体时应立即停止施工，并应采取临时防护措施。

6.4.3 拆除作业应采取减少噪声、粉尘、污水、振动、冲击和环境污染的措施。

6.4.4 机械拆除作业应根据建筑物、构筑物的高度选择拆除机械，严禁超越机械有效作业高度进行作业。拆除机械在楼盖上作业时，应由专业技术人员进行复核分析，并采取保证拆除作业安全的措施。混凝土结构工程采用逆向拆除技术时，应对拆除方案进行专门论证。

6.4.5 混凝土结构采用静态破碎拆除时，应分析确定破碎剂注入孔的尺寸并合理布置孔的位置。

6.4.6 混凝土结构采用爆破拆除时，应合理布置爆破点位置及施药量，并应采取保证周边环境安全的措施。

6.4.7 拆除物的处置应符合下列规定：

1 对可重复利用构件，应考虑其使用寿命和维护方法；

2 对切割的块体，应进行重复利用或再生利用；

3 对破碎的混凝土，应拟定再生利用计划；

4 对拆除的钢筋，应回收再生利用；

5 对多种材料的混合拆除物，应在取得建筑垃圾排放许可后再行处置。

二、《建筑与市政地基基础通用规范》GB 55003—2021（节选）

2　基本规定

2.3　施工及验收

2.3.1 地基基础工程施工前，应编制施工组织设计或专项施工方案。

2.3.2　地基基础工程施工应采取保证工程安全、人身安全、周边环境安全与劳动防护、绿色施工的技术措施与管理措施。

2.3.3　地基基础工程施工过程中遇有文物、化石、古迹遗址或遇到可能危及安全的危险源等，应立即停止施工和采取保护措施，并报有关部门处理。

2.3.4　地基基础工程施工应根据设计要求或工程施工安全的需要，对涉及施工安全、周边环境安全，以及可能对人身财产安全造成危害的对象或被保护对象进行工程监测。

2.3.5　地基基础工程施工质量控制及验收，应符合下列规定：

　　1　对施工中使用的材料、构件和设备应进行检验，材料、构件以及试块、试件等应有检验报告；

　　2　各施工工序应进行质量自检，施工工序之间应进行交接质量检验；

　　3　质量验收应在自检合格的基础上进行，隐蔽工程在隐蔽前应进行验收，并形成检查或验收文件。

4　天然地基与处理地基

4.4　施工及验收

4.4.1　地基施工前，应编制地基工程施工组织设计或地基工程施工方案，其内容应包括：地基施工技术参数、地基施工工艺流程、地基施工方法、地基施工安全技术措施、应急预案、工程监测要求等。

4.4.2　处理地基施工前，应通过现场试验确定地基处理方法的适用性和处理效果；当处理地基施工采用振动或挤土方法施工时，应采取措施控制振动和侧向挤压对邻近建（构）筑物及周边环境产生有害影响。

4.4.3　换填垫层、压实地基、夯实地基采用分层施工时，每完成一道工序，应按设计要求进行验收检验，未经检验或检验不合格时，不得进行一道工序施工。

4.4.4　湿陷性黄土、膨胀土、盐渍土、多年冻土、压实填土地基施工和使用过程中，应采取防止施工用水、场地雨水和邻近管道渗漏水渗入地基的处理措施。

4.4.5　地基基槽（坑）开挖时，当发现地质条件与勘察成果报告不一致，或遇到异常情况时，应停止施工作业，并及时会同有关单位查明情况，提出处理意见。

4.4.6　地基基槽（坑）验槽后，应及时对基槽（坑）进行封闭，并采取防止水浸、暴露和扰动基底土的措施。

4.4.7　下列建筑与市政工程应在施工期间及使用期间进行沉降变形监测，直至沉降变形达到稳定为止：

1　对地基变形有控制要求的；

2　软弱地基上的；

3　处理地基上的；

4　采用新型基础形式或新型结构的；

5　地基施工可能引起地面沉降或隆起变形、周边建（构）筑物和地下管线变形、地下水位变化及土体位移的。

4.4.8　处理地基工程施工验收检验，应符合下列规定：

1　换填垫层地基应分层进行密实度检验，在施工结束后进行承载力检验。

2　高填方地基应分层填筑、分层压（夯）实、分层检验，且处理后的高填方地基应满足密实和稳定性要求。

3　预压地基应进行承载力检验。预压地基排水竖井处理深度范围内和竖井底面以下受压土层，经预压所完成的竖向变形和平均固结度应进行检验。

4　压实、夯实地基应进行承载力、密实度及处理深度范围内均匀性检验。压实地基的施工质量检验应分层进行。强夯置换地基施工质量检验应查明置换墩的着底情况、密度随深度的变化情况。

5　对散体材料复合地基增强体应进行密实度检验；对有粘结强度复合地基增强体应进行强度及桩身完整性检验。

6　复合地基承载力的验收检验应采用复合地基静载荷试验，对有粘结强度的复合地基增强体尚应进行单桩静载荷试验。

7　注浆加固处理后地基的承载力应进行静载荷试验检验。

5　桩基

5.4　施工及验收

5.4.1　桩基工程施工应符合下列规定：

1　桩基施工前，应编制桩基工程施工组织设计或桩基工程施工方案，其内容应包括：桩基施工技术参数、桩基施工工艺流程、桩基施工方法、桩基施工安全技术措施、应急预案、工程监测要求等；

2　桩基施工前应进行工艺性试验确定施工技术参数；

3　混凝土预制桩和钢桩的起吊、运输和堆放应符合设计要求，严禁拖拉取桩；

4　锚杆静压桩利用锚固在基础底板或承台上的锚杆提供压桩力时，应对基础底板或承台的承载力进行验算；

5　在湿陷性黄土场地、膨胀土场地进行灌注桩施工时，应采取防止地表水、场地雨水渗入桩孔内的措施；

6　在季节性冻土地区进行桩基施工时，应采取防止或减小桩身与冻土之间产生切向冻胀力的防护措施。

5.4.2　下列桩基工程应在施工期间及使用期间进行沉降监测，直至沉降达到稳定标准为止：

1　对桩基沉降有控制要求的桩基；

2　非嵌岩桩和非深厚坚硬持力层的桩基；

3　结构体形复杂、荷载分布不均匀或桩端平面下存在软弱土层的桩基；

4　施工过程中可能引起地面沉降、隆起、位移、周边建（构）筑物和地下管线变形、地下水位变化及土体位移的桩基。

5.4.3　桩基工程施工验收检验，应符合下列规定：

1　施工完成后的工程桩应进行竖向承载力检验，承受水平力较大的桩应进行水平承载力检验，抗拔桩应进行抗拔承载力检验；

2　灌注桩应对孔深、桩径、桩位偏差、桩身完整性进行检验，嵌岩桩应对桩端的岩性进行检验，灌注桩混凝土强度检验的试件应在施工现场随机留取；

3　混凝土预制桩应对桩位偏差、桩身完整性进行检验；

4　钢桩应对桩位偏差、断面尺寸、桩长和矢高进行检验；

5　人工挖孔桩终孔时，应进行桩端持力层检验；

6　单柱单桩的大直径嵌岩桩，应视岩性检验孔底下3倍桩身直径或5m深度范围内有无溶洞、破碎带或软弱夹层等不良地质条件。

6　基础

6.4　施工及验收

6.4.1　基础工程施工应符合下列规定：

1　基础施工前，应编制基础工程施工组织设计或基础工程施工方案，其内容应包括：基础施工技术参数、基础施工工艺流程、基础施工方法、基础施工安全技术措施、应急预案、工程监测要求等；

2　基础模板及支架应具有足够的承载力和刚度，并应保证其整体稳固性；

3　钢筋安装应采用定位件固定钢筋的位置，且定位件应具有足够的承载力、刚度和稳定性；

4　筏形基础施工缝和后浇带应采取钢筋防锈或阻锈保护措施；

5　基础大体积混凝土施工应对混凝土进行温度控制。

6.4.2　基础工程施工验收检验，应符合下列规定：

1　扩展基础应对轴线位置，钢筋、模板、混凝土强度进行检验；

　　2　筏形基础应对轴线位置，钢筋、模板与支架、后浇带和施工缝、混凝土强度进行检验；

　　3　扩展基础、筏形基础的混凝土强度检验的试件应在施工现场随机留取。

7　基坑工程

7.4　施工及验收

7.4.1　基坑工程施前，应编制基坑工程专项施工方案，其内容应包括：支护结构、地下水控制、土方开挖和回填等施工技术参数，基坑工程施工工艺流程，基坑工程施工方法，基坑工程施工安全技术措施，应急预案，工程监测要求等。

7.4.2　基坑、管沟边沿及边坡等危险地段施工时，应设置安全护栏和明显的警示标志。夜间施工时，现场照明条件应满足施工要求。

7.4.3　基坑开挖和回填施工，应符合下列规定：

　　1　基坑土方开挖的顺序应与设计工况相一致，严禁超挖；基坑开挖应分层进行，内支撑结构基坑开挖尚应均衡进行；基坑开挖不得损坏支护结构、降水设施和工程桩等；

　　2　基坑周边施工材料、设施或车辆荷载严禁超过设计要求的地面荷载限值；

　　3　基坑开挖至坑底标高时，应及时进行坑底封闭，并采取防止水浸、暴露和扰动基底原状土的措施；

　　4　基坑回填应排除积水，清除虚土和建筑垃圾，填土应按设计要求选料，分层填筑压实，对称进行，且压实系数应满足设计要求。

7.4.4　支护结构施工应符合下列规定：

　　1　支护结构施工前应进行工艺性试验确定施工技术参数；

　　2　支护结构的施工与拆除应符合设计工况的要求，并应遵循先撑后挖的原则；

3 支护结构施工与拆除应采取对周边环境的保护措施，不得影响周边建（构）筑物及邻近市政管线与地下设施等的正常使用；支撑结构爆破拆除前，应对永久性结构及周边环境采取隔离防护措施。

7.4.5 逆作法施工应符合下列规定：

1 逆作法施工应采取信息化施工，且逆作法施工中的主体结构应满足结构的承载力、变形和耐久性控制要求；

2 临时竖向支承柱的拆除应在后期竖向结构施工完成并达到竖向荷载转换条件后进行，并应按自上而下的顺序拆除；

3 当水平结构作为周边围护结构的水平支撑时，其后浇带处应按设计要求设置传力构件。

7.4.6 地下水控制施工应符合下列规定：

1 地表排水系统应能满足明水和地下水的排放要求，地表排水系统应采取防渗措施；

2 降水及回灌施工应设置水位观测井；

3 降水井的出水量及降水效果应满足设计要求；

4 停止降水后，应对降水管采取封井措施；

5 湿陷性黄土地区基坑工程施工时，应采取防止水浸入基坑的处理措施。

7.4.7 基坑工程监测，应符合下列规定：

1 基坑工程施工前，应编制基坑工程监测方案；

2 应根据基坑支护结构的安全等级、周边环境条件、支护类型及施工场地等确定基坑工程监测项目、监测点布置、监测方法、监测频率和监测预警值；

3 基坑降水应对水位降深进行监测，地下水回灌施工应对回灌量和水质进行监测；

4 逆作法施工应进行全过程工程监测。

7.4.8 基坑工程监测数据超过预警值，或出现基坑、周边建（构）筑物、管线失稳破坏征兆时，应立即停止基坑危险部位的土方开挖及其他有风险的施工作业，进行风险评估，并采取应急处置措施。

7.4.9 基坑工程施工验收检验，应符合下列规定：

1 水泥土支护结构应对水泥土强度和深度进行检验；

2 排桩支护结构、地下连续墙应对混凝土强度、桩身（墙体）完整性和深度进行检验，嵌岩支护结构应对桩端的岩性进行检验；

3 混凝土内支撑应对混凝土强度和截面尺寸进行检验，钢支撑应对截面尺寸和预加力进行检验；

4 土钉、锚杆应进行抗拔承载力检验；

5 基坑降水应对降水深度进行检验，基坑回灌应对回灌量和回灌水位进行检验；

6 基坑开挖应对坑底标高进行检验；

7 基坑回填时，应对回填施工质量进行检验。

8 边坡工程

8.4 施工及验收

8.4.1 边坡工程施工前，应编制边坡工程专项施工方案，其内容应包括：支挡结构、边坡工程排水与坡面防护、岩土开挖等施工技术参数，边坡工程施工工艺流程，边坡工程施工方法，边坡工程施工安全技术措施，应急预案，工程监测要求等。

8.4.2 边坡岩土开挖施工，应符合下列规定：

1 边坡开挖时，应由上往下依次进行；边坡开挖严禁下部掏挖、无序开挖作业；未经设计确认严禁大面积开挖、爆破作业。

2 土质边坡开挖时，应采取排水措施，坡面及坡脚不得积水。

3 岩质边坡开挖爆破施工应采取避免边坡及邻近建（构）筑物震害的工程措施。

4 边坡开挖后应及时进行防护处理，并应采取封闭措施或进行支挡结构施工。

5 坡肩及边坡稳定影响范围内的堆载，不得超过设计要求的荷载限值。

8.4.3 挡墙支护施工时应设置排水系统；挡墙的换填地基应分层铺筑、夯实。

8.4.4 锚杆（索）施工时，不得损害支挡结构及构件以及邻近建（构）筑物地基基础。

8.4.5 喷锚支护施工的坡体泄水孔及截水、排水沟的设置应采取防渗措施。锚杆张拉和锁定合格后，对永久锚杆的锚头应进行密封和防腐处理。

8.4.6 抗滑桩应从滑坡两端向主轴方向分段间隔跳桩施工。桩纵筋的接头不得设在土岩分界处和滑动面处，桩身混凝土应连续灌筑。

8.4.7 多年冻土地区及季节冻土地区的边坡应采取防止融化期失稳措施。

8.4.8 边坡工程监测应符合下列规定：

1 边坡工程施工前，应编制边坡工程监测方案；

2 应根据边坡支挡结构的安全等级、周边环境条件、支挡结构类型及施工场地等确定边坡工程监测项目、监测点布置、监测方法、监测频率和监测预警值；

3 边坡工程在施工和使用阶段应进行监测与定期维护；

4 边坡工程监测项目出现异常情况或监测数据达到监测预警值时，应立即预警并采取应急处置措施。

8.4.9 边坡工程施工验收检验，应符合下列规定：

1 采用挡土墙时，应对挡土墙埋置深度、墙身材料强度、墙后回填土分层压实系数进行检验；

2 抗滑桩、排桩式锚杆挡墙的桩基，应进行成桩质量和桩身强度检验；

3 喷锚支护锚杆应进行抗拔承载力检验、喷射混凝土强度检验。

三、《钢结构通用规范》GB 55006—2021（节选）

2.0.3 在设计工作年限内，钢结构应符合下列规定：

　　1 应能承受在正常施工和使用期间可能出现的、设计荷载范围内的各种作用；

　　2 应保持正常使用；

　　3 在正常使用和正常维护条件下应具有能达到设计工作年限的耐久性能；

　　4 在火灾条件下，应能在规定的时间内正常发挥功能；

　　5 当发生爆炸、撞击和其他偶然事件时，结构应保持稳固性，不出现与起因不相称的破坏后果。

2.0.4 钢结构及构件在设计工作年限内的使用与维护应符合下列规定：

　　1 未经技术鉴定或设计许可，不应改变设计文件规定的功能和使用条件；

　　2 对可能影响主体结构安全性和耐久性及可能造成公众安全风险的事项，应建立定期检测、维护制度；

　　3 按设计规定必须更换的构件、节点、支座、部件等应及时更换；

　　4 构件表面的防火、防腐防护层，应按设计规定和维护规定等进行维护或更换；

　　5 结构及构件、节点、支座等出现超过设计规定的变形和耐久性缺陷时，应及时处理；

　　6 遭遇地震、火灾等灾害时，灾后应对结构进行鉴定评估，并按评估意见处理后方可继续使用。

2.0.5 当施工方法对结构的内力和变形有较大影响时，应进行施工方法对主体结构影响的分析，并应对施工阶段结构的强度、稳定性和刚度进行验算。

4.4.3 螺栓孔加工精度、高强度螺栓施加的预拉力、高强度螺栓摩擦型连接的连接板摩擦面处理工艺应保证螺栓连接的可靠性；已施加过预拉力的高强度螺栓拆卸后不应作为受力螺栓循环使用。

4.4.4 焊接材料应与母材相匹配。焊缝应采用减少垂直于厚度方向的焊接收缩应力的坡口形式与构造措施。

4.4.5 钢结构设计时，焊缝质量等级应根据钢结构的重要性、荷载特性、焊缝形式、工作环境以及应力状态等确定。

4.4.6 钢结构承受动荷载且需进行疲劳验算时，严禁使用塞焊、槽焊、电渣焊和气电立焊接头。

7 施工及验收

7.1 制作与安装

7.1.1 构件工厂加工制作应采用机械化与自动化等工业化方式，并应采用信息化管理。

7.1.2 高强度大六角头螺栓连接副和扭剪型高强度螺栓连接副出厂时应分别随箱带有扭矩系数和紧固轴力（预拉力）的检验报告，并应附有出厂质量保证书。高强度螺栓连接副应按批配套进场并在同批内配套使用。

7.1.3 高强度螺栓连接处的钢板表面处理方法与除锈等级应符合设计文件要求。摩擦型高强度螺栓连接摩擦面处理后应分别进行抗滑移系数试验和复验，其结果应达到设计文件中关于抗滑移系数的指标要求。

7.1.4 钢结构安装方法和顺序应根据结构特点、施工现场情况等确定，安装时应形成稳固的空间刚度单元。测量、校正时应考虑温度、日照和焊接变形等对结构变形的影响。

7.1.5 钢结构吊装作业必须在起重设备的额定起重量范围内进行。用于吊装的钢丝绳、吊装带、卸扣、吊钩等吊具应经检验合格，并应在其额定许用荷载范围内使用。

7.1.6 对于大型复杂钢结构，应进行施工成形过程计算，并应进行施工过程监测；索膜结构或预应力钢结构施工张拉时应遵循分级、对称、匀速、同步的原则。

7.1.7   钢结构施工方案应包含专门的防护施工内容，或编制防护施工专项方案，应明确现场防护施工的操作方法和环境保护措施。

7.2   焊接

7.2.1   钢结构焊接材料应具有焊接材料厂出具的产品质量证明书或检验报告。

7.2.2   首次采用的钢材、焊接材料、焊接方法、接头形式、焊接位置、焊后热处理制度以及焊接工艺参数、预热和后热措施等各种参数的组合条件，应在钢结构构件制作及安装施工之前按照规定程序进行焊接工艺评定，并制定焊接操作规程，焊接施工过程应遵守焊接操作规程规定。

7.2.3   全部焊缝应进行外观检查。要求全焊透的一级、二级焊缝应进行内部缺陷无损检测，一级焊缝探伤比例应为100％，二级焊缝探伤比例应不低于20％。

7.2.4   焊接质量抽样检验结果判定应符合以下规定：

　　1   除裂纹缺陷外，抽样检验的焊缝数不合格率小于2％时，该批验收合格；抽样检验的焊缝数不合格率大于5％时，该批验收不合格；抽样检验的焊缝数不合格率为2％～5％时；应按不少于2％探伤比例对其他未检焊缝进行抽检，且必须在原不合格部位两侧的焊缝延长线各增加一处，在所有抽检焊缝中不合格率不大于3％时，该批验收合格，大于3％，该批验收不合格。

　　2   当检验有1处裂纹缺陷时，应加倍抽查，在加倍抽检焊缝中未再检查出裂纹缺陷时，该批验收合格；检验发现多处裂纹缺陷或加倍抽查又发现裂纹缺陷时，该批验收不合格，应对该批余下焊缝的全数进行检验。

　　3   批量验收不合格时，应对该批余下的全部焊缝进行检验。

7.3   验收

7.3.1   钢结构防腐涂料、涂装遍数、涂层厚度均应符合设计和涂料产品说明书要求。当设计对涂层厚度无要求时，涂层干漆膜总厚度：室外应为 150μm，室内应为 125μm，其允许偏差为－25μm。检查数量与检验方法应符合下列规定：

    1 按构件数抽查 10%，且同类构件不应少于 3 件；

    2 每个构件检测 5 处，每处数值为 3 个相距 50mm 测点涂层干漆膜厚度的平均值。

7.3.2 膨胀型防火涂料的涂层厚度应符合耐火极限的设计要求。非膨胀型防火涂料的涂层厚度，80% 及以上面积应符合耐火极限的设计要求，且最薄处厚度不应低于设计要求的 85%。检查数量按同类构件数抽查 10%，且均不应少于 3 件。

8 维护与拆除

8.1 维护

8.1.1 钢结构应根据结构安全性等级、类型及使用环境，建立全寿命周期内的结构使用、维护管理制度。

8.1.2 钢结构维护应遵守预防为主、防治结合的原则，应进行日常维护、定期检测与鉴定。

8.1.3 钢结构日常维护应检查结构损伤、荷载变化情况、重大设备荷载及位置以及消防车通行时的主要受力构件等。

8.1.4 钢结构工程出现下列情况之一时，应进行检测、鉴定：

    1 进行改造、改变使用功能、使用条件或使用环境；

    2 达到设计使用年限拟继续使用；

    3 因遭受灾害、事故而造成损伤或损坏；

    4 存在严重的质量缺陷或出现严重的腐蚀、损伤、变形。

8.2 结构处置

8.2.1 既有钢结构建（构）筑物加固、改造，应进行主要构件的承载力和稳定性、主要节点的强度、结构整体变形、结构整体稳定性的鉴定；并应进行钢结构倾覆、滑移、疲劳、脆断的验算，确保结构安全，并应满足工程抗震设防的要求。

8.2.2 既有钢结构系统的加固应避免或减少损伤原结构构件，防止局部刚度突变，加强整体性，提高综合抗震能力；加固或新增钢构件应连接可靠并不低于原结构材料的实际强度等级。原结构存在安全隐患时，应采取有效安全措施后方可进行加固施工。

8.3　拆除

8.3.1 拆除施工前，项目人员应熟悉图纸和资料，对拟拆除物和周边环境应进行详细查勘，应调查清楚地上、地下建筑物及设施和毗邻建筑物、构筑物等的分布情况；并应编制施工方案，并应对施工人员应进行安全技术交底；对生产、使用、储存危险品的拆除工程，拆除前应先进行残留物的检测和处理，合格后再进行施工。

8.3.2 拆除施工应符合下列规定：

　　1 拆除施工不应立体交叉作业；

　　2 采用机械或人工方法拆除时，应从上往下逐层分区域拆除；

　　3 应在切断电源、水源和气源后，再进行拆除工作；

　　4 对在有限空间内拆除施工，应先采取通风措施，经检测合格后再进行作业；

　　5 施工过程中发现不明物体应立即停止施工，并应采取措施保护好现场，同时立即报告相关部门进行处理；

　　6 钢结构拆除时应搭设必要的操作架和承重架，对大型、复杂钢结构拆除时，应进行拆除施工仿真分析。

8.3.3 采用机械方法拆除应符合下列规定：

　　1 应先拆除非承重结构，再拆除承重结构；

　　2 施工人员与机械不应在同一作业面上同时作业。

8.3.4 采用人工方法拆除应符合下列规定：

　　1 钢结构工程拆除时，应按照先围护体系、后主体结构，先次要构件、后主要构件的程序进行；

2 水平构件上严禁人员聚集或集中堆放物料，施工人员应在稳定的结构或脚手架上操作；

3 拆除墙体时严禁采用底部掏掘或推倒的方法。

8.3.5 拆除工程施工中，应保证剩余结构的稳定，同时应对拆除物的状态进行监测；当发现安全隐患时，必须立即停止作业；当局部构件拆除影响结构安全时，应先加固再拆除。

四、《建筑电气与智能化通用规范》GB 55024—2022（节选）

2.0.4 电气设备用房和智能化设备用房的面积及设备布置，应满足布线间距及工作人员操作维护电气设备所必需的安全距离。电气设备和智能化设备用房的环境条件应满足电气与智能化系统的运行要求。

2.0.6 建筑电气工程和智能化系统工程的施工验收必须坚持设备运行安全、用电安全的原则，强化过程验收控制。

2.0.7 建筑电气和智能化系统使用时，应当制定运行维护方案，并应严格执行。

8 施工

8.1 高压设备安装

8.1.1 对预充氮气的气体绝缘组合电气设备（GIS）箱体，其组件安装前应经过排氮处理，并应对箱体内充干燥空气至氧气含量达到18%以上时，安装人员方可进入 GIS 箱体内部进行检查或安装。

8.1.2 六氟化硫断路器或 GIS 投运前应进行检查，并应符合下列规定：

1 断路器、隔离开关、接地开关及其操动机构的联动应正常，分、合闸指示应正确，辅助开关动作应准确；

2 密度继电器的报警、闭锁值应正确，电气回路传动应准确；

3 六氟化硫气体压力、泄漏率和含水量应符合使用说明书的要求。

8.1.3 真空断路器和高压开关柜投运前应进行检查，并应符合下列规定：

1 真空断路器与操动机构联动应正常，分、合闸指示应正确，辅助开关动作应准确；

2 高压开关柜应具备防止电气误操作的防护功能。

8.2　变压器、互感器安装

8.2.1 充干燥气体运输的变压器油箱内的气体压力应保持在 0.01MPa～0.03MPa；干燥气体露点必须低于－40℃；每台变压器必须配有可以随时补气的纯净、干燥气体瓶，始终保持变压器内为正压力，并设有压力表进行监视。

8.2.2 充氮的变压器需吊罩检查时，器身必须在空气中暴露 15min 以上，待氮气充分扩散后进行。

8.2.3 油浸变压器在装卸和运输过程中，不应有严重冲击和振动，当出现异常情况时，应进行现场器身检查或返厂进行检查和处理。

8.2.4 油浸变压器进行器身检查时必须符合以下规定：

1 凡雨、雪天，风力达 4 级以上，相对湿度 75％以上的天气，不得进行器身检查；

2 在没有排氮前，任何人员不得进入油箱；当油箱内的含氧量达到 18％以上时，人员方可进入；

3 在内检过程中，必须向箱体内持续补充露点低于－40℃的干燥空气，应保持含氧量不低于 18％，相对湿度不大于 20％。

8.2.5 绝缘油必须试验合格后，方可注入变压器内。不同牌号的绝缘油或同牌号的新油与运行过的油混合使用前，必须做混油试验。

8.2.6 油浸变压器试运行前应进行全面检查，确认符合运行条件时，方可投入试运行，并应符合下列规定：

1 事故排油设施应完好，消防设施应齐全；

2 铁芯和夹件的接地引出套管、套管的末屏接地、套管顶部结构的接触及密封应完好。

8.2.7 中性点接地的变压器，在进行冲击合闸前，中性点必须接地并应检查合格。

8.2.8 互感器的接地应符合下列规定：

1 分级绝缘的电压互感器，其一次绕组的接地引出端子应接地可靠；电容式电压互感器的接地应合格；

2 互感器的外壳应接地可靠；

3 电流互感器的备用二次绕组端子应先短路后接地；

4 倒装式电流互感器二次绕组的金属导管应接地可靠。

8.3 应急电源安装

8.3.1 柴油发电机馈电线路连接后，相序应与原供电系统的相序一致。

8.3.2 当柴油发电机组为消防负荷和非消防负荷同时供电时，应验证消防负荷设有专用的回路，当火灾条件时应具备能自动切除该发电机组所带的非消防负荷的功能。

8.3.3 EPS/UPS应进行下列技术参数检查：

1 初装容量；

2 输入回路断路器的过载和短路电流整定值；

3 蓄电池备用时间及应急电源装置的允许过载能力；

4 对控制回路进行动作试验，检验EPS/UPS的电源切换时间；

5 投运前，应核对EPS/UPS各输出回路的负荷量，且不应超过EPS/UPS的额定最大输容量。

8.4 配电箱（柜）安装

8.4.1 配电箱（柜）的机械闭锁、电气闭锁应动作准确、可靠。

8.4.2 变电所低压配电柜的保护接地导体与接地干线应采用螺

栓连接，防松零件应齐全。

8.4.3 配电箱（柜）安装应符合下列规定：

　　1 室外落地式配电箱（柜）应安装在高出地坪不小于200mm 的底座上，底座周围应采取封闭措施；

　　2 配电箱（柜）不应设置在水管接头的下方。

8.4.4 当配电箱（柜）内设有中性导体（N）和保护接地导体（PE）母排或端子板时，应符合下列规定：

　　1 N 母排或 N 端子板必须与金属电器安装板做绝缘隔离，PE 母排或 PE 端子板必须与金属电器安装板做电气连接；

　　2 PE 线必须通过 PE 母排或 PE 端子板连接；

　　3 不同回路的 N 线或 PE 线不应连接在母排同一孔上或端子上。

8.4.5 电气设备安装应牢固可靠，且锁紧零件齐全。落地安装的电气设备应安装在基础上或支座上。

8.5　用电设备安装

8.5.1 用电设备安装在室外或潮湿场所时，其接线口或接线盒应采取防水防潮措施。

8.5.2 电动机接线应符合下列规定：

　　1 电动机接线盒内各线缆之间均应有电气间隙，并采取绝缘防护措施；

　　2 电动机电源线与接线端子紧固时不应损伤电动机引出线套管。

8.5.3 灯具的安装应符合下列规定：

　　1 灯具的固定应牢固可靠，在砌体和混凝土结构上严禁使用木楔、尼龙塞和塑料塞固定；

　　2 Ⅰ类灯具的外露可导电部分必须与保护接地导体可靠连接，连接处应设置接地标识；

　　3 接线盒引至嵌入式灯具或槽灯的电线应采用金属柔性导管保护，不得裸露；柔性导管与灯具壳体应采用专用接头连接；

4 从接线盒引至灯具的电线截面面积应与灯具要求相匹配且不应小于 1mm²；

5 埋地灯具、水下灯具及室外灯具的接线盒，其防护等级应与灯具的防护等级相同，且盒内导线接头应做防水绝缘处理；

6 安装在人员密集场所的灯具玻璃罩，应有防止其向下溅落的措施；

7 在人行道等人员来往密集场所安装的落地式景观照明灯，当采用表面温度大于 60℃ 的灯具且无围栏防护时，灯具距地面高度应大于 2.5m，灯具的金属构架及金属保护管应分别与保护导体采用焊接或螺栓连接，连接处应设置接地标识；

8 灯具表面及其附件的高温部位靠近可燃物时，应采取隔热、散热防火保护措施。

8.5.4 标志灯安装在疏散走道或通道的地面上时，应符合下列规定：

1 标志灯管线的连接处应密封；

2 标志灯表面应与地面平顺，且不应高于地面 3mm。

8.5.5 电源插座及开关安装应符合下列规定：

1 电源插座接线应正确；

2 同一场所的三相电源插座，其接线的相序应一致；

3 保护接地导体（PE）在电源插座之间不应串联连接；

4 相线与中性导体（N）不得利用电源插座本体的接线端子转接供电；

5 暗装的电源插座面板或开关面板应紧贴墙面或装饰面，导线不得裸露在装饰层内。

8.6 智能化设备安装

8.6.1 智能化设备的安装应牢固、可靠，安装件必须能承受设备的重量及使用、维修时附加的外力。吊装或壁装设备应采取防坠落措施。

8.6.2 在搬动、架设显示屏单元过程中应断开电源和信号连接线缆，严禁带电操作。

8.6.3 大型扬声器系统应单独固定，并应避免扬声器系统工作时引起墙面和吊顶产生共振。

8.6.4 设在建筑物屋顶上的共用天线应采取防止设备或其部件损坏后坠落伤人的安全防护措施。

8.7 布线系统

8.7.1 电缆桥架本体之间的连接应牢固可靠，金属电缆桥架与保护导体的连接应符合下列规定：

　　1 电缆桥架全长不大于 30m 时，不应少于 2 处与保护导体可靠连接；全长大于 30m 时，每隔 20m～30m 应增加一个连接点，起始端和终点端均应可靠接地；

　　2 非镀锌电缆桥架本体之间连接板的两端应跨接保护联结导体，保护联结导体的截面面积应符合设计要求；

　　3 镀锌电缆桥架本体之间不跨接保护联结导体时，连接板每端不应少于 2 个有防松螺帽或防松垫圈的连接固定螺栓。

8.7.2 室外的电缆桥架进入室内或配电箱（柜）时应有防雨水进入的措施，电缆槽盒底部应有泄水孔。

8.7.3 母线槽的金属外壳等外露可导电部分应与保护导体可靠连接，并应符合下列规定：

　　1 每段母线槽的金属外壳间应连接可靠，母线槽全长应不少于 2 处与保护导体可靠连接；

　　2 母线槽的金属外壳末端应与保护导体可靠连接；

　　3 连接导体的材质、截面面积应符合设计要求。

8.7.4 当母线与母线、母线与电器或设备接线端子采用多个螺栓搭接时，各螺栓的受力应均匀，不应使电器或设备的接线端子受额外的应力。

8.7.5 导管敷设应符合下列规定：

　　1 暗敷于建筑物、构筑物内的导管，不应在截面长边小于 500mm 的承重墙体内剔槽埋设。

2 钢导管不得采用对口熔焊连接；镀锌钢导管或壁厚小于或等于 2mm 的钢导管，不得采用套管熔焊连接。

3 敷设于室外的导管管口不应敞口垂直向上，导管管口应在盒、箱内或导管端部设置防水弯。

4 严禁将柔性导管直埋于墙体内或楼（地）面内。

8.7.6 电缆敷设应符合下列规定：

1 并联使用的电力电缆，敷设前应确保其型号、规格、长度相同；

2 电缆在电气竖井内垂直敷设及电缆在大于 45°倾斜的支架上或电缆桥架内敷设时，应在每个支架上固定；

3 电缆出入电缆桥架及配电箱（柜）应固定可靠，其出入口应采取防止电缆损伤的措施；

4 电缆头应可靠固定，不应使电器元器件或设备端子承受额外应力；

5 耐火电缆连接附件的耐火性能不应低于耐火电缆本体的耐火性能。

8.7.7 交流单芯电缆或分相后的每相电缆敷设应符合下列规定：

1 不应单独穿钢导管、钢筋混凝土楼板或墙体；

2 不应单独进出导磁材料制成的配电箱（柜）、电缆桥架等；

3 不应单独用铁磁夹具与金属支架固定。

8.7.8 电线敷设应符合下列规定：

1 同一交流回路的电线应敷设于同一金属电缆槽盒或金属导管内；

2 电线在电缆槽盒内应按回路分段绑扎，电线出入电缆槽盒及配电箱（柜）应采取防止电线损伤的措施；

3 塑料护套线严禁直接敷设在建筑物顶棚内、墙体内、抹灰层内、保温层内、装饰面内或可燃物表面。

8.7.9 导线连接应符合下列规定：

1 导线的接头不应裸露，不同电压等级的导线接头应分别经绝缘处理后设置在各自的专用接线盒（箱）或器具内；

2 截面面积 6mm² 及以下铜芯导线间的连接应采用导线连接器或缠绕搪锡连接；

3 截面面积大于 2.5mm² 的多股铜芯导线与设备、器具、母排的连接，除设备、器具自带插接式端子外，应加装接线端子；

4 导线接线端子与电气器具连接不得采取降容连接。

8.7.10 电线或电缆敷设应有标识，并应符合下列规定：

1 高压线路应设有明显的警示标识；

2 电缆首端、末端、检修孔和分支处应设置永久性标识，直埋电缆应设置标示桩；

3 电力线缆接线端在配电箱（柜）内，应按回路用途做好标识。

8.8 防雷与接地

8.8.1 接闪器必须与防雷专设或专用引下线焊接或卡接器连接。

8.8.2 专设引下线与可燃材料的墙壁或墙体保温层间距应大于 0.1m。

8.8.3 防雷引下线、接地干线、接地装置的连接应符合下列规定：

1 专设引下线之间应采用焊接或螺栓连接，专设引下线与接地装置应采用焊接或螺栓连接；

2 接地装置引出的接地线与接地装置应采用焊接连接，接地装置引出的接地线与接地干线、接地干线与接地干线应采用焊接或螺栓连接；

3 当连接点埋设于地下、墙体内或楼板内时不应采用螺栓连接。

8.8.4 接地干线穿过墙体、基础、楼板等处时应采用金属导管保护。

8.8.5 接地体（线）采用搭接焊时，其搭接长度必须符合下列规定：

    1 扁钢不应小于其宽度的 2 倍，且应至少三面施焊；

    2 圆钢不应小于其直径的 6 倍，且应两面施焊；

    3 圆钢与扁钢连接时，其长度不应小于圆钢直径的 6 倍，且应两面施焊；

    4 扁钢与钢管应紧贴 3/4 钢管表面上下两侧施焊，扁钢与角钢应紧贴角钢外侧两面施焊。

8.8.6 电气设备或电气线路的外露可导电部分应与保护导体直接连接，不应串联连接。

8.8.7 金属电缆支架与保护导体应可靠连接。

8.8.8 严禁利用金属软管、管道保温层的金属外皮或金属网、电线电缆金属护层作为保护导体。

9 检验和验收

9.1 一般规定

9.1.1 当设备、材料、成品和半成品进场后，因产品质量问题有异议或现场无条件做检测时，应送有资质的实验室做检测。

9.1.2 应采用核查、检定或校准等方式，确认用于工程施工验收的检验检测仪器设备满足检验检测要求。

9.2 电气设备检验

9.2.1 高压的电气装置、布线系统以及继电保护系统应做交接试验，且应合格。

9.2.2 高压电动机和 100kW 以上低压电动机应做交接试验且应合格。

9.2.3 低压配电箱（柜）内的剩余电流动作保护电器应按比例在施加额定剩余动作电流（$I_{\Delta n}$）的情况下测试动作时间，且测试值应符合限值要求。

9.2.4 质量大于 10kg 的灯具，固定装置和悬吊装置应按灯具质量的 5 倍恒定均布荷载做强度试验，且不得大于固定点的设计最大荷载，持续时间不得少于 15min。

9.3　智能化系统检测

9.3.1　施工前应检查吊装、壁装设备的各种预埋件的安全性和防腐处理等情况。

9.3.2　公共广播系统的检测应符合下列规定：

　　1　当公共广播系统具有紧急广播功能时，应验证紧急广播具有最高优先权，并应以现场环境噪声为基准，检测紧急广播的信噪比；

　　2　当紧急广播系统具有火灾应急广播功能时，应检查传输线缆、电缆槽盒和导管的防火保护措施。

9.4　线路检测

9.4.1　布线工程施工后，必须进行回路的绝缘电阻检测。

9.4.2　当配电箱（柜）内终端用电回路中，所设过电流保护电器兼作故障防护时，应在回路终端测量接地故障回路阻抗。

9.4.3　接地装置的接地电阻值应经检测合格。

9.5　验收

9.5.1　实行生产许可证或强制性认证的产品，应查验生产许可证或认证的认证范围、有效性及真实性。

9.5.2　施工过程应严格按本规范第 8 章及第 9 章的相关条款施工和检验，并逐项做好检查，安装完成后必须做好相关记录。

9.5.3　高压电气交接试验应由具有专业调试条件的单位完成，并应出具调试报告。

9.5.4　过程验收应在施工单位自检合格的基础上，由建设单位或监理单位组织验收，并做好验收记录。

9.5.5　竣工验收应检查系统运行的符合性、稳定性和安全性，应以资料审查和目视检查为主，以实测实量为辅。

9.5.6　竣工验收时应检查下列工程质量控制记录：

1 设计文件和图纸会审记录及设计变更与工程洽商记录；

2 主要设备、器具、材料的合格证和进场验收记录；

3 隐蔽工程检查记录；

4 电气设备交接试验检验记录；

5 电动机检查（抽芯）记录；

6 接地电阻测试记录；

7 绝缘电阻测试记录；

8 接地故障回路阻抗测试记录；

9 剩余电流动作保护电器测试记录；

10 电气设备空载试运行和负荷试运行记录；

11 各类电源自动切换或通断装置的动作检验记录，EPS/UPS应急持续供电时间记录；

12 灯具固定装置及悬吊装置的载荷强度试验记录；

13 建筑照明通电试运行记录；

14 吊装、壁装智能化设备安装预埋件安全性检查记录；

15 紧急广播系统检测记录；

16 过程验收记录。

9.5.7 竣工验收应抽测下列工程安全和功能检验项目，抽测结果应符合本规范的规定：

1 各类电源自动切换或通断装置动作情况；

2 馈电线路的绝缘电阻；

3 接地故障回路阻抗；

4 开关插座接线的正确性；

5 剩余电流动作保护电器的动作电流和时间。

10 运行维护

10.1 一般规定

10.1.1 建筑电气与智能化系统运行维护工作应符合下列规定：

1 对高压固定电气设备进行运行维护，除进行电气测量外，不得带电作业；

　　2　对低压固定电气设备进行运行维护，当不停电作业时，应采取安全预防措施；

　　3　在易燃、易爆区域内或潮湿场所进行低压电气设备检修或更换时，必须断开电源，不得带电作业；

　　4　不得带电作业的现场，停电后应在操作现场悬挂"禁止合闸、有人工作"标志牌，停送电必须由专人负责。

10.1.2　建筑电气及智能化系统运行维护应建立资料管理制度，并应符合下列规定：

　　1　运行维护资料应包含建筑电气及智能化系统的原始技术资料和动态管理资料；

　　2　原始技术资料在该建筑电气及智能化系统使用期间应长期保存；

　　3　动态管理资料的保存时间不应少于 5 年。

10.2　运行

10.2.1　人员密集场所的建筑电气与智能化系统的运行应制定应急预案。

10.2.2　高压配电室、变压器室、低压配电室、控制室、柴油发电机房、智能化系统机房等的运行应符合下列规定：

　　1　对外出入口应有防止无关人员擅自出入的措施；

　　2　房间内的通道应保持畅通，且房间内除了放置用于操作和维修的用具、设备外不得作其他储存用途；

　　3　设有通风装置的房间应保证其通风装置运行正常。

10.2.3　安装在用户处，用于供电企业结算用的电能计量装置运行应符合下列规定：

　　1　应保持电能计量装置封印完好，装置本身不受损坏或丢失；

　　2　发现电能计量装置故障时，应及时通知供电企业进行处理。

10.2.4 建筑智能化系统的运行应符合下列规定：

1 公共安全系统应连续正常运行，突发情况下系统应能存储数据；

2 建筑能效监管系统应连续正常运行；

3 安装于建筑智能化系统中的网络防火墙和防病毒软件应始终保持运行状态。

10.3 维护

10.3.1 变压器、柴油发电机组、蓄电池组应定期进行维护，并应符合下列规定：

1 作为应急电源的柴油发电机组运行停止后应检查储油箱内的油量报警装置和油量，确保满足应急运行时间要求，油位显示应正常；

2 作为应急电源的蓄电池组应定期做放电测试，以确保满足全部应急负荷的应急供电时间。

10.3.2 剩余电流动作保护电器的维护应符合下列规定：

1 剩余电流动作保护电器投入运行后，应定期进行试验按钮操作，检查其动作特性是否正常；雷击活动期和用电高峰期应增加试验次数；

2 用于手持式电动工具、不连续使用的剩余电流动作保护电器，应在每次使用前进行试验按钮操作；

3 为检验剩余电流动作保护电器在运行中的动作特性及其变化，运行维护单位应配置专用测试仪器，定期做动作特性试验。

10.3.3 公共区域内装有固定浴盆或淋浴的场所、游泳池和其他水池、装有桑拿加热器的房间等特殊场所在运营前应按本规范第4.6.6条～第4.6.9条的规定检查电气安全防护措施。

10.3.4 公共区域电气照明装置以及其他公众可触及的用电设备应定期进行维护。

10.3.5 下列固定电气设备应定期进行检测，当测试结果不满足使用要求时，应进行缺陷修复：

    1 公共娱乐场所、潮湿场所、易燃易爆区域内的低压固定电气设备；

    2 高压固定电气设备。

10.3.6 建筑物防雷装置、接地装置和等电位联结应定期进行维护，建筑物遭受雷击后应增加防雷装置和接地装置的检查、测试，当测试结果不满足使用要求时，应进行缺陷修复。

10.4 维修

10.4.1 建筑电气与智能化系统出现故障时应及时进行维修，具备应急功能的电气与智能化系统在维修期间应采取相应的应急措施。

10.4.2 建筑电气系统在维修过程中，更换元器件应符合下列规定：

    1 更换工作不应危及现有电气装置的安全。

    2 更换电气装置内断路器、熔断器、热继电器、剩余电流保护电器等保护性元器件时必须满足设计要求。

10.4.3 建筑电气与智能化系统遭遇水淹和火灾后，当需要继续使用时，必须进行全面检测，并应根据检测结果进行处理，以实现正常使用。

10.4.4 拆除建筑电气和智能化系统应符合下列规定：

    1 拆除前，拆除部分应与带电部分在电气上进行断开、隔离；

    2 邻近带电部分设备拆除后，应立即对拆除处带电设备外露的带电部分进行电气安全防护；

    3 拆除电容器组、蓄电池组等可能带电的储能设备时应采取安全措施，设备处理应按国家相关规定执行。

五、《组合结构通用规范》GB 55004—2021（节选）

2.0.6 组合结构在建造、使用、拆除过程中应保障工程安全和人身健康，做到节约能源资源及保护环境，并应符合下列规定：

1 钢-混凝土组合构件设计时，应分别按照混凝土浇筑前、浇筑后的组合作用未形成前的工况，对钢构件进行强度、刚度和稳定验算；

2 组合结构施工应采用绿色施工技术，减少施工垃圾；在不同类型结构、不同类型构件之间交叉施工工序中应采取成品保护措施；

3 暴露在公共场景的组合结构连接节点应设置防止螺栓、连接件、附属件等坠落的措施；

4 对手环境温度变化和木材含水率变化引起的木与钢、混凝土、复合材料之间的伸缩差异及其造成的对安全性和耐久性的不利影响，应有对应的控制措施；

5 组合结构在设计工作年限内应保证正常使用并及时维护，减少结构损伤、性能退化与耐久性劣化；

6 组合结构拆除时，拆除的构件、部件、垃圾等应分类收集和处理，钢材、木材、复合材料、混凝土等应做回收和再生利用处理。

6 施工及验收

6.1 施工

6.1.1 钢-混凝土组合结构施工应分析不同材料施工方法和施工顺序对结构的影响。

6.1.2 钢-混凝土的结合部不应出现影响结构安全的混凝土脱空、不密实。

6.1.3 钢构件和混凝土连接处应采取防水、排水构造措施；对钢构件及组合构件防腐、防火涂装应采取成品保护措施。

6.1.4 钢筋安装铺设过程中，严禁损伤钢构件、连接件和栓钉。

6.1.5 钢管混凝土拱肋在钢管上开孔和焊接临时结构时，应经过设计许可，且应采取结构补强措施。当割除施工用临时钢件时，严禁损伤钢管拱肋。

6.1.6 钢-混凝土组合结构中钢筋与钢构件直接焊接时，应进行不同钢种的焊接工艺评定。

6.1.7 木材组合构件在加工、安装过程中应采取防水、防潮和防腐措施。

6.1.8 碳纤维结构施工时应采取防护措施，避免对周围带电设备造成损伤，施工完成后应及时清理现场残留的碳纤维余料。

6.1.9 施工阶段钢-混凝土组合楼板的挠度应按施工荷载计算，其计算值和实测值不应大于板跨度的1/180，且不应大于20mm。

6.2 验收

6.2.1 钢-混凝土组合结构验收应同时覆盖钢构件、钢筋和混凝土等各部分，针对隐蔽工序应采用分段验收的方式。

6.2.2 主体结构及其钢构件中设计要求全焊透的一、二级焊缝内部缺陷检验应采用无损探伤方法，一级焊缝应采用100%的内部缺陷检验，二级焊缝检验比例不应低于20%。

6.2.3 钢-混凝土组合构件施工中，隐蔽工序验收应符合下列规定：

　　1 钢筋、模板安装前，应检验钢构件施工质量；

　　2 混凝土浇筑前，应检验连接件、栓钉和钢筋的施工质量；

　　3 混凝土浇筑后，应检验组合构件的施工质量；

6.2.4 钢管混凝土应进行浇灌混凝土的施工工艺评定，主体结构管内混凝土的浇灌质量应全数检测。

6.2.5 钢-混凝土组合构件中钢筋与钢构件的连接质量验收应符合下列规定：

　　1 采用绕开法连接时，应检验钢筋锚固长度；

　　2 采用开孔法连接时，应检验钢构件上孔洞质量和钢筋锚固长度；

　　3 采用套筒或连接件时，应检验钢筋与套筒或连接件的连接质量；

　　4 钢筋与钢构件直接焊接时，应检验焊接质量。

7 维护与拆除

7.1 维护

7.1.1 组合结构的使用者应根据结构安全等级、结构类型、设计工作年限及使用环境，建立全寿命周期内的结构使用、维护管理制度，并应符合下列规定：

　　1 对于组合结构桥梁，每年应至少进行 1 次安全性和耐久性巡检；

　　2 暴露在公共场景的组合结构高强度螺栓连接节点，每年应至少进行 1 次螺栓安全状态专项检查。

7.1.2 组合结构在使用中发生下列情形之一，应进行检测与鉴定，并根据检测鉴定结果进行处理：

　　1 达到设计工作年限拟继续使用；

　　2 使用用途、环境、条件改变；

　　3 进行结构改造、改建或扩建；

　　4 存在较严重的质量缺陷或出现较严重的腐蚀、变质、损伤、变形等影响安全和使用，出现危及使用安全的情况；

　　5 地震、台风、火灾、洪灾等重大自然灾害发生后，结构及构件受损但仍需继续使用；

　　6 日常检查评估确定应进行检测鉴定。

7.1.3 组合结构中钢结构及钢构件应采取下列防腐、防火保护措施：

　　1 钢构件表面防腐涂层、防火涂层应有检查、养护、维修的技术措施；

　　2 受侵蚀介质作用的结构以及在工作年限内不能重新涂装的结构部位应采取封闭包覆的防护措施；

　　3 结构构造设计应减少积留湿气和灰尘的死角或凹槽；

4 外包混凝土时，应有防止混凝土开裂、渗透的技术措施。

7.2 拆除

7.2.1 组合结构的拆除应经过分析验算，并采用安全绿色拆除技术，确保结构拆除过程中的安全性，减少对周边环境的影响。应采用构件单元化拆除方案，拆除现场不应进行组合构件的解体。

7.2.2 组合结构拆除的分析验算应符合下列规定：

1 拆除应按短暂工况进行结构分析，安全性要求应与施工阶段相同；

2 拆除的每一个阶段均应分析剩余结构的稳定性及安全风险，并调整和确定下一个阶段的拆除方案。

7.2.3 组合结构的拆除施工应符合下列规定：

1 拆除结构的周边建（构）筑物及地下设施应进行保护、防护；

2 对危险物质、有害物质应有排放和处置方案，且应制定应急措施；

3 对再利用的材料和可重复使用材料应制定维护、保护方法和回收方案；

4 不得采取立体交叉作业方案；

5 在封闭空间施工时，应有通风和对外沟通的技术措施；

6 发现不明物体、气体、文物等应立即停止施工，并保护现场；

7 应采取保证剩余结构稳定的措施，局部拆除影响结构安全时，应先加固后拆除。

7.2.4 钢构件和型钢混凝土构件的拆除应根据结构类型划分拆除单元和混凝土破碎单元，拆除过程中应监测拟拆除结构和构件的稳定状态，发现安全隐患时必须停止作业。

六、《建筑与市政工程防水通用规范》GB 55030—2022（节选）

5　施工

5.1　一般规定

5.1.1　防水施工前应依据设计文件编制防水专项施工方案。

5.1.2　雨天、雪天或五级及以上大风环境下，不应进行露天防水施工。

5.1.3　防水材料及配套辅助材料进场时应提供产品合格证、质量检验报告、使用说明书、进场复验报告。防水卷材进场复验报告应包含无处理时卷材接缝剥离强度和搭接缝不透水性检测结果。

5.1.4　防水施工前应确认基层已验收合格，基层质量应符合防水材料施工要求。

5.1.5　铺贴防水卷材或涂刷防水涂料的阴阳角部位应做成圆弧状或进行倒角处理。

5.1.6　防水混凝土施工应符合下列规定：

　　1　运输与浇筑过程中严禁加水；

　　2　应及时进行保湿养护，养护期不应少于14d；

　　3　后浇带部位的混凝土施工前，交界面应做糙面处理，并应清除积水和杂物。

5.1.7　防水卷材最小搭接宽度应符合表5.1.7的规定。

表5.1.7　防水卷材最小搭接宽度（mm）

防水卷材类型	搭接方式	搭接宽度
聚合物改性沥青类防水卷材	热熔法、热沥青	≥100
	自粘搭接（含湿铺）	≥80
合成高分子类防水卷材	胶粘剂、粘结料	≥100
	胶粘带、自粘胶	≥80

续表 5.1.7

防水卷材类型	搭接方式	搭接宽度
合成高分子类 防水卷材	单缝焊	≥60，有效焊接宽度不应小于 25
	双缝焊	≥80，有效焊接宽度 10×2＋空腔宽
	塑料防水板双缝焊	≥100，有效焊接宽度 10×2＋空腔宽

5.1.8 防水卷材施工应符合下列规定：

1 卷材铺贴应平整顺直，不应有起鼓、张口、翘边等现象。

2 同层相邻两幅卷材短边搭接错缝距离不应小于 500mm。卷材双层铺贴时，上下两层和相邻两幅卷材的接缝应错开至少 1/3 幅宽，且不应互相垂直铺贴。

3 同层卷材搭接不应超过 3 层。

4 卷材收头应固定密封。

5.1.9 防水涂料施工应符合下列规定：

1 涂布应均匀，厚度应符合设计要求，且不应起鼓；

2 接槎宽度不应小于 100mm；

3 当遇有降雨时，未完全固化的涂膜应覆盖保护；

4 当设置胎体时，胎体应铺贴平整，涂料应浸透胎体，且胎体不应外露。

5.1.10 管件穿越有防水要求的结构时应设置套管，套管止水环与套管应满焊。穿管后应将套管与管道之间的缝隙填塞密实，端口周边应填塞密封胶。

5.1.11 穿结构管道、埋设件等应在防水层施工前埋设完成。

5.1.12 应在防水层验收合格后进行下一道工序的施工。

5.1.13 中埋式止水带应固定牢固、位置准确，中心线应与截面中心线重合。浇筑和振捣混凝土不应造成止水带移位、脱落，并应对临时外露止水带采取保护措施。

5.1.14 防水层施工完成后，应采取成品保护措施。

5.1.15 防水层施工应采取绿色施工措施，并应符合下列规定：

1 基层清理应采取控制扬尘的措施；

2 基层处理剂和胶粘剂应选用环保型材料；

3 液态防水涂料和粉末状涂料应采用封闭容器存放，余料应及时回收；

4 当防水卷材采用热熔法施工时，应控制燃料泄漏，高温或封闭环境施工，应采取措施加强通风；

5 当防水涂料采用热熔法施工时，应采取控制烟雾措施；

6 当防水涂料采用喷涂施工时，应采取防止化污染的措施；

7 防水工程施工应配备相应的防护用品。

5.2 明挖法地下工程

5.2.1 地下连续墙墙幅接缝渗漏应采取注浆、嵌填等措施进行止水处理。

5.2.2 桩头应涂刷外涂型水泥基渗透结晶型防水材料，涂刷层与大面防水层的搭接宽度不应小于 300mm。防水层应在桩头根部进行密封处理。

5.2.3 有防水要求的地下结构墙体应采用穿墙防水对拉螺杆栓套具。

5.2.4 中埋式止水带施工应符合下列规定：

1 钢板止水带采用焊接连接时应满焊；

2 橡胶止水带应采用热硫化连接，连接接头不应设在结构转角部位，转角部位应呈圆弧状；

3 自粘丁基橡胶钢板止水带自粘搭接长度不应小于 80mm，当采用机械固定搭接时，搭接长度不应小于 50mm；

4 钢边橡胶止水带铆接时，铆接部位应采用自粘胶带密封。

5.2.5 防水卷材施工应符合下列规定：

1 主体结构侧墙和顶板上的防水卷材应满粘，侧墙防水卷材不应竖向倒槎搭接。

2 支护结构铺贴防水卷材施工，应采取防止卷材下滑、脱落的措施；防水卷材大面不应采用钉钉固定；卷材搭接应密实。

3 当铺贴预铺反粘类防水卷材时，自粘胶层应朝向待浇筑混凝土；防粘隔离膜应在混凝土浇筑前撕除。

5.2.6　基坑回填时应采取防水层保护措施。

5.3　暗挖法地下工程

5.3.1　矿山法地下工程防水层应在初期支护结构基本稳定，并经隐蔽工程检验合格后进行施工。

5.3.2　初期支护基层表面应平整、无尖锐凸起。防水层与初期支护之间设置的缓冲层搭接宽度不应小于50mm，并应采用配套的暗钉圈进行固定。

5.3.3　当矿山法隧道采用预铺反粘高分子类防水卷材时，卷材搭接应牢固；采用塑料防水板时，应设置分区注浆系统。

5.3.4　矿山法隧道铺设塑料防水板时，下部防水板应压住上部防水板。塑料防水板施工过程中，应采取防止焊接损伤和机械损伤的措施，并应设专人检查。

5.3.5　盾构法隧道管片的防水密封垫应粘贴牢固、位置准确。

5.3.6　隧道管片螺栓拧紧前，应确保螺栓孔密封圈位置准确，并与螺栓孔沟槽相贴合。

5.4　建筑屋面工程

5.4.1　耐根穿刺防水卷材的施工方法应与耐根穿刺检测报告中注明的施工方法一致。

5.4.2　当屋面坡度大于30％时，施工过程中应采取防滑措施。

5.4.3　施工过程中应采取防止杂物堵塞排水系统的措施。

5.4.4　防水层和保护层施工完成后，屋面应进行淋水试验或雨后观察，檐沟、天沟、雨水口等应进行蓄水试验，并应在检验合格后再进行下一道工序施工。

5.4.5　防水层施工完成后，后续工序施工不应损害防水层，在防水层上堆放材料应采取防护隔离措施。

5.5 建筑外墙工程

5.5.1 外墙防水层的基层应平整、坚实、牢固。

5.5.2 外门窗框与门窗洞口之间的缝隙应填充密实，接缝密封。

5.5.3 砂浆防水层分格缝嵌填密封材料前应清理干净，密封材料应嵌填密实。

5.5.4 装配式混凝土结构外墙板接缝密封防水施工应符合下列规定：

    1 施工前应将板缝空腔清理干净；

    2 板缝空腔应按设计要求填塞背衬材料；

    3 密封材料嵌填应饱满、密实、均匀、连续、表面平滑，厚度应符合设计要求。

5.6 建筑室内工程

5.6.1 管根、地漏与基层交接部位应进行防水密封处理。

5.6.2 墙面装饰层应与防水层粘结牢固。

5.6.3 室内装修改造施工应保证防水层完整，出现损坏时应修补。

5.7 道桥工程

5.7.1 桥梁工程防水层施工，应在基层混凝土强度达到设计强度的80%及以上后进行。

5.7.2 防水施工前，桥面基层混凝土应进行表面粗糙度处理，基层表面的浮灰应清除干净。

5.7.3 桥面防水层应直接铺设在混凝土结构表面，不应在二者间加铺砂浆找平层。

5.8 蓄水类工程

5.8.1 蓄水类工程的混凝土底板、顶板均应连续浇筑。

5.8.2 蓄水类工程的混凝土壁板应分层交圈、连续浇筑。

5.8.3 混凝土结构蓄水类工程在浇筑预留孔洞、预埋管、预埋件及止水带周边混凝土时，应采取保证混凝土密实的措施。

5.8.4 混凝土结构蓄水类工程应在结构施工完成后按照设计要求进行功能性满水试验，满水试验合格后方可进行外设防水层施工。

6 验收

6.0.1 防水工程施工完成后应按规定程序和组织方式进行质量验收。

6.0.2 防水工程验收时，应核验下列文件和记录：

 1 设计施工图、图纸会审记录、设计变更文件；

 2 材料的产品合格证、质量检验报告、进场材料复验报告；

 3 施工方案；

 4 隐蔽工程验收记录；

 5 工程质量检验记录、渗漏水处理记录；

 6 淋水、蓄水或水池满水试验记录；

 7 施工记录；

 8 质量验收记录。

6.0.3 防水工程质量检验合格判定标准应符合表6.0.3的规定。

表6.0.3   防水工程质量检验合格判定标准

工程类型		工程防水类别		
		甲类	乙类	丙类
建筑工程	地下工程	不应有渗水，结构背水面无湿渍	不应有滴漏、线漏，结构背水面可有零星分布的湿渍	不应有线流、漏泥砂，结构背水面可有少量湿渍、流挂或滴漏
	屋面工程	不应有渗水，结构背水面无湿渍	不应有渗水，结构背水面无湿渍	不应有渗水，结构背水面无湿渍
	外墙工程	不应有渗水，结构背水面无湿渍	不应有渗水，结构背水面无湿渍	—
	室内工程	不应有渗水，结构背水面无湿渍	—	—

续表 6.0.3

工程类型		工程防水类别		
		甲类	乙类	丙类
市政工程	地下工程	不应有渗水，结构背水面无湿渍	不应有线漏，结构背水面可有零星分布的湿渍和流挂	不应有线流、漏泥砂，结构背水面可有少量湿渍、流挂或滴漏
	道桥工程	不应有渗水	不应有滴漏、线漏	—
	蓄水类工程	不应有渗水，结构背水面无湿渍	不应有滴漏、线漏，结构背水面可有零星分布的湿渍	不应有线流、漏泥砂，结构背水面可有少量的湿渍、流挂或滴漏

6.0.4 地下工程、建筑屋面、建筑室内、道桥工程等排水系统应通畅。

6.0.5 防水隐蔽工程应留存现场影像资料，形成隐蔽工程验收记录，防水隐蔽工程检验内容应符合表 6.0.5 的规定。

表 6.0.5　隐蔽工程检验内容

工程类型	隐蔽工程检验内容
明挖法地下工程	1　防水层的基层； 2　防水层及附加防水层； 3　防水混凝土结构的施工缝、变形缝、后浇带、诱导缝等接缝防水构造； 4　防水混凝土结构的穿墙管、埋设件、预留通道接头、桩头、格构柱、抗浮锚索（杆）等节点防水构造； 5　基坑的回填
暗挖法地下工程	1　防水层的基层； 2　防水层及附加防水层； 3　二次衬砌结构的施工缝、变形缝等接缝防水构造； 4　二次衬砌结构的穿墙管、埋设件、预留通道接头等节点防水构造； 5　预埋注浆系统； 6　排水系统； 7　预制装配式衬砌接缝密封； 8　顶管、箱涵接头防水

续表 6.0.5

类型	隐蔽工程检验内容
建筑屋面工程	1 防水层的基层； 2 防水层及附加防水层； 3 檐口、檐沟、天沟、水落口、泛水、天窗、变形缝、女儿墙压顶和出屋面设施等节点防水构造
建筑外墙工程	1 防水层的基层； 2 防水层及附加防水层； 3 门窗洞口、雨篷、阳台、变形缝、穿墙管道、预埋件、分格缝及女儿墙压顶、预制构件接缝等节点防水构造
建筑室内工程	1 防水层的基层； 2 防水层及附加防水层； 3 地漏、防水层铺设范围内的穿楼板或穿墙管道及预埋件等节点防水构造
道桥工程	1 防水层的基层； 2 防水层、防水粘结层； 3 沥青混凝土、防水层、混凝土基层之间的粘结； 4 沥青混凝土、防水粘结层、防腐层、钢桥面板之间的粘结； 5 桥面结构缝、桥梁伸缩缝、排水口装置等节点的防水密封构造
蓄水类工程	1 防水层的基层； 2 防水层及附加防水层； 3 混凝土结构水池的变形缝、施工缝、后浇带、穿墙管道、孔口等节点防水构造； 4 池壁、池顶的回填

6.0.6 防水工程检验批质量验收合格应符合下列规定：

1 主控项目的质量应经抽查检验合格。

2 一般项目的质量应经抽查检验合格。有允许偏差值的项目，其抽查点应有 80% 或以上在允许偏差范围内，且最大偏差值不应超过允许偏差值的 1.5 倍。

3 应具有完整的施工操作依据和质量检查记录。

6.0.7 分项工程质量验收合格应符合下列规定：

1 分项工程所含检验批的质量均应验收合格；

2 分项工程所含检验批的质量验收记录应完整。

6.0.8 分部或子分部工程质量验收合格应符合下列规定：

1 所含分项工程的质量均应验收合格；

2 质量控制资料应完整；

3 安全与功能抽样检验应符合本规范第 6.0.3 条和第 6.0.4 条的规定；

4 观感质量应合格。

6.0.9 有降水要求的地下工程应在停止降水三个月后进行防水工程质量检验；无降水要求的暗挖法地下工程应在二次衬砌结构完成后进行防水工程质量检验。

6.0.10 建筑屋面工程在屋面防水层和节点防水完成后，应进行雨后观察或淋水、蓄水试验，并应符合下列规定：

1 采用雨后观察时，降雨应达到中雨量级标准；

2 采用淋水试验时，持续淋水时间不应少于 2h；

3 檐沟、天沟、雨水口等应进行蓄水试验，其最小蓄水高度不应小于 20mm，蓄水时间不应少于 24h。

6.0.11 建筑外墙工程墙面防水层和节点防水完成后应进行淋水试验，并应符合下列规定：

1 持续淋水时间不应少于 30min；

2 仅进行门窗等节点部位防水的建筑外墙，可只对门窗等节点进行淋水试验。

6.0.12 建筑室内工程在防水层完成后，应进行淋水、蓄水试验，并应符合下列规定：

1 楼、地面最小蓄水高度不应小于 20mm，蓄水时间不应少于 24h；

2 有防水要求的墙面应进行淋水试验，淋水时间不应小于 30min；

3 独立水容器应进行满池蓄水试验，蓄水时间不应少于 24h；

4 室内工程厕浴间楼地面防水层和饰面层完成后，均应进行蓄水试验。

6.0.13 混凝土结构蓄水类工程完工后，应进行水池满池蓄水试验，蓄水时间不应少于 24h。

7　运行维护

7.1　一般规定

7.1.1　建筑或市政工程使用说明书和质量保证书应包含防水工程的保修责任、保修范围和保修期限等。

7.1.2　应保存与防水工程相关的竣工图纸和技术资料，保存期限不应少于工程防水设计工作年限。运行维护单位更替时，相关资料和图纸应同时移交。

7.1.3　应按规定核对交工资料中与防水工程相关的技术资料，确保齐全和准确，当发现问题时，应提请建设单位处理。

7.1.4　保修期满后，应对防水工程的总体情况进行检查。防水工程达到设计工作年限时应进行防水功能技术评审。

7.2　管理

7.2.1　应建立防水工程维护管理制度，并应定期巡检和维护。

7.2.2　地下工程和蓄水类工程应建立渗漏应急预案。

7.2.3　工程发生渗漏时，应进行现场勘查、确定渗漏原因、制定维修方案，并应在治理完成后进行专项验收。

7.2.4　应建立防水维修档案，保证维修质量可追溯。

7.2.5　维修后防水层的防水性能、整体强度、与下层粘结强度和耐久性等指标应满足设计要求。

7.3　维护

7.3.1　建筑与市政工程使用期间应确保排水通道通畅且不应损伤防水系统。

7.3.2　防水工程维修用材料和工艺之间不应产生有害的物理和化学作用。

7.3.3　现场防水维护或维修作业，应制定高空作业、动火和有限空间作业的安全质量保证措施。阵风5级及以上时，不应进行户外高空作业及动火作业。

7.3.4 渗漏水治理使用的材料应符合环保要求。

七、《建筑给水排水与节水通用规范》GB 55020—2021（节选）

8 施工及验收

8.1 一般规定

8.1.1 建筑给水排水与节水工程与相关工种、工序之间应进行工序交接，并形成记录。

8.1.2 建筑给水排水节水工程所使用的主要材料和设备应具有中文质量证明文件、性能检测报告，进场时应做检查验收。

8.1.3 生活饮用水系统的涉水产品应满足卫生安全的要求。

8.1.4 用水器具和设备应满足节水产品的要求。

8.1.5 设备和器具在施工现场运输、保管和施工过程中，应采取防止损坏的措施。

8.1.6 隐蔽工程在隐蔽前应经各方验收合格并形成记录。

8.1.7 阀门安装前，应检查阀门的每批抽样强度和严密性试验报告。

8.1.8 地下室或地下构筑物外墙有管道穿过时，应采取防水措施。对有严格防水要求的建筑物，应采用柔性防水套管。

8.1.9 给水、排水、中水、雨水回用及海水利用管道应有不同的标识，并应符合下列规定：

    1 给水管道应为蓝色环；

    2 热水供水管道应为黄色环、热水回水管道应为棕色环；

    3 中水管道、雨水回用和海水利用管道应为淡绿色环；

    4 排水管道应为黄棕色环。

8.2 施工与安装

8.2.1 给水排水设施应与建筑主体结构或其基础、支架牢靠固定。

8.2.2 重力排水管道的敷设坡度必须符合设计要求，严禁无坡或倒坡。

8.2.3 管道安装时管道内外和接口处应清洁无污物，安装过程中应严防施工碎屑落入管中，管道接口不得设置在套管内，施工中断和结束后应对敞口部位采取临时封堵措施。

8.2.4 建筑中水、雨水回用、海水利用管道严禁与生活饮用水管道系统连接。

8.2.5 地下构筑物（罐）的室外人孔应采取防止人员坠落的措施。

8.2.6 水处理构筑物的施工作业面上应设置安全防护栏杆。

8.2.7 施工完毕后的贮水调蓄、水处理等构筑物必须进行满水试验，静置 24h 观察，应不渗不漏。

8.3　调试与验收

8.3.1 给水排水与节水工程调试应在系统施工完成后进行，并应符合下列规定：

　　1 水池（箱）应按设计要求储存水量；

　　2 系统供电正常；

　　3 水泵等设备单机及并联试运行应符合设计要求；

　　4 阀门启闭应灵活；

　　5 管道系统工作应正常。

8.3.2 给水管道应经水压试验合格后方可投入运行。水压试验应包括水压强度试验和严密性试验。

8.3.3 污水管道及湿陷土、膨胀土、流砂地区等的雨水管道，必须经严密性试验合格后方可投入运行。

8.3.4 建筑中水、雨水回用、海水利用等非传统水源管道验收时，应逐段检查是否与生活饮用水管道混接。

8.3.5 经返修或加固处理仍不能满足安全或使用要求的分部工程及单位工程，严禁验收。

8.3.6 预制直埋保温管接头安装完成后，必须全部进行气密性检验。

8.3.7 生活给水、热水系统及游泳池循环给水系统的管道和设备在交付使用前必须冲洗和消毒，生活饮用水系统的水质应进行见证取样检验，水质应符合现行国家标准《生活饮用水卫生标准》GB 5749 的规定。

9　运行维护

9.1　一般规定

9.1.1 建筑给水排水与节水工程投入使用后，应进行维护管理。

9.1.2 建筑给水排水与节水设施应进行日常巡检，并应定期实施保养与维修，保证系统正常运行。

9.1.3 供水设施因检修停运，应提前 24h 发出通告。

9.2　水质检测

9.2.1 生活饮用水、集中生活热水系统及游泳池正常运行后应建立完整、准确的水质检测档案。

9.2.2 当对游泳池及休闲设施的池水进行余氯检测时，不得使用致癌物试剂。

9.2.3 非传统水源用于冲厕用水、冷却补水、娱乐性景观用水时，应对非传统水源的水质进行检测。

9.3　管道及附配件

9.3.1 应定期全面检查金属管道腐蚀情况，发现锈蚀应及时做修复和防腐处理。

9.3.2 应定期检查并确保所有管道阀件正常工作。当不能满足功能要求时，应及时更换。

9.3.3 每年在雨季前应对屋面雨水斗和排水管道做全面检查。

9.3.4 应对用于结算的计量水表在使用中进行强制检定并定期

更换。

9.3.5 应定期向不经常排水的设有水封的排水附件补水。

9.4 设备运行维护

9.4.1 生活饮用水供水设备检修完成后,应放水试运行,直至放水口的水质符合现行国家标准《生活饮用水卫生标准》GB 5749的要求后,才能向管道系统供水。

9.4.2 维修给水排水设备时,应采取断电、警示等安全措施。

9.4.3 每年雨季前应对雨水提升泵进行检查,并应保证设备正常工作。

9.5 储水设施、设备间和构筑物

9.5.1 生活用水贮水箱(池)应定期进行清洗消毒,且生活饮用水箱(池)每半年清洗消毒不应少于1次。

9.5.2 生活饮用水供水泵房、水箱间和水质净化设备间应有专人管理和监控。

9.5.3 突发事件造成生活饮用水水质污染的,应经清洗、消毒,重新注水后,对水质进行检测,水质达到现行国家标准《生活饮用水卫生标准》GB 5749的要求后方可投入使用。

9.5.4 给水排水设备间严禁存放易燃、易爆物品。生活饮用水供水泵房、水箱间和管道直饮水设备间内应保持整洁,严禁堆放杂物。

9.5.5 水处理设备加药间、药剂贮存间应设专人管理,对接触和使用化学品的人员应进行专业培训。

9.5.6 化粪池(生化池)应进行维护管理,定期清淤,保证安全运行。维护管理时应采取保证人员安全的措施。

9.5.7 应加强对雨水调蓄池等设施的日常检查和维护保养。严禁向雨水收集口及周边倾倒垃圾和生活污、废水。

9.5.8 游泳池及休闲设施的池水发生严重异常情况时,应关闭设施停止运行,并应采取相关处理措施。

八、《建筑节能与可再生能源利用通用规范》GB 55015—2021(节选)

6　施工、调试及验收

6.1　一般规定

6.1.1　建筑节能工程采用的材料、构件和设备，应在施工进场进行随机抽样复验，复验应为见证取样检验。当复验结果不合格时，工程施工中不得使用。

6.1.2　建筑设备系统和可再生能源系统工程施工完成后，应进行系统调试；调试完成后，应进行设备系统节能性能检验并出具报告。受季节影响未进行的节能性能检验项目，应在保修期内补做。

6.1.3　建筑节能工程质量验收合格，应符合下列规定：

　　1　建筑节能各分项工程应全部合格；

　　2　质量控制资料应完整；

　　3　外墙节能构造现场实体检验结果应对照图纸进行核查，并符合要求；

　　4　建筑外窗气密性能现场实体检验结果应对照图纸进行核查，并符合要求；

　　5　建筑设备系统节能性能检测结果应合格；

　　6　太阳能系统性能检测结果应合格。

6.1.4　建筑节能验收时应对下列资料进行核查：

　　1　设计文件、图纸会审记录、设计变更和洽商；

　　2　主要材料、设备、构件的质量证明文件、进场检验记录、进场复验报告、见证试验报告；

　　3　隐蔽工程验收记录和相关图像资料；

　　4　分项工程质量验收记录；

　　5　建筑外墙节能构造现场实体检验报告或外墙传热系数检验报告；

6 外窗气密性能现场检验记录；

7 风管系统严密性检验记录；

8 设备单机试运转调试记录；

9 设备系统联合试运转及调试记录；

10 分部（子分部）工程质量验收记录；

11 设备系统节能性和太阳能系统性能检测报告。

6.1.5 既有建筑节能改造工程施工完成后，应进行节能工程质量验收，并应对节能量进行评估。

6.2 围护结构

6.2.1 墙体、屋面和地面节能工程采用的材料、构件和设备施工进场复验应包括下列内容：

1 保温隔热材料的导热系数或热阻、密度、压缩强度或抗压强度、吸水率、燃烧性能（不燃材料除外）及垂直于板面方向的抗拉强度（仅限墙体）；

2 复合保温板等墙体节能定型产品的传热系数或热阻、单位面积质量、拉伸粘结强度及燃烧性能（不燃材料除外）；

3 保温砌块等墙体节能定型产品的传热系数或热阻、抗压强度及吸水率；

4 墙体及屋面反射隔热材料的太阳光反射比及半球发射率；

5 墙体粘结材料的拉伸粘结强度；

6 墙体抹面材料的拉伸粘结强度及压折比；

7 墙体增强网的力学性能及抗腐蚀性能。

6.2.2 建筑幕墙（含采光顶）节能工程采用的材料、构件和设备施工进场复验应包括下列内容：

1 保温隔热材料的导热系数或热阻、密度、吸水率及燃烧性能（不燃材料除外）；

2 幕墙玻璃的可见光透射比、传热系数、太阳得热系数及中空玻璃的密封性能；

3 隔热型材的抗拉强度及抗剪强度；

4 透光、半透光遮阳材料的太阳光透射比及太阳光反射比。

6.2.3 门窗（包括天窗）节能工程施工采用的材料、构件和设备进场时，除核查质量证明文件、节能性能标识证书、门窗节能性能计算书及复验报告外，还应对下列内容进行复验：

1 严寒、寒冷地区门窗的传热系数及气密性能；

2 夏热冬冷地区门窗的传热系数、气密性能，玻璃的太阳得热系数及可见光透射比；

3 夏热冬暖地区门窗的气密性能，玻璃的太阳得热系数及可见光透射比；

4 严寒、寒冷、夏热冬冷和夏热冬暖地区透光、部分透光遮阳材料的太阳光透射比、太阳光反射比及中空玻璃的密封性能。

6.2.4 墙体、屋面和地面节能工程的施工质量，应符合下列规定：

1 保温隔热材料的厚度不得低于设计要求；

2 墙体保温板材与基层之间及各构造层之间的粘结或连接必须牢固；保温板材与基层的连接方式、拉伸粘结强度和粘结面积比应符合设计要求；保温板材与基层之间的拉伸粘结强度应进行现场拉拔试验，且不得在界面破坏；粘结面积比应进行剥离检验；

3 当墙体采用保温浆料做外保温时，厚度大于 20mm 的保温浆料应分层施工；保温浆料与基层之间及各层之间的粘结必须牢固，不应脱层、空鼓和开裂；

4 当保温层采用锚固件固定时，锚固件数量、位置、锚固深度、胶结材料性能和锚固力应符合设计和施工方案的要求；

5 保温装饰板的装饰面板应使用锚固件可靠固定，锚固力应做现场拉拔试验；保温装饰板板缝不得渗漏。

6.2.5 外墙外保温系统经耐候性试验后，不得出现空鼓、剥落或脱落、开裂等破坏，不得产生裂缝出现渗水；外墙外保温系统拉伸粘结强度应符合表 6.2.5 的规定，并且破坏部位应位于保温层内。

6.2.6 胶粘剂拉伸粘结强度应符合表 6.2.6 的规定，胶粘剂与保温板的粘结在原强度、浸水 48h 后干燥 7d 的耐水强度条件下发生破坏时，破坏部位应位于保温板内。

6.2.7 抹面胶浆拉伸粘结强度应符合表 6.2.7 的规定，抹面胶浆与保温材料的粘结在原强度、浸水 48h 后干燥 7d 的耐水强度条件下发生破坏时，破坏部位应位于保温材料内。

6.2.8 玻纤网的主要性能应符合表 6.2.8 的规定。

表 6.2.8　玻纤网主要性能要求

检验项目	性能要求
单位面积质量	≥160g/m²
耐碱断裂强力(经、纬向)	≥1000N/50mm
耐碱断裂强力保留率(经、纬向)	≥50%
断裂伸长率(经、纬向)	≤5.0%

6.2.9 外墙采用预置保温板现场浇筑混凝土墙体时，保温板的安装位置应正确、接缝严密；保温板应固定牢固，在浇筑混凝土过程中不应移位、变形；保温板表面应采取界面处理措施，与混凝土粘结应牢固。采用预制保温墙板现场安装的墙体，保温墙板的结构性能、热工性能必须合格，与主体结构连接必须牢固；保温墙板板缝不得渗漏。

6.2.10 外墙外保温采用保温装饰板时，保温装饰板的安装构造、与基层墙体的连接方法应对照图纸进行核查，连接必须牢固；保温装饰板的板缝处理、构造节点不得渗漏；保温装饰板的锚固件应将保温装饰板的装饰面板固定牢固。

6.2.11 外墙外保温工程中防火隔离带，应符合下列规定：

　　1 防火隔离带保温材料应与外墙外保温组成材料相配套；

　　2 防火隔离带应采用工厂预制的制品现场安装，并应与基层墙体可靠连接，且应能适应外保温系统的正常变形而不产生渗透、裂缝和空鼓；防火隔离带面层材料应与外墙外保温一致；

3 外墙外保温系统的耐候性能试验应包含防火隔离带。

6.2.12 外墙和毗邻不供暖空间墙体上的门窗洞口四周墙的侧面，以及墙体上凸窗四周的侧面，应按设计要求采取节能保温措施。严寒和寒冷地区外墙热桥部位，应采取隔断热桥措施，并对照图纸核查。

6.2.13 建筑门窗、幕墙节能工程应符合下列规定：

1 外门窗框或附框与洞口之间、窗框与附框之间的缝隙应有效密封；

2 门窗关闭时，密封条应接触严密；

3 建筑幕墙与周边墙体、屋面间的接缝处应采用保温措施，并应采用耐候密封胶等密封。

6.2.14 建筑围护结构节能工程施工完成后，应进行现场实体检验，并符合下列规定：

1 应对建筑外墙节能构造包括墙体保温材料的种类、保温层厚度和保温构造做法进行现场实体检验。

2 下列建筑的外窗应进行气密性能实体检验：

    1) 严寒、寒冷地区建筑；

    2) 夏热冬冷地区高度大于或等于 24m 的建筑和有集中供暖或供冷的建筑；

    3) 其他地区有集中供冷或供暖的建筑。

6.3 建筑设备系统

6.3.1 供暖通风空调系统节能工程采用的材料、构件和设备施工进场复验应包括下列内容：

1 散热器的单位散热量、金属热强度；

2 风机盘管机组的供冷量、供热量、风量、水阻力、功率及噪声；

3 绝热材料的导热系数或热阻、密度、吸水率。

6.3.2 配电与照明节能工程采用的材料、构件和设备施工进场复验应包括下列内容：

    1 照明光源初始光效；

    2 照明灯具镇流器能效值；

    3 照明灯具效率或灯具能效；

    4 照明设备功率、功率因数和谐波含量值；

    5 电线、电缆导体电阻值。

6.3.3 建筑设备系统安装前，应对照图纸对建筑设备能效指标进行核查。

6.3.4 空调与供暖系统水力平衡装置、热计量装置及温度调控装置的安装位置和方向应符合设计要求，并应便于数据读取、操作、调试和维护。

6.3.5 供暖系统安装的温度调控装置和热计量装置，应满足分室（户或区）温度调控、热计量功能。

6.3.6 低温送风系统风管安装过程中，应进行风管系统的漏风量检测；风管系统漏风量应符合表 6.3.6 的规定。

表 6.3.6　风管系统允许漏风量

风管类别	允许漏风量[m³/(h·m²)]
低压风管	$\leqslant 0.1056P^{0.65}$
中压风管	$\leqslant 0.0352P^{0.65}$

6.3.7 变风量末端装置与风管连接前，应做动作试验，确认运行正常后再进行管道连接。变风量空调系统安装完成后，应对变风量末端装置风量准确性、控制功能及控制逻辑进行验证，验证结果应对照设计图纸和资料进行核查。

6.3.8 供暖空调系统绝热工程施工应在系统水压试验和风管系统严密性检验合格后进行，并应符合下列规定：

    1 绝热材料性能及厚度应对照图纸进行核查；

    2 绝热层与管道、设备应贴合紧密且无缝隙；

    3 防潮层应完整，且搭接缝应顺水；

    4 管道穿楼板和穿墙处的绝热层应连续不间断；

    5 阀门、过滤器、法兰部位的绝热应严密，并能单独拆卸，且不得影响其操作功能；

　　6　冷热水管道及制冷剂管道与支、吊架之间应设置绝热衬垫，其厚度不应小于绝热层厚度。

6.3.9　空调与供暖系统冷热源和辅助设备及其管道和管网系统安装完毕后，应按下列规定进行系统的试运转与调试：

　　1　冷热源和辅助设备应进行单机试运转与调试；

　　2　冷热源和辅助设备应进行控制功能和控制逻辑的验证；

　　3　冷热源和辅助设备应同建筑物室内空调系统或供暖系统进行联合试运转与调试。

6.3.10　供暖、通风与空调系统以及照明系统的节能控制措施应对照图纸进行核查。

6.3.11　监测与控制节能工程的传感器和执行机构，其安装位置、方式应对照图纸进行核查；预留的检测孔位置在管道保温时应做明显标识。

6.3.12　当建筑面积大于 $100000m^2$ 的公共建筑采用集中空调系统时，应对空调系统进行调适。

6.3.13　建筑设备系统节能性能检测应符合下列规定：

　　1　冬季室内平均温度不得低于设计温度 2℃，且不应高于 1℃；夏季室内平均温度不得高于设计温度 2℃，且不应低于 1℃；

　　2　通风、空调（包括新风）系统的总风量与设计风量的允许偏差不应大于 10%；

　　3　各风口的风量与设计风量的允许偏差不应大于 15%；

　　4　空调机组的水流量允许偏差，定流量系统不应大于 15%，变流量系统不应大于 10%；

　　5　空调系统冷水、热水、冷却水的循环流量与设计流量的允许偏差不应大于 10%；

　　6　室外供暖管网水力平衡度为 0.9~1.2；

　　7　室外供暖管网热损失率不应大于 10%；

　　8　照度不应低于设计值的 90%，照明功率密度不应大于设计值。

6.4　可再生能源应用系统

6.4.1　太阳能系统节能工程采用的材料、构件和设备施工进场复验应包括下列内容：

　　1　太阳能集热器的安全性能及热性能；

　　2　太阳能光伏组件的发电功率及发电效率；

　　3　保温材料的导热系数或热阻、密度、吸水率。

6.4.2　浅层地埋管换热系统的安装应符合下列规定：

　　1　地埋管与环路集管连接应采用热熔或电熔连接，连接应严密且牢固；

　　2　竖直地埋管换热器的 U 形弯管接头应选用定型产品；

　　3　竖直地埋管换热器 U 形管的开口端部应密封保护；

　　4　回填应密实；

　　5　地埋管换热系统水压试验应合格。

6.4.3　地下水源热泵的热源井应进行抽水试验和回灌试验，并应单独验收，其持续出水量和回灌量应稳定，且应对照图纸核查；抽水试验结束前应在抽水设备的出口处采集水样进行水质和含砂量测定，水质和含砂量应满足系统设备的使用要求。

6.4.4　太阳能系统的施工安装不得破坏建筑物的结构、屋面、地面防水层和附属设施，不得削弱建筑物在寿命期内承受荷载的能力。

6.4.5　太阳能集热器和太阳能光伏电池板的安装方位角和倾角应对照设计要求进行核查，安装误差应在±3°以内。

6.4.6　太阳能系统性能检测应符合下列规定：

　　1　应对太阳能热利用系统的太阳能集热系统得热量、集热效率、太阳能保证率进行检测，检测结果应对照设计要求进行核查；

　　2　应对太阳能光伏发电系统年发电量和组件背板最高工作温度进行检测，检测结果应对照设计要求进行核查。

7　运行管理

7.1　运行维护

7.1.1　建筑的运行与维护应建立节能管理制度及设备系统节能运行操作规程。

7.1.2　公共建筑运行期间室内设定温度,冬季不得高于设计值2℃,夏季不得低于设计值2℃;对作息时间固定的建筑,在非使用时间内应降低空调运行温湿度和新风控制标准或停止运行空调系统。

7.1.3　对供冷供热系统,应根据实际冷热负荷变化制定调节供冷供热量的运行方案及操作规程。对可再生能源与常规能源结合的复合式能源系统,应根据实际运行状况制定实现全年可再生能源优先利用的运行方案及操作规程。

7.1.4　集中空调系统应根据实际运行状况制定过渡季节能运行方案及操作规程;对人员密集的区域,应根据实际需求制定新风量调节方案及操作规程。

7.1.5　对排风能量回收系统,应根据实际室内外空气参数,制定能量回收装置节能运行方案及操作规程。

7.1.6　暖通空调系统运行中,应监测和评估水力平衡和风量平衡状况;当不满足要求时,应进行系统平衡调试。

7.1.7　太阳能集热系统停止运行时,应采取有效措施防止太阳能集热系统过热。

7.1.8　地下水地源热泵系统投入运行后,应对抽水量、回灌量及其水质进行定期监测。

7.1.9　建筑节能及相关设备与系统维护应符合下列规定:

　　1　应按节能要求对排风能量回收装置、过滤器、换热表面等影响设备及系统能效的设备和部件定期进行检查和清洗;

　　2　应对设备及管道绝热设施定期进行维护和检查;

　　3　应对自动控制系统的传感器、变送器、调节器和执行器等基本元件进行日常维护保养，并应按工况变化调整控制模式和设定参数。

7.1.10　太阳能集热系统检查和维护，应符合下列规定：

　　1　太阳能集热系统冬季运行前，应检查防冻措施；并应在暴雨，台风等灾害性气候到来之前进行防护检查及过后的检查维修；

　　2　雷雨季节到来之前应对太阳能集热系统防雷设施的安全性进行检查；

　　3　每年应对集热器检查至少一次，集热器及光伏组件表面应保持清洁。

7.1.11　建筑外围护结构应定期进行检查。当外墙外保温系统出现渗漏、破损、脱落现象时，应进行修复。

7.2　节能管理

7.2.1　建筑能源系统应按分类、分区、分项计量数据进行管理；可再生能源系统应进行单独统计。建筑能耗应以一个完整的日历年统计。能耗数据应纳入能耗监督管理系统平台管理。

7.2.2　建筑能耗统计应包括下列内容：

　　1　建筑耗电量；

　　2　耗煤量、耗气量或耗油量；

　　3　集中供热耗热量；

　　4　集中供冷耗冷量；

　　5　可再生能源利用量。

7.2.3　公共建筑运行管理应如实记录能源消费计量原始数据，并建立统计台账。能源计量器具应在校准有效期内，保证统计数据的真实性和准确性。

7.2.4　建筑能效标识，应以单栋建筑为对象。标识应包括下列内容：

　　1　建筑基本信息；

　　2　建筑能效标识等级及相对节能率；

3 新技术应用情况；

4 建筑能效实测评估结果。

7.2.5 对于 20000m² 及以上的大型公共建筑，应建立实际运行能耗比对制度，并依据比对结果采取相应改进措施。

7.2.6 实施合同能源管理的项目，应在合同中明确节能量和室内环境参数的量化目标和验证方法。

九、《砌体结构通用规范》GB 55007—2021（节选）

2.0.1 砌体强度应按砌体标准试验方法进行砌体试验。并应明确试验的施工质量控制等级，且应采用数理统计分析方法确定砌体强度的平均值、变异系数及标准值。

2.0.4 砌体强度设计值应通过砌体强度标准值除以砌体结构的材料性能分项系数计算确定，并应按施工质量控制等级确定砌体结构的材料性能分项系数。施工质量控制等级为 A 级、B 级和 C 级时，材料性能分项系数应分别取 1.5、1.6 和 1.8。

2.0.5 满足 50 年设计工作年限要求的块材碳化系数和软化系数均不应小于 0.85，软化系数小于 0.9 的材料不得用于潮湿环境、冻融环境和化学侵蚀环境下的承重墙体。

2.0.6 砌体结构应布置合理、受力明确、传力途径合理，并应保证砌体结构的整体性和稳定性。

2.0.7 砌体结构施工质量控制等级应根据现场质量管理水平、砂浆与混凝土质量控制、砂浆拌合工艺、砌筑工人技术等级四个要素从高到低分为 A、B、C 三级，设计工作年限为 50 年及以上的砌体结构工程，应为 A 级或 B 级。

2.0.8 砌体结构所处的环境类别应依据气候条件及结构的使用环境条件按表 2.0.8 分类。

表 2.0.8　使用环境分类表

环境类别	环境名称	环境条件
1	干燥环境	干燥室内、外环境；室外有防水防护环境

续表 2.0.8

环境类别	环境名称	环境条件
2	潮湿环境	潮湿室内或室外环境,包括与无侵蚀性土和水接触的环境
3	冻融环境	寒冷地区潮湿环境
4	氯腐蚀环境	与海水直接接触的环境,或处于滨海地区的盐饱和的气体环境
5	化学侵蚀环境	有化学侵蚀的气体、液体或固态形式的环境,包括有侵蚀性土壤的环境

2.0.9 砌体结构应选择满足工程耐久性要求的材料,建筑与结构构造应有利于防止雨雪、湿气和侵蚀性介质对砌体的危害。

2.0.10 环境类别为 2 类~5 类条件下砌体结构的钢筋应采取防腐处理或其他保护措施。

2.0.11 环境类别为 4 类、5 类条件下的砌体结构应采取抗侵蚀和耐腐蚀措施。

5 施工及验收

5.1 施工

5.1.1 非烧结块材砌筑时,应满足块材砌筑上墙后的收缩性控制要求。

5.1.2 砌筑前需要湿润的块材应对其进行适当浇(喷)水,不得采用干砖或吸水饱和状态的砖砌筑。

5.1.3 砌体砌筑时,墙体转角处和纵横交接处应同时咬槎砌筑;砖柱不得采用包心砌法;带壁柱墙的壁柱应与墙身同时咬槎砌筑;临时间断处应留样砌筑;块材应内外搭砌、上下错缝砌筑。

5.1.4 砌体中的洞口、沟槽和管道等应按照设计要求留出和预埋。

5.1.5 砌筑砂浆应进行配合比设计和试配。当砌筑砂浆的组成材料有变更时，其配合比应重新确定。

5.1.6 砌筑砂浆用水泥、预拌砂浆及其他专用砂浆，应考虑其储存期限对材料强度的影响。

5.1.7 现场拌制砂浆时，各组分材料应采用质量计量。砌筑砂浆拌制后在使用中不得随意掺入其他胶粘剂、骨料、混合物。

5.1.8 冬期施工所用的石灰膏、电石膏、砂、砂浆、块材等应防止冻结。

5.1.9 砌体与构造柱的连接处以及砌体抗震墙与框架柱的连接处均应采用先砌墙后浇柱的施工顺序，并应按要求设置拉结钢筋；砖砌体与构造柱的连接处应砌成马牙槎。

5.1.10 承重墙体使用的小砌块应完整、无破损、无裂缝。

5.1.11 采用小砌块砌筑时，应将小砌块生产时的底面朝上反砌于墙上。施工洞口预留直槎时，应对直槎上下搭砌的小砌块孔洞采用混凝土灌实。

5.1.12 砌体结构的芯柱混凝土应分段浇筑并振捣密实。并应对芯柱混凝土浇灌的密实程度进行检测，检测结果应满足设计要求。

5.1.13 砌体挡土墙泄水孔应满足泄排水要求。

5.1.14 填充墙的连接构造施工应符合设计要求。

5.2 砌体结构检测

5.2.1 对新建砌体结构，当遇到下列情况之一时，应检测砌筑砂浆强度、块材强度或砌体的抗压、抗剪强度：

  1 砂浆试块缺乏代表性或数量不足；

  2 砂浆试块强度的检验结果不满足设计要求；

  3 对块材或砂浆试块的检验结果有怀疑或争议；

  4 对施工质量有怀疑或争议，需进一步分析砂浆、块材或砌体的强度；

  5 发生工程事故，需进一步分析事故原因。

5.2.2 砌体结构检测应根据检测项目的特点、检测目的确定检测对象和检测的数量，抽样部位应具有代表性。

5.2.3 选用新研制的砌体结构现场检测方法时，应符合下列规定：

1 强度测试公式所依据的试验散点图，其横坐标应包括不少于有差异的 5 组数据点；

2 强度测试曲线的相关系数（或相关指数）不应小于 0.85；

3 强度测试曲线适用范围的上、下限不得在试验数据的基础上外推；

4 应进行再现性和重复性试验；

5 应有工程的试点应用经验。

5.3　验收

5.3.1 单位工程的砌体结构质量验收资料应满足工程整体验收的要求。当单位工程的砌体结构质量验收部分资料缺失时，应进行相应的实体检验或抽样试验。

5.3.2 砌体结构工程施工质量应满足设计要求，施工质量验收尚应包括以下内容：

1 水泥的强度及安定性评定；

2 块材、砂浆、混凝土的强度评定；

3 钢筋的品种、规格、数量和设置部位；

4 砌体水平灰缝和竖向灰缝的砂浆饱满度；

5 砌体的转角处、交接处、构造柱马牙槎砌筑质量；

6 挡土墙泄水孔质量；

7 与主体结构连接的后植钢筋轴向受拉承载力。

5.3.3 对有可能影响结构安全性的砌体裂缝，应进行检测鉴定，需返修或加固处理的，待返修或加固处理满足使用要求后进行二次验收。

6　维护与拆除

6.0.1　应对砌体结构风化、渗漏、裂缝及损伤的部位进行检查及维修。

6.0.2　砌体结构拆除过程中应采取措施减小对块材的损伤。

6.0.3　拆下的块材用于建造砌体结构时，应符合下列规定：

　　1　不应使用裂缝或风化的块材；

　　2　应对块材取样送检，根据检测结果确定使用部位。

十、《木结构通用规范》GB 55005—2021（节选）

2　基本规定

2.0.3　在设计工作年限内，木结构性能应符合下列规定：

　　1　能够承受在正常施工和正常使用过程中可能出现的各种作用；

　　2　能够满足结构和结构构件的预定使用要求；

　　3　材料的耐久性应满足抵抗自身和自然环境双重因素长期破坏作用的能力；

　　4　当发生火灾时，结构应在规定的时间内保持足够的承载力和整体稳固性；

　　5　当发生可能遭遇的爆炸、撞击、罕遇地震、人为错误等偶然事件时，结构应保持整体稳固性。

2.0.4　在设计工作年限内，木结构使用维护应符合下列规定：

　　1　未经技术鉴定或设计许可，不应改变设计规定的功能和使用条件；

　　2　对可能影响主体结构安全性和耐久性的事项，应建立定期检测、维护制度；

　　3　按设计规定必须更换的构件、节点、支座、锚具、部件等应及时进行更换；

　　4　构件表面的防护层，应按规定进行维护或更换；

　　5　结构及构件、节点及支座等出现可见的变形和耐久性缺陷时，应及时进行修复加固；

　　6　遇设防地震及以上地震灾害、火灾后，应对整体结构进行鉴定，并应按鉴定意见进行处理后方可继续使用。

2.0.5　木结构工程的设计、施工、监理、检测、监督等工作应统一计量标准；木结构施工时，应对各施工工序阶段的结构承载力和稳定性进行验算。

5　防护与防火

5.1　防水防潮

5.1.1　木结构中易受水分和潮气侵蚀的部位应采取防水和防潮等构造措施，并应符合下列规定：

　　1　当木结构构件与砌体或混凝土接触时，应在接触面设置防潮层；

　　2　桁架和梁的支座节点或其他承重木构件不应封闭在墙体内；

　　3　木构件不应直接砌入砌体中，或浇筑在混凝土中；

　　4　在木结构隐蔽部位应设置通风孔洞。

5.1.2　结构用木材在运输、存放和施工过程中应采取避免雨淋和湿气影响的保护措施。

5.1.3　本结构建筑外墙防护板和外墙防水膜之间应设置排水通风空气层，有效空隙不应小于排水通风空气层总空隙的 70%，空隙开口处应采取防生物危害的措施。

5.1.4　木结构建筑物室外地坪周围应设置排水措施，地下室和底层架空层应采取防水及防潮措施；当建筑物底层采用木楼盖时，木构件的底部距离室外地坪的高度不应小于 300mm。

5.1.5　在门窗洞口、屋面、屋顶露台和阳台等部位均应采取防水、防潮和排水的构造措施；在外墙开洞处应采取防开裂与防渗水、浸水构造措施。

5.2 防白蚁危害

5.2.1 木结构建筑受白蚁危害的区域划分应根据白蚁危害程度按表 5.2.1 确定。

表 5.2.1 白蚁危害区域划分

白蚁危害区域等级	白蚁危害程度
Z1	低危害地带
Z2	中等危害地带，无白蚁
Z3	中等危害地带，有白蚁
Z4	严重危害地带，有白蚁

5.2.2 当木结构建筑施工现场位于白蚁危害区域等级为 Z2、Z3 和 Z4 区域内时，木结构建筑的施工应符合下列规定：

  1 施工前应对场地周围的树木和土壤进行白蚁检查和灭蚁工作；

  2 应清除地基土中已有的白蚁巢穴和潜在的白蚁栖息地；

  3 地基开挖时应彻底清除树桩、树根和其他埋在土壤中的木材；

  4 施工木模板、废木材、纸质品及其他有机垃圾，应及时清理干净；

  5 进入现场的木材、其他林产品、土壤和绿化用树木，均应进行白蚁检疫，施工时不应采用任何受白蚁感染的材料；

  6 应按设计要求做好防治白蚁的其他各项措施。

5.2.3 当木结构建筑位于白蚁危害区域等级为 Z3 和 Z4 区域内时，木结构建筑应符合下列规定：

  1 直接与土壤接触的基础和外墙，应采用混凝土或砖石结构；

  2 当无地下室时，底层地面应采用混凝土结构；

  3 由地下通往室内的设备电缆缝隙、管道孔缝隙、基础顶面与底层混凝土地坪之间的接缝，应采用防白蚁物理屏障或土壤化学屏障进行局部处理；

　　4　外墙的排水通风空气层开口处应设置连续的防虫网，防虫网隔栅孔径应小于1mm；

　　5　当地基的外排水层或外保温绝热层高出室外地坪时，应采取局部防白蚁处理技术措施。

5.2.4　在白蚁危害区域等级为 Z3 和 Z4 的地区应采用防白蚁土壤化学处理和白蚁诱饵系统等防虫措施。土壤化学处理和白蚁诱饵系统应使用对人体和环境无害的药剂。

5.2.5　当木结构建筑位于白蚁危害区域等级为 Z4 区域时，结构用木材应使用防腐处理木材。

5.3　防腐

5.3.1　木结构应根据使用环境采取相应的化学防腐处理措施，在下列使用环境条件下，结构用木材应进行防腐处理：

　　1　浸在水中；

　　2　直接与土壤、砌体、混凝土接触；

　　3　长期暴露在室外；

　　4　长期处于通风不良且潮湿的环境中。

5.3.2　木构件的机械加工应在防腐防虫药剂处理前进行；当对防腐木材作局部修整时，应对机械加工后的木材暴露表面，按设计要求涂刷同品牌同品种的药剂。

5.3.3　木结构中使用的钢材、连接件与紧固件的防腐保护应符合下列规定：

　　1　板厚小于 3mm 的钢构件及连接件应采用不锈钢或采用镀锌层重量不小于 $275g/m^2$ 的镀锌钢板制作。

　　2　对于处于下列环境状态下的承重钢构件及连接件，应采用具有相应等级的耐腐性能的不锈钢、耐候钢等材料制作，或采取耐腐性能相当的防腐措施：

　　　　1）潮湿环境；

　　　　2）室外环境且对耐腐蚀有特殊要求的；

3）在腐蚀性气态和固态介质作用下工作的。

3　与防腐处理木材或防火处理木材直接接触的钢构件及连接件，应采取镀锌处理或采用不锈钢、耐候钢等具有耐腐蚀性能的材料制作。镀锌层厚度或耐腐蚀性材料的等级应符合设计要求。

5.3.4　木结构桥梁采用的结构用木材应做防腐处理，木构件在结构设计工作年限内应满足耐久性的规定；同时应采取减少水分和太阳辐射等影响的措施及自然通风措施。

5.4　防火

5.4.1　木结构应进行构件的耐火极限设计和结构的防火构造设计。

5.4.2　木结构的防火应符合下列规定：

1　木结构构件应满足燃烧性能和耐火极限的要求；

2　木结构连接的耐火极限不应小于所连接构件的耐火极限；

3　木结构应满足防火分隔要求；

4　管道穿越木构件时，应采取防火封堵措施，防火封堵材料的耐火性能不低于相关构件的耐火性能；

5　木结构建筑中配电线路应采取防火措施。

5.4.3　木结构施工现场堆放木材、木构件、木制品及其他易燃材料应远离火源，存放地点应在火源的上风向。严禁明火操作。

5.4.4　木结构工程施工现场应采取防火措施或配置消防器材。

6　施工及验收

6.0.1　木结构工程施工应采取保证施工过程中结构承载力和稳定性的安全措施以及保证施工设备、设施安全性的措施，并应进行必要验算。

6.0.2　木结构子分部工程应由木结构制作安装与木结构防护两分项工程组成。只有当分项工程皆验收合格后，方可进行子分部工程的验收。

6.0.3   检验批应按材料、本产品和构配件的物理力学性能质量控制和结构构件制作安装质量控制分别划分。

6.0.4   木结构工程施工质量的控制应符合下列规定:

1   木材与木产品、钢材以及连接件等,应进行进场验收,对于涉及结构安全和使用功能的材料或半成品应进行检验;

2   各工序应按施工工艺控制质量,每道工序完成后,应进行检查;

3   相关各专业工种之间,应进行交接检验,应在检验合格后进行下道工序施工;

4   应有完整的施工过程记录及竣工文件。

6.0.5   当木结构工程施工选用其他材料和构配件替代设计文件中规定的材料和构配件时,应保障结构可靠性。

6.0.6   进场木材与木产品检验应包括下列项目:

1   方木与原木(清材小试件)的弦向静曲强度;

2   钢材的屈服强度、抗拉强度和伸长率以及钢木屋架下弦圆钢的冷弯性能;

3   胶合木、工字形木搁栅和结构复合木材受弯构件荷载标准组合作用下的抗弯性能;

4   目测分级规格材目测等级检验或抗弯强度检验,机械分级规格材抗弯强度检验;

5   木基结构板材的静曲强度和静曲弹性模量。

6.0.7   木材与木产品的种类、材质等级或强度等级应符合设计文件的规定,并应有产品质量合格证书,除方木与原木外,尚应有产品标识。

6.0.8   木结构各类连接节点的位置、连接件的种类、规格和数量应符合设计文件的规定。

6.0.9   检验批及木结构分项工程质量合格应按下列规定执行:

1   检验批主控项目检验结果应全部合格;

2   检验批一般项目检验结果应有 80% 以上检查点合格,且最大偏差不应超过允许偏差的 1.2 倍;

3 木结构分项工程所含检验批检验结果均应合格，且应有各检验批质量验收的完整记录。

6.0.10 木结构子分部工程质量验收应按下列规定执行：

1 子分部工程所含分项工程的质量均应验收合格；

2 子分部工程所含分项工程的质量资料和验收记录应完整；

3 安全功能检测项目的资料应完整、抽检的项目均应合格。

7 维护与拆除

7.0.1 木结构建筑在结构设计工作年限内，应根据当地气候条件、白蚁危害程度及建筑物特征对防水、防潮和防生物危害措施等建立检查维护制度。

7.0.2 木结构建筑工程竣工验收使用 1 年后，应对木结构工程进行常规检查。对公共建筑，在使用过程中，应每隔 3 年进行一次常规检查。当检查过程中发现影响结构适用性和耐久性的危害和隐患时，应立即维修。常规检查应包括下列项目：

1 主要结构构件的开裂、倾斜、变形情况；

2 结构构件之间的连接松动情况，以及连接件破损或缺失情况；

3 木构件腐朽和白蚁危害情况；

4 木结构墙面变形、开裂和损坏的情况；

5 木结构墙体面板受潮情况，以及面板的固定螺钉松动和脱落情况；

6 木结构外墙上门窗边框的密封胶或密封条开裂、脱落、老化等损坏现象；

7 屋面防水系统和屋面排水系统运行状况；

8 消防设备有效性和可操控性。

7.0.3 当木结构建筑改造影响结构安全时，应对结构进行检测鉴定，并应根据鉴定结果采取有效处理措施。

7.0.4 木结构在下列情况下应进行拆除：

1 整栋木结构经鉴定评定为危险等级，且无修缮价值的；

2 遭受灾害或事故后存在严重安全隐患无法加固修复的。

7.0.5 木结构的拆除，应进行现场评估，并制定专项拆除方案，且应有安全保护、控制扬尘、建筑材料及垃圾分类处置的措施。

7.0.6 木结构在拆除作业前，应对施工作业人员进行书面安全技术交底。

7.0.7 采用人工拆除或机械拆除时，应从上至下逐层拆除，并应分段进行。应先拆除非承重结构，再拆除承重结构。

7.0.8 对于既有木结构房屋拆除后的构件，当需要再利用时，应对其完整性和强度指标进行评估，满足要求时方可再利用。

十一、《住宅装饰装修工程施工规范》GB 50327—2001

3.1.3 施工中，严禁损坏房屋原有绝热设施；严禁损坏受力钢筋；严禁超荷载集中堆放物品；严禁在预制混凝土空心楼板上打孔安装埋件。

3.1.7 施工现场用电应符合下列规定：

1 施工现场用电应从户表以后设立临时施工用电系统。

2 安装、维修或拆除临时施工用电系统，应由电工完成。

3 临时施工供电开关箱中应装设漏电保护器。进入开关箱的电源线不得用插销连接。

4 临时用电线路应避开易燃、易爆物品堆放地。

5 暂停施工时应切断电源。

3.2.2 严禁使用国家明令淘汰的材料。

4.1.1 施工单位必须制定施工防火安全制度，施工人员必须严格遵守。

4.3.4 施工现场动用电气焊等明火时，必须清除周围及焊渣滴落区的可燃物质，并设专人监督。

4.3.6 严禁在施工现场吸烟。

4.3.7 严禁在运行中的管道、装有易燃易爆的容器和受力构件上进行焊接和切割。

10.1.6 推拉门窗扇必须有防脱落措施，扇与框的搭接量应符合设计要求。

十二、《通风与空调工程施工规范》GB 50738—2011

3.1.5 施工图变更需经原设计单位认可。当施工图变更涉及通风与空调工程的使用效果和节能效果时，该项变更应经原施工图设计文件审查机构审查，在实施前应办理变更手续，并应获得监理和建设单位的确认。

11.1.2 管道穿过地下室或地下构筑物外墙时，应采取防水措施，并应符合设计要求。对有严格防水要求的建筑物，必须采用柔性防水套管。

16.1.1 通风与空调系统安装完毕投入使用前，必须进行系统的试运行与调试，包括设备单机试运转与调试、系统无生产负荷下的联合试运行与调试。

十三、《建筑防腐蚀工程施工规范》GB 50212—2014

5.1.8 施工中严禁使用明火或蒸汽直接加热。

5.3.4 乙烯基酯树脂或不饱和聚酯树脂胶料、胶泥、砂浆和细石混凝土的配制应符合下列规定：

　　2 严禁促进剂与引发剂直接混合。

6.1.4 水玻璃类防腐蚀工程在施工及养护期间应符合下列规定：

　　1 严禁与水或水蒸气接触。

10.1.11 当在密闭或有限空间施工时，必须采取强制通风。

10.1.12 防腐蚀涂料和稀释剂在运输、贮存、施工及养护过程中，严禁明火，并应防尘、防暴晒，不得与酸、碱等化学介质接触。

十四、《扩声系统工程施工规范》GB 50949—2013

3.6.3 当涉及承重结构改动或增加荷载时，必须核查有关原始资料，对既有建筑结构的安全性和荷载进行核验。

3.6.5 扬声器系统安装时，必须对安装装置和安装装置的固定点进行核查。对于主扬声器系统，必须附加独立的柔性防坠落安全保障措施，其承重能力不得低于主扬声器系统自身重量的2倍。

十五、《工业金属管道工程施工规范》GB 50235—2010

1.0.5　当需要修改设计文件及材料代用时，必须经原设计单位同意，并应出具书面文件。

8.6.1　管道安装完毕、热处理和无损检测合格后，应进行压力试验。压力试验应符合下列规定：

　　2　脆性材料严禁使用气体进行压力试验。压力试验温度严禁接近金属材料的脆性转变温度。

8.6.6　泄漏性试验应按设计文件的规定进行，并应符合下列规定：

　　1　输送极度和高度危害介质以及可燃介质的管道，必须进行泄漏性试验。

十六、《现场设备、工业管道焊接工程施工规范》GB 50236—2011

5.0.1　在掌握材料的焊接性能后，必须在工程焊接前进行焊接工艺评定。

十七、《工业设备及管道防腐蚀工程施工规范》GB 50726—2011

3.1.5　在防腐蚀工程施工过程中，不得同时进行焊接、气割、直接敲击等作业。

3.1.7　对不可拆卸的密闭设备必须设置人孔。人孔的大小及数量应根据设备容积、公称尺寸的大小确定，且人孔数量不应少于2个。

15.0.5　压力容器设备必须通过法定检测机构定期检验，未经检验或定期检验不合格的压力容器，不得继续使用。

15.0.9　设备、管道内部涂装和衬里作业安全应采取下列措施：

　　3　设置机械通风，通风量和风速应符合现行国家标准《涂装作业安全规程　涂漆前处理工艺安全及其通风净化》GB 7692的有关规定。

　　4　采用防爆型电气设备和照明器具；采取防静电保护措施。

　　6　可燃性气体、蒸汽和粉尘浓度应控制在可燃烧极限和爆炸下限的10%以下。

15.0.10　高处作业安全应采取下列措施：

　　4　作业顺序应合理，不得在同一方向多层垂直作业。

　　5　作业人员应穿戴防滑鞋、安全帽、安全带；安全带应高挂低用。

　　6　遇雷雨和五级以上大风，应停止作业。

15.0.11　施工现场动火作业安全应采取下列措施：

　　2　动火区内的易燃物应清除。

　　3　动火作业区应设置安全警示标志，并设专人负责火灾监控。

　　4　动火区应配备消防水源和灭火器具，消防道路应畅通。

　　5　动火作业时不得与使用危险化学品的有关作业同时进行。

　　6　设备管道内部动火应采取通风换气措施；空气中氧含量不得低于18%。

　　7　动火作业结束，应检查并消除火灾隐患后再离开现场。

15.0.12　施工现场基体表面处理作业安全应采取下列措施：

　　3　喷射胶管的非移动部分应加设防爆护管，并应避开道路和防火防爆区域。

　　6　设备管道内部通风应符合本规范第15.0.9条第3款的规定。

15.0.14　防腐蚀施工作业场所有害气体、蒸汽和粉尘的浓度应符合国家现行有关工作场所有害因素职业接触限值的规定。

16.0.1　施工中产生的固体废物的处理应符合下列规定：

　　4　施工现场严禁焚烧各类废弃物。

16.0.2　施工中产生的危险废物的管理和贮存应符合下列规定：

　　6　严禁向未经许可的任何区域内倾倒、堆放、填埋或排放危险废物。

16.0.3　施工中产生的灰尘、粉尘等污染的防治应符合下列规定：

　　4　收集、贮存、运输或装卸有毒有害气体或粉尘材料时，必须采取密闭措施或其他防护措施。

十八、《城乡排水工程项目规范》GB 55027—2022

1　总则

1.0.1　为推进生态文明建设和可持续发展，贯彻海绵城市建设理念，改善水环境，保障排水安全，促进水资源利用，制定本规范。

1.0.2　城乡排水工程必须执行本规范。

1.0.3　排水工程的规划、建设和运行，应遵循以下原则：

　　1　统筹区域流域的生态环境治理与城乡建设，保护和修复生态环境自然积存、自然渗透和自然净化的能力，合理控制城镇开发强度，满足蓝线和水面率的要求，实现生活污水的有效收集处理和污泥的安全处理处置；

　　2　统筹水资源利用与防灾减灾，提升城镇对雨水的渗、滞、蓄能力，充分利用再生水，强化雨水的积蓄利用；

　　3　统筹防洪与城镇排水防涝，提升城镇雨水系统建设水平，加强城镇排水防涝和流域防洪的体系衔接。

1.0.4　排水工程应加强科学技术研究，优先采用经过实践验证且具有技术经济优势的新技术、新工艺、新材料、新设备，提升排水工程收集处理效能和内涝防治水平，促进资源回收利用，提高科学管理和智能化水平，实现全生命周期的节能降耗。

1.0.5　工程建设所采用的技术方法和措施是否符合本规范要求，由相关责任主体判定。其中，创新性的技术方法和措施，应进行论证并符合本规范中有关性能的要求。

2 基本规定

2.1 规模和布局

2.1.1 排水工程相关专业规划应在评估系统现状的基础上，结合城乡发展趋势，根据排水安全和水环境目标编制并定期更新；还应和水资源、供水、水系、防洪等规划，海绵城市建设专项规划以及城镇竖向、道路交通、园林绿地、地下空间、管线综合、防灾等其他专业规划相互衔接。

2.1.2 除干旱地区外，新建地区的排水体制应采用分流制。

2.1.3 既有合流制排水系统，应综合考虑建设成本、实施可行性和工程效益，经技术经济比较后实施雨水、污水分流改造；暂不具备改造条件的，应根据受纳水体水质目标和水环境容量，确定溢流污染控制目标，并采取综合措施，控制溢流污染。

2.1.4 排水工程应包括雨水系统和污水系统。

2.1.5 城镇雨水系统的布局，应符合下列规定：

    1 应坚持绿蓝灰结合和蓄排结合的原则；

    2 应结合城镇防洪、周边生态安全格局、城镇竖向、蓝绿空间和用地布局确定；

    3 应综合考虑雨水排水安全、建设和运行成本、径流污染控制和城镇水生态要求。

2.1.6 城镇雨水系统的建设规模应满足年径流总量控制率、雨水管渠设计重现期和内涝防治设计重现期的要求，并应系统整体校核。

2.1.7 城镇污水系统的布局，应符合下列规定：

    1 应坚持集中式和分布式相结合的原则；

    2 应结合城镇竖向、用地布局和排放口设置条件确定；

    3 应综合考虑污水再生利用、污水输送效能、建设和运行成本、土地利用效率和污泥处理处置的要求。

2.1.8   城镇污水系统的建设规模应满足旱季设计流量和雨季设计流量的收集和处理要求。旱季设计流量应根据城镇供水量和综合生活污水量变化系数确定，地下水位较高地区，还应考虑入渗地下水量等外来水量。雨季设计流量应在旱季设计流量的基础上，增加截流雨水量。

2.1.9   乡村雨水系统应结合地势实现收集利用或就近排放，并应和区域防洪相衔接。

2.1.10   乡村污水系统应以县级行政区域为单位实行统一规划，并应因地制宜开展建设和运行。

2.2   建设要求

2.2.1   排水工程建设和运行应满足生态安全、环境安全、资源利用安全、生产安全和职业卫生健康安全的要求。

2.2.2   排水工程设施的选址应考虑地质和地形条件，并应符合排水工程相关规划和防灾专项规划的规定。

2.2.3   各类建设项目应编制排水设计方案，评估项目对所处地区内涝防治和污水收集的影响，不得超出既有雨水系统和污水系统的设计负荷。

2.2.4   轨道交通、地下空间、道路等建设项目不应影响既有排水工程设施的功能、蓄排能力和安全运行。

2.2.5   分流制排水系统应分别设置雨水管渠和污水管道，不得混接、误接；合流制排水系统应明确服务范围并设置合流污水管道接纳服务范围内的雨水和污水。

2.2.6   雨水系统应落实海绵城市建设理念，优先利用源头减排设施降低雨水径流量和污染物。根据受纳水体水环境容量合理设置截流调蓄设施，其规模应与下游污水系统的输送和处理能力相匹配。

2.2.7   排水工程中与腐蚀性介质接触的管道、设备和构筑物应采取防腐蚀措施。

2.2.8   排水工程中敞开式构筑物应设置警示标志和安全防护措

施，并应保持明显、完整和有效。

2.2.9 检查井应具备防坠落性能，井盖应具备防盗窃性能，井盖和井座应满足所处环境所需承载力和稳定性要求。地下水位较高地区，禁止使用砖砌井。

2.2.10 排水工程所用的管材、管道附件、构（配）件和主要原材料等应符合国家现行相关标准的规定，产品进入施工现场时应按国家有关规定进行验收，验收合格后方可使用。

2.2.11 城镇再生水和雨水利用设施应满足用户对水质、水量、水压的要求，并应保障用水安全，其管道严禁和饮用水管道、自备水源供水管道连接。

2.2.12 服务人口大于 20 万的城镇排水工程的主要设施抗震设防类别应划为重点设防类。

2.2.13 排水工程主要构筑物的主体结构和地下干管，其结构设计工作年限不应低于 50 年，安全等级不应低于二级。

2.2.14 排水工程的变配电及控制设备应有防止受淹的措施。城镇排水工程的供电电源应按二级负荷设计，重要设备应按一级负荷设计。

2.2.15 排水工程应设置检测仪表和自动化控制系统，并应采用信息化手段提供信息服务。

2.2.16 城镇排水工程中，存在有毒有害气体或易燃气体的格栅间、雨水调蓄池等构（建）筑物，应设置相应的气体监测和报警装置。

2.2.17 排水工程中管道非开挖施工、跨越或穿越江河等特殊作业应制定专项施工方案。

2.2.18 排水工程的贮水构筑物施工完毕应进行满水试验，试验合格后方可投入运行。

2.3 运行维护

2.3.1 排水工程设施因检修等原因全部或部分停运时，应向主管部门报告，并应采取应急措施。

2.3.2 城市和有条件的建制镇，雨水管渠和污水管道应建立地理信息系统，并应进行动态更新。

2.3.3 城镇雨水管渠和污水管道应定期进行检测和评估，并应根据评估结果进行维护保养、整改或更新。

2.3.4 城镇雨水管渠和污水管道应及时疏通，产生的通沟污泥应进行处理处置。

2.3.5 当发现排水工程的井盖和雨水箅缺失或损坏时，应立即设置警示标志，并在 6h 内修补恢复；当相关排水管理单位接报井盖和雨水箅缺失或损坏信息后，必须在 2h 内安放护栏和警示标志，并应在 6h 内修补恢复。

2.3.6 雨水管渠和污水管道维护工作，应符合下列规定：

　　1 路面作业时，维护作业区域应设置安全警示标志，维护人员应穿戴配有反光标志的安全警示服。作业完毕，应及时清除障碍物。

　　2 维护作业现场严禁吸烟，未经许可严禁动用明火。开启压力井盖时，应采取相应的防爆措施。

　　3 下井作业前，应对管道（渠）进行强制通风，并应持续检测管道内有毒有害和爆炸性气体浓度，并确保管道内水深、流速等满足人员进入安全要求。

　　4 下井作业中，应根据环境条件采取确保人员安全的防护措施。

　　5 管道检测设备的安全性能，应符合爆炸性气体环境用电气设备的有关规定。

2.3.7 对污水处理厂和泵站中存在有毒有害气体或易燃气体的管道、构（建）筑物和设备进行放空清理或维护时，应持续检测现场有毒有害气体或易燃气体浓度，并应采取确保人员安全的防护措施。

2.3.8 排水工程中的起重设备、压力容器和安全阀等特种设备，有毒有害和易燃气体的检测仪表和人员防护设备应按国家相关规定定期检验、标定或检查，合格后方可使用。

2.3.9 排水工程设施运行应建立应急体系，制定安全生产、职业卫生、环境保护、自然灾害等应急预案，并应定期进行演练。

3 雨水系统

3.1 一般规定

3.1.1 雨水系统应包括源头减排、雨水管网和排涝除险设施等工程性措施和应急管理等非工程性措施，实现内涝防治和径流污染控制的目标，并应保证系统的稳定运行。

3.1.2 流域防洪和区域排涝应统筹考虑，上游来水设计洪水峰值流量不应高于下游水体受纳能力，不应将洪涝风险转移至下游城镇。

3.1.3 城镇雨水系统应和防洪系统衔接，在设计最不利条件时，应满足城镇内涝防治要求。

3.1.4 城镇雨水排水分区应以自然地势为基础，结合水系分布、城镇竖向、用地布局和道路交通情况，按高水高排、低水低排的原则确定。

3.1.5 源头减排、雨水管网和排涝除险的设施应在竖向、平面和蓄排能力上相互衔接，保证各类设施充分发挥效能。

3.1.6 城镇雨水系统管理应根据城镇规模、城区类型、降雨特点、雨水系统设施、保障级别和响应时间等配备足够的设备和人员。

3.1.7 城镇内涝防治的应急预案应确定组织体系、预测预警机制、各有关部门处置措施、信息发布机制和应急保障机制等，并应制定遭遇超过设计标准的城镇雨水径流量、洪水和设施故障的应对措施。

3.1.8 应采取工程性和非工程性措施增强雨水系统应对超过内涝防治设计重现期降雨的韧性，并应避免人员伤亡。灾后应迅速恢复城镇正常秩序。

3.2   源头减排

3.2.1   源头减排设施应包括渗透、调蓄、转输和雨水利用等设施。当降雨小于年径流总量控制率所对应设计降雨量时，不应向市政雨水管渠排放未经控制的雨水。当地区整体改建时，对于相同的设计重现期，改建后的径流量不得超过原有径流量。

3.2.2   城镇源头减排设施规模应根据年径流总量控制率、径流污染控制目标、建设前径流量和雨水利用量合理确定，并应明确相应的设计降雨量。

3.2.3   城镇建设用地内平面和竖向设计应考虑雨水径流的控制要求，确保源头减排设施服务范围内的径流能进入相应的设施。

3.2.4   城镇源头减排设施的溢流口设置应在保证排水安全的前提下，确保径流和污染的削减功能。

3.2.5   城镇源头减排设施应定期进行维护和运行效果评估，并应根据评估结果进行维护保养、整改或更新。

3.2.6   地表污染严重的地区严禁设置源头渗透设施、其雨水径流应单独收集处理。

3.2.7   具有渗透功能的源头减排设施不应引起地质灾害，并不应损害构（建）筑物或道路的基础。

3.3   雨水管网

3.3.1   雨水管网应包括雨水管渠及其附属构筑物和泵站等设施，并应在雨水管渠设计重现期下保证地面不积水。

3.3.2   城镇雨水管渠的规模应根据雨水管渠设计重现期确定。雨水管渠设计重现期应根据城镇类型、城区类型、地形特点和气候特征等因素，经技术经济比较后，按表 3.3.2 的规定取值，并应明确相应的设计降雨强度。

表 3.3.2 城镇雨水管渠设计重现期（年）

城镇类型	城区类型			
	中心城区	非中心城区	中心城区的重要地区	中心城区地下通道和下沉式广场等
超大城市和特大城市	3～5	2～3	5～10	30～50
大城市	2～5	2～3	5～10	20～30
中等城市和小城市	2～3	2～3	3～5	10～20

3.3.3 中心城区下穿立交道路的雨水管渠设计重现期应按本规范表 3.3.2 中"中心城区地下通道和下沉式广场等"取值，非中心区下穿立交道路的雨水管渠设计重现期不应小于 10 年，高架道路雨水管渠设计重现期不应小于 5 年。

3.3.4 地下通道和下穿立交道路应设置独立的雨水排水系统，封闭汇水范围，并应采取防止倒灌的措施。当没有条件独立排放时，下游排水系统应能满足地区和立交道路排水设计流量要求。当采用泵站排除地面径流时，应校核泵站和配电设备的安全高度，采取防止变配电设施被淹的措施。下穿立交道路应设置地面积水深度标尺、标识线和提醒标语等警示标识，具备封闭道路的物理隔离措施。

3.3.5 雨水口、雨水连接管和源头减排设施的溢流排水口的设计流量应为雨水管渠设计重现期计算流量的 1.5 倍～3.0 倍，低洼易涝地区应加大雨水收集能力。

3.3.6 重力流雨水管渠的设计最小流速应满足自清要求。

3.3.7 湿陷性黄土、膨胀土和流砂地区雨水管渠及其附属构筑物应经严密性试验合格后方可投入运行。

3.4 排涝除险

3.4.1 城镇排涝除险应包括城镇水体、雨水调蓄设施和行泄通道设施等，承担超出源头减排和雨水管网承载能力的雨水径流量的调蓄和排放，确保发生内涝防治设计重现期内降雨时城镇正常运行。

3.4.2 城镇排涝除险设施的规模应根据内涝防治设计重现期、地面最大允许积水深度和对应的最大允许退水时间确定。内涝防治设计重现期应根据城镇类型、地形特点、积水影响程度和受纳水体水位变化等因素，经技术经济比较后，按表 3.4.2 的规定取值，并应明确相应的设计降雨量。

表 3.4.2　城镇内涝防治设计重现期

城镇类型	重现期（年）	地面最大允许积水深度
超大城市	100	1　居民住宅和工商业建筑物的底层不进水；
特大城市	50～100	
大城市	30～50	2　道路中一条车道的积水深度不超过 15cm
中等城市和小城市	20～30	

3.4.3 在城镇内涝防治设计重现期下，最大允许退水时间应符合表 3.4.3 的规定。交通枢纽最大允许退水时间应为 0.5h。

表 3.4.3　城镇内涝防治设计重现期下的最大允许退水时间

项目	城区类型		
	中心城区	非中心城区	中心城区重要地区
最大允许退水时间（h）	1.0～3.0	1.5～4.0	0.5～2.0

注：最大允许退水时间为雨停后的地面积水的最大允许排干时间。

3.4.4 城镇排涝除险设施应充分利用河道、湖泊和湿地等城镇水体，用于区域内雨水调蓄、输送和排放。

3.4.5 城镇水体的调蓄规模和调蓄水位确定后，不应填占。

3.4.6 城镇排涝调蓄设施应根据内涝防治目标，结合城镇竖向和用地情况，优先利用绿地、广场、运动场和滨河空间等作为多功能调蓄设施，并应按照先地上后地下、先浅层后深层的原则，根据需要合理设置调蓄设施。

3.4.7 多功能调蓄设施，应符合下列规定：

1 设置雨水进出口，并在进水口设置拦污和消能设施；

2 利用绿地作为多功能调蓄设施的，设施排空时间不应大于植被的耐淹时间；

3 设置清淤、检修通道和疏散通道；

4 设置警示标志和安全防护措施。

3.4.8 城镇行泄通道应充分利用区域绿地、防护绿地和非交通主干道等空间，结合竖向标高合理设置，并与受纳水体或调蓄空间直接相连。

3.4.9 城镇道路作为排涝除险的行泄通道，应符合下列规定：

1 达到设计最大积水深度时，周边居民住宅和工商业建筑物的底层不得进水；

2 应设置行车方向标志、水位监控设备和警示标志。

3.4.10 承担城镇排涝功能的河湖水系应统一调度，并应在暴雨前预先降低水位。

3.4.11 城镇多功能调蓄设施和行泄通道应设置工作和非工作 2 种运行模式，建立预警预报制度，并应确定启动和关闭预警的条件；启动预警进入工作模式后，应及时疏散人员和车辆，做好交通组织。

4 污水系统

4.1 一般规定

4.1.1 污水系统应包括污水管网、污水处理、再生水处理利用以及污泥处理处置，实现污水的有效收集、输送、处理、处置和资源化利用。

4.1.2 污水处理厂及其配套的污水管网、污水处理设施和污泥处理处置设施应同步规划、同步建设和同步运行管理。城镇污水系统输送、处理等设施的规模应相互匹配。

4.1.3 城镇污水处理厂及其配套污水管网应一体化、专业化运行管理，并应保障污水收集处理的系统性和完整性。

4.1.4   工业企业应向园区集中，工业园区的污水和废水应单独收集处理，其尾水不应纳入市政污水管道和雨水管渠。分散式工业废水处理达到环境排放标准的尾水，不应排入市政污水管道。

4.1.5   工程建设施工降水不应排入市政污水管道。

4.1.6   排入市政污水管道的污水水质必须符合国家现行相关标准的规定，不应影响污水管道和污水处理设施等的正常运行，不应对运行管理人员造成危害，不应影响处理后出水的再生利用和安全排放，不应影响污泥的处理和处置。

4.1.7   污水处理厂和污水泵站等，应根据环境影响评价要求设置臭气处理设施。

4.1.8   臭气处理设施的运行维护，应符合下列规定：

　　1   臭气处理设施的防护范围内，严禁明火作业；

　　2   当进入臭气收集和处理系统的封闭空间进行检修维护时，应佩戴防毒面具，并应进行自然通风或强制通风；

　　3   更换除臭用活性炭时，应停机断电，关闭进气和出气阀门，佩戴防毒面具方可打开卸料口。

4.1.9   输送易燃、易爆、有毒、有害物质的管道必须进行强度和严密性试验，试验合格方可投入运行。

4.1.10   存在易燃易爆气体泄漏风险的承压构筑物满水试验合格后，还应进行气密性试验，试验合格后方可投入运行。

4.1.11   乡村污水系统的规模应根据当地实际污水量和变化规律确定。

4.1.12   乡村污水处理和污泥处理处置应因地制宜，优先资源化利用。

4.1.13   乡村严禁未经处理的粪便污水直接排入环境。

4.2   污水管网

4.2.1   污水管网应包括污水管道及其附属构筑物和泵站等设施，并应确保收集的污水有效输送。

4.2.2　城镇污水管道的设计流量应按远期规划的旱季设计流量确定，并合理选择综合生活污水量变化系数，保证最高日最高时的污水输送能力，并应复核雨季设计流量下管道的输送能力。

4.2.3　城镇污水泵站的设计流量，应按泵站进水总管的旱季设计流量确定，总装机流量按雨季设计流量确定。

4.2.4　既有污水管网应根据管道检测评估结果进行改造和完善，修复破损管道，消除雨污混接和城镇污水收集设施空白区。合流制排水系统应通过雨水源头减量、截流、调蓄、溢流口改造和溢流污水处理等措施控制溢流污染。

4.2.5　城镇污水输送干管设计应考虑污水系统之间的互连互通，保障系统运行安全，并应便利检修。

4.2.6　污水收集、输送严禁采用明渠。

4.2.7　重力流污水管道应按非满管流设计，并应考虑近远期流量选择合适的坡度和设计充满度对应最小坡度，满足自清要求。

4.2.8　污水管道旱天应非满管流运行。污水泵站应按设计水位运行。倒虹管应加强养护防止淤积。

4.2.9　污水管道应加强设计和施工管理，管道材质、接口和基础应能够防止渗漏和外来水进入。

4.2.10　沿河道设置的截流井和溢流口设计应防止河水倒灌，且不应影响雨水排放能力。

4.2.11　分流制排水系统逐步取消化粪池，应在建立较为完善的污水收集处理设施和健全的运行维护制度的前提下实施。

4.2.12　污水管道及其附属构筑物应经严密性试验合格后方可投入运行。

4.3　污水和再生水处理

4.3.1　污水处理厂应能有效去除水污染物，保障出水达标排放，并应促进资源的回收利用。

4.3.2　污水处理厂的出水，产生的污泥、臭气和噪声以及城镇再生水应符合国家现行相关标准的规定。

4.3.3　城镇污水处理厂的规模应按平均日流量确定，其构筑物的处理能力应满足旱季设计流量和雨季设计流量的要求。

4.3.4　城镇再生水处理设施的规模应根据当地水资源情况、再生水用户的水量水质要求、用户分布位置和再生利用经济性合理确定。

4.3.5　建设地下或半地下污水处理厂，应进行充分的必要性和可行性论证。

4.3.6　污水处理应根据国家规定的排放标准、污水水质特征、处理后出水用途等确定污水处理程度，合理选择处理工艺。

4.3.7　污水处理和再生水处理构筑物及设备的数量必须满足检修维护时污水处理和再生水处理的要求。

4.3.8　污水预处理应保证对砂粒、无机悬浮物的去除效果。

4.3.9　污水生物处理应提高碳源利用效率，促进污水处理厂节能降耗。

4.3.10　采用稳定塘或人工湿地处理时，应采取防渗措施，严禁污染地下水。

4.3.11　污水和再生水处理系统应设置消毒设施，并应符合国家现行相关标准的规定。应对疫情等重大突发事件时，污水处理厂应加强出水消毒工作。

4.3.12　再生水应优先作为城市水体的景观生态用水或补充水源，并应考虑排水防涝，确保城市安全。

4.3.13　城镇再生水储存设施的排空管道、溢流管道严禁直接和污水管道或雨水管渠连接，并应做好卫生防护工作，保障再生水水质安全。

4.3.14　污水处理厂内的给水设施、再生水利用设施严禁和处理装置直接连接。

4.3.15　污水处理和再生水利用设施进出水处应设置水量计量和水质监测设备。化验检测设备的配置应满足正常生产条件下质量控制的需要。污水处理厂进水的水质监测点和化验取样点应设置在总进水口，并应避开厂内排放污水的影响；出水的水质监测点和化验取样点应设置在总出水口。

4.3.16　臭氧、氧气管道及其附件在安装前必须进行脱脂。

4.3.17　污水处理厂设计和运行维护应确保液氯、二氧化氯、臭氧、活性炭等易燃、易爆和有毒化学危险品使用安全。

4.3.18　乡村污水应结合各地的排水现状、排放要求、经济社会条件和地理自然条件等因素因地制宜选择处理模式，应优先选用小型化、生态化、分散化的处理模式。

4.3.19　乡村污水处理应根据排水去向和排放标准选择合理的处理工艺，应优先考虑资源化利用。

4.4　污泥处理和处置

4.4.1　城镇污水厂的污泥应进行减量化、稳定化和无害化处理，并应在保证安全、环保的前提下推进资源化利用。

4.4.2　城镇污水厂的污泥处置方式应综合考虑污泥特性、当地自然环境条件、最终出路等因素确定。

4.4.3　城镇污水厂的污泥处理工艺应遵循"处置决定处理，处理满足处置"的原则，综合考虑污泥性质、处置出路、当地经济条件和占地面积等因素确定，应选择高效低碳的污泥处理工艺。

4.4.4　城镇污水厂的污泥处理和处置应从工艺全流程角度确定技术路线。

4.4.5　城镇污水处理厂、污泥运输单位、污泥接收单位应建立污泥转运联单制度，记录污泥的去向、用途和数量等，严禁擅自倾倒、堆放、丢弃或遗撒污泥。

4.4.6　城镇污水厂的污泥处理和处置设施的规模应以污泥产生量为依据，并应综合考虑排水体制、污水水量、水质和处理工艺、季节变化对污泥产生量的影响，合理确定。

4.4.7　城镇污水厂的污泥处理和处置设施的能力必须满足设施检修维护时的污泥处理和处置要求，并应达到全量处理处置目标。

4.4.8　城镇污水厂的污泥处理和处置过程中产生的污泥水应进

行处理。

4.4.9　在污泥消化池、污泥气管道、贮气罐、污泥气燃烧装置等具有火灾或爆炸风险的场所，必须采取防火防爆措施。

4.4.10　厌氧消化池和污泥气贮罐必须密封，并应采取防止池（罐）内产生超压和负压的措施。

4.4.11　污泥厌氧消化产生的污泥气应综合利用。

4.4.12　污泥好氧发酵采用的辅料应具备稳定来源，并应因地制宜利用当地园林废弃物或农业废弃物。

4.4.13　污泥好氧发酵应通过臭气源隔断和供氧量控制等措施对臭气源进行控制。

4.4.14　污泥好氧发酵场地应采取防渗和收集处理渗沥液等措施。

4.4.15　污泥干化设施存在爆炸风险的过程或区域必须采取防火防爆措施。

4.4.16　污泥热干化设施中热交换介质为导热油时，导热油的闪点温度必须大于运行温度。

4.4.17　污泥热干化设施应设置尾气净化处理设施，并应达标排放。

4.4.18　污泥焚烧过程中，应保证污泥的充分燃烧。

4.4.19　污泥焚烧设施必须设置烟气净化处理设施，并应达标排放。

4.4.20　污泥在生活垃圾焚烧厂或水泥窑等协同焚烧时，应控制掺烧比。

4.4.21　污泥处理产物农用时，泥质应符合现行国家标准《农用污泥污染物控制标准》GB 4284 的规定。

4.4.22　严禁未经稳定化和无害化处理的污泥直接填埋。

4.4.23　乡村生活污水处理产生的污泥应按资源化利用的原则处理和处置。

十九、《城市道路交通工程项目规范》GB 55011—2021（节选）*

1　总则

1.0.1　为规范城市道路交通工程建设、运营及养护，保障道路交通安全和基本运行效率，制定本规范。

1.0.2　城市道路交通工程项目必须执行本规范。

1.0.3　城市道路交通工程建设应以社会效益、环境效益与经济效益协调统一为原则，遵循以人为本、绿色低碳、和谐有序的建设理念。

1.0.4　工程建设所采用的技术方法和措施是否符合本规范要求，由相关责任主体判定。其中，创新性的技术方法和措施，应进行论证并符合本规范中有关性能的要求。

2　基本规定

2.0.1　城市道路交通工程建设应与城市发展布局、经济发展状况、人口规模及分布相协调，以合理的道路网络和密度形成道路交通体系，满足使用者的城市交通出行需求，并应与周边建、构筑物和各种管线相协调。

2.0.2　城市道路交通工程的通行能力、承载能力、安全控制要求及防灾减灾能力应满足人员、车辆通行的预期要求。

2.0.3　城市道路交通工程用地和空间安排应满足交通设施、管线布设、排水设施、照明设施等的布置需要，各类设施布置应协调、合理。

2.0.4　城市道路交通工程应具备人员、车辆通行所需的安全性、舒适性、耐久性、与周边环境的协调性及抵御规定重现期自然灾害的性能。

＊　因篇幅所限，附录部分未收录。

2.0.5　对地震动峰值加速度为 0.05g 及以上地区的道路工程构筑物应进行抗震设防。

2.0.6　城市道路人行系统应设置无障碍设施。

2.0.7　城市道路交通工程项目建设应对工程质量、施工安全、消防安全、职业健康、生态环境保护及资源节约等建立完善的管理制度和切实可行的技术保障措施。

2.0.8　城市道路工程在运营使用过程中不得随意变更使用功能及荷载标准，当确实需要改变其使用性质或提升荷载等级时，应进行检测、评估和鉴定，必要时还应采取加固等技术措施。道路工程的主要结构及构筑物达到设计工作年限或遭遇重大灾害后，应进行技术鉴定，确定满足使用要求后继续使用。

2.0.9　城市道路交通工程及其附属设施应明确养护目标，建立设施技术档案，并应定期实施养护，保障道路工程在交付使用后运行期内其基本功能符合运行指标的要求。应制定突发事件及灾害应急预案。当道路交通工程及其附属设施因结构或设施损坏危及人员和车辆安全时，应立即限制交通并进行修复。

2.0.10　城市道路工程的建设及运营养护应保护水源地、文物、古树名木等。

3　路线

3.1　一般规定

3.1.1　城市道路应按道路在道路网中的地位、交通功能以及对沿线的服务功能等，分为快速路、主干路、次干路和支路四个等级。

3.1.2　各等级城市道路的设计速度应符合表 3.1.2 的规定，设计速度的选用应根据道路功能和交通量，结合地形、沿线土地利用性质等因素综合论证确定。

表 3.1.2　各等级城市道路的设计速度

道路等级	快速路			主干路			次干路			支路		
设计速度 （km/h）	100	80	60	60	50	40	50	40	30	40	30	20

3.1.3　道路的设计车辆外廓尺寸和运行性能应具有代表性。机动车设计车辆类型及其外廓尺寸应符合表 3.1.3-1 的规定，非机动车设计车辆类型及其外廓尺寸应符合表 3.1.3-2 的规定。

表 3.1.3-1　机动车设计车辆类型及其外廓尺寸

车辆类型	总长 （m）	总宽 （m）	总高 （m）	前悬 （m）	轴距 （m）	后悬 （m）
小客车	6	1.8	2.0	0.8	3.8	1.4
大型客车	12	2.5	4.0	1.5	6.5	4.0
铰接客车	18	2.5	4.0	1.7	5.8＋6.7	3.8

表 3.1.3-2　非机动车设计车辆类型及其外廓尺寸

车辆类型	总长（m）	总宽（m）	总高（m）
自行车	1.93	0.60	2.25
三轮车	3.40	1.25	2.25

3.1.4　道路建筑限界应根据设计车辆确定。道路建筑限界内不得有任何物体侵入。道路建筑限界应符合本规范附录 A 的规定，并应符合下列规定：

　1　道路最小净高应满足机动车、非机动车和行人的通行要求，并应符合表 3.1.4 的规定。建设条件受限时，只允许小客车通行的城市地下道路，最小净高不应小于表 3.1.4 括号内规定值。对需要通行设计车辆以外特殊车辆的道路，最小净高应满足特殊车辆通行的要求。

表 3.1.4　道路最小净高

道路种类		通行车辆类型、行人	最小净高 (m)
机动车道	混行车道	小客车、大型客车、铰接客车	4.5
	小客车专用车道	小客车	3.5 (3.2)
非机动车道		自行车、三轮车	2.5
人行道		行人	2.5

　　2　当隧道内不需设置检修道时（图 A.0.1c），建筑限界道路两侧侧向净宽边线应按侧向净宽 W_1 边线控制。

　　3　不同净高要求的道路间的衔接过渡区域，应设置指示、诱导标志及防撞等设施。

3.1.5　道路路线应避开泥石流、滑坡、崩塌、地面沉降、塌陷、地震断裂活动带等自然灾害易发区；当不能避开时，必须采取保障施工安全和运营安全的工程和管理措施。

3.1.6　道路路线应根据土地利用、征地拆迁、文物保护、环境景观等因素合理确定。

3.1.7　道路路线应与地形地物、地质水文、地域气候、生态环境、自然景观以及地下管线、行车安全、排水通畅等要求结合，合理确定路线线位和线形技术指标，平面应顺适，纵断面应均衡，横断面应合理。

3.1.8　道路路线应协调道路与桥梁、隧道、轨道交通、地下管线、地下空间、综合管廊、城市景观等的关系，结合交通组织，合理确定路线方案，并应与相邻工程合理衔接。

3.1.9　城市道路上的行人及非机动车交通系统应与道路沿线的居住区、商业区、城市广场、交通枢纽等内部相关设施合理衔接，构成完整的交通系统。

3.2　平面

3.2.1　道路平面应做好直线与平曲线的衔接，合理设置缓和曲线、超高、加宽等。圆曲线的最小半径应满足车辆在曲线部分的安全、舒适通行需要；当圆曲线范围设超高时，应设置超高缓和段。

3.2.2 道路平面应结合交通组织，合理布置交叉口、出入口、分隔带和缘石开口、公共交通停靠站、人行过街设施等。

3.2.3 各等级道路的停车视距不应小于表3.2.3的规定。

表 3.2.3 停车视距

设计速度（km/h）	100	80	60	50	40	30	20
停车视距（m）	160	110	70	60	40	30	20

3.3　纵断面

3.3.1 应根据道路等级、设计速度，综合建设条件、交通安全、经济效益、节能减排、环保要求等因素，合理确定道路纵断面技术指标，并应做好土石方平衡，保障路基稳定、管线覆土、防洪排涝的需要。

3.3.2 机动车道和非机动车道的最大纵坡应分别满足所在地区气候条件下安全行车、环保等要求；当采用最大纵坡时，应限制其最大坡长；最小纵坡应满足路面排水要求。

3.4　横断面

3.4.1 道路横断面应按城市道路等级、服务功能、交通特性、交通组织方式，结合各种控制条件合理布设，应分别满足人行道、非机动车道、机动车道、分车带、设施带等宽度的要求；并应与轨道交通线路、综合管廊、低影响开发设施、环保设施、地上杆线及地下管线布设等相协调。

3.4.2 快速路整体式断面必须设置中央分隔带或中间分隔设施。

3.4.3 具有街道功能的道路横断面应优先布置行人、非机动车和公共交通设施，红线范围内的人行道应与街道空间一体化。

3.4.4 机动车道宽度应符合下列规定：

　　1　一条机动车道的最小宽度应按设计车辆类型、设计速度及交通特性，综合考虑通行安全性、道路条件等因素确定。

　　2　机动车道路面宽度应包括车行道宽度及两侧路缘带宽度。当路面中设置分隔设施时，应包括分隔设施宽度。

3.4.5　城市道路应设置安全便捷的行人和非机动交通设施，人行道有效通行宽度不应小于 1.5m；非机动车道单向行驶的有效通行宽度不应小于 1.5m，双向行驶的有效通行宽度不应小于 3.0m。

3.4.6　设计速度大于 40km/h 的道路，非机动车道与机动车道之间应设置物理隔离设施。

3.4.7　长度大于 1000m 的隧道，严禁将机动车道与非机动车道或人行道设置在同一孔内；当长度小于或等于 1000m 的隧道需设置非机动车道或人行道时，非机动车道或人行道与机动车道之间必须设置物理隔离设施。

4　交叉

4.0.1　道路与道路或轨道交通线路交叉形式应根据道路网布局、相交道路等级和轨道交通线路性质、交通特性、安全要求及有关技术、经济和环境效益等分析确定，并应与周围环境相协调，合理确定用地规模。

4.0.2　道路交叉口应根据相交道路、轨道交通线路的交通组织、几何设计要素、交通工程设施和交通管理方式等合理布置，满足各交通方式的通行需求，并应为行人和非机动车提供安全通过人行横道的条件。

4.0.3　当道路与道路或轨道交通线路交叉符合下列条件时，应设置立体交叉：

　　1　城市快速路与所有等级道路交叉；

　　2　道路与全封闭运行的城市轨道交通线路交叉；

　　3　道路与高速铁路、客运专线、铁路车站、铁路编组站交叉；

4 行驶有轨或无轨电车的道路与铁路交叉。

4.0.4 城市道路与轨道交通线路或公路立体交叉时，建筑限界应符合下列规定：

1 当城市道路下穿时，应符合本规范第 3.1.4 条的规定；

2 当城市道路上跨时，应符合轨道交通线路或公路建筑限界的要求。

4.0.5 道路与道路的平面交叉口应符合视距三角形停车视距的规定。视距三角形范围内，不应有妨碍机动车驾驶员识别与判断的障碍物。

4.0.6 无人看守或未设置自动信号的铁路道口应根据列车设计速度确定瞭望视距三角形。视距三角形范围内，不应有任何妨碍机动车驾驶员视线的障碍物。

4.0.7 在互通式立交匝道出入口处，应设置变速车道。立交范围内出入口间距设置应避免分合流交通对主路交通的干扰，并应为分合流交通加减速及转换车道提供安全可靠条件。当出入口间距不足时，应设置辅助车道或集散车道。

4.0.8 当行人与非机动车穿越快速路或有封闭要求的道路时，必须采用立体交叉的方式。

4.0.9 双向 6 车道及以上的城市主干路道路交叉口，没有设置过街人行天桥或地下通道的，应在人行横道设置安全岛。

5 路基路面

5.0.1 路基路面应根据道路功能、技术等级和交通荷载，结合沿线地形、地质、水文、气候、路用材料等条件进行设计；应使用节能减排路面设计，选择技术先进、经济合理、安全可靠、方便施工的路基路面结构，合理采用路面材料再生利用技术。采用工业废渣时应进行环保评价，避免污染自然环境。

5.0.2 路面结构设计应以双轮组单轴载 100kN 为标准轴载。对有特殊荷载使用要求的道路，应根据具体车辆选用适当的轴载和计算参数。

5.0.3 道路路面结构设计工作年限应根据道路等级及路面类型确定，各种类型路面结构的设计工作年限应符合表 5.0.3 的规定。

表 5.0.3　道路路面结构设计工作年限

道路等级	路面结构类型	
	沥青路面	水泥混凝土路面
快速路	15	30
主干路	15	30
次干路	15	20
支路	10	20

5.0.4 路基路面应具有足够的强度和稳定性及良好的抗永久变形能力和耐久性。路面面层应满足平整、耐磨、抗滑与低噪声等表面特性的要求。路基顶面设计回弹模量值，快速路、主干路不应小于 30MPa，次干路、支路不应小于 20MPa。

5.0.5 路面结构应符合下列规定：

1 沥青路面在设计工作年限内路表计算弯沉值不应大于设计弯沉值；对于次干路及以上等级道路，无机结合料稳定材料基层层底拉应力不应大于材料的容许抗拉强度，沥青层剪应力不应大于材料的容许抗剪强度，沥青稳定类材料基层层底拉应变不应大于材料的容许拉应变。

2 水泥混凝土路面的面层应以设计工作年限内行车荷载和温度梯度综合作用下不产生疲劳断裂为设计标准，并应以最大荷载和最大温度梯度综合作用下临界荷位处不产生极限断裂作为验算标准；贫混凝土或碾压混凝土应以设计工作年限内行车荷载作用下不产生疲劳断裂为设计标准。

3 水泥混凝土强度应以 28d 龄期的抗弯拉强度标准值控制，水泥混凝土及钢纤维混凝土抗弯拉强度标准值不应小于表 5.0.5 的规定。

表5.0.5　水泥混凝土及钢纤维混凝土抗弯拉强度标准值

交通等级	特重、重	中	轻
水泥混凝土的抗弯拉强度标准值（MPa）	5.0	4.5	4.5
钢纤维混凝土的抗弯拉强度标准值（MPa）	6.0	5.5	5.0

5.0.6　路基路面排水应满足道路总体排水的要求，并应结合沿线地形、地质、水文、气候等自然条件，设置必要的地表排水和地下排水设施，并应形成合理、完整的排水系统。透水路面应结合降雨强度、路基透水系数、路基强度要求、雨水排放及利用措施等协调设置。

5.0.7　路基防护应根据道路功能、工程地质、水文地质条件，合理选择岩土的物理力学参数，采取相应防护措施，并应与环境景观相协调。

5.0.8　路基支挡结构应满足各种设计荷载组合下支挡结构的稳定、坚固和耐久性要求；支挡结构类型选择、设置位置和范围，应安全可靠、经济合理、便于施工养护；结构材料应符合耐久、耐腐蚀的要求。

5.0.9　软土、黄土、膨胀土、红黏土、盐渍土等特殊土地区的路基，应查明特殊土的分布范围与地层特征，特殊土的物理、力学和水力特性，以及道路沿线的水文与地质条件，合理确定路基处理或处治的方案，使其具有良好的抗变形能力和稳定性要求。

5.0.10　路基填筑应按不同性质的土进行分类分层压实；路基高边坡施工应制定专项施工方案。

5.0.11　路面施工应符合下列规定：

　1　热拌普通沥青混合料施工环境温度不应低于5℃，热拌改性沥青混合料施工环境温度不应低于10℃。沥青混合料分层摊铺时，应避免层间污染。

　2　水泥混凝土路面抗弯拉强度应达到设计强度，并应在填缝完成后开放交通。

6　桥梁

6.0.1　桥位选择应满足城市防洪和通航要求。

6.0.2　跨越河流、城市道路、公路、轨道交通线路的跨线桥梁，桥梁建筑限界和桥下净空应根据相交道路、线路及航道的性质、功能、等级和要求确定。

6.0.3　桥位应与燃气输送管道、输油管道，易燃、易爆和有毒气体等危险品工厂、车间、仓库保持安全距离。当桥位上空设有架空高压电线无法避开时，桥梁主体结构（构筑物）与架空电线之间应满足安全距离要求。

6.0.4　桥梁应根据道路等级和结构重要性程度，在项目建设前期确定结构设计工作年限，并应根据环境条件进行耐久性设计。桥梁设计工作年限应符合表 6.0.4 的规定。

6.0.5　桥梁设计应根据道路的功能、等级和发展要求等具体情况选用设计荷载。汽车荷载和人群荷载的计算图式、荷载等级及其标准值、加载方法等应符合本规范附录 B 的规定。

6.0.6　桥梁敷设的管线应符合下列规定：

　　1　不得在桥上敷设污水管、压力大于 0.4MPa 的燃气管和运送其他可燃、有毒或腐蚀性液体或气体的管道；

　　2　不得在地下通道内敷设电压高于 10kV 配电电缆、燃气管和运送其他可燃、有毒或腐蚀性液体或气体的管道；

　　3　应对敷设于桥梁的管线发生故障和事故时次生影响的可控性进行评估，保障桥梁安全。

6.0.7　桥梁人行道栏杆的净高不应小于 1.10m，当桥梁临空侧为人行非机动车混行道或非机动车道时，栏杆的净高不应低于 1.40m。当采用竖直杆件做栏杆时，杆件间的净距不应大于 110mm。人行道栏杆与桥梁主体结构的连接强度应满足受力要求，作用在人行道栏杆扶手上的竖向荷载应为 1.2kN/m，水平向外荷载应为 2.5kN/m，两者应分别计算且不与其他活荷载叠加。

6.0.8　桥梁结构应根据结构上可能同时出现的作用，按承载能力极限状态和正常使用极限状态进行最不利作用组合计算，并应同时满足构造和施工工艺的要求。

6.0.9　当桥梁按承载能力极限状态设计时，根据结构的重要性、结构破坏时可能产生的后果严重性，应采用不低于表6.0.9规定的设计安全等级。

表 6.0.9　设计安全等级

安全等级	结构类型	类　别	结构重要性系数
一级	重要结构	特大桥、大桥、中桥、重要小桥	1.1
二级	一般结构	小桥	1.0

6.0.10　桥梁应根据结构形式、在城市路网中位置的重要性，进行抗震分类和设防。

6.0.11　对技术特别复杂的特大桥梁的地震动参数，应按地震安全性评价确定，其他各类桥梁的地震动参数，应根据国家现行有关规定确定。对基本地震峰值加速度分区 0.30g 及以上地区的单跨跨径超过150m的特大桥应进行地震安全性评价，并应进行专门抗震设计。

6.0.12　当桥梁采用减震或隔震时，减震或隔震支座应具有足够的刚度和屈服强度，应满足使用荷载要求。相邻上部结构之间应设置足够的间隙。

6.0.13　桥梁结构支承体系应满足桥梁的受力和变形要求。

6.0.14　对位于通航河流或有漂流物的河流中的桥梁墩台应采取防撞措施。

6.0.15　桥梁结构应满足抗倾覆安全度的要求，并应避免局部构件失效引起的整体倒塌。

6.0.16　桥梁引道及引桥与两侧街区的衔接布设应满足消防、救护、抢险的要求。

6.0.17　桥梁和地道应设置防水措施和排水系统。

6.0.18　位于生态环境敏感区和饮用水源保护区的桥梁，应采取环境保护措施。

6.0.19　当桥梁基础的基坑施工，存在危及施工安全和周围建筑安全风险时，应制定基坑围护设计、施工、监测方案及应急预案。

6.0.20　水中设墩的桥梁汛期施工时，应制定度汛措施及应急预案。

6.0.21　当运输和安装桥梁长大构件影响道路交通安全时，应制定专项施工方案。

6.0.22　单孔跨径不小于150m的特大桥，施工前应根据建设条件、桥型、结构、工艺等特点，针对技术难点和质量安全风险点编制专项施工方案、监测方案和应急预案，验收时应针对结构承载能力进行检测。

7　隧道

7.1　一般规定

7.1.1　隧道应在勘测、调查资料基础上，根据地形、地质、水文、气象、地震条件、交通量及其构成、施工、运营和维护等综合因素确定建设方案，并应与地面、地下建（构）筑物以及各种管线做好协调。

7.1.2　隧道总体布置和设备设施配置，应满足日常运营、管理和防灾救援等要求。

7.1.3　隧道平纵线形应根据地形地貌、工程地质、水文地质、路线走向、洞口位置、沿线障碍物、施工工法等因素确定，并应满足车辆行驶安全要求。

7.1.4　隧道出入口距地面道路交叉口的距离，应满足车辆安全通行要求。

7.1.5　隧道横断面应根据线路技术标准、建筑限界、设备布置、结构设计、施工工法、防灾和运营养护等要求确定。

7.1.6　隧道内不应敷设易燃、易爆、危险品管道。

7.1.7 隧道防灾设计应包括交通安全设施、交通监控、灾害报警、通风排烟、安全疏散与救援、防灾供电与应急照明、消防给水与灭火、防淹没、应急通信以及主体结构保护措施等。

7.1.8 隧道防火灾应按一座隧道同一时间发生一处火灾设防。

7.1.9 隧道应根据交通量、交通特性、火灾规模、自然环境条件、封闭段长度和线形等综合因素确定防火灾方案和应急救援策略。

7.1.10 危化品车辆应在监管和保护状态下通过隧道。

7.2 主体结构

7.2.1 隧道主体结构应根据工程特点以及沿线建设条件，通过技术、经济、工期、环境影响等综合评价，选择安全可靠、经济合理的结构形式和实施方案。

7.2.2 隧道主体结构设计工作年限应为 100 年，并应根据环境条件进行耐久性设计。

7.2.3 隧道结构应满足工程实施的可行性及运营安全要求。

7.2.4 隧道结构设计应根据使用条件、荷载特性、结构或构件类型及施工方法，按正常使用阶段和施工阶段分别进行结构强度、刚度和稳定性计算。

7.2.5 进行过工程场地地震安全性评价的工程，抗震设防烈度及地震动参数应根据安全性评价结果确定。

7.2.6 主体结构的防水等级不应低于二级，应根据环境条件、环境作用等级、设计工作年限、结构特点、施工方法等因素确定防水措施，并应满足结构安全、耐久性和使用要求。

7.2.7 隧道施工应根据地质条件、隧道主体结构以及周边环境等因素，针对技术难点和质量安全风险点编制专项施工方案、监测方案和应急预案，并应实施全过程动态管理。

7.3 设备设施

7.3.1 隧道通风系统日常运营时隧道内的一氧化碳（CO）、烟雾等污染物浓度应满足卫生标准和行车安全要求。

7.3.2 隧道通风系统应满足洞口、集中排风井等污染空气排放处的环境保护要求。

7.3.3 给水系统应满足隧道消防用水及运营管理的要求。

7.3.4 隧道应设置独立的排水系统，应排除渗漏水、雨水、清洗水及消防水等。

7.3.5 隧道内的一级供电负荷应采用双重电源供电，一级负荷中特别重要负荷除由双重电源供电外，尚应增设应急电源。

7.3.6 隧道照明标准应与交通流量、设计车速相匹配，满足交通安全及节能要求。

7.3.7 隧道应根据规模和管理需要设置运营管理设施，隧道运营管理设施应具备交通监控、环境与设备监控、事件报警与联动控制、应急通信、指挥调度等功能。

8   公共电汽车设施及客运枢纽

8.1   一般规定

8.1.1 公共电汽车设施应根据城市道路网形态、土地功能布局、出行结构特征等交通因素，结合道路条件进行设置。

8.1.2 公共交通走廊应设置专用公共交通路权。

8.1.3 公共交通车站应根据城市综合交通体系构成、公共交通线网布局等要求，并应结合沿线客流集散点及各类交通接驳设施布局设置。

8.2   快速公共汽车交通（BRT）

8.2.1 快速公共汽车交通系统应由专用车道、车站、车辆、智能公交系统、运营服务、停车场等组成。

8.2.2 快速公共汽车交通系统应根据路网布局、线路功能、客流量、项目所在区域的综合客运体系、近远期发展等确定。快速公共汽车交通（BRT）系统分级标准应符合表8.2.2的规定。应依照选择的级别确定相应的车道、车站等系统组成设施的设计标准。

表 8.2.2 快速公共汽车交通（BRT）系统分级标准

特征参数	级 别		
	一级	二级	三级
运送速度 V（km/h）	≥25		≥20
单向客运能力（万人次/h）	≥1.5	≥1.0	≥0.5

8.2.3 专用车道应布置在道路中央或道路两侧，与其他车道应采用物理隔离或车道标线分隔；专用车道宽度不应小于 3.5m。

8.2.4 专用车道应符合道路交通安全规定，应满足发生事故时的安全救援要求。

8.2.5 车站应根据客流集散规模，合理安排过街设施和周边行人、非机动车接驳设施。

8.2.6 智能公交系统应能提供快速公交车辆的信号优先服务。

8.3 有轨、无轨电车交通设施

8.3.1 有轨、无轨电车交通设施应满足正常运营状态、非正常运营状态和紧急运营状态下安全运营的要求。

8.3.2 有轨电车专用车道应设置专用车道标志、标线或路缘石。在有轨电车通行的平面交叉路口，应设置有轨电车专用的信号灯、停车线、车道线。

8.3.3 交叉口智能控制系统应提供有轨电车的信号优先服务。

8.4 公共交通专用车道

8.4.1 公共交通专用车道应按客流需求及高峰小时特征分为分时段和全时段公共交通专用车道两个等级。

8.4.2 应依据道路沿线用地性质、交通负荷、路段高峰小时公交客运量及客流分布特征等，确定公共交通专用车道、车站设置方式及路口优先模式。

8.5 公共交通站（场、厂）

8.5.1 公共交通首末站的规模应按线路所配的营运车辆总数确定，同时应考虑线路发展的需要。

8.5.2 应结合道路条件合理组织公共交通首末站车辆行驶流线，并制定交通控制方案。

8.5.3 位于建成区的公交场站应根据客流需求设置站内乘客上下车、候车及站牌等设施。

8.5.4 停靠站设置的运营线路数或最大停靠车辆数不应大于停靠站的车道通行能力。当主要集散站运营线路或最大停靠车辆数超标时，应分设车站。

8.5.5 应根据线路特征、运营要求、周边环境及车辆等条件确定停靠站站台形式、车站布局与位置；停靠站规模应根据客流规模确定，并应满足乘客上下车、候车及设置站牌、候车亭等设施需求；公交站台最小长度近端站和中途站不应小于停靠车辆车身总长度，远端站在此基础上应增加 3m～5m。

8.5.6 停车场应能为线路营运车辆下线后提供合理的停放空间和必要设施，并应按规定对车辆进行低级保养和重点小修作业。

8.5.7 停车场应同步建设充电桩等充电设施；充电设施规模应根据停放电动公交车辆规模确定。

8.5.8 保养厂应能承担营运车辆的高级保养任务及相应的配件加工、修制和修车材料、燃料的储存、发放等。

8.5.9 公共交通站（场、厂）的建筑及设备设计应满足建筑防火的要求。

8.6 客运枢纽

8.6.1 枢纽总平面布置应符合下列规定：

　　1 航空、铁路、客运港口枢纽的总平面应以其专属区为核心进行布置，其他枢纽总平面应以主客流优先进行布置；

　　2 当枢纽设有维修、加油加气、充电等附属设施时，其布设应与公共区适度分离。

8.6.2　枢纽的机动车和行人出入口应分别设置，其个数应根据进出车辆及人员的数量进行设置；同时应满足道路开口要求和防灾要求。

8.6.3　枢纽交通组织设计应包括高峰期间应急出入口设计及应急交通组织方案设计。

9　其他设施

9.1　排水、照明及绿化设施

9.1.1　城市道路应建设满足雨水设计重现期的排水系统。有积水风险的道路低洼点和下穿道路应按内涝防治标准建设道路雨水系统，自流排放时出水口必须安全可靠。

9.1.2　城市道路应配套建设满足道路安全使用和节能环保要求的照明系统。

9.1.3　道路绿化不得侵入道路建筑限界，不得遮挡标志、信号灯。

9.2　城市广场、路内停车设施

9.2.1　城市广场应与广场周边的人行、车行交通组织相协调，城市广场车行出入口必须满足视距通视条件，视距三角形范围内不得有任何妨碍机动车驾驶员视线的障碍物。

9.2.2　在城市救灾和应急疏散功能的道路上不得设置路内停车位。设置路内停车位时，应保障道路通行功能，并应根据道路交通运行状况及时动态调整。

9.2.3　地铁、公交站点附近的道路设施带应设置自行车停车区，停车容量根据使用需求确定，自行车停车区的布置不得影响车辆和行人的正常通行。

9.3 交通安全和管理设施

9.3.1 城市道路的交通安全和管理设施应与道路土建工程同步建设。

9.3.2 城市道路交通安全和管理设施设计应根据道路总体设计和交通组织设计方案进行，应根据道路所处的地形和环境条件采取相应的措施。临近学校、幼儿园、医院、养老院等路段应结合人行过街设施设置交通安全设施。

9.3.3 交通标志和标线应向交通参与者提供交通路权、通行规则及路径指示等信息。

9.3.4 交通标志及其支架不得侵入道路建筑限界，其版面信息不得被其他物体遮挡。防护设施应满足道路建筑限界及停车视距要求。

9.3.5 交通标志版面和标线的信息应满足一致性、连续性、逻辑性、协调性及视认性的要求。隧道内的应急、消防、避险等指示标志，应采用主动发光标志或照明式标志。

9.3.6 交通标志结构应满足强度、变形和稳定性要求。交通标线材料应具备抗滑、耐磨和环保性能。

9.3.7 不能提供足够路侧安全净距的快速路，必须设置路侧防撞护栏；当路基整体式断面中间带宽度小于或等于 12m 时，快速路的中央分隔带必须连续设置防撞护栏。各级道路特大桥、大桥、高架桥、高路堤段、临水临空段、车辆越出路外可能发生二次事故的路段应设置安全防护设施。

9.3.8 快速路主线分流端、匝道出口端部应设置相应的防撞设施；各级道路隧道内主线分流端、匝道出口端部应设置相应的防撞设施。

9.3.9 人行道与一侧地面存在高差，行人跌落会发生危险时，应设置人行护栏。

9.3.10 跨越城市轨道交通线、铁路、高速公路、一级公路、城市快速路的桥梁人行道外侧应设置防落物设施。

9.3.11 对有被撞击危险的桥梁墩柱，应采取防撞措施。

9.3.12 防撞设施应根据道路等级、道路设施类型、所处部位和环境进行设置，并应符合相应的防撞等级和技术指标的要求。邻近干线铁路、水库、油库、电站等需要特殊防护的路段，应提高设施防撞等级。

9.3.13 交通流交叉及合流处易发生危险或影响交通有序高效通行时应设置交通信号灯。交通信号灯及其支架不得侵入道路建筑限界。交通信号灯应能被道路使用者清晰识别，其视认范围内不应存在盲区。

9.3.14 城市中隧道（中、长、特长隧道）、特大桥梁和城市快速路应建设交通监控系统。

9.3.15 交通监控系统配置应按道路性质和监控系统特性划分等级，具备相应的信息采集、分析处理、信息发布和交通控制管理，以及与其他信息系统进行信息交换和资源共享的功能。

二十、《冷库施工及验收标准》GB 51440—2021

4.2.2 模板及支架应根据安装、使用和拆除工况进行设计，并应满足承载力、刚度和整体稳固性要求。

4.3.3 钢筋安装时，受力钢筋的牌号、规格和数量必须符合设计要求。

5.1.3 隔汽、保温隔热工程施工现场应按有关规定采取可靠的防火安全措施，并应符合下列规定：

　　4 可燃、难燃的隔汽及保温材料现场存放、运输、施工应远离火源；露天存放时，应采用不燃材料完全覆盖；

6.4.1 严禁在管道内有压力、制冷剂未清理干净的情况下进行焊接作业。

6.6.3 气体压力试验时应划出作业区的边界，无关人员严禁进入试压作业区内。

6.8.6 系统内的卤代烃及其混合物制冷剂严禁直接向外排放，应使用专用回收装置回收。

7.1.6 电缆施工应符合现行国家标准《电气装置安装工程　电缆线路施工及验收规范》GB 50168 和《1kV 及以下配线工程施工与验收规范》GB 50575 的有关规定，并应符合下列规定：

　　3 电气线路穿越冷间保温材料敷设时，应采取防火和防止产生冷桥的措施；

二十一、《球形储罐施工规范》GB 50094—2010

3.0.3 球形储罐施工单位必须获得球形储罐现场组焊许可，并应建立压力容器质量管理体系。

6.1.1 从事球形储罐焊接的焊工，必须按有关安全技术规范的规定考核合格，并应取得相应项目的资格后，方可在有效期间内担任合格项目范围内的焊接工作。

6.2.1 球形储罐焊接前，施工单位必须有合格的焊接工艺评定报告。焊接工艺评定应符合现行行业标准《钢制压力容器焊接工艺评定》JB 4708 的有关规定。

7.1.4 从事球形储罐无损检测人员，必须取得相应资格证书后才能承担与资格证书的种类和技术等级相对应的无损检测工作。

7.2.2 符合下列条件之一的球形储罐球壳的对接焊缝或所规定的焊缝，必须按设计图样规定的检测方法进行 100% 的射线或超声检测：

　　1 设计压力大于或等于 1.6MPa 且划分为第Ⅲ类压力容器的球形储罐；

　　2 按分析设计标准设计的球形储罐；

　　3 采用气压或气液组合耐压试验的球形储罐；

　　4 钢材标准抗拉强度下限值大于或等于 $540N/mm^2$ 的球形储罐；

　　5 设计图样规定应进行全部射线或者超声检测的球形储罐；

　　6 嵌入式接管与球壳连接的对接焊缝；

　　7 以开孔中心为圆心、开孔直径的 1.5 倍为半径的圆内包容的焊缝，以及公称直径大于 250mm 的接管与长颈对焊法兰、接管与接管连接的焊缝；

8 被补强圈和垫板所覆盖的焊缝。

8.1.1 符合下列情况之一的球形储罐必须在耐压试验前进行焊后整体热处理：

1 设计图样要求进行焊后整体热处理的球形储罐；

2 盛装具有应力腐蚀及毒性程度为极度危害或高度危害介质的球形储罐；

3 名义厚度大于 34mm（当焊前预热 100℃ 及以上时，名义厚度大于 38mm）的碳素钢制球形储罐和 07MnCrMoVR 钢制球形储罐；

4 名义厚度大于 30mm（当焊前预热 100℃ 及以上时，名义厚度大于 34mm）的 Q345R 和 Q370R 钢制球形储罐；

5 任意厚度的其他低合金钢球形储罐。

10.1.1 球形储罐必须按设计图样规定的试验方法进行耐压试验。耐压试验应包括液压试验、气压试验和气液组合试验。

二十二、《立式圆筒形钢制焊接储罐施工规范》GB 50128—2014

3.0.1 储罐建造选用的材料和附件，必须具有质量合格证明书，并应符合设计文件的规定。钢板和附件上应有清晰的产品标识。

5.2.1 储罐安装前，必须有基础施工记录和验收资料，并应对基础进行复验，合格后方可安装。

6.1.1 从事储罐焊接的焊工，必须按《特种设备焊接操作人员考核细则》TSG Z6002 的规定考核合格，并应取得相应项目的资格后，方可在有效期间内担任合格项目范围内的焊接工作。

6.2.1 焊接前，施工单位必须有合格的焊接工艺评定报告。焊接工艺评定应符合现行行业标准《承压设备焊接工艺评定》NB/T 47014 的有关规定。当壁板厚度大于 38mm，应采用多道焊，且当单焊道厚度大于 19mm 时，应对每种厚度的对接接头进行评定。

7.2.1 从事储罐无损检测的人员，应按《特种设备无损检测人员考核与监督管理规则》进行考核，并取得国家质量监督检验检疫总局统一颁发的证件，方能从事相应的无损检测工作。

二十三、《工业设备及管道绝热工程施工规范》GB 50126—2008

1.0.4 当需要修改设计、材料代用或采用新材料时，必须经原设计单位同意。

3.1.3 保护层材料的质量，除应符合本规范第3.1.2条的有关规定外，尚应符合下列规定：

　　3 贮存或输送易燃、易爆物料的设备及管道，以及与此类管道架设在同一支架上或相交叉处的其他管道，其保护层必须采用不燃性材料。

3.2.1 绝热材料及其制品，必须具有产品质量检验报告和出厂合格证，其规格、性能等技术指标应符合相关技术标准及设计文件的规定。

4.1.3 在有防腐、衬里的工业设备及管道上焊接绝热层的固定件时，焊接及焊后热处理必须在防腐、衬里和试压之前进行。

4.3.1 用于绝热结构的固定件和支承件的材质和品种必须与设备及管道的材质相匹配。

4.3.6 直接焊于不锈钢设备、管道上的固定件，必须采用不锈钢制作。当固定件采用碳钢制作时，应加焊不锈钢垫板。

5.1.10 保冷设备及管道上的裙座、支座、吊耳、仪表管座、支吊架等附件，必须进行保冷，其保冷层长度不得小于保冷层厚度的4倍或敷设至垫块处，保冷层厚度应为邻近保冷层厚度的1/2，但不得小于40mm。设备裙座里外均应进行保冷。

5.8.2 聚氨酯、酚醛等泡沫塑料的浇注，应符合下列规定：

　　2 浇注料温度、环境温度必须符合产品使用规定。

　　6 浇注不得有发泡不良、脱落、发酥发脆、发软、开裂、孔径过大等缺陷；当出现以上缺陷时必须查清原因，重新浇注。

5.8.3 预制成型管中管绝热结构及其在现场的安装补口，应符合下列规定：

6 施工完毕后，补口处绝热层必须整体严密。

5.9.4 喷涂施工应符合下列规定：

2 喷涂时应由下而上，分层进行。大面积喷涂时，应分段分片进行。接槎处必须结合良好，喷涂层应均匀。

5.11.10 保冷的设备或管道，其可拆卸式结构与固定结构之间必须密封。

5.13.6 球形容器的伸缩缝，必须按设计规定留设。当设计对伸缩缝的做法无规定时，浇注或喷涂的绝热层可用嵌条留设。

5.13.11 多层绝热层伸缩缝的留设，应符合下列规定：

2 保冷层及高温保温层的各层伸缩缝，必须错开，错开距离应大于 100mm。

5.13.12 膨胀间隙的施工，有下列情况之一时，必须在膨胀移动方向的另一侧留有膨胀间隙：

1 填料式补偿器和波形补偿器。

2 当滑动支座高度小于绝热层厚度时。

3 相邻管道的绝热结构之间。

4 绝热结构与墙、梁、栏杆、平台、支撑等固定构件和管道所通过的孔洞之间。

7.1.14 当固定保冷结构的金属保护层时，严禁损坏防潮层。

7.1.16 当有下列情况之一时，金属保护层必须按照规定嵌填密封剂或在接缝处包缠密封带：

1 露天、潮湿环境中的保温设备、管道和室内外的保冷设备、管道与其附件的金属保护层。

2 保冷管道的直管段与其附件的金属保护层接缝部位，以及管道支吊架穿出金属护壳的部位。

8.0.1 绝热工程的施工人员，应按规定佩戴安全帽、安全带、工作服、工作鞋、防护镜等防护用品。对接触有毒及腐蚀性材料的操作人员，必须佩戴防护工作服、防护（防毒）面具、防护鞋、防护手套等。

8.0.3 绝热工程安装高度超过 2m 时，高空作业的施工人员必须系好安全带。当安全带无处悬挂时,应设置安全绳。

8.0.7 易燃、易挥发、有毒及腐蚀性材料的施工,应符合下列规定:

1 易燃、易挥发物品,必须避免阳光暴晒,存放处严禁烟火。

4 制剂在配制加热过程中,不得超过规定的加热温度,必须防止液体崩沸,严禁直接使用蒸汽或明火加热。

二十四、《油气输送管道穿越工程施工规范》GB 50424—2015

5.2.1 穿越管段无损检测除穿越三级及三级以下公路外,应符合下列规定:

1 应进行100%超声波检测、100%射线检测;

2 焊缝合格级别均应为Ⅱ级及以上。

13.0.6 隧道施工时,应配备通风设备,并应对气体进行安全监测。当可燃、有害气体浓度超过安全允许值时,严禁施工,并应采取应急措施进行处理。

二十五、《油气输送管道跨越工程施工规范》GB 50460—2015

5.1.1 用于跨越工程的材料、管件和配件必须符合设计要求,产品质量应符合国家现行有关标准的规定,并应具有出厂合格证、质量证明文件以及材料证明书或使用说明书。

7.2.2 用于钢筋混凝土基础的钢筋品种、级别、规格和数量,必须符合设计要求。

二十六、《石油天然气站内工艺管道工程施工规范》GB 50540—2009 (2012年版)

4.1.6 若材料、管道附件、撬装设备不合格,严禁安装使用。

4.3.2 管道组成件及管道支撑件在施工过程中应妥善保管,不得混淆或损坏,其色标或标记应明显清晰。材质为不锈钢、有色金属的管道组成件及管道支撑件,在储存期间不得与碳素钢接触。暂时不能安装的管道，应封闭管口。

7.1.5 从事本规范适用范围内管道工程施工的焊工应取得国家相应部门颁发的特殊作业人员资格证书，所从事工作范围应与资格证书相符。

7.4.2 焊缝外观检查合格后方允许对其进行无损检测，无损检测应按现行行业标准《石油天然气钢质管道无损检测》SY/T 4109 的规定进行，超出现行行业标准《石油天然气钢质管道无损检测》SY/T 4109 适用范围的其他钢种的焊缝应按国家现行标准《承压设备无损检测》JB/T 4730.1～4730.6 的要求进行无损检测及焊缝缺陷等级评定。

7.4.3 从事无损检测的人员应取得国家有关部门颁发的无损检测资格证书。

9.3.1 埋地管道应在下沟回填后进行强度和严密性试验；架空管道应在管道支吊装安装完毕并检验合格后进行强度和严密性试验。

9.3.3 严密性试验时，设计压力大于 6.4MPa 的试验介质应采用洁净水。

9.3.5 工艺管道以水为介质的强度试验，试验压力应为设计压力的 1.5 倍；以空气为介质的强度试验，试验压力应为设计压力的 1.15 倍。工艺管道严密性试验压力应与设计压力相同。

9.3.6 强度试验充水时，应安装高点排空、低点排水阀门，并应排净空气，使水充满整个试压系统，待水温和管壁、设备壁的温度大致相同时方可升压。

二十七、《有色金属矿山井巷工程施工规范》GB 50653—2011

3.0.11 有色金属矿山井巷工程掘进穿过软岩、破碎带、老窿、溶洞、断层或较大含水层等不良地层前，应根据工程地质和水文地质资料，针对不良地层编制专门的施工安全技术措施。

3.0.12 斜井、斜坡道、巷道、硐室的临时支护，应符合下列规定：

1 在破碎围岩区域应采用管棚、预注浆等超前支护；

2 在较破碎围岩区域应采用锚喷或金属支架支护；

3 在易风化岩区域应采用喷射混凝土支护，并及时封闭；

4 在膨胀岩区域应采用先让后抗，锚喷隔绝水源或金属支架支护；

5 支架间相互连接应牢固，背板与顶帮之间的空隙必须塞紧、接顶和背实；

6 临时支护应紧跟掘进工作面。

4.6.1 井筒延深时，必须设置与上部生产水平隔开的保护设施。

5.2.1 斜井、盲斜井施工，必须遵守下列规定：

1 提升矿车时，井口应设与提升机连锁的阻车器；

2 井口下 20m 内及掘进工作面上方 30m 内，应分别设保险杠，并有专人看管；

3 斜井内人行道侧，应每隔 30m～50m 设躲避硐室。

5.3.1 斜井反井施工，工作面与井底之间必须设信号装置。电耙出碴或反井提升时，井筒内严禁行人。

6.1.3 用钻爆法贯通对穿、斜交及立交巷道时，应准确测量贯通距离。当两个工作面相距 15m 时，必须停止一个工作面的掘进作业；爆破前，应在通向两个工作面的巷道中设安全警戒，待两个工作面的作业人员全部撤至安全区域后，方可起爆。

6.1.4 间距小于 20m 的平行巷道，任一工作面进行爆破前，应通知相邻巷道工作面的作业人员撤至安全区域后方能进行爆破。

7.1.2 天井、溜井施工，应采用导爆管、磁电雷管起爆器起爆，严禁使用普通电雷管起爆。

7.1.3 天井、溜井掘进爆破后，必须通风，工作面必须经安全检查合格后方可进行作业。

7.2.5 天井、溜井采用吊罐法施工时，应符合下列规定：

1 提升机房、停罐水平和吊罐之间，必须装设信号装置；信号线不得设在吊罐钢丝绳孔内；吊罐升降时必须保证通信畅通。

8.4.2 采场天井、溜井施工时，应符合下列规定：

1 相距 30m 以内同时施工的天井、溜井，应错开爆破时间并设警戒。任一工作面进行爆破前，应通知相邻工作面的作业人员撤至安全区域后，方能起爆；

2 天井、溜井施工距上水平巷道小于 7m 时，应在贯通位置设明显标志，爆破时设警戒哨。贯通距离不应小于 2m，若围岩条件较差，则不应小于 3m。

10.1.1 当掘进工作面遇有下列情况之一时，必须先探水后掘进：

1 接近溶洞、水量大的含水层；

2 接近可能与地表水体或地下水系、含水层等相通的断层、裂隙；

3 接近被淹井巷、老窿；

4 接近水文地质复杂地段；

5 接近隔离矿柱；

6 掘进工作面或其他地段发现有突水预兆。

10.2.3 在探、放水钻孔施工前，必须考虑邻近井巷的作业安全，并应预先布置避灾路线，必要时设置防水闸门。

10.2.4 根据水文地质资料，在静水压力大于 1.6MPa 的地区探水钻进前，必须先安装孔口管、三通、阀门、水压表等，采取防止孔口管和岩壁突然鼓出的措施，并用 1.2 倍静水压力进行压水试验，合格后方可钻孔探水。当钻孔内水压过大时，尚应采用反压和防喷装置钻进。

11.2.3 吊桶提升应符合下列规定：

1 每人所占吊桶底有效面积不应小于 0.12m²，吊桶净高不得小于 1.1m；

2 人员在井筒内检查设备、设施时，吊桶的升降速度不得大于 0.3m/s；

3 稳绳终端和钩头连接装置上方，应设缓冲装置；

4 提升钩头必须设有防止吊桶梁脱出的安全闭锁装置。

11.7.4　中性点直接接地的地面变压器或发电机不得直接向井下供电。井下电气设备不得接零。井下应采用矿用变压器，若采用普通变压器，其中性点不得直接接地，变压器二次侧的中性点不得引出载流中性线（N 线）。

11.8.1　提升信号设置，应符合下列规定：

　　1　每台提升机，均应有独立的、声光兼备的信号系统；

　　2　信号电源应采用隔离变压器供电，并有电源指示灯；

　　3　信号应清晰、易辨；

　　4　竖井井筒施工时，每个工作地点都应设置信号装置；各工作地点发出的信号，必须能准确辨识；

　　5　竖井吊桶提升，应设置井盖门安全信号，当吊桶上升距井盖门 40m～50m 时，应发出有声信号；竖井罐笼提升，安全门与提升信号系统应设置闭锁装置；

　　6　运送人员的斜井人车，必须装设可在运行途中向提升机司机发送紧急信号的装置；斜井多水平提升，各水平应设置独立的信号装置，各水平发出的信号，必须能准确辨识；甩车场应设置信号装置，甩车时必须发出警号；

　　7　提升信号必须经过井口信号工转发，严禁井下与提升机房直接用信号联系。

11.9.7　天井、溜井口及危险地段，必须安装固定式照明装置，并有明显的灯光警示。施工设备用的照明装置应保持完好。

12.4.2　井下施工时，作业地点的噪声超过噪声声级卫生限值时，应采取消声、吸声、隔声、减振等技术措施减少噪声危害，作业人员应佩戴个体防护用具。

12.5.2　井下氡及其子体的浓度超过卫生限值时，必须采取通风排氡、控制和隔离氡源等技术措施，并加强个体防护。

二十八、《有色金属矿山井巷安装工程施工规范》GB 50641—2010

6.2.13　制动绳防坠器应进行脱钩试验，合格后方准投入使用。

12.4.5　凡不准用作回流的钢轨和用作回流钢轨的连接处，必须装设两处可靠的轨端绝缘。第一绝缘点应设在分界处；第二绝缘点应设在作回流的钢轨段，且与第一绝缘点的距离应大于一列矿车的长度。

12.5.3 井下 36V 以上及由于绝缘损坏而带有危险电压的电气装置、设备的外露可导电部分和构架等应接地。

二十九、《冶炼烟气制酸设备安装工程施工规范》GB 50711—2011

6.1.9 沉降器、安全水封安装完成后，应进行常温盛水试验，盛水试验时间应为 48h，并应以无渗漏、无冒汗、无明显变形现象为合格。

12.0.5 施工现场应设置消防通道，配备消防器材。有毒、有害物质储存应符合产品说明书的规定，并应安排专人管理。

12.0.6 使用有毒、有害物质时，操作人员应穿戴防护用品，并应佩戴防护用具，应采取相应的通风及防护措施，应有警示牌。

12.0.7 设备触媒充填时应采取通风措施。

12.0.10 孔洞、坑槽及平台周边应设置临时防护设施及安全标识。

三十、《冶金机械液压、润滑和气动设备工程施工规范》GB 50730—2011

2.0.4 液压、润滑和气动设备施工的焊工必须经考试合格，并应取得合格证书，应在考试合格项目范围内施焊。

5.3.12 液压管道和润滑脂管道对接焊缝内部质量必须符合设计技术文件的规定，设计技术文件未规定时，应符合现行国家标准《现场设备、工业管道焊接工程施工规范》GB 50236 对接焊缝内部质量Ⅱ级的规定，并应采用射线探伤检查。工作压力小于 6.3MPa 时，抽查量应为 5%；工作压力为 6.3MPa～31.5MPa 时，抽查量应为 15%；工作压力大于 31.5MPa 时，应 100% 进行探伤检查。

三十一、《光伏发电站施工规范》GB 50794—2012

5.3.4 严禁触摸光伏组件串的金属带电部位。

5.3.5 严禁在雨中进行光伏组件的连线工作。

5.4.3 汇流箱内光伏组件串的电缆接引前，必须确认光伏组件侧和逆变器侧均有明显断开点。

5.5.4 逆变器直流侧电缆接线前必须确认汇流箱侧有明显断开点。

6.4.4 逆变器停运后，需打开盘门进行检测时，必须切断直流、交流和控制电源，并确认无电压残留后，在有人监护的情况下进行。

6.4.5 逆变器在运行状态下，严禁断开无灭弧能力的汇流箱总开关或熔断器。

三十二、《油气田集输管道施工规范》GB 50819—2013

4.4.3 阀门安装前，应逐个进行强度及严密性试验。不合格阀门不得使用。

8.1.1 热煨弯管不得切割使用。

三十三、《轻金属冶炼机械设备安装工程施工规范》GB 50882—2013

3.1.3 下列设备安装工程，必须编制专项施工方案：

 1 大型或重要机械设备的安装工程。

 2 位于高处的主体设备的安装工程。

 3 在高温、高湿、高寒等作业条件下进行的安装工程。

三十四、《露天煤矿工程施工规范》GB 50968—2014

7.3.4 集水仓施工应符合下列规定：

 6 当汛期时，采场底部作为临时储水仓时，排水期限必须符合下列规定：

1）当因储水而停止采煤的工作面数少于采煤工作面总数的1/3时，不得大于 15d；

2）当因储水而停止采煤的工作面占采煤工作面总数的1/3～1/2 时，不得大于 7d；

3）当因储水而停止采煤的工作面超过 1/2 时，不得大于 3d。

8.1.2 当采场或排土场有滑坡迹象或其他危险时，必须立即将人员和设备撤到安全地带，并应采取措施进行处理。

8.2.7 边坡的防排水工程应符合下列规定：

1　当非工作帮平台的水沟经过弱层（面）露头时，应采取防渗措施。

2　在已出现滑坡或变形的不稳定区段，应及时在周围建立防排水系统。

3　对地表水渗入后可能形成滑坡的弱层（面）露头，应采取防渗措施。

4　当地下水成为滑坡的主要因素时，应对该边坡进行疏干。

9.2.1　孔径大于 100mm 的穿孔设备必须配备除尘设施。

9.2.5　抛掷爆破台阶，在距离坡顶线 8m 以内范围，严禁钻机沿坡顶线平行方向行走，当在有伞檐、裂缝地段时，应加大距离。

9.3.2　运送爆破器材必须使用专用车辆，车辆外轮的边立缘距台阶坡顶或坡底不得小于 3m；当需要在作业的吊车或挖掘机工作的半径范围内通过时，应在吊车或挖掘机停止作业时通过。

9.3.3　运送爆破器材的车辆，严禁在空巷危险区段或距明火地段 20m 范围内通行。

9.3.6　严禁拔出或强拉起爆药包中的导爆管或雷管的脚线。

9.3.15　当在火区爆破时，装药前必须仔细检查各炮孔内的温度。有明火或温度高于 80℃ 的炮孔，必须采取措施降温，合格后使用耐高温爆破材料及时装药起爆。经灭火降温处理的炮孔，从装药开始，到人员撤至安全地点的时间间隔，应小于炮孔温度回升致使起爆器材或炸药爆炸的时间间隔。

12.4.3 严禁人员直接跨越或乘坐带式输送机。在需要跨越处，应设置人行桥。

三十五、《煤矿设备安装工程施工规范》GB 51062—2014

3.0.10 井下进行电焊、气焊、切割时，必须制定安全措施，指定瓦检员随时测量瓦斯及其他有害气体的浓度，在确认作业地点附近 20m 范围内瓦斯浓度低于 0.5% 时，方准作业。

12.6.3 泵站电气设备应严格按有关工艺标准和防爆要求施工，并应对设备外壳进行可靠接地。

16.4.1 核子秤的安装使用应符合国家有关放射源使用许可的管理规定：

　1 安装使用核子秤前应按国家有关规定向当地有关主管部门申请放射源使用许可证。装有放射源的铅罐必须在本单位保卫部门登记备案，应制定有关制度，指定专人负责管理，铅罐应上锁，若有丢失，应立即报告上级安全保卫部门及当地有关主管部门。

　2 不应在铅罐附近长期停留，应在安置放射源的地方有明显标志。放射源长期不使用时，应把塞子准直孔转向"关"的位置，存放在库房内，应由专人负责保管，保卫部门应定期检查。

　3 经过一段时间使用后，由于放射源的衰减，强度不能满足正常工作需要时，严禁自行处理，应与当地有关管理部门联系处理或与厂家联系统一处理。

三十六、《焦化机械设备安装规范》GB 50967—2014

20.1.3 设备的安全保护装置应符合设计文件规定，在试运转中需要调试的装置，应在试运转中完成调试，其功能应符合设计文件要求。

三十七、《机械设备安装工程施工及验收通用规范》GB 50231—2009

1.0.5 安装的机械设备、零部件和主要材料，必须符合工程设计和其产品标准的规定，并应有合格证明。

1.0.6 机械设备安装工程中采用的各种计量和检测器具、仪器、仪表和设备，必须符合国家现行有关标准的规定；其精度等级应满足被检测项目的精度要求。

2.0.4 安装工程施工现场，应符合下列要求：

　　3 厂房内的恒温、恒湿应达到设计要求后，再安装有恒温、恒湿要求的机械设备；

6.2.4 管道焊接应符合下列要求：

　　6 严禁用管路作为焊接地线。

第三篇　验　　收

一、《建筑与市政工程施工质量控制通用规范》GB 55032—2022

1　总则

1.0.1　为规范建筑与市政工程施工质量控制活动，保证人民群众生命财产安全和人身健康，提高施工质量控制水平，制定本规范。

1.0.2　建筑与市政工程施工质量控制必须执行本规范。

1.0.3　工程建设所采用的技术方法和措施是否符合本规范要求，由相关责任主体判定。其中，创新性的技术方法和措施，应进行论证并符合本规范中有关性能的要求。

2　基本规定

2.0.1　工程项目施工应建立项目质量管理体系，明确质量责任人及岗位职责，建立质量责任追溯制度。

2.0.2　施工过程中应建立质量管理标准化制度，制定质量管理标准化文件，文件中应明确人员管理、技术管理、材料管理、分包管理、施工管理、资料管理和验收管理等要求。

2.0.3　工程项目各方的工程建设合同，应明确具体质量标准、各方质量控制的权利与责任。

2.0.4　勘察、设计文件应符合工程特点和合同要求，应说明工程地质、水文和环境条件可能造成的工程质量风险，设计深度应符合施工要求，并应经过质量管理程序审批。

2.0.5　工程项目各方不得擅自修改工程设计，确需修改的应报建设单位同意，由设计单位出具设计变更文件，并应按原审批程序办理变更手续。

2.0.6　施工进度计划应经建设单位、监理单位审批后执行。施工中不得任意压缩工期，进度计划的重大调整应按原审批程序办理变更手续，并应制定相应的质量控制措施。

2.0.7　工程质量控制资料应准确齐全、真实有效，且具有可追溯性。当部分资料缺失时，应委托有资质的检验检测机构进行相应的实体检验或抽样试验，并应出具检测报告，作为工程质量验收资料的一部分。

2.0.8 实行监理的工程项目，施工前应编制监理规划和监理实施细则，并应按规定程序审批，当需变更时应按原审批程序办理变更手续。

2.0.9 未实行监理的工程项目，建设单位应成立专门机构或委托具备相应质量管理能力的单位独立履行监理职责。

2.0.10 施工现场应根据项目特点和合同约定，制定技能工人配备方案，其中中级工及以上占比应符合项目所在地区施工现场建筑工人配备标准。施工现场技能工人配备方案应报监理单位审查后实施。

2.0.11 施工管理人员和现场作业人员应进行全员质量培训，并应考核合格。质量培训应保留培训记录。应对人员教育培训情况实行动态管理。

3 施工过程质量控制

3.1 一般规定

3.1.1 工程项目中使用的施工图纸及其他有关设计文件应合格有效。施工前应进行勘察说明、设计交底、图纸会审，并应保留记录。

3.1.2 工程项目开工前应进行质量策划，应确定质量目标和要求、质量管理组织体系及管理职责、质量管理与协调的程序、质量控制点、质量风险、实施质量目标的控制措施，并应根据工程进展实施动态管理。

3.1.3 工程质量策划中应在下列部位和环节设置质量控制点：

  1 影响施工质量的关键部位、关键环节；

  2 影响结构安全和使用功能的关键部位、关键环节；

  3 采用新技术、新工艺、新材料、新设备的部位和环节；

  4 隐蔽工程验收。

3.1.4 施工组织设计和施工方案应根据工程特点、现场条件、质量风险和技术要求编制，并应按规定程序审批后执行，当需变更时应按原审批程序办理变更手续。

3.1.5 施工前应对施工管理人员和作业人员进行技术交底，交底的内容应包括施工作业条件、施工方法、技术措施、质量标准以及安全与环保措施等，并应保留相关记录。

3.1.6 分项工程施工，应实施样板示范制度，以多种形式直观展示关键部位、关键工序的做法与要求。

3.1.7 施工使用的测量与计量设备、仪器应经计量检定、校准合格，并在有效期内。监理单位应定期检查设备、仪器的检定和校准报告。

3.2 材料、构配件及设备质量控制

3.2.1 工程采用的主要材料、半成品、成品、构配件、器具和设备应进行进场检验。涉及安全、节能、环境保护和主要使用功能的重要材料、产品应按各专业相关规定进行复验，并应经监理工程师检查认可。

3.2.2 对涉及结构安全、节能、环境保护和主要使用功能的试块、试件及材料，应按规定进行见证检验。见证检验应在建设单位或者监理单位的监督下现场取样、送检，检测试样应具有真实性和代表性。

3.2.3 进口产品应符合合同规定的质量要求，并附有中文说明书和商检证明，经进场验收合格后方可使用。

3.2.4 施工现场的材料、半成品、成品、构配件、器具和设备，在运输和储存时应采取确保其质量和性能不受影响的储存及防护措施。

3.3 工艺质量控制

3.3.1 施工单位应对施工平面控制网和高程控制点进行复测，其复测成果应经监理单位查验合格，并应对控制网进行定期校核。重要线位、控制点和定位点测设完成后应经复测无误后方可使用。

3.3.2 施工单位应保留工程测量原始观测数据的现场记录及测量成果交付记录，并应对测量结果进行校核。

3.3.3 监理人员应对工程施工质量进行巡视、平行检验，对关键部位、关键工序进行旁站，并应及时记录检查情况。

3.3.4 施工工序间的衔接，应符合下列规定：

　　1 每道施工工序完成后，施工单位应进行自检，并应保留检查记录；

　　2 各专业工种之间的相关工序应进行交接检验，并应保留检查记录；

　　3 对监理规划或监理实施细则中提出检查要求的重要工序，应经专业监理工程师检查合格并签字确认后，进行下道工序施工；

　　4 隐蔽工程在隐蔽前应由施工单位通知监理单位进行验收，并应留存现场影像资料，形成验收文件，经验收合格后方可继续施工。

3.3.5 基坑、基槽、沟槽开挖后，建设单位应会同勘察、设计、施工和监理单位实地验槽，并应会签验槽记录。

3.3.6 主体结构为装配式混凝土结构体系时，套筒灌浆连接应采用由接头型式检验确定的相匹配的灌浆套筒、灌浆料，灌浆应密实饱满。

3.3.7 装饰装修工程施工应符合下列规定：

　　1 当既有建筑装饰装修工程设计涉及主体结构和承重结构变动时，应在施工前委托原结构设计单位或具有相应资质等级的设计单位提出设计方案，或由鉴定单位对建筑结构的安全性进行鉴定，依据鉴定结果确定设计方案；

　　2 建筑外墙外保温系统与外墙的连接应牢固，保温系统各层之间的连接应牢固；

　　3 建筑外门窗应安装牢固，推拉门窗扇应配备防脱落装置；

　　4 临空处设置的用于防护的栏杆以及无障碍设施的安全抓杆应与主体结构连接牢固；

　　5 重量较大的灯具，以及电风扇、投影仪、音响等有振动荷载的设备仪器，不应安装在吊顶工程的龙骨上。

3.3.8 屋面工程施工应符合下列规定：

1 每道工序完成后应及时采取保护措施；

2 伸出屋面的管道、设备或预埋件等，应在保温层和防水层施工前安设完毕；

3 屋面保温层和防水层完工后，不得进行凿孔、打洞或重物冲击等有损屋面的作业；

4 屋面瓦材必须铺置牢固，在大风及地震设防地区或屋面坡度大于100％时，应采取固定加强措施。

3.3.9 设备、管道及其支吊架等的安装位置、尺寸以及与主体结构的连接方法和质量应满足设计及使用功能要求。

3.3.10 地下管道防腐层应完整连续，新建管道阴极保护设计、施工应与管道设计、施工同时进行，阴极保护应经检测合格，并同时投入使用。

3.3.11 管道清扫冲洗、强度试验及严密性试验和室内消火栓系统试射试验前，施工单位应编制试验方案，应按设计要求确定试验方法、试验压力和合格标准，应制定质量和安全保证措施。

3.3.12 隧道工程施工应对线路中线、高程进行检核，隧道的衬砌结构不得侵入建筑限界。

3.3.13 工程中包含的机械、电气和自动化系统与设备应按设计要求进行试运行，并能正常使用。

3.4 施工检测质量控制

3.4.1 建设单位应委托具备相应资质的第三方检测机构进行工程质量检测，检测项目和数量应符合抽样检验要求。非建设单位委托的检测机构出具的检测报告不得作为工程质量验收依据。

3.4.2 工程施工前应制定工程试验及检测方案，并应经监理单位审核通过后实施。

3.4.3 施工过程质量检测试样，除确定工艺参数可制作模拟试样外，均应从现场相应的施工部位制取。

3.4.4 检测机构应独立出具检验检测数据和结果。检测机构应对检测数据和检测报告的真实性和准确性负责。对检测结果不合格的报告严禁抽撤、替换或修改。

3.4.5 检测机构严禁出具虚假检测报告。

4 施工质量验收

4.1 一般规定

4.1.1 施工质量验收应包括单位工程、分部工程、分项工程和检验批施工质量验收，并应符合下列规定：

  1 检验批应根据施工组织、质量控制和专业验收需要，按工程量、楼层、施工段划分，检验批抽样数量应符合有关专业验收标准的规定。

  2 分项工程应根据工种、材料、施工工艺、设备类别划分，建筑工程分项工程划分应符合本规范附录 A、附录 B 的规定，市政工程分项工程划分应符合本规范附录 C 的规定。

  3 分部工程应根据专业性质、工程部位划分，建筑工程分部工程划分应符合本规范附录 A、附录 B 的规定，市政工程分部工程划分应符合本规范附录 C 的规定。

  4 单位工程应为具备独立使用功能的建筑物或构筑物；对市政道路、桥梁、管道、轨道交通、综合管廊等，应根据合同段，并结合使用功能划分单位工程。

4.1.2 施工前，应由施工单位制定单位工程、分部工程、分项工程和检验批的划分方案，并应由监理单位审核通过后实施。施工现场情况与附录不同时，应按实际情况进行分部工程、分项工程和检验批划分，由建设单位组织监理单位、施工单位共同确定。

4.1.3 应建立工程质量信息公示制度。工程竣工验收合格后，建设单位应在建（构）筑物的明显位置设置有关工程质量责任主体的永久性标牌。

4.1.4   工程资料文件的形成和积累应纳入工程建设管理的各个环节和有关人员的职责范围，全面反映工程建设活动和工程实际情况。工程资料文件应随工程建设进度同步形成。

4.1.5   工程资料归档应符合下列规定：

1   勘察、设计、施工、监理等单位应将本单位形成的工程文件立卷后向建设单位移交；

2   工程竣工验收备案前，建设单位应根据工程类别和当地城建档案管理机构的要求，将全部工程文件收集齐全、整理立卷，向城建档案管理机构移交。

4.2   验收要求

4.2.1   工程施工质量应符合国家现行强制性工程建设规范的规定，并应符合工程勘察设计文件的要求和合同约定。

4.2.2   检验批质量应按主控项目和一般项目验收，并应符合下列规定：

1   主控项目和一般项目的确定应符合国家现行强制性工程建设规范和现行相关标准的规定；

2   主控项目的质量经抽样检验应全部合格；

3   一般项目的质量应符合国家现行相关标准的规定；

4   应具有完整的施工操作依据和质量验收记录。

4.2.3   当检验批施工质量不符合验收标准时，应按下列规定进行处理：

1   经返工或返修的检验批，应重新进行验收；

2   经有资质的检测机构检测能够达到设计要求的检验批，应予以验收；

3   经有资质的检测机构检测达不到设计要求，但经原设计单位核算认可能够满足安全和使用功能的检验批，应予以验收。

4.2.4   分项工程质量验收合格应符合下列规定：

1   所含检验批的质量应验收合格；

2   所含检验批的质量验收记录应完整、真实。

4.2.5 分部工程质量验收合格应符合下列规定：

   1 所含分项工程的质量应验收合格；

   2 质量控制资料应完整、真实；

   3 有关安全、节能、环境保护和主要使用功能的抽样检验结果应符合要求；

   4 观感质量应符合要求。

4.2.6 单位工程质量验收合格应符合下列规定：

   1 所含分部工程的质量应全部验收合格；

   2 质量控制资料应完整、真实；

   3 所含分部工程中有关安全、节能、环境保护和主要使用功能的检验资料应完整；

   4 主要使用功能的抽查结果应符合国家现行强制性工程建设规范的规定；

   5 观感质量应符合要求。

4.2.7 当经返修或加固处理的分项工程、分部工程，确认能够满足安全及使用功能要求时，应按技术处理方案和协商文件的要求予以验收。

4.2.8 经返修或加固处理仍不能满足安全或重要使用功能要求的分部工程及单位工程，严禁验收。

4.3 验收组织

4.3.1 检验批应由专业监理工程师组织施工单位项目专业质量检查员、专业工长等进行验收。

4.3.2 分项工程应由专业监理工程师组织施工单位项目专业技术负责人等进行验收。

4.3.3 分部工程应由总监理工程师组织施工单位项目负责人和项目技术负责人等进行验收。勘察、设计单位项目负责人和施工单位技术、质量部门负责人应参加地基与基础分部工程的验收，设计单位项目负责人和施工单位技术、质量部门负责人应参加主体结构、节能分部工程的验收。

4.3.4 单位工程完工后，各相关单位应按下列要求进行工程竣工验收：

  1 勘察单位应编制勘察工程质量检查报告，按规定程序审批后向建设单位提交；

  2 设计单位应对设计文件及施工过程的设计变更进行检查，并应编制设计工程质量检查报告，按规定程序审批后向建设单位提交；

  3 施工单位应自检合格，并应编制工程竣工报告，按规定程序审批后向建设单位提交；

  4 监理单位应在自检合格后组织工程竣工预验收，预验收合格后应编制工程质量评估报告，按规定程序审批后向建设单位提交；

  5 建设单位应在竣工预验收合格后组织监理、施工、设计、勘察单位等相关单位项目负责人进行工程竣工验收。

5 质量保修与维护

5.0.1 建筑工程应编制工程使用说明书，并应包括下列内容：

  1 工程概况；

  2 工程设计合理使用年限、性能指标及保修期限；

  3 主体结构位置示意图、房屋上下水布置示意图、房屋电气线路布置示意图及复杂设备的使用说明；

  4 使用维护注意事项。

5.0.2 建设单位应建立质量回访和质量投诉处理机制。施工单位应履行保修义务，并应与建设单位签署施工质量保修书，施工质量保修书中应明确保修范围、保修期限和保修责任。

5.0.3 当工程在保修期内出现一般质量缺陷时，建设单位应向施工单位发出保修通知，施工单位应进行现场勘察、制定保修方案，并及时进行修复。

5.0.4 当工程在保修期内出现涉及结构安全或影响使用功能的严重质量缺陷时，应由原设计单位或相应资质等级的设计单位提出保修设计方案，施工单位实施保修。保修完成后，工程应符合原设计要求。

5.0.5　建设单位、施工单位或受委托的其他单位在保修期内应明确保修和质量投诉受理部门、人员及联系方式，并建立相关工作记录文件。

附录 A　建筑工程的分部工程、分项工程划分

A.0.1　建筑工程的分部工程、分项工程划分应符合表 A.0.1 的规定。

表 A.0.1　建筑工程的分部工程、分项工程划分

序号	分部工程	子分部工程	分项工程
1	地基与基础	地基	素土、灰土地基，砂和砂石地基，土工合成材料地基，粉煤灰地基，强夯地基，注浆地基，预压地基，砂石桩复合地基，高压旋喷注浆地基，水泥土搅拌桩地基，土和灰土挤密桩复合地基，水泥粉煤灰碎石桩复合地基，夯实水泥土桩复合地基
		基础	无筋扩展基础，钢筋混凝土扩展基础，筏形与箱形基础，钢结构基础，钢管混凝土结构基础，型钢混凝土结构基础，钢筋混凝土预制桩基础，泥浆护壁成孔灌注桩基础，干作业成孔灌注桩基础，长螺旋钻孔压灌桩基础，沉管灌注桩基础，钢桩基础，锚杆静压桩基础，岩石锚杆基础，沉井与沉箱基础
		基坑支护	灌注桩排桩围护墙，板桩围护墙，咬合桩围护墙，型钢水泥土搅拌墙，土钉墙，地下连续墙，水泥土重力式挡墙，内支撑，锚杆，与主体结构相结合的基坑支护
		地下水控制	降水与排水，回灌
		土方	土方开挖，土方回填，场地平整
		边坡	喷锚支护，挡土墙，边坡开挖
		地下防水	主体结构防水，细部构造防水，特殊施工法结构防水，排水，注浆

续表 A.0.1

序号	分部工程	子分部工程	分项工程
2	主体结构	混凝土结构	模板，钢筋，混凝土，预应力，现浇结构，装配式结构
		砌体结构	砖砌体，混凝土小型空心砌块砌体，石砌体，配筋砌体，填充墙砌体
		钢结构	钢结构焊接，紧固件连接，钢零部件加工，钢构件组装及预拼装，单层钢结构安装，多层及高层钢结构安装，钢管结构安装，预应力钢索和膜结构，压型金属板，防腐涂料涂装，防火涂料涂装
		钢管混凝土结构	构件现场拼装，构件安装，钢管焊接，构件连接，钢管内钢筋骨架，混凝土
		型钢混凝土结构	型钢焊接，紧固件连接，型钢与钢筋连接，型钢构件组装及预拼装，型钢安装，模板，混凝土
		铝合金结构	铝合金焊接，紧固件连接，铝合金零部件加工，铝合金构件组装，铝合金构件预拼装，铝合金框架结构安装，铝合金空间网格结构安装，铝合金面板，铝合金幕墙结构安装，防腐处理
		木结构	方木与原木结构，胶合木结构，轻型木结构，木结构的防护
3	建筑装饰装修	建筑地面	基层铺设，整体面层铺设，板块面层铺设，木、竹面层铺设
		抹灰	一般抹灰，保温层薄抹灰，装饰抹灰，清水砌体勾缝
		外墙防水	外墙砂浆防水，涂膜防水，透气膜防水
		门窗	木门窗安装，金属门窗安装，塑料门窗安装，特种门安装，门窗玻璃安装
		吊顶	整体面层吊顶，板块面层吊顶，格栅吊顶
		轻质隔墙	板材隔墙，骨架隔墙，活动隔墙，玻璃隔墙

续表 A.0.1

序号	分部工程	子分部工程	分项工程
3	建筑装饰装修	饰面板	石板安装,陶瓷板安装,木板安装,金属板安装,塑料板安装
		饰面砖	外墙饰面砖粘贴,内墙饰面砖粘贴
		幕墙	玻璃幕墙安装,金属幕墙安装,石材幕墙安装,陶板幕墙安装
		涂饰	水性涂料涂饰,溶剂型涂料涂饰,美术涂饰
		裱糊与软包	裱糊,软包
		细部	橱柜制作与安装,窗帘盒和窗台板制作与安装,门窗套制作与安装,护栏和扶手制作与安装,花饰制作与安装
4	屋面	基层与保护	找坡层和找平层,隔汽层,隔离层,保护层
		保温与隔热	板状材料保温层,纤维材料保温层,喷涂硬泡聚氨酯保温层,现浇泡沫混凝土保温层,种植隔热层,架空隔热层,蓄水隔热层
		防水与密封	卷材防水层,涂膜防水层,复合防水层,接缝密封防水
		瓦面与板面	烧结瓦和混凝土瓦铺装,沥青瓦铺装,金属板铺装,玻璃采光顶铺装
		细部构造	檐口,檐沟和天沟,女儿墙和山墙,水落口,变形缝,伸出屋面管道,屋面出入口,反梁过水孔,设施基座,屋脊,屋顶窗
5	建筑给水排水及供暖	室内给水系统	给水管道及配件安装,给水设备安装,室内消火栓系统安装,消防喷淋系统安装,防腐,绝热,管道冲洗、消毒,试验与调试
		室内排水系统	排水管道及配件安装,雨水管道及配件安装,防腐,试验与调试
		室内热水系统	管道及配件安装,辅助设备安装,防腐,绝热,试验与调试
		卫生器具	卫生器具安装,卫生器具给水配件安装,卫生器具排水管道安装,试验与调试

续表 A.0.1

序号	分部工程	子分部工程	分项工程
5	建筑给水排水及供暖	室内供暖系统	管道及配件安装，辅助设备安装，散热器安装，低温热水地板辐射供暖系统安装，电加热供暖系统安装，燃气红外辐射供暖系统安装，热风供暖系统安装，热计量及调控装置安装，试验与调试，防腐，绝热
		室外给水管网	给水管道安装，室外消火栓系统安装，试验与调试
		室外排水管网	排水管道安装，排水管沟与井池，试验与调试
		室外供热管网	管道及配件安装，系统水压试验，土建结构，防腐，绝热，试验与调试
		建筑饮用水供应系统	管道及配件安装，水处理设备及控制设施安装，防腐，绝热，试验与调试
		建筑中水系统及雨水利用系统	建筑中水系统、雨水利用系统管道及配件安装，水处理设备及控制设施安装，防腐，绝热，试验与调试
		游泳池及公共浴池水系统	管道及配件系统安装，水处理设备及控制设施安装，防腐，绝热，试验与调试
		水景喷泉系统	管道系统及配件安装，防腐，绝热，试验与调试
		热源及辅助设备	锅炉安装，辅助设备及管道安装，安全附件安装，换热站安装，防腐，绝热，试验与调试
		监测与控制仪表	检测仪器及仪表安装，试验与调试
6	通风与空调	送风系统	风管与配件制作，部件制作，风管系统安装，风机与空气处理设备安装，风管与设备防腐，旋流风口、岗位送风口、织物（布）风管安装，系统调试

续表 A.0.1

序号	分部工程	子分部工程	分项工程
6	通风与空调	排风系统	风管与配件制作，部件制作，风管系统安装，风机与空气处理设备安装，风管与设备防腐，吸风罩及其他空气处理设备安装，厨房、卫生间排风系统安装，系统调试
		防排烟系统	风管与配件制作，部件制作，风管系统安装，风机与空气处理设备安装，风管与设备防腐，排烟风阀（口）、常闭正压风口、防火风管安装，系统调试
		除尘系统	风管与配件制作，部件制作，风管系统安装，风机与空气处理设备安装，风管与设备防腐，除尘器与排污设备安装，吸尘罩安装，高温风管绝热，系统调试
		舒适性空调系统	风管与配件制作，部件制作，风管系统安装，风机与空气处理设备安装，风管与设备防腐，组合式空调机组安装，消声器、静电除尘器、换热器、紫外线灭菌器等设备安装，风机盘管、变风量与定风量送风装置、射流喷口等末端设备安装，风管与设备绝热，系统调试
		恒温恒湿空调系统	风管与配件制作，部件制作，风管系统安装，风机与空气处理设备安装，风管与设备防腐，组合式空调机组安装，电加热器、加湿器等设备安装，精密空调机组安装，风管与设备绝热，系统调试
		净化空调系统	风管与配件制作，部件制作，风管系统安装，风机与空气处理设备安装，风管与设备防腐，净化空调机组安装，消声器、静电除尘器、换热器、紫外线灭菌器等设备安装，中、高效过滤器及风机过滤器单元等末端设备清洗与安装，洁净度测试，风管与设备绝热，系统调试
		地下人防通风系统	风管与配件制作，部件制作，风管系统安装，风机与空气处理设备安装，风管与设备防腐，过滤吸收器、防爆波活门、防爆超压排气活门等专用设备安装，系统调试

续表 A.0.1

序号	分部工程	子分部工程	分项工程
6	通风与空调	真空吸尘系统	风管与配件制作，部件制作，风管系统安装，风机与空气处理设备安装，风管与设备防腐，管道安装，快速接口安装，风机与滤尘设备安装，系统压力试验及调试
		冷凝水系统	管道系统及部件安装，水泵及附属设备安装，管道冲洗，管道、设备防腐，板式热交换器，辐射板及辐射供热、供冷地埋管，热泵机组设备安装，管道、设备绝热，系统压力试验及调试
		空调（冷、热）水系统	管道系统及部件安装，水泵及附属设备安装，管道冲洗，管道、设备防腐，冷却塔与水处理设备安装，防冻伴热设备安装，管道、设备绝热，系统压力试验及调试
		冷却水系统	管道系统及部件安装，水泵及附属设备安装，管道冲洗，管道、设备防腐，系统灌水渗漏及排放试验，管道、设备绝热
		土壤源热泵换热系统	管道系统及部件安装，水泵及附属设备安装，管道冲洗，管道、设备防腐，埋地换热系统与管网安装，管道、设备绝热，系统压力试验及调试
		水源热泵换热系统	管道系统及部件安装，水泵及附属设备安装，管道冲洗，管道、设备防腐，地表水源换热管及管网安装，除垢设备安装，管道、设备绝热，系统压力试验及调试
		蓄能系统	管道系统及部件安装，水泵及附属设备安装，管道冲洗，管道、设备防腐，蓄水罐与蓄冰槽、罐安装，管道、设备绝热，系统压力试验及调试
		压缩式制冷（热）设备系统	制冷机组及附属设备安装，管道、设备防腐，制冷剂管道及部件安装，制冷剂灌注，管道、设备绝热，系统压力试验及调试
		吸收式制冷设备系统	制冷机组及附属设备安装，管道、设备防腐，系统真空试验，溴化锂溶液加灌，蒸汽管道系统安装，燃气或燃油设备安装，管道、设备绝热，试验及调试

续表 A.0.1

序号	分部工程	子分部工程	分项工程
6	通风与空调	多联机（热泵）空调系统	室外机组安装，室内机组安装，制冷剂管路连接及控制开关安装，风管安装，冷凝水管道安装，制冷剂灌注，系统压力试验及调试
		太阳能供暖空调系统	太阳能集热器安装，其他辅助能源、换热设备安装，蓄能水箱、管道及配件安装，防腐，绝热，低温热水地板辐射供暖系统安装，系统压力试验及调试
		设备自控系统	温度、压力与流量传感器安装，执行机构安装调试，防排烟系统功能测试，自动控制及系统智能控制软件调试
7	建筑电气	室外电气	变压器、箱式变电所安装，成套配电柜、控制柜（屏、台）和动力、照明配电箱（盘）及控制柜安装，梯架、支架、托盘和槽盒安装，导管敷设，电缆敷设，管内穿线和槽盒内敷线，电缆头制作、导线连接和线路绝缘测试，普通灯具安装，专用灯具安装，建筑照明通电试运行，接地装置安装
		变配电室	变压器、箱式变电所安装，成套配电柜、控制柜（屏、台）和动力、照明配电箱（盘）安装，母线槽安装，梯架、支架、托盘和槽盒安装，电缆敷设，电缆头制作、导线连接和线路绝缘测试，接地装置安装，接地干线敷设
		供电干线	电气设备试验和试运行，母线槽安装，梯架、支架、托盘和槽盒安装，导管敷设，电缆敷设，管内穿线和槽盒内敷线，电缆头制作、导线连接和线路绝缘测试，接地干线敷设
		电气动力	成套配电柜、控制柜（屏、台）和动力配电箱（盘）安装，电动机、电加热器及电动执行机构检查接线，电气设备试验和试运行，梯架、支架、托盘和槽盒安装，导管敷设，电缆敷设，管内穿线和槽盒内敷线，电缆头制作、导线连接和线路绝缘测试

续表 A.0.1

序号	分部工程	子分部工程	分项工程
7	建筑电气	电气照明	成套配电柜、控制柜（屏、台）和照明配电箱（盘）安装，梯架、支架、托盘和槽盒安装，导管敷设，管内穿线和槽盒内敷线，塑料护套线直敷布线，钢索配线，电缆头制作、导线连接和线路绝缘测试，普通灯具安装，专用灯具安装，开关、插座、风扇安装，建筑照明通电试运行
		备用和不间断电源	成套配电柜、控制柜（屏、台）和动力、照明配电箱（盘）安装，柴油发电机组安装，不间断电源装置及应急电源装置安装，母线槽安装，导管敷设，电缆敷设，管内穿线和槽盒内敷线，电缆头制作、导线连接和线路绝缘测试，接地装置安装
		防雷及接地	接地装置安装，防雷引下线及接闪器安装，建筑物等电位连接，浪涌保护器安装
8	智能系统	智能化集成系统	设备安装，软件安装，接口及系统调试，试运行
		信息接入系统	安装场地检查
		用户电话交换系统	线缆敷设，设备安装，软件安装，接口及系统调试，试运行
		信息网络系统	计算机网络设备安装，计算机网络软件安装，网络安全设备安装，网络安全软件安装，系统调试，试运行
		综合布线系统	梯架、托盘、槽盒和导管安装，线缆敷设，机柜、机架、配线架安装，信息插座安装，链路或信道测试，软件安装，系统调试，试运行
		移动通信室内信号覆盖系统	安装场地检查
		卫星通信系统	安装场地检查
		有线电视及卫星电视接收系统	梯架、托盘、槽盒和导管安装，线缆敷设，设备安装，软件安装，系统调试，试运行

续表 A.0.1

序号	分部工程	子分部工程	分项工程
8	智能系统	公共广播系统	梯架、托盘、槽盒和导管安装，线缆敷设，设备安装，软件安装，系统调试，试运行
		会议系统	梯架、托盘、槽盒和导管安装，线缆敷设，设备安装，软件安装，系统调试，试运行
		信息导引及发布系统	梯架、托盘、槽盒和导管安装，线缆敷设，显示设备安装，机房设备安装，软件安装，系统调试，试运行
		时钟系统	梯架、托盘、槽盒和导管安装，线缆敷设，设备安装，软件安装，系统调试，试运行
		信息化应用系统	梯架、托盘、槽盒和导管安装，线缆敷设，设备安装，软件安装，系统调试，试运行
		建筑设备监控系统	梯架、托盘、槽盒和导管安装，线缆敷设，传感器安装，执行器安装，控制器、箱安装，中央管理工作站和操作分站设备安装，软件安装，系统调试，试运行
		火灾自动报警系统	梯架、托盘、槽盒和导管安装，线缆敷设，探测器类设备安装，控制器类设备安装，其他设备安装，软件安装，系统调试，试运行
		安全技术防范系统	梯架、托盘、槽盒和导管安装，线缆敷设，设备安装，软件安装，系统调试，试运行
		应急响应系统	设备安装，软件安装，系统调试，试运行
		机房	供配电系统，防雷与接地系统，空气调节系统，给水排水系统，综合布线系统，监控与安全防范系统，消防系统，室内装饰装修，电磁屏蔽，系统调试，试运行
		防雷与接地	接地装置，接地线，等电位联接，屏蔽设施，电涌保护器，线缆敷设，系统调试，试运行

续表 A.0.1

序号	分部工程	子分部工程	分项工程
9	建筑节能	围护系统节能	墙体节能，幕墙节能，门窗节能，屋面节能，地面节能
		供暖空调设备及管网节能	供暖节能，通风与空调设备节能，空调与供暖系统冷热源节能，空调与供暖系统管网节能
		电气动力节能	配电节能，照明节能
		监控系统节能	监测系统节能，控制系统节能
		可再生能源	地源热泵系统节能，太阳能光热系统节能，太阳能光伏节能
10	电梯	电力驱动的曳引式或强制式电梯	设备进场验收，土建交接检验，驱动主机，导轨，门系统，轿厢，对重，安全部件，悬挂装置，随行电缆，补偿装置，电气装置，整机安装验收
		液压电梯	设备进场验收，土建交接检验，液压系统，导轨，门系统，轿厢，对重，安全部件，悬挂装置，随行电缆，电气装置，整机安装验收
		自动扶梯、自动人行道	设备进场验收，土建交接检验，整机安装验收

附录 B　室外工程的划分

B.0.1 室外工程的单位工程、子单位工程和分部工程的划分应符合表 B.0.1 的规定。

表 B.0.1　室外工程的单位工程、子单位工程和分部工程划分

单位工程	子单位工程	分部工程
室外设施	道路	路基、基层、面层、广场与停车场、人行道、人行室外设施地道、挡土墙、附属构筑物
	边坡	土石方、挡土墙、支护
附属建筑及室外环境	附属建筑	车棚，围墙，大门，挡土墙
	室外环境	建筑小品，亭台，水景，连廊，花坛，场坪绿化，景观桥

附录 C 市政工程的单位工程、分部工程、分项工程划分

C.0.1 市政工程的单位工程、分部工程、分项工程划分应符合表 C.0.1 的规定。

表 C.0.1 市政工程的单位工程分部工程、分项工程划分

序号	单位工程（子单位工程）	分部工程	子分部工程	分项工程
1	道路工程	路基		土方路基，石方路基，路基处理，路肩
		基层		石灰土基层，石灰粉煤灰稳定砂砾（碎石）基层，石灰粉煤灰钢渣基层，水泥稳定土类基层，级配砂砾（砾石）基层，级配碎石（碎砾石）基层，沥青碎石料基层、沥青灌入式基层
		面层	沥青混合料面层	透层，粘层，封层，热拌沥青混合料面层、冷拌沥青混合料面层
			沥青贯入式与沥青表面处治面层	沥青贯入式面层，沥青表面处治面层
			水泥混凝土面层	水泥混凝土面层（模板、钢筋、混凝土）
			铺砌式面层	料石面层，预制混凝土砌块面层
		广场与停车场		料石面层，预制混凝土砌块面层，沥青混合料面层，水泥混凝土面层

续表 C.0.1

序号	单位工程（子单位工程）	分部工程	子分部工程	分项工程
1	道路工程	人行道		料石人行道铺砌面层（含盲道砖），混凝土预制块铺砌人行道面层（含盲道砖），沥青混合料铺砌面层
		人行地道结构	现浇钢筋混凝土人行地道结构	地基，防水，基础（模板、钢筋、混凝土），墙和顶板（模板、钢筋、混凝土）
			预制钢筋混凝土人行地道结构	墙与顶部构件预制，地基，防水，基础（模板、钢筋、混凝土），墙板、顶板安装
			砌筑墙体、钢筋混凝土顶板人行地道结构	顶部构件预制，地基，防水，基础（模板、钢筋、混凝土），墙体砌筑，顶部构件、顶板安装，顶板现浇（模板、钢筋、混凝土）
		挡土墙	现浇钢筋混凝土挡墙	地基，基础，墙（模板、钢筋、混凝土），滤层、泄水孔，回填土，帽石，栏杆
			装配式钢筋混凝土挡土墙	挡土墙板预制，地基，基础（模板、钢筋、混凝土），墙板安装（含焊接），滤层、泄水孔，回填土，帽石，栏杆
			砌筑挡土墙	地基，基础（砌筑、混凝土），墙体砌筑，滤层、泄水孔，回填土，帽石
			加筋挡土墙	地基，基础（模板、钢筋、混凝土），加筋挡土墙砌块与筋带安装，滤层、泄水孔，回填土，帽石，栏杆
		附属构筑物		路缘石，雨水支管与雨水口，排（截）水沟，倒虹管与涵洞，护坡，隔离墩，隔离栅，护栏，声屏障（砌体、金属），防眩板

续表 C.0.1

序号	单位工程（子单位工程）	分部工程	子分部工程	分项工程
2	桥梁工程	地基与基础	扩大基础	基坑开挖、地基，土方回填，现浇混凝土（模板与支架、钢筋、混凝土），砌体
			沉入桩	预制桩（模板、钢筋、混凝土、预应力混凝土），钢管桩，沉桩
			灌注桩	机械沉孔、人工挖孔、钢筋笼制作与安装、混凝土灌注
			沉井	沉井制作（模板与支架、钢筋、混凝土、钢壳）、浮运、下沉就位、清基与填充
			地下连续墙	成槽、钢筋骨架、水下混凝土
			承台	模板与支架、钢筋、混凝土
		墩台	砌体墩台	石砌体、砌块砌体
			现浇混凝土墩台	模板与支架、钢筋、混凝土、预应力混凝土
			预制混凝土柱	预制柱（模板、钢筋、混凝土、预应力混凝土）、安装
			台背土	回填土
		盖梁		模板与支架、钢筋、混凝土、预应力混凝土
		支座		垫石混凝土、支座安装、挡块混凝土
		索塔		现浇混凝土索塔（模板与支架、钢筋、混凝土、预应力混凝土）、钢构件安装
		锚锭		锚固体系制作、锚固体系安装、锚锭混凝土（模板与支架、钢筋、混凝土）、锚索张拉与压浆

续表 C.0.1

序号	单位工程（子单位工程）	分部工程	子分部工程	分项工程
2	桥梁工程	桥跨承重结构	支架上浇筑混凝土梁（板）	模板与支架、钢筋、混凝土、预应力混凝土
			装配式钢筋混凝土梁（板）	预制梁（板）（模板与支架、钢筋、混凝土、预应力混凝土）、安装梁（板）
			悬臂浇筑预应力混凝土梁	0#段[注]（模板与支架、钢筋、混凝土、预应力混凝土）、悬浇段（挂篮、模板、钢筋、混凝土、预应力混凝土）
			悬臂拼装预应力混凝土梁	0#段（模板与支架、钢筋、混凝土、预应力混凝土）、梁段预制（模板与支架、钢筋、混凝土）、拼装梁段、施加预应力
			顶推施工混凝土梁	台座系统、导梁、梁段预制（模板与支架、钢筋、混凝土、预应力混凝土）、顶推梁段、施加预应力
			钢梁	现场安装
			结合梁	钢梁安装、预应力钢筋混凝土梁预制（模板与支架、钢筋、混凝土、预应力混凝土）、预制梁安装、混凝土结构浇筑（模板与支架、钢筋、混凝土、预应力混凝土）
			拱部与拱上结构	砌筑拱圈、现浇混凝土拱圈、劲性骨架混凝土拱圈、装配式混凝土拱部结构、钢管混凝土拱（拱肋安装、混凝土压注）、吊杆、系杆拱、转体施工、拱上结构

续表 C.0.1

序号	单位工程(子单位工程)	分部工程	子分部工程	分项工程
2	桥梁工程	桥跨承重结构	斜拉桥的主梁与拉索	0#段混凝土浇筑、悬臂浇筑混凝土主梁、支架上浇筑混凝土主梁、悬臂拼装混凝土主梁、悬拼钢箱梁、结合梁、拉索安装
			悬索桥的加劲梁与缆索	索鞍安装、主缆架设、主缆防护、索夹和吊索安装、加劲梁段拼装
		顶进箱涵		工作坑、滑板、箱涵预制（模板与支架、钢筋、混凝土）、箱涵顶进
		桥面系		排水设施、防水层、桥面铺装层（沥青混合料铺装、混凝土铺装-模板、钢筋、混凝土）、伸缩装置、地袱和缘石与挂板、防护设施、人行道
		附属结构		隔声与防眩板、梯道（砌体；混凝土-模板与支架、钢筋、混凝土；钢结构）、桥头搭板（模板、钢筋、混凝土）、防冲刷结构、照明、挡土墙
		装饰与装修		水泥砂浆抹面、饰面板、饰面砖和涂装
		引道		路基、基层、路面、挡土墙
3	给水排水管道工程	土方工程	沟槽土方	沟槽开挖、沟槽支撑、沟槽回填
			基坑土方	基坑开挖、基坑支护、基坑回填
		预制管开槽施工主体结构	金属类管、混凝土类管、预应力钢筒混凝土管、化学建材管	管道基础、管道接口连接、管道铺设、管道防腐层（管道内防腐层、钢管外防腐层）、钢管阴极保护

续表C.0.1

序号	单位工程（子单位工程）	分部工程	子分部工程	分项工程
3	给水排水管道工程	管渠（廊）	现浇钢筋混凝土管渠、装配式混凝土管渠、砌筑管渠	管道基础、现浇钢筋混凝土管渠（钢筋、模板、混凝土、变形缝）、装配式混凝土管渠（预制构件安装、变形缝）、砌筑管渠（砖石砌筑、变形缝）、管道内防腐层、管廊内管道安装
		不开槽施工主体结构	工作井	工作井围护结构、工作井
			顶管	管道接口连接、顶管管道（钢筋混凝土管、钢管）、管道防腐层（管道内防腐层、钢管外防腐层）、钢管阴极保护、垂直顶升
			盾构	管片制作、掘进及管片拼装、二次衬砌（钢筋、混凝土）、管道防腐层、垂直顶升
			浅埋暗挖	土层开挖、初期衬砌、防水层、二次衬砌、管道防腐层、垂直顶升
			定向钻	管道接口连接、定向钻管道、钢管防腐层（内防腐层、外防腐层）、钢管阴极保护
			夯管	管道接口连接、夯管管道、钢管防腐层（内防腐层、外防腐层）、钢管阴极保护
		沉管	组对拼装沉管	基槽浚挖及管基处理、管道接口连接、管道防腐层、管道沉放、稳管及回填
			预制钢筋混凝土沉管	基槽浚挖及管基处理、预制钢筋混凝土管节制作（钢筋、模板、混凝土）、管节接口预制加工、管道沉放、稳管及回填

续表 C.0.1

序号	单位工程（子单位工程）	分部工程	子分部工程	分项工程
3	给水排水管道工程		桥管	管道接口连接、管道防腐层（内防腐层、外防腐层）、桥管管道
			附属构筑物工程	井室（现浇混凝土结构、砖砌结构、预制拼装结构）、雨水口及支连管、支墩
		给水管道	井室设备安装	闸阀、蝶阀、排气阀、消火栓、测流计、自闭式水锤消除器及其附件安装
			水压试验	强度试验、严密性试验
			冲洗消毒	浸泡、冲洗、水质化验
			警示带敷设	敷设警示带
		排水管道	严密性试验	闭水试验、闭气试验
4	给水排水构筑物工程	地基与基础	土石方	围堰、基坑支护结构、基坑开挖、基坑回填、降排水
			地基基础	地基处理、混凝土基础、桩基础
		主体结构工程	现浇混凝土结构	底板（钢筋、模板、混凝土）、墙体及内部结构（钢筋、模板、混凝土）、顶板（钢筋、模板、混凝土）、预应力混凝土（后张法预应力混凝土）、变形缝、表面层（防腐层、防水层、保温层等的基面处理、涂衬）、各类单体构筑物
			装配式混凝土结构	预制构件现场制作、预制构件安装、圆形构筑物缠丝张拉预应力混凝土、变形缝、表面层（防腐层、防水层、保温层等的基面处理、涂衬）、各类单体构筑物

续表 C.0.1

序号	单位工程（子单位工程）	分部工程	子分部工程	分项工程
4	给水排水构筑物工程	主体结构工程	砌筑结构	砌体、变形缝、表面层、护坡与护坦、各类单体构筑物
			钢结构	钢结构制作、钢结构预拼装、钢结构安装、防腐层、各类单体构筑物
		附属构筑物工程	细部结构	现浇混凝土结构（钢筋、模板、混凝土）、钢制构件（现场制作、安装、防腐层）、细部结构
			工艺辅助构筑物	混凝土结构（钢筋、模板、混凝土）、砌体结构、钢结构（现场制作、安装、防腐层）、工艺辅助构筑物
			管渠	同主体结构工程的"现浇混凝土结构、装配式混凝土结构、砌筑结构"
		进、出水管渠	混凝土结构	同附属构筑物工程的"管渠"
			预制管铺设	同附属构筑物工程的"管渠"
5	绿化工程	栽植基础工程	栽植前土壤处理	栽植土、栽植前场地清理、栽植土回填及地形改造、栽植土施肥和表层整理
			重盐碱、重黏土地土壤改良工程	管沟、隔淋（渗水）层开槽、排盐（水）管敷设、隔淋（渗水）层
			设施顶面栽植基层（盘）工程	耐根穿刺防水层、排蓄水层、过滤层、栽植土、设施障碍性面层栽植基盘
			坡面绿化防护栽植基层工程	坡面绿化防护栽植层工程（坡面整理、混凝土格构、固土网垫、格栅、土工合成材料、喷射基质）

续表 C.0.1

序号	单位工程（子单位工程）	分部工程	子分部工程	分项工程
5	绿化工程	栽植基础工程	水湿生植物栽植槽工程	水湿生植物栽植槽、栽植土
		栽植工程	常规栽植	植物材料、栽植穴（槽）、苗木运输和假植、苗木修剪、树木栽植、草坪及草本地被播种、草坪及草本地被分栽、铺设草卷及草块、运动场草坪、花卉栽植
			大树移植	大树挖掘与包装、大树吊装运输、大树栽植
			水湿生植物栽植	湿生类植物、挺水类植物、浮水类植物栽植
			设施绿化栽植	设施顶面栽植工程、设施顶面垂直绿化
			坡面绿化栽植	喷播、铺植、分栽
		养护	施工期养护	施工期的植物养护（支撑、浇灌水、裹干、中耕、除草、浇水、施肥、除虫、修剪抹芽等）
6	园林附属工程		园路与广场铺装工程	基层、面层（碎拼花岗岩、卵石、嵌草、混凝土板块、侧石、冰梅、花街铺地、大方砖、压膜、透水砖、小青砖、自然石块、水洗石、透水混凝土面层）
			假山、叠石、置石工程	地基基础、山石拉底、主体、收顶、置石
			园林理水工程	管道安装、潜水泵安装、水景喷头安装
			园林设施安装	座椅（凳）、标牌、果皮箱、栏杆、喷灌喷头等安装

注：0♯段是指位于墩顶及墩顶邻近梁段，一般采用落地支架或托架施工。

二、《建筑地面工程施工质量验收规范》GB 50209—2010

3.0.3 建筑地面工程采用的材料或产品应符合设计要求和国家现行有关标准的规定。无国家现行标准的，应具有省级住房和城乡建设行政主管部门的技术认可文件。材料或产品进场时还应符合下列规定：

1 应有质量合格证明文件；

2 应对型号、规格、外观等进行验收，对重要材料或产品应抽样进行复验。

3.0.5 厕浴间和有防滑要求的建筑地面应符合设计防滑要求。

3.0.18 厕浴间、厨房和有排水（或其他液体）要求的建筑地面面层与相连接各类面层的标高差应符合设计要求。

4.9.3 有防水要求的建筑地面工程，铺设前必须对立管、套管和地漏与楼板节点之间进行密封处理，并应进行隐蔽验收；排水坡度应符合设计要求。

4.10.11 厕浴间和有防水要求的建筑地面必须设置防水隔离层。楼层结构必须采用现浇混凝土或整块预制混凝土板，混凝土强度等级不应小于C20；房间的楼板四周除门洞外应做混凝土翻边，高度不应小于200mm，宽同墙厚，混凝土强度等级不应小于C20。施工时结构层标高和预留孔洞位置应准确，严禁乱凿洞。

4.10.13 防水隔离层严禁渗漏，排水的坡向应正确、排水通畅。

5.7.4 不发火（防爆）面层中碎石的不发火性必须合格；砂应质地坚硬、表面粗糙，其粒径应为0.15mm～5mm，含泥量不应大于3%，有机物含量不应大于0.5%；水泥应采用硅酸盐水泥、普通硅酸盐水泥；面层分格的嵌条应采用不发生火花的材料配制。配制时应随时检查，不得混入金属或其他易发生火花的杂质。

三、《建筑防腐蚀工程施工质量验收规范》GB 50224—2010

3.2.6 通过返修处理仍不能满足安全使用要求的工程，严禁验收。

四、《通风与空调工程施工质量验收规范》GB 50243—2016

4.2.2 防火风管的本体、框架与固定材料、密封垫料等必须采用不燃材料，防火风管的耐火极限时间应符合系统防火设计的规定。

4.2.5 复合材料风管的覆面材料必须采用不燃材料，内层的绝热材料应采用不燃或难燃且对人体无害的材料。

5.2.7 防排烟系统的柔性短管必须采用不燃材料。

6.2.2 当风管穿过需要封闭的防火、防爆的墙体或楼板时，必须设置厚度不小于1.6mm的钢制防护套管；风管与防护套管之间应采用不燃柔性材料封堵严密。

6.2.3 风管安装必须符合下列规定：

1 风管内严禁其他管线穿越。

2 输送含有易燃、易爆气体或安装在易燃、易爆环境的风管系统必须设置可靠的防静电接地装置。

3 输送含有易燃、易爆气体的风管系统通过生活区或其他辅助生产房间时不得设置接口。

4 室外风管系统的拉索等金属固定件严禁与避雷针或避雷网连接。

7.2.2 通风机传动装置的外露部位以及直通大气的进、出风口，必须装设防护罩、防护网或采取其他安全防护措施。

7.2.10 静电式空气净化装置的金属外壳必须与PE线可靠连接。

7.2.11 电加热器的安装必须符合下列规定：

1 电加热器与钢构架间的绝热层必须采用不燃材料，外露的接线柱应加设安全防护罩。

2 电加热器的外露可导电部分必须与PE线可靠连接。

3 连接电加热器抽象管的法兰垫片，应采用耐热不燃材料。

8.2.4 燃油管道系统必须设置可靠的防静电接地装置。

8.2.5 燃气管道的安装必须符合下列规定：

1 燃气系统管道与机组的连接不得使用非金属软管。

2 当燃气供气管道压力大于 5kPa 时，焊缝无损检测应按设计要求执行；当设计无规定时，应对全部焊缝进行无损检测并合格。

3 燃气管道吹扫和压力试验的介质应采用空气或氮气，严禁采用水。

五、《电梯工程施工质量验收规范》GB 50310—2002

4.2.3 井道必须符合下列规定：

1 当底坑底面下有人员能到达的空间存在，且对重（或平衡重）上未设有安全钳装置时，对重缓冲器必须能安装在（或平衡重运行区域的下边必须）一直延伸到坚固地面上的实心桩墩上；

2 电梯安装之前，所有层门预留孔必须设有高度不小于 1.2m 的安全保护围封，并应保证有足够的强度；

3 当相邻两层门地坎间的距离大于 11m 时，其间必须设置井道安全门，井道安全门严禁向井道内开启，且必须装有安全门处于关闭时电梯才能运行的电气安全装置。当相邻轿厢间有相互救援用轿厢安全门时，可不执行本条款。

4.5.2 层门强迫关门装置必须动作正常。

4.5.4 层门锁钩必须动作灵活，在证实锁紧的电气安全装置动作之前，锁紧元件的最小啮合长度为 7mm。

4.8.1 限速器动作速度整定封记必须完好，且无拆动痕迹。

4.8.2 当安全钳可调节时，整定封记应完好，且无拆动痕迹。

4.9.1 绳头组合必须安全可靠，且每个绳头组合必须安装防螺母松动和脱落的装置。

4.10.1 电气设备接地必须符合下列规定：

1 所有电气设备及导管、线槽的外露可导电部分均必须可靠接地（PE）；

2 接地支线应分别直接接至接地干线接线柱上，不得互相连接后再接地。

4.11.3 层门与轿门的试验必须符合下列规定：

1 每层层门必须能够用三角钥匙正常开启；

2 当一个层门或轿门（在多扇门中任何一扇门）非正常打开时，电梯严禁启动或继续运行。

6.2.2 在安装之前，井道周围必须设有保证安全的栏杆或屏障，其高度严禁小于 1.2m。

六、《建筑结构加固工程施工质量验收规范》GB 50550—2010

4.1.1 结构加固工程用的水泥进场时应对其品种、级别、包装或散装仓号、出厂日期等进行检查，并应对其强度、安定性及其他必要的性能指标进行见证取样复验。其品种和强度等级必须符合现行国家标准《混凝土结构加固设计规范》GB 50367 及设计的规定；其质量必须符合现行国家标准《通用硅酸盐水泥》GB 175 和《快硬硅酸盐水泥》GB 199 等的要求。

加固用混凝土中严禁使用安定性不合格的水泥、含氯化物的水泥、过期水泥和受潮水泥。

检查数量：按同一生产厂家、同一等级、同一品种、同一批号且同一次进场的水泥，以 30t 为一批（不足 30t，按 30t 计），每批见证取样不应少于一次。

检验方法：检查产品合格证、出厂检验报告和进场复验报告。

4.1.2 普通混凝土中掺用的外加剂（不包括阻锈剂），其质量及应用技术应符合现行国家标准《混凝土外加剂》GB 8076 及《混凝土外加剂应用技术规范》GB 50119 的要求。

结构加固用的混凝土不得使用含有氯化物或亚硝酸盐的外加剂；上部结构加固用的混凝土还不得使用膨胀剂。必要时，应使用减缩剂。

检查数量：按进场的批次并符合本规范附录 D 的规定。

检验方法：检查产品合格证、出厂检验报告（包括与水泥适应性检验报告）和进场复验报告。

4.2.1 结构加固用的钢筋，其品种、规格、性能等应符合设计要求。钢筋进场时，应分别按现行国家标准《钢筋混凝土用钢 第 1 部分：热轧光圆钢筋》GB 1499.1、《钢筋混凝土用钢 第 2 部分：热轧带肋钢筋》GB 1499.2、《钢筋混凝土用余热处理钢筋》GB/T 13014、《预应力混凝土用钢绞线》GB/T 5224 等的规定，见证取样作力学性能复验，其质量除必须符合相应标准的要求外，尚应符合下列规定：

1 对有抗震设防要求的框架结构，其纵向受力钢筋强度检验实测值应符合现行国家标准《混凝土结构工程施工质量验收规范》GB 50204 的规定；

2 对受力钢筋，在任何情况下，均不得采用再生钢筋和钢号不明的钢筋。

检查数量：按进场的批次并符合本规范附录 D 的规定。

检验方法：检查产品合格证、出厂检验报告和进场复验报告。

4.2.2 结构加固用的型钢、钢板及其连接用的紧固件，其品种、规格和性能等应符合设计要求和现行国家标准《碳素结构钢》GB/T 700、《低合金高强度结构钢》GB/T 1591、《紧固件机械性能》GB/T 3098 以及有关产品标准的规定。严禁使用再生钢材以及来源不明的钢材和紧固件。

型钢、钢板和连接用的紧固件进场时，应按现行国家标准《钢结构工程施工质量验收规范》GB 50205 等的规定见证取样作安全性能复验，其质量必须符合设计和合同的要求。

检查数量：按进场的批次，逐批检查，且每批抽取一组试样进行复验。组内试件数量按所执行试验方法标准确定。

检验方法：检查产品合格证、中文标志、出厂检验报告和进场复验报告。

4.2.3 预应力加固专用的钢材进场时，应根据其品种分别按现行国家标准《钢筋混凝土用余热处理钢筋》GB/T 13014、《预应力混凝土用钢丝》GB/T 5223、《预应力混凝土用钢绞线》GB/T 5224 和《碳素结构钢》GB/T 700、《低合金高强度结构钢》GB/T 1591等的规定，见证取样作力学性能复验，其质量必须符合相应标准的规定。

检查数量：按进场批次，逐批检查，且每批抽取一组试样进行复验。组内试件数量按所执行的试验方法标准确定。

检验方法：检查产品合格证、出厂检验报告和进场复验报告。

4.2.5 绕丝用的钢丝进场时，应按现行国家标准《一般用途低碳钢丝》GB/T 343 中关于退火钢丝的力学性能指标进行复验。其复验结果的抗拉强度最低值不应低于490MPa。

注：若直径 4mm 退火钢丝供应有困难，允许采用低碳冷拔钢丝在现场退火。但退火后的钢丝抗拉强度值应控制在（490～540）MPa 之间。

检查数量：按进场批号，每批抽取 5 个试样。

检验方法：按现行国家标准《金属材料 室温拉伸试验方法》GB/T 228 规定的方法进行复验，同时，尚应检查其产品合格证和出厂检验报告。

4.2.6 结构加固用的钢丝绳网片应根据设计规定选用高强度不锈钢丝绳或航空用镀锌碳素钢丝绳在工厂预制。制作网片的钢丝绳，其结构形式应为 $6×7+IWS$ 金属股芯右交互捻小直径不松散钢丝绳（图 4.2.6a），或 $1×19$ 单股左捻钢丝绳（图 4.2.6b）；其钢丝的公称强度不应低于现行国家标准《混凝土结构加固设计规范》GB 50367 的规定值。

钢丝绳网片进场时，应分别按现行国家标准《不锈钢丝绳》GB/T 9944 和行业标准《航空用钢丝绳》YB/T 5197 等的规定见证抽取试件作整绳破断拉力、弹性模量和伸长率检验。其质量必须符合上述标准和现行国家标准《混凝土结构加固设计规范》GB 50367 的规定。

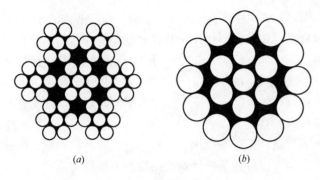

图 4.2.6   钢丝绳的结构形式

(*a*) 6×7＋IWS 钢丝绳；(*b*) 1×19 钢绞线（单股钢丝绳）

检查数量：按进场批次和产品抽样检验方案确定。

检验方法：检查产品质量合格证、出厂检验报告和进场复验报告。

注：单股钢丝绳也称钢绞线（图 4.2.6*b*），但不得擅自将 6×7＋IWS 金属股芯不松散钢丝绳改称为钢绞线。若施工图上所写名称不符合本规范规定，应要求设计单位和生产厂家书面更正，否则不得付诸施工。

4.3.1   结构加固用的焊接材料，其品种、规格、型号和性能应符合现行国家产品标准和设计要求。焊接材料进场时应按现行国家标准《碳钢焊条》GB/T 5117、《低合金钢焊条》GB/T 5118 等的要求进行见证取样复验。复验不合格的焊接材料不得使用。

检查数量：应按产品复验抽样并符合本规范附录 D 的规定。

检查方法：检查产品合格证、中文标志及出厂检验报告和进场复验报告。

4.4.1   加固工程使用的结构胶粘剂，应按工程用量一次进场到位。结构胶粘剂进场时，施工单位应会同监理人员对其品种、级别、批号、包装、中文标志、产品合格证、出厂日期、出厂检验报告等进行检查；同时，应对其钢-钢拉伸抗剪强度、钢-混凝土正拉粘结强度和耐湿热老化性能三项重要性能指标以及该胶粘剂不挥发物含量进行见证取样复验；对抗震设防烈度为 7 度及 7 度以上地区建筑加固用的粘钢和粘贴纤维复合材的结构胶粘剂，尚应进行抗冲击剥离能力的见证取样复验；所有复验结果均须符合现行国家标准《混凝土结构加固设计规范》GB 50367 及本规范的要求。

检验数量：按进场批次，每批号见证取样 3 件，每件每组分称取 500g，并按相同组分予以混匀后送独立检验机构复检。检验时，每一项目每批次的样品制作一组试件。

检验方法：在确认产品批号、包装及中文标志完整的前提下，检查产品合格证、出厂日期、出厂检验报告、进场见证复验报告，以及抗冲击剥离试件破坏后的残件。

4.4.5 加固工程中，严禁使用下列结构胶粘剂产品：

1 过期或出厂日期不明；

2 包装破损、批号涂毁或中文标志、产品使用说明书为复印件；

3 掺有挥发性溶剂或非反应性稀释剂；

4 固化剂主成分不明或固化剂主成分为乙二胺；

5 游离甲醛含量超标；

6 以"植筋-粘钢两用胶"命名。

注：过期胶粘剂不得以厂家出具的"质量保证书"为依据而擅自延长其使用期限。

4.5.1 碳纤维织物（碳纤维布）、碳纤维预成型板（以下简称板材）以及玻璃纤维织物（玻璃纤维布）应按工程用量一次进场到位。纤维材料进场时，施工单位应会同监理人员对其品种、级别、型号、规格、包装、中文标志、产品合格证和出厂检验报告等进行检查，同时尚应对下列重要性能和质量指标进行见证取样复验：

1 纤维复合材的抗拉强度标准值、弹性模量和极限伸长率；

2 纤维织物单位面积质量或预成型板的纤维体积含量；

3 碳纤维织物的 K 数。

若检验中发现该产品尚未与配套的胶粘剂进行过适配性试验，应见证取样送独立检测机构，按本规范附录 E 及附录 N 的要求进行补检。

检查、检验和复验结果必须符合现行国家标准《混凝土结构加固设计规范》GB 50367 的规定及设计要求。

检查数量：按进场批号，每批号见证取样 3 件，从每件中，按每一检验项目各裁取一组试样的用料。

检验方法：在确认产品包装及中文标志完整性的前提下，检查产品合格证、出厂检验报告和进场复验报告；对进口产品还应检查报关单及商检报告所列的批号和技术内容是否与进场检查结果相符。

注：1 纤维复合材抗拉强度应按现行国家标准《定向纤维增强塑料拉伸性能试验方法》GB/T 3354 测定，但其复验的试件数量不得少于 15 个，且应计算其试验结果的平均值、标准差和变异系数，供确定其强度标准值使用；

2 纤维织物单位面积质量应按现行国家标准《增强制品试验方法 第3 部分：单位面积质量的测定》GB/T 9914.3 进行检测；碳纤维预成型板材的纤维体积含量应按现行国家标准《碳纤维增强塑料体积含量试验方法》GB/T 3366 进行检测；

3 碳纤维的 K 数应按本规范附录 M 判定。

4.5.2 结构加固使用的碳纤维，严禁用玄武岩纤维、大丝束碳纤维等替代。结构加固使用的 S 玻璃纤维（高强玻璃纤维）、E 玻璃纤维（无碱玻璃纤维），严禁用 A 玻璃纤维或 C 玻璃纤维替代。

4.7.1 配制结构加固用聚合物砂浆（包括以复合砂浆命名的聚合物砂浆）的原材料，应按工程用量一次进场到位。聚合物原材料进场时，施工单位应会同监理单位对其品种、型号、包装、中文标志、出厂日期、出厂检验合格报告等进行检查，同时尚应对聚合物砂浆体的劈裂抗拉强度、抗折强度及聚合物砂浆与钢粘结的拉伸抗剪强度进行见证取样复验。其检查和复验结果必须符合现行国家标准《混凝土结构加固设计规范》GB 50367 的规定。

检查数量：按进场批号，每批号见证抽样 3 件，每件每组分称取 500g，并按同组分予以混合后送独立检测机构复验。检验时，每一项目每批号的样品制作一组试件。

检验方法：在确认产品包装及中文标志完整性的前提下，检查产品合格证、出厂日期、出厂检验合格报告和进场复验报告。

注：聚合物砂浆体的劈裂抗拉强度、抗折强度及聚合物砂浆拉伸抗剪强度应分别按本规范附录P、附录Q及附录R规定的方法进行测定。

4.9.2 结构界面胶（剂）应一次进场到位。进场时，应对其品种、型号、批号、包装、中文标志、出厂日期、产品合格证、出厂检验报告等进行检查，并应对下列项目进行见证抽样复验：

1 与混凝土的正拉粘结强度及其破坏形式；

2 剪切粘结强度及其破坏形式；

3 耐湿热老化性能现场快速复验。

复验结果必须分别符合本规范附录E、附录S及附录J的规定。

注：结构界面胶（剂）耐湿热老化快速复验，应采用本规范附录S规定的剪切试件进行试验与评定。

检查数量：按进场批次，每批见证抽取3件；从每件中取出一定数量界面胶（剂）经混匀后，为每一复验项目制作5个试件进行复验。

检验方法：在确认产品包装及中文标志完整的前提下，检查产品合格证、出厂检验报告和进场复验报告。

4.11.1 结构加固用锚栓应采用自扩底锚栓、模扩底锚栓或特殊倒锥形锚栓，且应按工程用量一次进场到位。进场时，应对其品种、型号、规格、中文标志和包装、出厂检验合格报告等进行检查，并应对锚栓钢材受拉性能指标进行见证抽样复验，其复验结果必须符合现行国家标准《混凝土结构加固设计规范》GB 50367的规定。

对地震设防区，除应按上述规定进行检查和复验外，尚应复查该批锚栓是否属地震区适用的锚栓。复查应符合下列要求：

1 对国内产品，应具有独立检验机构出具的符合行业标准《混凝土用膨胀型、扩孔型建筑锚栓》JG 160—2004附录F规定的专项试验验证合格的证书；

2 对进口产品，应具有该国或国际认证机构检验结果出具的地震区适用的认证证书。

检查数量：按同一规格包装箱数为一检验批，随机抽取3箱（不足3箱应全取）的锚栓，经混合均匀后，从中见证抽取5%，且不少于5个进行复验；若复验结果仅有一个不合格，允许加倍取样复验；若仍有不合格者，则该批产品应评为不合格产品。

检验方法：在确认锚栓产品包装及中文标志完整性的条件下，检查产品合格证、出厂检验报告和进场见证复验报告；对扩底刀具，还应检查其真伪；对地震设防区，尚应检查其认证或验证证书。

5.3.2 新增混凝土的强度等级必须符合设计要求。用于检查结构构件新增混凝土强度的试块，应在监理工程师见证下，在混凝土的浇筑地点随机抽取。取样与留置试块应符合下列规定：

1 每拌制50盘（不足50盘，按50盘计）同一配合比的混凝土，取样不得少于一次；

2 每次取样应至少留置一组标准养护试块；同条件养护试块的留置组数应根据混凝土工程量及其重要性确定，且不应少于3组。

检验方法：检查施工记录及试块强度试验报告。

5.4.2 新增混凝土的浇筑质量不应有严重缺陷及影响结构性能和使用功能的尺寸偏差。

对已经出现的严重缺陷及影响结构性能和使用功能的尺寸偏差，应由施工单位提出技术处理方案，经监理（业主）和设计单位共同认可后予以实施。对经处理的部位应重新检查、验收。

检查数量：全数检查。

检验方法：观察、测量或超声法检测，并检查技术处理方案和返修记录。

6.5.1 新置换混凝土的浇筑质量不应有严重缺陷及影响结构性能或使用功能的尺寸偏差。

对已经出现的严重缺陷和影响结构性能或使用功能的尺寸偏

差，应由施工单位提出技术处理方案，经设计和监理单位认可后进行处理。处理后应重新检查验收。

检查数量：全数检查。

检验方法：观察、超声法检测、检查技术处理方案及返修记录。

8.2.1 预应力拉杆（或撑杆）制作和安装时，必须复查其品种、级别、规格、数量和安装位置。复查结果必须符合设计要求。

检查数量：全数检查。

检验方法：制作前按进场验收记录核对实物；检查安装位置和数量。

10.4.2 加固材料（包括纤维复合材）与基材混凝土的正拉粘结强度，必须进行见证抽样检验。其检验结果应符合表 10.4.2 合格指标的要求。若不合格，应揭去重贴，并重新检查验收。

表 10.4.2　现场检验加固材料与混凝土
正拉粘结强度的合格指标

检验项目	原构件实测混凝土强度等级	检验合格指标		检验方法
正拉粘结强度及其破坏形式	C15～C20	≥1.5MPa	且为混凝土内聚破坏	本规范附录 U
	≥C45	≥2.5MPa		

注：1　加固前应按本规范附录 T 的规定，对原构件混凝土强度等级进行现场检测与推定；

　　2　若检测结果介于 C20～C45 之间，允许按换算的强度等级以线性插值法确定其合格指标；

　　3　检查数量：应按本规范附录 U 的取样规则确定；

　　4　本表给出的是单个试件的合格指标。检验批质量的合格评定，应按本规范附录 U 的合格评定标准进行。

11.4.2 钢板与原构件混凝土间的正拉粘结强度应符合本规范第 10.4.2 条规定的合格指标的要求。若不合格，应揭去重贴，并重新检查验收。

检查数量及检验方法应按本规范附录 U 的规定执行。

12.4.1 聚合物砂浆的强度等级必须符合设计要求。用于检查钢丝绳网片外加聚合物砂浆面层抗压强度的试块，应会同监理人员在拌制砂浆的出料口随机取样制作。其取样数量与试块留置应符合下列规定：

1 同一工程每一楼层（或单层），每喷抹 $500m^2$（不足 $500m^2$，按 $500m^2$ 计）砂浆面层所需的同一强度等级的砂浆，其取样次数应不少于一次。若搅拌机不止一台，应按台数分别确定每台取样次数。

2 每次取样应至少留置一组标准养护试块；与面层砂浆同条件养护的试块，其留置组数应根据实际需要确定。

检验方法：检查施工记录及试块强度的试验报告。

12.5.1 聚合物砂浆面层的外观质量不应有严重缺陷及影响结构性能和使用功能的尺寸偏差。严重缺陷的检查与评定应按表 12.5.1 进行；尺寸偏差的检查与评定应按设计单位在施工图上对重要尺寸允许偏差所作的规定进行。

对已经出现的严重缺陷及影响结构性能和使用功能的尺寸偏差，应由施工单位提出技术处理方案，经业主（监理）和设计单位共同认可后予以实施。对经处理的部位应重新检查、验收。

检查数量：全数检查。

检验方法：观察，当检查缺陷的深度时应凿开检查或超声探测，并检查技术处理方案及返修记录。

表 12.5.1　聚合物砂浆面层外观质量缺陷

名　称	现　象	严重缺陷	一般缺陷
露绳（或露筋）	钢丝绳网片（或钢筋网）未被砂浆包裹而外露	受力钢丝绳（或受力钢筋）外露	按构造要求设置的钢丝绳（或钢筋）有少量外露
疏松	砂浆局部不密实	构件主要受力部位有疏松	其他部位有少量疏松
夹杂异物	砂浆中夹有异物	构件主要受力部位夹有异物	其他部位夹有少量异物
孔洞	砂浆中存在深度和长度均超过砂浆保护层厚度的孔洞	构件主要受力部位有孔洞	其他部位有少量孔洞

续表 12.5.1

名　称	现　象	严重缺陷	一般缺陷
硬化（或固化）不良	水泥或聚合物失效，致使面层不硬化（或不固化）	任何部位不硬化（或不固化）	（不属一般缺陷）
裂缝	缝隙从砂浆表面延伸至内部	构件主要受力部位有影响结构性能或使用功能的裂缝	仅有表面细裂纹
连接部位缺陷	构件端部连接处砂浆层分离或锚固件与砂浆层之间松动、脱落	连接部位有影响结构传力性能的缺陷	连接部位有轻微影响或不影响传力性能的缺陷
表观缺陷	表面不平整、缺棱掉角、翘曲不齐、麻面、掉皮	有影响使用功能的缺陷	仅有影响观感的缺陷

注：复合水泥砂浆及普通水泥砂浆面层的喷抹质量缺陷也可按本表进行检查与评定。

12.5.3 聚合物砂浆面层与原构件混凝土间的正拉粘结强度，应符合本规范表10.4.2规定的合格指标的要求。若不合格，应揭去重做，并重新检查、验收。

检查数量、检验方法及评定标准应按本规范附录U的规定执行。

13.3.6 砌体或混凝土构件外加钢筋网采用普通砂浆或复合砂浆面层时，其强度等级必须符合设计要求。用于检查砂浆强度的试块，应按本规范第12.4.1条的规定进行取样和留置，并应按该条规定的检查数量及检验方法执行。

13.4.1 砌体或混凝土构件外加钢筋网的砂浆面层，其浇筑或喷抹的外观质量不应有严重缺陷。对硬化后砂浆面层的严重缺陷应按本规范表12.5.1进行检查和评定。对已出现者应由施工单位提出处理方案，经业主（监理单位）和设计单位共同认可后进行处理并应重新检查、验收。

　　检查数量：全数检查。

　　检验方法：观察，检查技术处理方案及施工记录。

13.4.3　砂浆面层与基材之间的正拉粘结强度，必须进行见证取样检验。其检验结果，对混凝土基材应符合本规范表 10.4.2 的要求；对砌体基材应符合本规范表 13.4.3 的要求。

表 13.4.3　现场检验加固材料与砌体
正拉粘结强度的合格指标

检验项目	烧结普通砖或混凝土砌块强度等级	28d 检验合格指标		正常破坏形式	检验方法
		普通砂浆（≥M15）	聚合物砂浆或复合砂浆		
正拉粘结强度及其破坏形式	MU10～MU15	≥0.6MPa	≥1.0MPa	砖或砌块内聚破坏	本规范附录 U
	≥MU20	≥1.0MPa	≥1.3MPa		

注：1　加固前应通过现场检测，对砖或砌块的强度等级予以确认；
　　2　当为旧标号块材，且符合原规范规定时，仅要求检验结果为块材内聚破坏。

15.1.5　负荷状态下钢构件增大截面工程，应要求由具有相应技术等级资质的专业单位进行施工；其焊接作业必须由取得相应位置施焊的焊接合格证且经过现场考核合格的焊工施焊。

15.4.1　在负荷下进行钢结构加固时，必须制定详细的施工技术方案，并采取有效的安全措施，防止被加固钢构件的结构性能受到焊接加热、补加钻孔、扩孔等作业的损害。

15.5.1　设计要求全焊透的一、二级焊缝应采用超声波探伤进行内部缺陷的检验；超声波探伤不能对缺陷作出判断时，应采用射线探伤。探伤时，其内部缺陷分级应符合现行国家标准《钢焊缝手工超声波探伤方法和探伤结果分级》GB 11345 和《金属熔化焊焊接接头射线照相》GB/T 3323 的规定。

　　检查数量：全数检查。

　　检验方法：超声波探伤；必要时，采用射线探伤；检查探伤记录。

七、《铝合金结构工程施工质量验收规范》GB 50576—2010

14.4.1 当铝合金材料与不锈钢以外的其他金属材料或含酸性、碱性的非金属材料接触、紧固时，应采用隔离材料。

14.4.2 隔离材料严禁与铝合金材料及相接触的其他金属材料产生电偶腐蚀。

八、《洁净室施工及验收规范》GB 50591—2010

4.6.11 产生化学、放射、微生物等有害气溶胶或易燃、易爆场合的观察窗，应采用不易破碎爆裂的材料制作。

5.5.6 在回、排风口上安有高效过滤器的洁净室及生物安全柜等装备，在安装前应用现场检漏装置对高效过滤器扫描检漏，并应确认无漏后安装。回、排风口安装后，对非零泄漏边框密封结构，应再对其边框扫描检漏，并应确认无漏；当无法对边框扫描检漏时，必须进行生物学等专门评价。

5.5.7 当在回、排风口上安装动态气流密封排风装置时，应将正压接管与接嘴牢靠连接，压差表应安装于排风装置近旁目测高度处。排风装置中的高效过滤器应在装置外进行扫描检漏，并应确认无漏后再安入装置。

5.5.8 当回、排风口通过的空气含有高危险性生物气溶胶时，在改建洁净室拆装其回、排风过滤器前必须对风口进行消毒，工作人员人身应有防护措施。

5.6.7 用于以过滤生物气溶胶为主要目的、5级或5级以上洁净室或者有专门要求的送风末端高效过滤器或其末端装置安装后，应逐台进行现场扫描检漏，并应合格。

6.3.7 医用气体管道安装后应加色标。不同气体管道上的接口应专用，不得通风。

6.4.1 可燃气体和高纯气体等特殊气体阀门安装前应逐个进行强度和严密性试验。管路系统安装完毕后应对系统进行强度试验。强度试验应采用气压试验，并应采取严格的安全措施，不得采用水压试验。当管道的设计压力大于 0.6MPa 时，应按设计文件规定进行气压试验。

11.4.3　生物安全柜安装就位之后，连接排风管道之前，应对高效过滤器安装边框及整个滤芯面扫描检漏。当为零泄漏排风装置时，应对滤芯面检漏。

九、《无障碍设施施工验收及维护规范》GB 50642—2011

3.1.12　安全抓杆预埋件应进行验收。

3.1.14　通过返修或加固处理仍不能满足安全和使用要求的无障碍设施分项工程，不得验收。

3.14.8　厕所和厕位的安全抓杆应安装牢固，支撑力应符合设计要求。

3.15.8　浴室的安全抓杆应安装坚固，支撑力应符合设计要求。

十、《传染病医院建筑施工及验收规范》GB 50686—2011

5.3.6　负压隔离病房应符合下列规定：

　　1　给水管道应设置倒流防止器。

　　2　排水立管不应在负压隔离病房内设置检查口或清扫口。

　　3　排水管道的通气管口应高出屋面不小于 2m，通气管口周边应通风良好，并应远离一切进气口。

6.3.9　负压隔离病房应符合下列规定：

　　1　排风机应与送风机连锁，排风机先于送风机开启，后于送风机关闭。

　　2　排风高效过滤器的安装应具备现场检漏的条件；否则，应采用经预先检漏的专用排风高效过滤装置。

　　3　排风口应高出屋面不小于 2m，排风口处应安装防护网和防雨罩。

7.2.4　当出现紧急情况时，所有设置互锁功能的门都必须能处于可开启状态。

7.2.5　负压手术室及负压隔离病房的空调设备监控应具有监视

手术室及负压隔离病房与相邻室压差的功能，当压差失调时应能声光报警。

7.3.5 IT接地系统中包括中性导体在内的任何带电部分严禁直接接地。IT接地系统的电源对地应保持良好的绝缘状态。

7.4.1 通风空调系统的电加热器应与送风机连锁，并应设无风断电、超温断电保护及报警装置。严寒地区、寒冷地区新风系统应设置防冻保护措施。

8.2.3 麻醉废气排放系统、负压吸引系统应安装性能符合设计要求的过滤除菌器。

8.2.4 传染病医院中心供氧气源应设中断供氧的报警装置，空气压缩机、负压吸引泵的备用机组应能自动切换。

9.1.1 传染病医院建筑消防用电设备应采用专用回路供电，并应设应急电源，火灾时应急电源应能自动切换。

9.2.1 防排烟系统风管、风口、风阀及支吊架的材料、密封材料应为不燃材料。

9.2.3 传染病医院建筑消防水泵备用泵的工作能力不应小于其中最大一台消防工作泵的工作能力。

9.2.4 污染区和半污染区的排烟口应采用常闭排烟口。

9.2.5 应急照明灯具和疏散标志的备用电源连续供电时间不应小于30min。

十一、《外墙饰面砖工程施工及验收规程》JGJ 126—2015

4.0.4 外墙饰面砖伸缩缝应采用耐候密封胶嵌缝。

4.0.8 窗台、檐口、装饰线等墙面凹凸部位应采用防水和排水构造。

5.1.4 现场粘贴外墙饰面砖所用材料和施工工艺必须与施工前粘结强度检验合格的饰面砖样板相同。

十二、《防静电工程施工与质量验收规范》GB 50944—2013

3.0.7 防静电工程施工不得损害建筑物的结构安全。

12.1.3 施工环境应符合下列要求：

1 施工场地严禁易燃易爆物进入。

12.1.4 易燃易爆的场所应选用防爆型静电消除装置。

12.1.5 放射性静电消除装置的放射物质必须存放在专用的铅罐内，并有专人负责保管。

13.2.4 涉及人身安全的防静电接地必须采取软接地措施。

十三、《工业炉砌筑工程施工与验收规范》GB 50211—2014

3.2.44 拱胎及其支柱所用材料应满足支撑强度要求。

3.2.65 拆除拱顶的拱胎，必须在锁砖全部打紧、拱脚处的凹沟砌筑完毕，以及骨架拉杆的螺母最终拧紧之后进行。

4.1.6 模板安装应尺寸准确、稳固，模板接缝应严密，施工过程中模板不得产生变形、位移、漏浆，且应采取防粘措施。捣打时，连接件、加固件不得脱开。

4.3.10 承重模板应在耐火浇注料达到设计强度的 70% 以上后拆除。热硬性耐火浇注料应烘烤到指定温度之后拆模。

4.4.13 炉顶合门处模板必须在施工完毕经自然养护 24h 之后拆除。用热硬性耐火可塑料捣打的孔洞，其拱胎应在烘炉前拆除。

6.3.11 砌筑砖格子以前，必须检查炉箅子和支柱。用拉线法检查时，炉箅子上表面的表面平整偏差应为 0～5mm。炉箅子格孔中心线与设计位置的允许偏差应为 0～3mm。

7.1.9 所有砖缝均应耐火泥浆饱满和严密。无法用挤浆法砌筑的砖，其垂直缝的耐火泥浆饱满度不应小于 95%。砌筑过程中必须勾缝，隐蔽缝应在砌筑上一层砖以前勾好，墙面砖缝必须在砌砖的当班勾好。蓄热室和炭化室的墙面砖缝应在最终清扫后进行复查，对不饱满的砖缝应予以补勾。

7.1.39 炭化室跨顶砖除长度方向的端面外，其他面均不得加工。跨顶砖的工作面不得有横向裂纹。

7.1.53 同一炭化室的机、焦侧干燥床和封墙不得同时拆除。

8.1.2 砌筑前应固定转动装置，其电源必须切断。

8.2.11 活炉底与炉身的接缝处的施工必须符合下列规定：

1 活炉底水平接缝处，里（靠工作面）、外（靠炉壳）应用稠的镁质耐火泥浆，中间应用与炉衬材质相应的材料铺填平整均匀。

2 炉身必须放正，炉底必须放平，必须试装加压，经检查合格后，才可正式上炉底。

3 安装活炉底时，应将炉底和炉身顶紧，接缝时必须将所有的销钉敲紧，并应将销钉焊接牢固。

4 活炉底垂直接缝时，在炉底对接完后，必须将接缝内的填料捣实。

5 接缝料未硬化前，炉体不得倾动。

9.2.7 步进式、推钢式连续加热炉砌筑之前，其水冷梁系统必须做水压试验和试通水。步进式加热炉的步进梁系统应做试运转。

10.8.10 炉口的双反拱砖应湿砌且砖缝厚度不应超过 1mm。当第二层反拱砖需要加工时，不得加工其砖中腰部的拐角部位。

12.3.7 砌完的炉盖应采用专门的吊架搬运。搬运时，炉盖应受力均匀，砌体不得松动。

13.3.9 熔化部和冷却部窑拱砌筑完毕后，应逐步并均匀对称地拧紧各对立柱间拉杆的螺母。用于检查拱顶中间和两肋上升、下沉的标志，应先行设置。必须在窑拱脱离开拱胎，并应经过检查未发现下沉、变形和局部下陷时拆除拱胎。

20.0.4 工业炉投产前，必须烘炉。烘炉前，必须先烘烟囱和烟道。

21.1.7 起重设备、机械设备和电器设备必须由专人操作，并应设专人检查和维护。

十四、《工业炉砌筑工程质量验收标准》GB 50309—2017

4.2.6 经返修或加固处理仍不能满足安全使用的分部工程及单

位工程，严禁验收。

5.2.4 吊挂砖的主要受力部位严禁有裂纹，其余部位不得有显裂纹。

6.1.5 锚固砖或吊挂砖的主要受力部位严禁有裂纹，其余部位不得有显裂纹。

9.6.3 炭化室跨顶砖除长度方向的端面外，其他面均不得加工。跨顶砖的主要受力部位严禁有裂纹，其余部位不得有显裂纹。

12.1.5 炉底工作层反拱拱脚砖必须砌入墙内。反拱砌体与侧墙、端墙的接触面必须湿砌，接合应严密、牢固。

十五、《自动化仪表工程施工及质量验收规范》GB 50093—2013

3.5.10 质量检验不合格时，应及时处理，经处理后的工程应按下列规定进行验收：

　　3 返修后仍不能满足安全使用要求，严禁验收。

5.1.3 在设备或管道上安装取源部件的开孔和焊接工作，必须在设备或管道的防腐、衬里和压力试验前进行。

6.1.14 核辐射式仪表安装前应编制具体的安装方案，安装中的安全防护措施应符合国家现行有关放射性同位素工作卫生防护标准的规定。在安装现场应有明显的警戒标识。

6.5.1 节流件的安装应符合下列要求：

　　3 流件必须在管道吹洗后安装。

7.1.6 当线路周围环境温度超过 65℃时，应采取隔热措施。当线路附近有火源时，应采取防火措施。

7.1.15 测量电缆电线的绝缘电阻时，必须将已连接上的仪表设备及部件断开。

8.1.4 仪表管道埋地敷设时，必须经试压合格和防腐处理后再埋入。直接埋地的管道连接时必须采用焊接，并应在穿过道路、沟道及进出地面处设置保护套管。

8.2.8 低温管及合金管下料切断后，必须移植原有标识。薄壁管、低温管及钛管，严禁使用钢印做标识。

8.6.2 当仪表管道引入安装在有爆炸和火灾危险、有毒、有害及有腐蚀性物质环境的仪表盘、柜、箱时，其管道引入孔处应密封。

8.7.8 测量和输送易燃易爆、有毒、有害介质的仪表管道，必须进行管道压力试验和泄漏性试验。

8.7.10 当采用气体压力试验时，试验温度严禁接近管道材料的脆性转变温度。

9.1.7 脱脂合格的仪表、控制阀、管子和其他管道组成件应封闭保存，并应加设标识；安装时严禁被油污染。

9.2.5 采用擦洗法脱脂时，应使用不易脱落纤维的布或丝绸，不得使用棉纱。脱脂后，脱脂件上严禁附着纤维。

10.1.2 安装在爆炸危险环境的仪表、仪表线路、电气设备及材料，其规格型号必须符合设计文件的规定。防爆设备必须有铭牌和防爆标识，并应在铭牌上标明国家授权的机构颁发的防爆合格证编号。

10.1.5 当电缆桥架或电缆沟道通过不同等级的爆炸危险区域的分隔间壁时，在分隔间壁处必须做充填密封。

10.1.6 安装在爆炸危险区域的电缆导管应符合下列要求：

　　2 当电缆导管穿过不同等级爆炸危险区域的分隔间壁时，分界处电缆导管和电缆之间、电缆导管和分隔间壁之间应做充填密封。

10.1.7 本质安全型仪表的安装和线路敷设，除应符合本规范第10.1.2条、第10.1.5条和10.1.6条第2款的规定外，还应符合下列要求：

　　12 本质安全型仪表及本质安全关联设备，必须有国家授权的机构颁发的产品防爆合格证，其型号、规格的替代，必须经原设计单位确认。

　　13 本质安全电路的分支接线应设在增安型防爆接线箱（盒）内。

10.1.8 当对爆炸危险区域的线路进行连接时，必须在设计文件规定采用的防爆接线箱内接线。接线必须牢固可靠、接地良好，并应有防松和防拔脱装置。

10.1.9　用于火灾危险环境的装有仪表及电气设备的箱、盒等，应采用金属或阻燃材料制品，电缆和电缆桥架应采用阻燃材料制品。

10.2.1　供电电压高于 36V 的现场仪表的外壳，仪表盘、柜、箱、支架、底座等正常不带电的金属部分，均应做保护接地。

12.1.5　仪表工程在系统投用前应进行回路试验。

12.1.10　设计文件规定禁油和脱脂的仪表在校准和试验时，必须按其规定进行。

十六、《园林绿化工程项目规范》GB 55014—2021

1　总则

1.0.1　为建设高质量园林绿化工程项目，打造生态、宜居、和谐、美丽的城市环境，满足人民群众对美好生活和优美生态环境的需求，为民众提供公平享受的绿色福利，制定本规范。

1.0.2　园林绿化工程项目必须执行本规范。

1.0.3　园林绿化工程项目应改善城市生态环境、提供游憩服务，并应实现园林绿化工程项目的生态、休闲、游憩、美化、文化传承、科普教育和防灾避险等综合功能。

1.0.4　园林绿化工程项目应遵循下列原则：

　　1　尊重自然，生态优先；

　　2　以人为本，公平共享；

　　3　弘扬文化，传承创新；

　　4　因地制宜，经济适用；

　　5　统筹兼顾，协同发展。

1.0.5　工程建设所采用的技术方法和措施是否符合本规范要求，由相关责任主体判定。其中，创新性的技术方法和措施，应进行论证并符合本规范中有关性能的要求。

2 基本规定

2.1 规模布局

2.1.1 城市应构建与城市规模、布局结构和景观风貌特征相适应的绿地系统，确定公园绿地、防护绿地、附属绿地、区域绿地的规模和布局，并应实施园林绿化工程项目。

2.1.2 城市绿地系统建设应实现保护城市生态环境、维护城市生态空间结构完整、满足风景游憩和安全防护的功能，并应符合下列规定：

　　1 应尊重城市地形地貌特征，与河湖水系有机融合，保护并展现自然山水和历史人文资源；

　　2 应优化城市空间结构，布局组团隔离绿带和通风廊道等绿化隔离带，贯通城乡绿色生态空间；

　　3 应构建公园体系，充分利用绿道和滨水开放空间等线性空间，满足公众游憩需求。

2.1.3 公园绿地面积应与城市发展规模相适应，人均公园绿地面积应大于 $8.0 m^2/$ 人，公园绿地服务半径覆盖率应大于 80% 。

2.1.4 城市应建设与人口规模相匹配的综合公园和社区公园，人均综合公园面积和人均社区公园面积应分别大于 $3.0 m^2/$ 人。

2.1.5 城市应分级分类配置各类公园，构建公园体系，并应符合下列规定：

　　1 新建城区内公园应均衡布局，老旧城区应结合城市更新增加公园数量和面积，优化布局；

　　2 应分级配置综合公园和社区公园，应因地制宜配置游园；

　　3 应合理配置植物园、动物园、体育健身公园等专类公园；

　　4 应充分利用绿化隔离带、生态保育和生态修复的区域建设郊野型公园。

2.1.6 绿道应串联各类公园和城乡绿色开敞空间，并应促进其与城市慢行交通系统相兼容，构建联通城市内外的绿色生态网络。

2.2　建设要求

2.2.1　公园应营造自然景观环境，并应设置满足功能需要的园路、活动场地和设施；基址不应存在地质安全、土壤污染隐患。

2.2.2　园林绿化工程项目应保护基址内具有文化价值的建（构）筑物和历史遗迹遗存、具有科学价值的自然遗迹。

2.2.3　公园内绿化用地比例应大于陆地面积的 65%，广场内绿化用地比例应大于 35%。

2.2.4　公园内应设置与游人容量和游人量规模相适应的园路和活动场地。综合公园、社区公园、游园和郊野型公园应设置健身活动场地。

2.2.5　公园应设置休息座椅、垃圾箱、标识、园灯等游憩、服务和管理的基本设施，并应符合下列规定：

　　1　面积 $2hm^2$ 以上的公园应设置厕所、安防监控和遮阴避雨设施；

　　2　面积 $10hm^2$ 以上的公园应设置停车场、管理用房；

　　3　面积 $20hm^2$ 以上的公园应设置信息服务站；

　　4　面积 $50hm^2$ 以上的公园应设置医疗救助设施、绿化垃圾处理设施；

　　5　承担防灾避险功能的公园应设置与功能相适应的应急避险设施，应急避险设施设置应避让文物保护建筑及古树名木保护范围。

2.2.6　历史名园应最大限度地保护原有山形水系、植物和建筑等。

2.2.7　道路绿化、居住区绿化、单位绿化和公共建筑绿化应实现所属用地的生态改善、环境美化和方便使用的功能，应选择适合的植物种类和种植方式，并应符合下列规定：

　　1　道路绿化应满足车辆和行人通行的安全要求；

　　2　居住区绿化的集中绿地应设置一定面积的活动场地；

3 单位绿化、公共建筑绿化应与道路绿化、相邻建筑景观环境和场地相衔接。

2.2.8 厕所的规模、数量应以游人容量为依据，并应符合下列规定：

1 面积小于10hm² 的公园应按游人容量的1.5%设置厕所厕位；面积大于或等于10hm² 的公园应按游人容量的2%设置厕所厕位；

2 儿童游憩区或其附近应设儿童专用厕所或厕位；

3 应根据游人的性别和年龄构成合理分配厕位比例。

2.2.9 城市电力、电信和给水排水等市政设施应满足公园设施建设的需要。

2.2.10 公园基址范围内的古树名木应原地保留，保护范围不应低于树冠垂直投影外5m的区域。

2.2.11 公园、绿道应设置标识、标志、安全监控和信息发布等设施，并应符合下列规定：

1 公园主要出入口应设置绿线标志、位置标志、无障碍标志、应急标志、安全监控和信息发布等设施；

2 公园主园路、绿道道路交叉口应设置导向标识；

3 公园主要景点、服务中心、厕所和各类公共设施周边。应设置位置标志、无障碍标志和应急标志；

4 可能对人身安全造成影响的区域应设置警示标志、安全警示线及安全监控等设施。

2.3 运行维护

2.3.1 园林绿化工程项目竣工后，养护管理期不应少于1年。

2.3.2 园林植物应定期养护，植物病虫害防治不得污染水源，禁止使用剧毒、高毒农药，水生植物病虫害防治不得使用农药。

2.3.3 公园的运行管理应健全各项服务措施，并应符合下列规定：

1 应保障公园内各项设施设备安全运营；

2 应对游客进行科普宣传解说教育。

2.3.4 公园应建立安全管理制度，落实各项安全措施，并应符合下列规定：

1 应结合安全条件和资源保护要求，承担相应的防灾避险功能；

2 应构建安全预警控制体系，制定与其管理相关的公共卫生事件、自然灾害、社会安全事件、节假日高峰管理、大型聚集活动等突发公共事件的应急预案。

2.3.5 公园的各项服务设施应保证服务的公益性，不应开展与游人服务宗旨相违背的经营行为。

2.3.6 存在雷击隐患的古树名木和建（构）筑物应安装避雷设施。

3 园林绿化工程要素

3.1 地形与土壤

3.1.1 园林绿化工程项目基址内原土壤和塑造地形的外来土壤、填充物不应含有对环境、人和动植物安全有害的污染物和放射性物质。

3.1.2 园林绿化工程应充分结合基址竖向塑造地形，并应符合下列规定：

1 地形塑造应保持水土稳定，高程设置应利于雨水就地消纳，并应与相邻用地标局相协调；

2 应结合基址雨水消纳和水资源条件合理组织水景工程。

3.1.3 土山堆置应做承载力计算，堆置高度应与堆置范围相适应；土山堆置应按照自然安息角设置自然坡度，当坡度超过土壤的自然安息角时，应采用护坡、挡墙、固土或防冲刷等工程措施。

3.1.4 地形塑造填挖土方范围应避让古树名木的保护范围，并应保证树木根系具有良好的排水条件。

3.1.5 土壤有害重金属含量不应影响植物正常生长。土壤质量不良时，应进行土壤改良或更换种植土。

3.1.6 园林绿化工程种植土和肥料不得污染水源。

3.2 园路与活动场地

3.2.1 园路和活动场地应具有引导游览和方便游人集散的功能，并应符合下列规定：

    1 售票公园门区集散活动场地面积下限指标应以游人容量为依据，应按 $500m^2/万人$ 计算；

    2 通行消防车的园路宽度应大于 4m。

3.2.2 公园和广场的出入口、主园路、游憩和服务建筑的通行应满足无障碍要求。

3.2.3 不应在有地质灾害和山体稳定性隐患的自然岩壁、陡峭边坡附近设置园路和活动场地。

3.2.4 园路和铺装活动场地的坡度应有利于排水，园路的纵、横坡坡度不应同时为零，场地的地表排水坡度应大于 0.3%。

3.2.5 园路和活动场地的铺装应优先采用透水型铺装材料及可再生材料；透水铺装应满足荷载、防滑等使用功能和耐久性要求。

3.3 种植

3.3.1 植物选择应适地适树，应优先选用乡土植物和引种驯化后在当地适生的植物，并应结合场地环境保护自然生态资源。

3.3.2 植物种植应遵循自然规律和生物特性，不应反季节种植和过度密植。

3.3.3 儿童活动场地内和周边环境不应配置有毒、有刺等易对儿童造成伤害的植物。

3.3.4 树木根颈中心至构筑物和市政设施外缘的最小水平距离应符合表 3.3.4 的规定。

表 3.3.4　树木根颈中心至构筑物和市政设施外缘的最小水平距离（m）

构筑物和市政设施名称	距乔木根颈中心距离	距灌木根颈中心距离
低于 2m 的围墙	1.0	0.75
挡土墙顶内和墙角外	2.0	0.50
通信管道	1.5	1.00
给水管道（管线）	1.5	1.00
雨水管道（管线）	1.5	1.00
污水管道（管线）	1.5	1.00

3.3.5　地下空间顶面、建筑屋顶和构筑物顶面的立体绿化应保证植物自然生长，应在不透水层上设置防水排灌系统，并应符合下列规定：

　　1　地下空间顶面种植乔木区覆土深度应大于 1.5m；

　　2　建筑屋顶树木种植的定植点与屋顶防护围栏的安全距离应大于树木高度。

3.3.6　不得使用非检疫对象的病虫害危害程度或危害痕迹大于树体 10% 的植物材料。

3.4　建（构）筑物

3.4.1　承担蓄滞洪功能并与水体相邻用地的园林绿化工程项目，不应在行洪通道内设置妨碍行洪的建（构）筑物和设施。

3.4.2　公园总建筑面积不应超过建筑占地面积的 1.5 倍。

3.4.3　支撑藤本植物攀爬的架、廊结构强度应满足植物远期生长的荷载要求，藤本植物网架网孔构造应防止儿童攀爬。

3.4.4　人工堆叠假山的结构强度应满足抗风和抗震强度要求，并应符合下列规定：

　　1　临路的岩石、山洞洞顶和洞壁的岩面应圆润，不得有锐角；

　　2　允许游人进出的山洞应设置采光、通风和排水措施，并应确保通行安全。

3.4.5 通行游船的桥梁桥底与常水位之间净空高度应大于 1.50m。

3.5 配套设施

3.5.1 水体岸边设有活动场地的区域，应在下列条件下设置防护设施：

1 近岸 2.00m 范围内、常水位水深大于（含）0.70m 的人工驳岸；

2 驳岸顶与常水位的垂直距离大于（含）0.50m 的驳岸；

3 天然淤泥底水体的驳岸。

3.5.2 依山或傍水存在安全隐患的园路和活动场地应设置安全防护护栏，并应符合下列规定：

1 护栏高度应大于 1.05m；当园路和活动场地的临空高度大于 24m 时，护栏高度应大于 1.10m。

2 护栏的构造应防止儿童攀爬；当采用垂直杆件作栏杆时，其杆间净距应小于 0.11m。

3.5.3 儿童活动场地以及设施不应有尖角或硬刺。

3.5.4 人体非全身性接触的娱乐性景观用水水质应达到地表水Ⅲ类标准，人体非直接接触的观赏性景观用水水质应达到地表水Ⅳ类标准，与游人接触的喷泉水质不得对人身健康产生不良影响。

3.5.5 用于植物灌溉的管线及设施应设置防止误饮和误接的明显标识。

4 综合公园、社区公园与游园

4.0.1 综合公园应具有休闲游憩、运动康体、文化科普和儿童游戏等功能，并应设置相应的功能分区。

4.0.2 综合公园布局应符合下列规定：

1 应至少设置两个及以上出入口，其中至少应有一个主要出入口与城市干道连通；

2 应充分利用城市的自然山水地貌、历史文化资源以及城市生态修复区域。

4.0.3 社区公园和游园应具有基本的游憩功能，并应设置满足儿童和老人活动需要的活动场地。

4.0.4 改建、扩建的综合公园面积应大于 5hm²，新建综合公园面积应大于 10hm²。

4.0.5 综合公园的建筑、园路及铺装场地用地比例应符合表 4.0.5 的规定。

表 4.0.5　综合公园的建筑、园路及铺装场地用地比例

陆地面积 A_1（hm²）	园路及铺装场地用地比例（%）	建筑用地比例（%）
$5 \leqslant A_1 < 20$	15～30	＜5.0
$20 \leqslant A_1 < 50$	10～25	＜5.0
$50 \leqslant A_1 < 100$	10～20	＜4.0
$100 \leqslant A_1 < 300$	8～18	＜2.0
$A_1 \geqslant 300$	8～15	＜1.2

注：其中不对游人开放的建筑面积不应超过总建筑面积的 1/3。

4.0.6 社区公园的面积应大于 1hm²；社区公园的建筑、园路及铺装场地用地比例应符合表 4.0.6 的规定。

表 4.0.6　社区公园的建筑、园路及铺装场地用地比例

陆地面积 A_1（hm²）	园路及铺装场地用地比例（%）	建筑用地比例（%）
$A_1 < 5$	20～30	＜3.0
$5 \leqslant A_1 < 10$	20～30	＜2.5
$A_1 \geqslant 10$	20～30	＜2.0

注：其中不对游人开放的建筑面积不应超过总建筑面积的 1/3。

4.0.7 游园用地最小宽度应大于 12m；游园的建筑、园路及铺装场地用地比例应符合表 4.0.7 的规定。

表 4.0.7 游园的建筑、园路及铺装场地用地比例

陆地面积 A_1（hm^2）	园路及铺装场地用地比例（%）	建筑用地比例（%）
$A_1<2$	10~30	<1.0
$2\leqslant A_1<5$	10~30	<1.5

注：其中不对游人开放的建筑面积不应超过总建筑面积的 1/3。

4.0.8 综合公园的出入口和园路应分级设置，出入口应包括主、次出入口和专用出入口，并应符合下列规定：

1 面积大于 20hm^2 的综合公园除应设主、次出入口外还应设养护管理专用出入口；

2 主园路应与主出入口相衔接，并形成环路。

4.0.9 利用山地建设的综合公园、社区公园应有用于开展休闲游憩活动的地势较平坦的活动场地；儿童活动场地应设置在地势较平坦的区域。

4.0.10 社区公园和游园的单个出入口宽度应大于 1.8m。

5 植物园

5.0.1 植物园应创造适于多种植物生长的环境条件，应注重收集和展示本植物区系内的乡土植物资源、迁地保护珍稀濒危植物和经济植物，并应满足物种多样性的要求。

5.0.2 植物园布局应充分利用城市的自然山水地貌以及城市生态修复区域。

5.0.3 植物园的建筑、园路及铺装场地用地比例应符合表 5.0.3 的规定。

表 5.0.3   植物园的建筑、园路及铺装场地用地比例

陆地面积 A_1 （hm^2）	园路及铺装场地用地比例 （%）	建筑用地比例 （%）
$5{\leqslant}A_1{<}10$	10～20	<6.0
$10{\leqslant}A_1{<}20$	10～20	<5.0
$20{\leqslant}A_1{<}50$	10～20	<4.0
$50{\leqslant}A_1{<}300$	5～15	<3.0
$A_1{\geqslant}300$	5～15	<2.5

注：展览科普建筑面积应大于总建筑面积的 1/3。

5.0.4   植物园应设置科普展示、植物信息管理和生产管理等设施，面积大于 $40hm^2$ 的植物园还应设置科研试验、引种生产、标本管理等设施。

5.0.5   国外引种的植物应经过隔离检疫圃进行隔离检疫。

5.0.6   植物园各植物展示区和代表性植物应设置解说标识。

6 动物园

6.0.1   动物园应通过饲养、展示、繁育和保护野生动物，为公众提供科普教育和休闲游览的功能。

6.0.2   动物园布局应与易燃易爆物品生产存储场所、屠宰场等保持安全距离，并应至少设置两个与城市道路相衔接的出入口。

6.0.3   动物展示区的设置应遵循下列原则：

   1   应符合动物生活、游人观赏和饲养管理的安全要求；

   2   应保证动物基本福利要求，丰容设施应按动物的生理特征和自然行为特点设置；

   3   应提供适合动物正常生活的面积和环境。

6.0.4   动物园应设置动物展馆、动物保障和安全卫生隔障设施，面积大于 $20hm^2$ 的动物园应设置动物保障建筑和科普教育设施。

6.0.5   动物园的建筑、园路及铺装场地等用地比例应符合表 6.0.5 的规定。

表 6.0.5　动物园的建筑、园路及铺装场地等用地比例

陆地面积 A_1（hm^2）	园路及铺装场地用地比例（%）	动物保障设施建筑用地比例（%）	其他管理建筑用地比例（%）	动物展区建筑用地比例（%）	科普教育建筑用地比例（%）	其他服务和游憩建筑用地比例（%）
$5 \leqslant A_1 < 20$	<18	<1.8	<1.7	<9.4	<0.5	<3.6
$20 \leqslant A_1 < 50$	17～18	1.5～1.8	1.4～1.7	6.5～9.4	0.5～0.7	2.9～3.6
$A_1 \geqslant 50$	<17	<1.5	<1.4	<6.5	<0.7	<2.9

6.0.6　游人隔离带最小宽度应大于成人与展示动物最长肢体之和的长度，最小隔离宽度应大于 1.5m。

6.0.7　安全防护设施的整体稳定性、主体结构及附属构件的强度、连接构件的强度等必须满足展示动物的跳跃、奔跑、攀爬、飞翔、推拉、拍打、撞击能力产生的最大荷载作用的要求，隔障结构必须能够耐受 4 倍以上动物体重力量的冲击破坏。

6.0.8　对易发生疫情的动物展区、动物园的检疫场、隔离场和动物医院的污水应进行消毒处理。

6.0.9　限制动物活动范围的脉冲电子围栏系统、动物医院手术室、动物繁殖场、动物育幼育雏室以及笼舍内因动物季节性要求设置的供暖、空调的用电设备应按一级负荷供电。

7　郊野型公园

7.0.1　郊野型公园应遵循保护优先、合理利用原则，在保护自然、文化资源的基础上开展适宜的自然体验和游憩活动。

7.0.2　郊野型公园布局应有利于保护自然山水地貌和生物多样性，应具有便利的公共交通条件。

7.0.3　郊野型公园在游人活动集中区应配备必要的游憩、服务和管理设施，并还应配备医疗救助和安保设施。

7.0.4　郊野型公园的湿地区域水体应与城市和区域水系保护利用相协调，并应符合下列规定：

　　1　湿地水系布局应尊重和保护天然湿地水系格局及形态；

2 承担城市防洪排涝功能的湿地，水位高程控制点应按照设计泄洪流量、设计洪水位和设计排涝流量确定；

3 植物生境营造应恢复 50％以上的当地湿地典型群落，不得使用外来入侵物种；

4 不应抽取地下水和使用自来水作为湿地水源。

7.0.5 具有保护性动物和候鸟栖息的郊野型公园，应对游览时间、游览季节和游人量进行控制管理。

8　道路绿化

8.0.1 道路绿化应与城市道路的功能等级相适应，并应符合道路交通组织、设施布局、景观风貌、环境保护等要求。

8.0.2 城市新建道路应合理配置绿地比例，并应符合下列规定：

1 主干道道路绿地率应大于 20％；

2 道路机动车和非机动车种植乔木分车带净宽度应大于 1.5m。

8.0.3 道路行道树与架空电力线路导线之间的最小距离应符合表 8.0.3 的规定。

表 **8.0.3**　道路行道树与架空电力线路导线之间的最小距离（m）

检 验 状 况	最小距离		
	线路电压		
	3kV 以下	3kV～10kV	35kV～66kV
最大计算弧垂情况下的最小垂直距离	1.0	1.5	3.0
最大计算风偏情况下的最小水平距离	1.0	2.0	3.5

8.0.4 道路行道树应选择冠大荫浓、生长健壮，适应城市道路环境条件的树种，并应符合下列规定：

1 行道树分枝点高度不应影响车行与人行交通；

2 行道树定植株距应根据树种壮年期冠幅确定。

8.0.5 道路绿化应与相关市政设施相统筹，应协调处理与道路照明、交通设施、地上杆线、地下管线、安防监控等设施的关系，并应保证树木正常生长必需的立地条件与生长空间；未经净化处理的车行道初期径流雨水不得直接排入道路绿带。

8.0.6 道路绿化树木应定期修剪。

9 绿道

9.0.1 绿道工程应保护生态环境，并应符合下列规定：

1 应保护山体、河流、湖泊、湿地、海岸，严禁破坏沿线地形地貌；

2 应保护天然植被，保留、利用建设范围的原有树木；

3 应避开生态敏感和生态脆弱区。

9.0.2 绿道工程应保障安全，并应符合下列规定：

1 应避开泥石流、滑坡、崩塌、地面沉降、塌陷、地震断裂带等自然灾害易发区和不良地质地带；

2 沿河、滨水绿道应符合工程所在地防洪标准。

9.0.3 绿道应符合所通行用地主体功能，并应与周边环境相协调。

9.0.4 绿道不应与高速公路和一级公路、铁路、城市快速路、城市轨道交通平面相交。

9.0.5 穿越地形险要区域和水域的绿道应设置防护护栏或安全防护绿带及警示标识；安全防护绿带宽度应大于 1.5m。

9.0.6 绿道游径与机动车道之间应设置有效的隔离设施，应包括隔离绿带、隔离墩、护栏和交通标线，并应符合下列规定：

1 隔离绿带宽度应大于 1.0m；当绿道游径与机动车道隔离宽度小于 1.0m 时，应设隔离墩或护栏安全隔离。

2 在无法设置硬质隔离的路段，绿道游径与机动车道之间应设置交通标线，禁止机动车压行绿道游径。

3 当通行车速为大于 50km/h 的机动车道路不具备隔离绿带、隔离墩、护栏等隔离设施的设置条件时，绿道游径不应共板设置。

9.0.7　绿道连接线应保障使用安全，并应符合下列规定：

　　1　绿道连接线不应直接借道国道、省道等干线公路及快速路等道路；

　　2　绿道连接线应利用道路交通标志标线、绿道标识设施、安全隔离设施等进行交通有效组织和功能衔接。

9.0.8　绿道游径应结合现状地形，避免大填大挖；绿道游径中自行车道和步行骑行综合道的设置宽度应符合表 9.0.8 的规定。

表 9.0.8　绿道游径中自行车道和步行骑行综合道的设置宽度（m）

绿道分类	自行车道		步行骑行综合道
城镇型绿道	单向通行	≥1.5	—
	双向通行	≥3.0	
郊野型绿道	单向通行	≥2.0	≥3.0
	双向通行	≥3.0	

9.0.9　绿道应设置驿站，并应配置相应的服务和管理设施。

9.0.10　绿道标识应具有引导与警示作用，应明显区别于道路交通及其他标识。

10　绿化隔离带

10.0.1　绿化隔离带应实现城镇组团隔离以及城镇周围和城镇间绿化隔离，并应符合下列规定：

　　1　城镇周围和城镇间应建立城乡统筹的生态空间网络，保留并设置绿化隔离地区、通风廊道、生态廊道和设施防护绿地；

　　2　城镇各功能组团之间应利用自然山体、河湖水系、农田林网、交通和公用设施廊道等实施组团隔离，并应与城镇外围绿色生态空间相连接。

10.0.2　绿化隔离带应实现环卫设施、交通和市政基础设施、工业仓储用地安全和卫生隔离的功能，以及蓄滞洪区的地质和自然灾害防护功能，并应符合下列规定：

    1 铁路、高速公路和快速路等防护绿地应具有保障交通安全的隔离宽度，植物种植应实现隔声降噪功能；

    2 水厂、水源地等防护绿地应具有保障卫生隔离的宽度，植物种植应实现涵养水源功能；

    3 蓄滞洪区和存在地质灾害隐患的山体，防护绿地应具有保障安全的隔离宽度，植物种植不应妨碍行洪。

10.0.3 滨水绿化隔离带应实现保持水土、涵养水源等生态防护功能。

10.0.4 绿化隔离带的植物选择与配置应符合下列规定：

    1 应选择抗污染、适应性强、低维护的乡土树种；

    2 根据污染源和防护性质的不同，植物种植应采用相应的分层结构。

11 生态保育与生态修复

11.0.1 生态保育与生态修复应保护山、水、林、田、湖、草等生态要素，修复受损的山体、水体、废弃地，实现绿化、美化城乡环境。

11.0.2 生态保育应实现对自然区域的生态保护和培育，并应符合下列规定：

    1 应保护自然生境类型、保护生物多样性，保护和培育生态系统完整性和生态系统服务功能；

    2 应严格控制引种植物种类，严禁种植入侵植物；

    3 不应建设与生态保育无关的设施，环境监测、科学研究设施的建设不应对生态环境产生损害；

    4 应限制与生态保育无关的活动。

11.0.3 生态修复应实现对生态脆弱区、生态退化区的生态抚育与恢复功能，并应符合下列规定：

    1 应完善城市绿地和水生态系统；

    2 应完善城市防护绿地，维护城市生态安全；

    3 应逐步恢复受损生态系统功能，着重抚育与恢复生境类型；

　　4 应根据条件设置一定规模的本地区乡土植物、适生植物生产繁育基地。

11.0.4 对遭受污染、破坏的山体、水体和废弃地，应实现形态、土壤、植被和系统功能恢复，并应符合下列规定：

　　1 应对地质、土壤、植被等生态现状摸底调查和安全评估；

　　2 应排除地质灾害隐患，恢复受损山体、水体的自然形态；

　　3 应改良有污染的土壤，治理水体污染并提升自净能力；

　　4 应营建近自然群落，呈现自然生机，修复自然生态。

十七、《会议电视会场系统工程施工及验收规范》GB 50793—2012

4.1.2 施工前应对吊装、壁装设备的各种预埋件进行检验，其安全性和防腐处理等必须符合设计要求。

4.1.3 吊装设备及其附件应采取防坠落措施。

4.6.1 扬声器系统的安装应符合下列规定：

　　2 吊装或墙装安装件必须能承受扬声器系统的重量及使用、维修时附加的外力。

　　3 大型扬声器系统应单独支撑，并应避免扬声器系统工作时引起墙面或吊顶产生谐振。

4.8.1 灯具的安装应符合下列规定：

　　3 吊装灯具安装前应按设计要求对灯具悬吊装置进行检查。

　　5 灯具缆线必须使用阻燃缆线。

十八、《电子会议系统工程施工与质量验收规范》GB 51043—2014

4.4.1 安全操作应符合下列要求：

　　6 高空作业时，必须采取安全措施。

　　8 各种电动机械设备，必须有可靠安全接地，传动部分必须有防护罩。

9 电动工具必须设置单独防触电剩余电流保护开关。

5.2.2 导管的敷设应符合下列规定:

3 线缆布放后,敷设在竖井内和穿越不同防火分区墙体与楼板的穿管管路孔洞及线缆的空隙处必须进行防火封堵。

6.6.2 音箱的安装应符合下列规定:

2 音箱在建筑结构上的固定安装必须检查建筑结构的承重能力,并征得原建筑设计单位的同意后方可施工。

7.1.7 工程施工安装期间,易燃易爆物的堆放与使用应远离火源。

十九、《供热工程项目规范》GB 55010—2021

1 总则

1.0.1 为促进城乡供热高质量可持续发展,保障人身、财产和公共安全,实现稳定供热、节约能源、保护环境,制定本规范。

1.0.2 城市、乡镇、农村的供热工程项目必须执行本规范。本规范不适用于下列工程项目:

1 热电厂、生物质供热厂、核能供热厂、太阳能供热厂等厂区工程项目;

2 热用户建筑物内供暖、空调和生活热水供应工程,生产用热工程项目。

1.0.3 供热工程应以实现安全生产、稳定供热、节能高效、保护环境为目标,并应遵循下列原则:

1 符合国家能源、生态环境、土地利用和应急管理等政策;

2 保障人身、财产和公共安全;

3 采用现代信息技术,鼓励工程技术创新;

4 保证工程建设质量,提高运行维护水平。

1.0.4 工程建设所采用的技术方法和措施是否符合本规范要求,由相关责任主体判定。其中,创新性的技术方法和措施,应进行论证并符合本规范中有关性能的要求。

2　基本规定

2.1　规模与布局

2.1.1　供热工程规模应根据城乡发展状况、能源供应、气候环境和用热需求等条件，经市场调查、科学论证，结合热负荷发展综合分析确定。

2.1.2　供热工程的布局应与城乡功能结构相协调，满足城乡建设和供热行业发展的需要，确保公共安全，按安全可靠供热和降低能耗的原则布置。

2.1.3　供热能源的选用应因地制宜，能源供给应稳定可靠、经济可行，能源利用应节能环保，并应符合下列规定：

　　1　应优先利用各类工业余热、废热资源，充分利用地热能、太阳能、生物质能等清洁和可再生能源；

　　2　当具备热电联产条件时，应采用以热电联产为主导的供热方式；

　　3　在供热管网覆盖的区域，不得新建分散燃煤锅炉供热；

　　4　禁止使用化石能源生产的电能，以直接加热的方式作为供热的主要热源。

2.1.4　供热介质的选用应满足用户对供热参数的需求。以建筑物供暖、通风、空调及生活热水热负荷为主的供热系统应采用热水作为供热介质。

2.2　建设要求

2.2.1　供热工程应设置热源厂、供热管网以及运行维护必要设施，运行的压力、温度和流量等工艺参数应保证供热系统安全和供热质量，并应符合下列规定：

　　1　应具备运行工艺参数和供热质量监测、报警、联锁和调控功能；

　　2　设备与管道应能满足设计压力和温度下的强度、密封性及管道热补偿要求；

3 应具备在事故工况时，及时切断，且减少影响范围、防止产生水击和冻损的能力。

2.2.2 供热工程应设置满足国家信息安全要求的自动化控制和信息管理系统，提高运行管理水平。

2.2.3 供热工程应设置补水系统，并应配备水质检测设备和水处理装置。以热水作为介质的供热系统补给水水质应符合表2.2.3的规定。

表 2.2.3 补给水水质

项 目	数 值
浊度（FTU）	≤5.0
硬度（mmol/L）	≤0.60
pH（25℃）	7.0～11.0

2.2.4 供热工程主要建（构）筑物结构设计工作年限不应小于50年，安全等级不应低于二级。

2.2.5 供热工程所使用的材料和设备应满足系统功能、介质特性、外部环境等设计条件的要求。设备、管道及附件的承压能力不应小于系统设计压力。

2.2.6 厂站室内和通行管沟内的供热设备、管道及管件的保温材料应采用不燃材料或难燃材料。

2.2.7 在设计工作年限内，供热工程的建设和运行维护，应确保安全、可靠。当达到设计工作年限时或因事故、灾害损坏后，若继续使用，应对设施进行安全及使用性能评估。

2.2.8 供热工程应采取合理的抗震、防洪等措施，并应有效防止事故的发生。

2.2.9 供热工程的施工场所及重要的供热设施应有规范、明显的安全警示标志。施工现场夜间应设置照明、警示灯和具有反光功能的警示标志。

2.2.10 供热工程建设应采取下列节能和环保措施：

1 应使用节能、环保的设备和材料；

2 热源厂和热力站应设置自动控制调节装置和热计量装置；

3 厂站应对各种能源消耗量进行计量，且动力用电和照明用电应分别计量，并应满足节能考核的要求；

4 燃气锅炉应设置烟气余热回收利用装置；

5 采用地热能供热时，不应破坏地下水资源和环境，地热尾水排放温度不应大于 20℃；

6 应采取污染物和噪声达标排放的有效措施。

2.2.11 调度中心、厂站应有防止无关人员进入的措施，并应有视频监视系统，视频监视和报警信号应能实时上传至监控室。

2.3 运行维护

2.3.1 供热工程应在竣工验收合格且调试正常后，方可投入使用。

2.3.2 预防安全事故发生和用于节能环保的设备、设施、装置、建（构）筑物等，应与主体设施同时使用。

2.3.3 供热设施的运行维护应建立健全符合安全生产和节能要求的管理制度、操作维护规程和应急预案。

2.3.4 供热工程的运行维护应配备专业的应急抢险队伍和必需的备品备件、抢修机具和应急装备，运行期间应无间断值班，并应向社会公布值班联系方式。

2.3.5 供热期间抢修人员应 24h 值班备勤，抢修人员接到抢修指令后 1h 内应到达现场。

2.3.6 热水供热管网应采取减少失水的措施，单位供暖面积补水量一级网不应大于 3kg/(㎡·月)；二级网不应大于 6kg/(㎡·月)。

2.3.7 供热管道及附属设施应定期进行巡检，并应排查管位占压和取土、路面塌陷、管道异常散热等安全隐患。

2.3.8 供热工程的运行维护及抢修等现场作业应符合下列规定：

1 作业人员应进行相应的维护、抢修培训，并应掌握正常操作和应急处置方法；

2 维护或抢修应标识作业区域，并应设置安全护栏和警示标志；

3 故障原因未查明、安全隐患未消除前，作业人员不得离开现场。

2.3.9 进入管沟和检查室等有限空间内作业前，应检查有害气体浓度、氧含量和环境温度，确认安全后方可进入。作业应在专人监护条件下进行。

2.3.10 供热工程正常运行过程中产生的污染物和噪声应达标排放，并应防止热污染对周边环境和人身健康造成危害。

3 热源厂

3.1 厂区

3.1.1 热源厂的选址应根据热负荷分布、周边环境、水文地质、交通运输、燃料供应、供水排水、供电和通信等条件综合确定，并应避开不良地质和洪涝等影响区域。

3.1.2 热源厂内的建（构）筑物之间以及与厂外的建（构）筑物之间的防火间距和通道应满足消防要求。

3.1.3 锅炉间和燃烧设备间的外墙、楼板或屋面应有相应的防爆措施。

3.1.4 锅炉间和燃烧设备间出入口的设置应符合下列规定：

1 独立设置的热源，当主机设备前走道总长度大于或等于 12m 或总建筑面积大于或等于 200m² 时，出入口不应少于 2 个；

2 非独立设置的热源，出入口不应少于 2 个；

3 多层布置时，各层出入口不应少于 2 个；

4 当出入口为 2 个及以上时，应分散设置；

5 每层出入口应至少有 1 个直通室外或疏散楼梯，疏散楼梯应直接通向室外地面。

3.1.5 设在其他建筑物内的燃油或燃气锅炉间、冷热电联供的燃烧设备间等，应设置独立的送排风系统，其通风装置应防爆，通风量应符合下列规定：

1 当设置在首层时，对采用燃油作燃料的，其正常换气次数不应小于 3 次/h，事故换气次数不应小于 6 次/h；对采用燃气作燃料的，其正常换气次数不应小于 6 次/h，事故换气次数不应小于 12 次/h。

2 当设置在半地下或半地下室时，其正常换气次数不应小于 6 次/h，事故换气次数不应小于 12 次/h。

3 当设置在地下或地下室时，其换气次数不应小于 12 次/h。

4 送入锅炉间、燃烧设备间的新风总量，应大于 3 次/h 的换气量。

5 送入控制室的新风量，应按最大班操作人员数量计算。

3.1.6 燃油供热厂点火用的液化石油气钢瓶或储罐，应存放在专用房间内。钢瓶或储罐总容积应小于 1m³。

3.1.7 燃油或燃气锅炉间、冷热电联供的燃烧设备间、燃气调压间、燃油泵房、煤粉制备间、碎煤机间等有爆炸危险的场所，应设置固定式可燃气体浓度或粉尘浓度报警装置。可燃气体报警浓度不应高于其爆炸极限下限的 20%，粉尘报警浓度不应高于其爆炸极限下限的 25%。

3.1.8 热源厂内设置在爆炸危险环境中的电气、仪表装置，应具备符合该区域环境安全使用要求的防爆性能。

3.1.9 烟囱筒身应设置防雷设施，爬梯应设置安全防护围栏，并应根据航空管理的有关规定设置飞行障碍灯和标志。

3.1.10 地热热源厂的自流井不得采用地下或半地下井泵房。当地热井水温大于 45℃时，地下或半地下井泵房应设置直通室外的安全通道。

3.2 锅炉和设备

3.2.1 锅炉受压部件安装前应进行检查，不得安装影响锅炉安全使用的受压部件。

3.2.2 锅炉水压试验时，试压系统应设置不少于 2 只经校验合格的压力表。额定工作压力不小于 2.5MPa 的锅炉，压力表的准确度等级不应低于 1.6 级；额定工作压力小于 2.5MPa 的锅炉，压力表的准确度等级不应低于 2.5 级。压力表量程应为试验压力的 1.5 倍～3 倍。

3.2.3 蒸汽锅炉安全阀的整定压力应符合表 3.2.3 的规定。锅炉应有 1 个安全阀按整定压力最低值整定，锅炉配有过热器时，该安全阀应设置在过热器上。

表 3.2.3　蒸汽锅炉安全阀的整定压力

锅炉额定工作压力 P（MPa）	安全阀的整定压力	
	最低值	最高值
$P \leqslant 0.8$	工作压力加 0.03MPa	工作压力加 0.05MPa
$0.8 < P \leqslant 2.5$	工作压力的 1.04 倍	工作压力的 1.06 倍

注：1　省煤器安全阀整定压力应为装设地点工作压力的 1.1 倍；
　　2　对于脉冲式安全阀，表中的工作压力指冲量接出地点的工作压力；其他类型的安全阀系指安全阀装设地点的工作压力。

3.2.4 热水锅炉应有 1 个安全阀按整定压力最低值整定，整定压力应符合下列规定：

　　1 最低值应为工作压力的 1.10 倍，且不应小于工作压力加 0.07MPa；

　　2 最高值应为工作压力的 1.12 倍，且不应小于工作压力加 0.10MPa。

3.2.5 锅炉安全阀应逐个进行严密性试验，安全阀的整定和校验每年不得少于 1 次，合格后应加锁或铅封。

3.2.6 室内油箱应采用闭式油箱，并应符合下列规定：

　　1 油箱上应装设直通室外的通气管，通气管上应设置阻火器和防雨设施；

　　2 油箱上不应采用玻璃管式油位表。

3.2.7 燃油、燃气和煤粉锅炉的烟道应在烟气容易集聚处设置泄爆装置。燃油、燃气锅炉不得与使用固体燃料的锅炉共用烟道和烟囱。

3.3　管道和附件

3.3.1　供热管道不得与输送易燃、易爆、易挥发及有毒、有害、有腐蚀性和惰性介质的管道敷设在同一管沟内。

3.3.2　热水供热系统循环水泵的进、出口母管之间，应设置带止回阀的旁通管。

3.3.3　设备和管道上的安全阀应铅垂安装，其排汽（水）管的管径不应小于安全阀排出口的公称直径，排汽管底部应设置疏水管。排汽（水）管和疏水管应直通安全地点，且不得装设阀门。

3.3.4　容积式供油泵未自带安全阀时，应在其出口管道阀门前靠近油泵处设置安全阀。

3.3.5　燃油系统附件不得采用可能被燃油腐蚀或溶解的材料。

3.3.6　当燃气冷热电联供为独立站房，且室内燃气管道设计压力大于 0.8MPa 时；或为非独立站房室内燃气管道设计压力大于 0.4MPa 时，燃气管道及其管路附件的材质和连接应符合下列规定：

　　1　燃气管道应采用无缝钢管和无缝钢制管件；

　　2　燃气管道应采用焊接连接，管道与设备、阀门的连接应采用法兰连接或焊接连接；

　　3　焊接接头应进行 100％射线检测和超声检测。

3.3.7　热源厂的燃气、蒸汽管道与附件不得使用铸铁材质，燃气阀门应具有耐火性能。

3.3.8　燃气管道不应穿过易燃或易爆品仓库、值班室、配变电室、电缆沟（井）、通风沟、风道、烟道和具有腐蚀性环境的场所。

3.3.9　燃用液化石油气的锅炉间、燃烧设备间和有液化石油气管道的房间，室内地面不得设置连通室外的管沟（井）或地下通道等设施。

4 供热管网

4.1 供热管道

4.1.1 热水供热管道的设计工作年限不应小于 30 年，蒸汽供热管道的设计工作年限不应小于 25 年。

4.1.2 供热管道的管位应结合地形、道路条件和城市管线布局的要求综合确定。直埋供热管道应根据敷设方式、管道直径、路面荷载等条件确定覆土深度。直埋供热管道覆土深度车行道下不应小于 0.8m；人行道及田地下不应小于 0.7m。

4.1.3 供热管沟内不得有燃气管道穿过。当供热管沟与燃气管道交叉的垂直净距小于 300mm 时，应采取防止燃气泄漏进入管沟的措施。

4.1.4 室外供热管沟不应直接与建筑物连通。管沟敷设的供热管道进入建筑物或穿过构筑物时，管道穿墙处应设置套管，保温结构应完整，套管与供热管道的间隙应封堵严密。

4.1.5 当供热管道穿跨越铁路、公路、市政主干道路及河流、灌渠等水域时，应采取防护措施，不得影响交通、水利设施的使用功能和供热管道的安全。

4.1.6 供热管网的水力工况应满足用户流量、压力及资用压头的要求。

4.1.7 热水供热管网运行时应保持稳定的压力工况，并应符合下列规定：

    1 任何一点的压力不应小于供热介质的汽化压力加 30kPa；

    2 任何一点的回水压力不应小于 50kPa；

    3 循环泵和中继泵吸入侧的压力，不应小于吸入口可能达到的最高水温下的汽化压力加 50kPa。

4.1.8 当热水供热管网的循环水泵停止运行时，管道系统应充满水，且应保持静态压力。当设计供水温度高于 100℃时，任何一点的压力不应小于供热介质的汽化压力加 30kPa。

4.1.9 供热管道应采取保温措施。在设计工况下，室外直埋、架空敷设及室内安装的供热管道保温结构外表面计算温度不应高于 50℃；热水供热管网输送干线的计算温度降不应大于 0.1℃/km。

4.1.10 通行管沟应设逃生口，蒸汽供热管道通行管沟的逃生口间距不应大于 100m；热水供热管道通行管沟的逃生口间距不应大于 400m。

4.1.11 供热管道上的阀门应按便于维护检修和及时有效控制事故的原则，结合管道敷设条件进行设置，并应符合下列规定：

    1 热水供热管道输送干线应设置分段阀门；

    2 蒸汽供热管道分支线的起点应设置阀门。

4.1.12 蒸汽供热管道应设置启动疏水和经常疏水装置，直埋蒸汽供热管道应设置排潮装置。蒸汽供热管道疏水管和热水供热管道泄水管的排放口应引至安全空间。

4.1.13 供热管道结构设计应进行承载能力计算，并应进行抗倾覆、抗滑移及抗浮验算。

4.1.14 供热管道施工前，应核实沿线相关建（构）筑物和地下管线，当受供热管道施工影响时，应制定相应的保护、加固或拆移等专项施工方案，不得影响其他建（构）筑物及地下管线的正常使用功能和结构安全。

4.1.15 供热管道非开挖结构施工时应对邻近的地上、地下建（构）筑物和管线进行沉降监测。

4.1.16 供热管道焊接接头应按规定进行无损检测，对于不具备强度试验条件的管道对接焊缝应进行 100% 射线或超声检测。直埋敷设管道接头安装完成后，应对外护层进行气密性检验。管道现场安装完成后，应对保温材料裸露处进行密封处理。

4.1.17 供热管道安装完成后应进行压力试验和清洗，并应符合下列规定：

    1 压力试验所发现的缺陷应待试验压力降至大气压后进行处理，处理后应重新进行压力试验；

2 当蒸汽管道采用蒸汽吹洗时，应划定安全区；整个吹洗过程应有专人值守，无关人员不得进入吹洗区。

4.1.18 蒸汽供热管道和热水供热管道输送干线应设置管道标志。管道标志毁损或标记不清时，应及时修复或更新。

4.1.19 对不符合安全使用条件的供热管道，应及时停止使用，经修复或更新后方可启用。

4.1.20 废弃的供热管道及构筑物应拆除；不能及时拆除时，应采取安全保护措施，不得对公共安全造成危害。

4.2 热力站和中继泵站

4.2.1 热水供热管网中继泵站和隔压站的位置和性能参数应根据供热管网水力工况确定。

4.2.2 蒸汽热力站、站房长度大于12m的热水热力站、中继泵站和隔压站的安全出口不应少于2个。

4.2.3 热水供热管网的中继泵、热源循环泵及相关阀门相互间应进行联锁控制，其供电负荷等级不应低于二级。

4.2.4 中继泵进、出口母管之间应设置装有止回阀的旁通管。

4.2.5 热力站入口主管道和分支管道上应设置阀门。蒸汽管道减压减温装置后应设置安全阀。

4.2.6 供热管道不应进入变配电室，穿过车库或其他设备间时应采取保护措施。蒸汽和高温热水管道不应进入居住用房。

二十、《燃气工程项目规范》GB 55009—2021（节选）

1 总则

1.0.1 为促进城乡燃气高质量发展，预防和减少燃气安全事故，保证供气连续稳定，保障人身、财产和公共安全，制定本规范。

1.0.2 城市、乡镇、农村的燃气工程项目必须执行本规范。本规范不适用于下列工程项目：

1 城镇燃气门站以前的长距离输气管道工程项目；

2　工业企业内部生产用燃气工程项目；

3　沼气、秸秆气的生产和利用工程项目；

4　海洋和内河轮船、铁路车辆、汽车等运输工具上的燃气应用项目。

1.0.3　燃气工程应实现供气连续稳定和运行安全，并应遵循下列原则：

1　符合国家能源、生态环境、土地利用、防灾减灾、应急管理等政策；

2　保障人身、财产和公共安全；

3　鼓励工程技术创新；

4　积极采用现代信息技术；

5　提高工程建设质量和运行维护水平。

1.0.4　工程建设所采用的技术方法和措施是否符合本规范要求，由相关责任主体判定。其中，创新性的技术方法和措施，应进行论证并符合本规范中有关性能的要求。

2　基本规定

2.1　规模与布局

2.1.1　燃气工程用气规模应根据城乡发展状况、人口规模、用户需求和供气资源等条件，经市场调查、科学预测，结合用气量指标和用气规律综合分析确定。

2.1.2　气源的选择应按国家能源政策，遵循节能环保、稳定可靠的原则，考虑可供选择的资源条件，并经技术经济论证确定。

2.1.3　燃气供应系统应具有满足调峰供应和应急供应的供气能力储备。供气能力储备量应根据气源条件、供需平衡、系统调度和应急的要求确定。

2.1.4　燃气供应系统设施的设置应与城乡功能结构相协调，并应满足城乡建设发展、燃气行业发展和城乡安全的需要。

2.2 建设要求

2.2.1 燃气供应系统应设置保证安全稳定供气的厂站、管线以及用于运行维护等的必要设施，运行的压力、流量等工艺参数应保证供应系统安全和用户正常使用，并应符合下列规定：

1 供应系统应具备事故工况下能及时切断的功能，并应具有防止管网发生超压的措施；

2 燃气设备与管道应具有承受设计压力和设计温度下的强度和密封性；

3 供气压力应稳定，燃具和用气设备前的压力变化应在允许的范围内。

2.2.2 燃气供应系统应设置信息管理系统，并应具备数据采集与监控功能。燃气自动化控制系统、基础网络设施及信息管理系统等应达到国家信息安全的要求。

2.2.3 燃气设施所使用的材料和设备应满足节能环保及系统介质特性、功能需求、外部环境、设计条件的要求。设备、管道及附件的压力等级不应小于系统设计压力。

2.2.4 在设计工作年限内，燃气设施应保证在正常使用维护条件下的可靠运行。当达到设计工作年限或在遭受地质灾害、运行事故或外力损害后需继续使用时，应对燃气设施进行合于使用评估。

2.2.5 燃气设施应采取防火、防爆、抗震等措施，有效防止事故的发生。

2.2.6 管道及管道与设备的连接方式应符合介质特性和工艺条件，连接必须严密可靠。

2.2.7 设置燃气设备、管道和燃具的场所不应存在燃气泄漏后聚集的条件。燃气相对密度大于等于 0.75 的燃气管道、调压装置和燃具不得设置在地下室、半地下室、地下箱体、地下综合管廊及其他地下空间内。

2.2.8 燃具和用气设备的性能参数应与所使用的燃气类别特性

和供气压力相适应，燃具和用气设备的使用场所应满足安全使用条件。

2.3　运行维护

2.3.1　燃气设施应在竣工验收合格且调试正常后，方可投入使用。燃气设施投入使用前必须具备下列条件：

　　1　预防安全事故发生的安全设施应与主体工程同时投入使用；

　　2　防止或减少污染的设施应与主体工程同时投入使用。

2.3.2　燃气设施建设和运行单位应建立健全安全管理制度，制定操作维护规程和事故应急预案，并应设置专职安全管理人员。

2.3.3　燃气设施的施工、运行维护和抢修等场所及重要的燃气设施应设置规范、明显的安全警示标志。

2.3.4　燃气设施的运行单位应配备具有专业技能且无间断值班的应急抢险队伍及必需的备品配件、抢修机具和应急装备，应设置并向社会公布 24h 报修电话和其他联系方式。

2.3.5　燃气设施可能泄漏燃气的作业过程中，应有专人监护，不得单独操作。泄漏燃气的原因未查清或泄漏未消除前，应采取有效安全措施，直至燃气泄漏消除为止。

2.3.6　燃气设施现场的操作应符合下列规定：

　　1　操作人员应熟练掌握燃气特性、相关工艺和应急处置的知识和技能；

　　2　操作或抢修作业应标示出作业区域，并应在区域边界设置护栏和警示标志；

　　3　操作或抢修人员作业应穿戴防静电工作服及其他防护用具，不应在作业区域内穿脱和摘戴作业防护用具；

　　4　操作或抢修作业区域内不得携带手机、火柴或打火机等火种，不得穿着容易产生火花的服装。

2.3.7　燃气设施正常运行过程中未达到排放标准的工艺废弃物不得直接排放。

6 燃具和用气设备

6.1 家庭用燃具和附件

6.1.1 家庭用户应选用低压燃具。不应私自在燃具上安装出厂产品以外的可能影响燃具性能的装置或附件。

6.1.2 家庭用户的燃具应设置熄火保护装置。燃具铭牌上标示的燃气类别应与供应的燃气类别一致。使用场所应符合下列规定：

　　1 应设置在通风良好、具有给排气条件、便于维护操作的厨房、阳台、专用房间等符合燃气安全使用条件的场所。

　　2 不得设置在卧室和客房等人员居住和休息的房间及建筑的避难场所内。

　　3 同一场所使用的燃具增加数量或由另一种燃料改用燃气时，应满足燃具安装场所的用气环境条件。

6.1.3 直排式燃气热水器不得设置在室内。燃气采暖热水炉和半密闭式热水器严禁设置在浴室、卫生间内。

6.1.4 与燃具贴邻的墙体、地面、台面等，应为不燃材料。燃具与可燃或难燃的墙壁、地板、家具之间应保持足够的间距或采取其他有效的防护措施。

6.1.5 高层建筑的家庭用户使用燃气时，应符合下列规定：

　　1 应采用管道供气方式；

　　2 建筑高度大于 100m 时，用气场所应设置燃气泄漏报警装置，并应在燃气引入管处设置紧急自动切断装置。

6.1.6 家庭用户不得使用燃气燃烧直接取暖的设备。

6.1.7 当家庭用户管道或液化石油气钢瓶调压器与燃具采用软管连接时，应采用专用燃具连接软管。软管的使用年限不应低于燃具的判废年限。

6.1.8 燃具连接软管不应穿越墙体、门窗、顶棚和地面，长度不应大于 2.0m 且不应有接头。

6.1.9 家庭用户管道应设置当管道压力低于限定值或连接灶具管道的流量高于限定值时能够切断向灶具供气的安全装置；设置位置应根据安全装置的性能要求确定。

6.1.10 使用液化石油气钢瓶供气时，应符合列规定：

    1 不得采用明火试漏；

    2 不得拆开修理角阀和调压阀；

    3 不得倒出处理瓶内液化石油气残液；

    4 不得用火、蒸汽、热水和其他热源对钢瓶加热；

    5 不得将钢瓶倒置使用；

    6 不得使用钢瓶互相倒气。

6.1.11 家庭用户不得将燃气作为生产原料使用。

6.2 商业燃具、用气设备和附件

6.2.1 商业燃具或用气设备应设置在通风良好、符合安全使用条件且便于维护操作的场所，并应设置燃气泄漏报警和切断等安全装置。

6.2.2 商业燃具或用气设备不得设置在下列场所：

    1 空调机房、通风机房、计算机房和变、配电室等设备房间；

    2 易燃或易爆品的仓库、有强烈腐蚀性介质等场所。

6.2.3 公共用餐区域、大中型商店建筑内的厨房不应设置液化天然气气瓶、压缩天然气气瓶及液化石油气气瓶。

6.2.4 商业燃具与燃气管道的连接软管应符合本规范第 6.1.7 条和第 6.1.8 条的规定。

6.2.5 商业燃具应设置熄火保护装置。

6.2.6 商业建筑内的燃气管道阀门设置应符合下列规定：

    1 燃气表前应设置阀门；

    2 用气场所燃气进口和燃具前的管道上应单独设置阀门，并应有明显的启闭标记；

    3 当使用鼓风机进行预混燃烧时，应采取在用气设备前的

燃气管道上加装止回阀等防止混合气体或火焰进入燃气管道的、措施。

6.3 烟气排除

6.3.1 燃具和用气设备燃气燃烧所产生的烟气应排出至室外，并应符合下列规定：

1 设置直接排气式燃具的场所应安装机械排气装置；

2 燃气热水器和采暖炉应设置专用烟道；

3 燃气热水器的烟气不得排入灶具、吸油烟机的排气道；

4 燃具的排烟不得与使用固体燃料的设备共用一套排烟设施。

6.3.2 烟气的排烟管、烟道及排烟管口的设置应符合下列规定：

1 竖向烟道应有可靠的防倒烟、串烟措施，当多台设备合用竖向排烟道排放烟气时，应保证互不影响；

2 排烟口应设置在利于烟气扩散、空气畅通的室外开放空间，并应采取措施防止燃烧的烟气回流入室内；

3 燃具的排烟管应保持畅通，并应采取措施防止鸟、鼠、蛇等堵塞排烟口。

6.3.3 海拔高于500m地区应计入海拔高度对烟气排气系统排气量的影响。

二十一、《古建筑修建工程施工与质量验收规范》JGJ 159—2008

4.1.13 古建筑修缮和复建工程应保持原结构、原材料、原工艺、原法式不变。新材料应经过成功使用经验或经试验证明其效果能满足要求后再在工程中使用。

4.15.2 牮屋工程应符合下列规定：

4 牮屋必须在柱倾斜的正反两个方向上设置保护木支撑或金属拉杆，下端应固定于地锚上，上端应支撑在倾斜的柱与梁相连的节点处。当牮二层或二层以上楼房时，应在楼面梁、屋顶桁条与柱相连的节点处加拉杆或绑扎牵引绳。节点处必须绑替木，替木的断面积不得小于该木柱断面积的 1/5,长度不得小于层高的 1/5。拉杆的数量不得小于被挲柱的数量。

4.17.2 升高木构架应符合下列规定:

　　1　对升高木构架应进行全面检查,对危险节点和构件应先行加固。

　　2　应拆除原屋面全部瓦作,与墙体相连接的柱、梁、枋(夹底)等构件应与墙体脱离。

　　3　应沿柱的纵、横轴线采用水平杆连接各柱根部。柱、梁之间应采用斜杆连接。木构架应连接成牢固的整体。

　　4　应在柱与梁连接的节点处至少立一根挲杆,并在挲杆底设千斤顶。千斤顶的数量不应少于落地柱的数量。千斤顶底部应垫木板,木板的厚度不应小于 50mm,宽度不应小于 200mm,长度不应小于 500mm。木板应放置平服,板底地基应稳固。千斤顶的上升速度应一致。

4.18.2　发平修复工程应符合下列规定:

　　1　对发平木构架应进行全面检查,对危险节点和构件应进行加固,对不稳定构件应进行临时的加固。

　　2　对各柱的沉降应进行测量,并应以沉降量最大的柱为发平控制量、以未沉降的柱为发平的基准。应清除影响发平的障碍。

　　3　当发平柱数量大于 20% 时,应局部或全部拆除屋面瓦件。

　　4　发平动力应采用千斤顶。当发平两层或两层以上建筑时,上、下层相同平面位置的挲杆应同一垂直线上。

　　5　发平应从沉陷最大的柱开始,第一次升高不应超过相邻柱高。应有人统一指挥,缓慢发平。发现响声或不正常现象时,应停下,检查并处理后再发平。

6.1.9　在台风、地震区,屋脊、檐口、突出屋面的烟囱、屏风墙、马头墙及其饰件等必须与基体连接牢固。

9.1.3　古建筑装饰工程设计必须保证建筑物的结构安全和主要

使用功能。当主体和承重结构改动或增加荷载时，必须由原设计单位或具备相应资质的设计单位核查有关原始资料，并对被装饰建筑的安全性进行核验、确认。

9.14.34 各种地仗工程与基层的连接必须牢固，并不得对人与环境产生有害影响。

10.1.2 彩画的形式、内容、色泽、所用材料必须符合设计要求和传统做法。

12.1.4 对古建筑、仿古建筑的大梁和柱等承重构件，应进行化学防腐处理。所选用化学药剂不应影响木材强度，不腐蚀金属，不影响油漆彩画，对人畜无害，无异味、抗流失，浸透性强。使用药物的质量、品种、用量应符合设计要求和有关标准的规定。

12.4.6 防虫药物应符合设计要求，并应对人畜、木材强度无有害影响。

二十二、《工业设备及管道防腐蚀工程施工质量验收规范》 GB 50727—2011

3.2.6 通过返修处理仍不能满足安全使用要求的工程，严禁验收。

8.2.3 用于压力容器的衬里板材应进行针孔检测和拉伸强度复验。

二十三、《现场设备、工业管道焊接工程施工质量验收规范》 GB 50683—2011

3.2.3 当焊接工程质量不符合本规范规定时，应按下列规定进行处理：

　4 经过返修仍不能满足安全使用要求的工程，严禁验收。

二十四、《工业金属管道工程施工质量验收规范》 GB 50184—2011

3.2.5 当工业金属管道工程质量不符合本规范时，应按下列规定进行处理：

4　经过返修仍不能满足安全使用要求的工程，严禁验收。

8.5.2　液压试验应符合下列规定：

2　液压试验温度严禁接近金属材料的脆性转变温度。

8.5.4　气压试验应符合下列规定：

2　气压试验温度严禁接近金属材料的脆性转变温度。

8.5.7　泄漏性试验应按设计文件的规定进行，并应符合下列规定：

1　输送极度和高度危害介质以及可燃介质的管道，必须进行泄漏性试验。

二十五、《城市轨道交通工程项目规范》 GB 55033—2022

1　总则

1.0.1　为规范城市轨道交通工程规划建设和维护，保障城市轨道交通安全和运行效率，做到以人为本、技术成熟、安全适用、经济合理，制定本规范。

1.0.2　城市轨道交通工程项目必须执行本规范。

1.0.3　城市轨道交通的规划、建设和运行维护应满足安全、卫生与健康、环境保护、资源节约、公共安全、公共利益和社会管理要求。

1.0.4　工程建设所采用的技术方法和措施是否符合本规范要求，由相关责任主体判定。其中，创新性的技术方法和措施，应进行论证并符合本规范中有关性能的要求。

2　基本规定

2.1　一般要求

2.1.1　城市轨道交通建设应以实现网络化运营为目标开展网络体系规划；应做到资源系统规划、网络化统筹配置、共享和方便使用。

2.1.2 包括有轨电车轨道在内的城市轨道交通钢轮钢轨系统的轨道应采用 1435mm 标准轨距。

2.1.3 正线运营线路应采用双线、右侧行车制。

2.1.4 城市轨道交通规划和建设应根据承运客流需求选择高运量、大运量、中运量或低运量系统，选择制式和设计编组；应按照效率目标，确定运行速度；应根据出行时间、舒适度和换乘方便性等因素确定服务水平。应按照国家现行有关标准要求选择 A 型车、B 型车、C 型车、L 型车，以及有轨电车、单轨车或市域车车型。

2.1.5 城市轨道交通工程设计年限应以建成通车年为基准年，之后应分为初期 3 年、近期 10 年、远期 25 年。在设计年限内，设计运能应满足客流预测需求，应留有不小于 10% 的运能储备。

2.1.6 线路上列车的最高运行速度应符合下列规定：

    1 不应大于线路设计允许的最高运行速度；

    2 不应大于站台、曲线线路、道岔区、车辆段场及其他特殊地段等的列车限速；

    3 在站台计算长度范围内，当不设站台屏蔽门时，越站列车实际运行速度不应大于 40km/h；

    4 有轨电车在道路上与其他交通方式混合运行时，设计允许最高运行速度不应超过该道路允许的最高行驶速度。

2.1.7 除有轨电车外，其他城市轨道交通列车应设置安全防护系统；有轨电车工程应采取避免或减少司机瞭望视觉障碍的措施，专有路权段应设置路面边界防护标识或安全防护措施。

2.1.8 一条线路（含支线和贯通运营的线路）、一座换乘车站及其相邻区间，应按同一时间发生一次火灾进行防火设计。

2.1.9 车辆和机电设备应满足电磁兼容要求，投入使用前，应经过电磁兼容测试并验收合格。

2.1.10 供乘客自行操作的设备，应易于识别，并应设在便于操作的位置；当乘客使用或操作不当时，不应导致危及乘客安全或影响设备正常工作的事件发生。

2.1.11　城市轨道交通的接地系统，应确保人身安全和设备正常使用。乘客身体可能接触到的设备，金属接触部分应可靠接地，并有漏电保护措施。

2.1.12　城市轨道交通场所内部，空调、通风、照明等控制室内环境的设备设施应与工程同期建设。

2.1.13　城市轨道交通工程应配备必要的消防设施，并应具备乘客和相关人员安全疏散及方便救援的条件。

2.1.14　城市轨道交通工程应采取有效的防震、防淹、防雪、防滑、防风、防雨、防雷等防止自然灾害侵害的措施。变配电所、控制中心应按当地 100 年一遇的暴雨强度确定防内涝能力。

2.1.15　城市轨道交通的基础网络设施、信息系统等应实行国家网络安全等级保护制度。密码产品和密码技术的使用与管理应符合国家密码管理主管部门的规定。

2.1.16　全封闭运行的城市轨道交通车站应设置公共厕所。

2.1.17　城市轨道交通工程应设置无障碍乘行和使用设施。

2.1.18　城市轨道交通应采取合理可靠的技术措施，确保施工和运营期间相邻建（构）筑物的安全。施工时应根据周边环境条件设置施工围挡，采取减振降噪、防尘、污水处理、防火等措施，设置疏散通道。

2.1.19　城市轨道交通建设应符合文物保护、生态保护、风景名胜保护等有关规定。

2.1.20　城市轨道交通工程建设应建立和完善工程安全风险管理体系，包括工程风险评估体系、监测体系和管控体系。并应从规划、可行性研究、勘察设计、施工、验收到交付，实施全过程工程建设风险管理，构建风险分级管控和隐患排查治理双重预防机制。

2.1.21　下列区域或场所应划分为轨道交通地下和地上工程安全保护区的范围：

　　1　出入口、风亭、冷却塔、变电所和无障碍电梯等附属设施结构外边线外侧 10m 内；

　　2 地面车站和地面线路、高架车站和高架线路结构、车辆基地用地范围外边线外侧 30m 内；

　　3 地下车站与隧道结构外边线外侧 50m 内；

　　4 轨道交通穿（跨）越水域的隧道或桥梁结构外边线外侧 100m 内。

2.1.22 未经批准不应在轨道交通工程安全保护区内进行下列作业：

　　1 新建、改扩建或拆除建（构）筑物；

　　2 敷设管线、架空作业、挖掘、爆破、地基处理或打井；

　　3 修建塘堰、开挖河道水渠、打井、挖砂、采石、取土、堆土；

　　4 在穿越水域的隧道段疏浚作业或者抛锚、拖锚等作业；

　　5 其他大面积增加或减少荷载等可能影响轨道交通安全的活动。

2.1.23 城市轨道交通应划定公共安全保护区，并应按照区域和部位设置外界人、物禁入的区域及阻挡、防范设施。

2.1.24 城市轨道交通工程建设应建立关键节点风险防控体系，编制关键节点清单，执行关键节点风险管控程序，进行关键节点施工前安全条件核查。

2.1.25 与列车运行有关的系统联调，应在行车相关区段轨道系统初验、供电系统初验、冷滑试验和热滑试验合格后进行。

2.1.26 城市轨道交通建成后应同时具备以下条件方可投入载客运营：

　　1 完成城市轨道交通工程单位工程验收、项目工程验收和竣工验收等；

　　2 不载客试运行时间不少于 90d；

　　3 通过运营前安全评估。

2.1.27 城市轨道交通设施及设备应进行有效维护，确保其安全、可靠。

2.1.28 城市轨道交通应具备在发生故障、事故或灾难的情况下，迅速采取有效处置措施的工程技术条件。

2.1.29 城市轨道交通系统设备和设施达到设计工作年限、使用环境发生重大变化或遭遇重大灾害后，需要继续使用时，应进行技术鉴定，并应根据技术鉴定结论进行处理。

2.1.30 城市轨道交通工程建设应合理确定车站出入口数量、用地控制范围，并应与周边用地、建筑、道路相协调，保障车站出入口处客流顺畅，不对周边道路造成影响。

2.1.31 城市轨道交通工程设计应根据线网规划协调线路间的关系，应统筹考虑换乘车站的设计和邻近工程的建设条件，预留续建工程的实施条件，续建工程实施难度大的应同期建设。

2.1.32 城市轨道交通的地下工程应兼顾人防要求。

2.1.33 城市轨道交通系统应设置客运服务标志、疏散标志和安全标志。

2.1.34 城市轨道交通工程应具备应对公共卫生事件开展消毒工作的条件。

2.2 规划

2.2.1 城市轨道交通线网规划应明确不同规划期城市轨道交通的功能定位、发展目标、发展模式和与其他交通方式的关系，提出线网规划布局以及线路和设施等用地的规划控制要求。城市轨道交通线网规划应与城市综合交通体系规划协调一致。

2.2.2 交通需求分析应根据城市 5 年内的交通调查数据进行，分析应针对城市规划确定的远期和远景年限及其规划范围，并应对客流预测进行风险分析，包括弹性余量分析。

2.2.3 线路的敷设和封闭方式应根据线路功能定位和运能需求，以及沿线城市土地利用规划、自然条件、历史文化遗产保护、环境保护要求综合确定。

2.2.4 城市轨道交通车站应与公共汽电车及步行、自行车交通便捷衔接，衔接设施规模应与需求相适应，并应与城市轨道交通统一规划、同期建设。

2.2.5 城市轨道交通公共安全防范设施应与城市轨道交通工程同步规划、同步设计、同步施工、同步验收、同步投入使用。

2.2.6 城市轨道交通线网规划应确定线路区间、车站、车辆基地及控制中心、主变电所等规划用地的建设控制区。

2.2.7 城市轨道交通规划地界应与用地范围重叠的道路、地下管线、综合管廊、地下空间开发、其他大型市政工程统筹规划，同期建设或预留建设条件。

2.2.8 城市轨道交通外部电源规划应纳入城市电力设施规划。

2.2.9 城市轨道交通线网布局应符合下列规定：

　　1 线路走向应符合主导客流方向，线路运能标准应与服务水平一致。始发站早高峰小时乘客满载率不应超过70%；

　　2 主要换乘站应结合城市各级功能中心区统筹布局；

　　3 城市轨道交通车站应与铁路客运站、机场、长途汽车客运站、城市公交枢纽等重要交通枢纽紧密衔接，统一规划；

　　4 城市轨道交通车站和设施不应超出规划建设用地范围。

2.2.10 系统制式选择应根据线路功能、需求特征、技术标准、敷设条件、工程造价、资源共享等要素综合分析确定。确定系统运能时，高峰小时客流最大断面平均车厢站席密度不应大于6人/m²。

2.2.11 城市轨道交通车站应符合城市设计要求，保障地上与地下协调发展。

2.2.12 车站出入口、风亭、集中冷站、广播电视信号设施、通信信号设施、供电设施、给水排水设施和其他设施应划定建设用地控制范围。

2.3 杂散电流防护

2.3.1 城市地铁、轻轨、市域快速轨道系统以直流牵引供电、走行轨回流的杂散电流防护工程，应采取加强绝缘的防护方案或绝缘与排流相结合的防护方案，线路、轨道、建筑结构、供电、金属管线安装等工程应符合相应防护方案的技术要求。同一条线路应采取同一种防护工程方案。

2.3.2 杂散电流防护应将走行轨回流网、主体建筑结构、轨道交通系统内部和沿线埋地金属管线及设备设施列为重点防护对象并建立整体性防护系统，采取杂散电流防护的技术措施，并应与受影响方在工程可行性研究阶段或初步设计阶段进行技术、经济、环保、安全性论证与评估，共同参与工程检验和验收。

2.3.3 杂散电流防护应与城市轨道交通的其他工程相互协调，其他工程的设计及施工，不应影响杂散电流防护措施和降低性能及要求。

2.3.4 供电系统正常供电方式下接触网、回流网、排流网应满足远期高峰小时任一个供电区间结构钢筋纵向电压平均值小于0.1V，排流防护时应处于－1.5V～＋0.5V保护电压的范围内。杂散电流防护与电气接地安全不应相互冲突。走行轨应按牵引区间设置回流分断点。车辆基地供电时走行轨回流应与正线绝缘隔离。应设置杂散电流防护监测与监控系统，并应能及时准确监测到主体建筑结构钢筋对地电位和杂散电流。

2.3.5 走行轨回流网应保持回流通路畅通，其纵向电阻值应小于0.01Ω/km。走行轨应与沿线金属结构、金属管线、设备设施及大地保持绝缘，且当采取加强绝缘防护方案时其过渡电阻值不应低于150Ω·km，当采取绝缘与排流相结合防护方案时其过渡电阻值不应低于15Ω·km。

2.3.6 杂散电流防护指标应符合下列规定：

1 钢筋混凝土结构极化电位正向偏移应小于0.5V；

2 结构钢筋对地电位高峰小时正向偏移平均值应取0.1V，或1h内10%峰值的正向偏移平均值应取0.5V；对城市轨道交通线路周围的金属结构和金属管线未采取阴极防护的区域，结构钢筋对地电位高峰小时正向偏移平均值应取0.2V；

3 当采取保护电位防护时，主体建筑结构钢筋应处于

−1.5V～+0.5V 保护电位范围内。

2.3.7　当埋地金属管线穿越道床时应采取杂散电流防护措施。敷设在隧道中的电缆、水管等金属管线结构，不应直接接触地下水流、积水、潮湿墙壁、土壤以及含盐沉积物。

2.4　环境保护与资源节约

2.4.1　应合理规划线路走向和线位，综合比选确定系统制式、敷设方式及线路埋深等，优化节能设计，做到技术可靠、经济合理和节能环保。

2.4.2　应对各功能用地统筹布局，合理确定主变电所、车辆基地、控制中心等设施的共享方案。

2.4.3　城市轨道交通设计应采取降低对生态环境影响的措施，对浅埋、高架及地面线路应采取降低噪声、减少振动、隔离、规避措施。

2.4.4　需要配套建设的环境保护设施，应与城市轨道交通同步设计、同期施工、同时投入使用。

2.4.5　机电设备应选用紧凑、高效、节能环保产品。

2.4.6　城市轨道交通建设和运营中，应对可能产生的噪声、振动、电磁辐射、废水、废渣、废气、粉尘、恶臭气体、光辐射、放射性物质等环境影响要素采取工程防治措施。

2.4.7　城市轨道交通试运行期间，建设单位应对环境保护设施运行情况和城市轨道交通对环境的影响进行检测，并应根据检测结果采取必要的补救措施。

2.4.8　城市轨道交通系统能源消耗计算基本指标应为车公里能耗[kW·h/(车·km)]和乘客人公里能耗[kW·h/(人·km)]。建设项目能耗计算应选用单位投资能耗指标。

2.5　应急设施

2.5.1　城市轨道交通应按照国家各类应急预案要求进行空间和设施安排，包括设置应急场地、疏散通道、救援通道、应急指挥场地，设置应急广播、应急通信、公告设施和设备等应急专用设施，以及设置救治药品和医疗器械等物资储备专用空间和条件，统筹设计，同步建设。

2.5.2 城市轨道交通突发大客流事件响应预案的客流集散空间、运输运力配置应与工程能力协调。

2.5.3 城市轨道交通应设置下列应急空间或设施，并应具备相应的功能：

　　1 应设置应急情况下乘客安全滞留空间，包括区间线路轨道中心或道岔区旁侧乘客紧急疏散通道和安全滞留的空间，并应具备相应的疏散能力；

　　2 应设置区间线路疏散通道，出入口和自动扶梯应能在应急状态下迅速转变为疏散模式，自动检票机阻挡装置应能转换为释放状态；

　　3 应设置应急疏散场地、疏散通道，确定疏散指挥岗位位置；

　　4 应设置通信指挥系统和事件响应机构通信方式；

　　5 应显示和广播疏散信息，设置救援标志、疏散照明和疏散导向标识。

3 限界

3.0.1 城市轨道交通应根据不同车辆类型和运行工况，确定相应的车辆限界、设备限界和建筑限界。

3.0.2 车辆在规定的运行工况下不应超出相应车辆限界，轨行区土建工程和机电设备的设置应符合相应的限界要求。车辆在各种运行状态下，不应发生车辆与车辆、车辆与轨行区内任何固定或可移动物体之间的接触，车辆受电弓与接轨网、车辆集电靴与接触轨除外。

3.0.3 隧道及永久建（构）筑物的断面尺寸不应小于建筑限界。

3.0.4 城市轨道交通线路单线断面建筑限界应符合表3.0.4的规定。

表 3.0.4 车辆断面与隧道净断面面积之比

速度等级 车辆类型	100km/h 及以下	120km/h	140km/h	160km/h
密闭性车体	—	—	<0.35	<0.29
非密闭性车体	≤0.5	≤0.4	≤0.27	—

3.0.5 当城市轨道交通非顶部授电且无安装设备时，建筑限界上部和侧面距设备限界的最小安全间隙应符合表 3.0.5-1 的规定；当车辆存在低于运行面以下部分且无安装设备时，建筑限界下部距设备限界的轨道最小安全间隙应符合表 3.0.5-2 的规定。

表 3.0.5-1 建筑限界上部和侧面距设备限界的最小安全间隙（mm）

类别	地铁、轻轨、直线电机 车辆、有轨电车	市域 快轨	跨座式单轨、中低速磁浮、 AGT 自动导向
最小安全间隙	200	300	200

表 3.0.5-2 建筑限界下部距设备限界的最小安全间隙（mm）

类别	地铁、轻轨、直线电机车辆、 有轨电车、市域快轨	跨座式单轨	中低速磁浮	AGT 自动 导向
最小安全间隙	—	100	100	100

3.0.6 建筑限界宽度应符合下列规定：

1 对双线区间，当两条线间无建（构）筑物时，两条线设备限界之间的安全间隙应符合表 3.0.6 的规定。

表 3.0.6 两条线间无建（构）筑物时设备限界之间的安全间隙（mm）

类别	地铁、轻轨、直线电机车辆、有轨电车、 跨座式单轨、中低速磁浮、AGT 自动导向	市域快轨	
		140km/h	160km/h
安全间隙	100	150	200

2　当无建（构）筑物或设备时，市域快轨隧道结构与设备限界之间的距离不应小于 200mm，其他轨道交通形式不应小于 100mm；当有建（构）筑物或设备时，建（构）筑物或设备与设备限界之间的安全间隙不应小于 50mm。

3　当采用接触轨受电时，受流器带电体与轨旁设备之间应保持电气安全距离。

4　当地面线外侧设置防护栏杆、接触网支柱等构筑物时，应保证与设备限界之间留有安装设备需要的空间。

5　人防隔断门、防淹门的建筑限界，在车辆静止状态下应满足宽度方向的安全间隙，且不应小于 600mm。

6　车辆基地建筑限界在作业区域应扩展设备装拆、设备舱开启与关闭等占用空间的包络范围。

3.0.7　车站计算站台长度范围内直线站台边缘与车厢地板面高度处车辆轮廓线的水平间隙应符合表 3.0.7 的规定，曲线站台边缘与车厢地板面高度处车辆轮廓线的水平间隙相比直线站台的间隙增加量不应大于 80mm。

表 3.0.7　直线站台边缘与车厢地板面高度处车辆轮廓线的水平间隙

类别	停站进出站端速度	100km/h 以上速度等级的车辆越行	水平间隙（mm）				
			80km/h		100km/h		120km/h
			滑动门	塞拉门	滑动门	塞拉门	
地铁	≤70km/h	不大于相邻区间速度	≤70	≤100	≤70	≤100	停站≤100 越行≤100
轻轨	≤60km/h	—	≤70				
直线电机车辆	≤65km/h	—	≤100				
市域快轨	≤70km/h	不大于相邻区间速度	停站≤100，越行≤100				

续表 3.0.7

类别	停站进出站端速度	100km/h 以上速度等级的车辆越行	水平间隙（mm）
跨座式单轨	≤60km/h	—	≤80
有轨电车	≤35km/h	—	≤100
中低速磁浮	≤60km/h	—	≤70
AGT 自动导向	≤35km/h	—	≤50（含橡胶条）

3.0.8 在任何工况下，车站站台面均不应高于车辆客室地板面，车站站台面与车辆客室地板面间的高差应符合表 3.0.8 的规定。

表 3.0.8 车站站台面与车辆客室地板面间的高差

类别	工况	车站站台面与车辆客室地板面间的高差（mm）
地铁	空车静止	≤50
轻轨	空车静止	≤50
直线电机车辆	空车静止	≤50
市域快轨	空车静止	≤50
跨座式单轨	空车静止	≤50
有轨电车	空车静止	≤50
中低速磁浮	悬浮静止	≤30
AGT 自动导向	空车静止	≤50

3.0.9 直线车站的站台屏蔽门与车辆车体轮廓最宽处的间隙应符合表 3.0.9 的规定。

表 3.0.9 直线车站的站台屏蔽门与车辆车体轮廓最宽处的间隙（mm）

类别	停站	越行
地铁	≤130	140
轻轨	≤130	—

续表 3.0.9

类别	停站	越行
直线电机车辆	≤130	—
市域快轨	≤130	150
跨座式单轨	≤130	—
有轨电车	≤130	—
中低速磁浮	≤110	—
AGT 自动导向	≤110	—

3.0.10 区间内的纵向疏散平台应在设备限界外侧设置，直线地段和曲线地段纵向疏散平台距轨道中心线高度应统一按低于车厢地板面高度 150mm～200mm 确定。在车辆静止状态下，车辆轮廓距离疏散平台间隙，曲线地段不应大于 300mm。

3.0.11 车辆基地库内检修高平台及安全栅栏距车辆轮廓之间的水平横向间隙应限定在 80mm～120mm，低平台应采用车站停站站台限界。

3.0.12 线路上运行的车辆均不应超出运行线路的车辆限界。

4 车辆

4.1 一般规定

4.1.1 车辆及其内部设施应采用不燃材料或低烟、无卤的阻燃材料。

4.1.2 车辆最高运行速度不应小于线路设计最高运行速度的 1.1 倍，并应根据线路运营需求设计车辆耐振、减振、抗冲击能力，减小振动对车辆及环境的有害影响。

4.1.3 应采取降噪隔噪措施减小车辆噪声。

4.2 车体及内装

4.2.1 运行在隧道或高架线上、在道中心（或中心水沟）设置逃生和救援通道的钢轮钢轨系统，A 型车编组列车端部应设置应急疏散专用端门及下车设施，端门的宽度不应小于 600mm，高度不应小于 1800mm。

4.2.2 车门有效净高度不应小于 1.80m；自地板面计算，立席处净高不应小于 1.90m。

4.2.3 客室侧门应具备下列功能：

    1 能单独开闭和锁闭，在站台设有屏蔽门时，能与屏蔽门联动开闭；

    2 列车运行时能可靠锁闭；

    3 能对单个车门进行隔离；

    4 在列车收到开门信号后才能正常打开；

    5 在紧急情况下，能手动解锁开门。

4.2.4 在地面线或高架线路上行驶的非高气密性要求的列车，各车厢应有适当数量的车窗能受控局部独立开启。

4.3 牵引和制动

4.3.1 列车应具有独立且相互协调配合的电气、摩擦制动系统，并应具有车辆在各种运行状态下所需的制动力。

4.3.2 当电气制动出现故障丧失制动能力时，摩擦制动系统应自动投入使用，并应具有所需的制动力；列车应具备停放制动功能，并应保证列车在超员载荷工况下停在最大坡道时不发生溜车。

4.3.3 与道路交通混合运行的列车（车辆）应具备独立于轮轨黏着制动功能之外的制动系统，以及用于黏着制动系统的撒砂装置。

4.3.4 当客室侧门未全部关闭时，列车应不能正常启动，但应允许通过隔离功能使列车可以在规定的限速模式下运行。

4.3.5 列车应具备下列故障运行及救援的能力：

    1 在超员载荷工况下，当列车丧失 1/4 动力时，应能够维持运行到终点车站；

2 在超员载荷工况下,当列车丧失 1/2 动力时,应具有在正线最大坡道上启动和运行到最近车站的能力;

3 一列空载列车应具有在正线最大坡道上推送(拖拽)一列相同编组无动力的超员载荷工况的列车启动并运行至最近车站的能力。

4.3.6 当牵引指令与制动指令同时有效时,列车应施加制动或紧急制动。

4.3.7 有人驾驶列车应设置独立的紧急制动按钮,并应在牵引制动主手柄上设置警惕按钮。

4.3.8 当列车一个辅助逆变器丧失供电能力时,剩余辅助逆变器的容量应满足列车除空调制冷之外的各种负载供电要求。

4.4 车载设备和设施

4.4.1 车辆应设置蓄电池,其容量应满足紧急状态下车门控制、应急照明、外部照明、车载安全设备、广播、通信、信号、应急通风等系统的供电要求。用于地下运行的车辆,蓄电池容量应保证供电时间不少于 45min;用于地面或高架线路运行的车辆,蓄电池容量应保证供电时间不少于 30min。用于全自动运行的车辆应同时满足具有休眠唤醒功能模块的供电要求。

4.4.2 车辆内所有电气设备应有可靠的保护接地措施。

4.4.3 客室及司机室应根据需要设置通风、空调和供暖设施,并应符合下列规定:

1 当仅设有机械通风装置时,客室内人均供风量不应少于 $20m^3/h$(按定员载荷计);

2 当采用空调系统时,客室内人均新风量不应少于 $10m^3/h$(按定员载荷计),司机室人均新风量不应少于 $30m^3/h$;

3 列车各个车厢应设紧急通风装置;

4 供暖系统应确保消防安全,采用电加热器时应有超温保护功能,电加热器应采取避免对乘客造成伤害的措施;

5 对于有人驾驶的列车,冬季运行时司机室温度不应低于 14℃。

4.4.4 车辆应至少设置一处供轮椅停放的位置,并应设扶手和轮椅固定装置;在车辆及车站站台的相应位置应有明显的指示标志。

4.4.5 车辆应具备下列广播通信设施和功能:

    1 广播报站、应急广播服务及广播电视服务;

    2 司机与车站控制室、控制中心的通话设备;

    3 乘客与司机直接联系的通话设备;

    4 在全自动运行模式中,乘客与控制中心联系的通信系统;

    5 紧急通信优先功能。

4.5 安全与应急

4.5.1 车辆应设有应急照明。当正常供电中断启用应急照明时,其照度应满足客室内距地板面 1m 高度处不低于 30lx。

4.5.2 列车应设置报警系统,客室内应设置乘客紧急报警装置;应设置乘客与控制中心、控制室或乘务人员的通信联络装置,值守人员与乘客通话应具有最高优先权。

4.5.3 列车应具备下列安全装置和功能:

    1 灭火器具和自动火灾报警装置;

    2 自动防护(ATP)以及保证行车安全的通信联络装置;

    3 设置于司机操纵台的紧急停车操纵装置;

    4 司机室内的乘降门开闭状态显示和车载信号显示;

    5 监视客室及司机室状态的视频监视装置;

    6 司机室前端可远近光变换的前照灯,列车尾端外壁红色防护灯;

    7 鸣笛装置。

4.5.4 车辆应具备下列应急设施或功能:

    1 地下运行的固定编组列车,各车辆之间应贯通;

    2 单轨列车的客室车门应配备缓降装置,列车应能实施纵向救援和横向救援;

3 全自动运行的列车应配备人工操控列车的相关设备。

5 土建工程

5.1 一般规定

5.1.1 土建工程应提供满足轨道交通预期通行能力、承载能力、安全控制、乘降疏导和应急疏散、车辆与机电设备系统安全运行和维护、抗灾减灾、人防等方面基本要求的建（构）筑物和设施。

5.1.2 城市轨道交通应根据线路沿线的工程地质、水文地质、气候条件、地形环境以及荷载特性、施工工艺等情况，通过技术经济综合评价，选择安全可靠、经济合理的结构形式和施工方法。

5.1.3 主体结构工程以及结构损坏会对运营安全有严重影响的结构工程设计工作年限不应小于100年，其他结构工程的设计工作年限不应小于50年。

5.1.4 当高架结构与城市道路、公路、铁路立交或跨越河流时，桥下净空应满足行车、排洪、通航的要求。

5.1.5 当轨道交通出入口、风亭、冷却塔等设施与周边建（构）筑物结合建设时，应具备保障轨道交通正常运行和维护的条件。

5.2 线路工程

5.2.1 城市轨道交通线路工程应根据功能定位、预测客流量和线路性质确定运量等级和速度目标。

5.2.2 线路工程选线应规避不良工程地质和水文地质地段。当无法规避时应采取能确保工程安全的措施，并应符合施工安全、环境保护及资源保护等方面的要求。

5.2.3 地下工程线路区间段详细勘察采取岩土试样及原位测试勘探孔的数量不应少于勘探点总数的2/3。

5.2.4 全封闭运行的城市轨道交通线路与道路相交时，应采用立体交叉方式；部分封闭运行的城市轨道交通线路，当确需与道路采取平面交叉时，应进行行车组织和通过能力核算，并应采取安全防护措施。

5.2.5 全封闭运行的城市轨道交通，正线之间、正线与支线之间的接轨点应选择在车站，在进站方向应设置平行进路；当车辆基地的出入线与正线的接轨点不选择在车站时，应进行行车组织和通过能力核算，并应采取相应的安全防护措施。

5.2.6 正线线路的平面曲线和纵向坡度设置应满足列车运行安全要求，应与列车的性能参数相匹配，与线路的设计运行速度相适应，并应满足运营和救援的要求。

5.2.7 线路的配线设置应满足运营及救援的要求。

5.2.8 当采用全自动驾驶运行模式时，车辆基地无人驾驶区域、出入线、正线和折返线等均应实现全自动驾驶运行；停车线和联络线等应根据运行条件优先选用全自动驾驶运行。

5.3 轨道与路基工程

5.3.1 轨道结构应具有足够的强度、稳定性、耐久性和适当的弹性，应能保证列车运行平稳、安全，并应结合其他措施满足减振、降噪的要求。

5.3.2 钢轮钢轨系统钢轨的断面、轨底坡、硬度应与车轮踏面相匹配，安全性满足列车正常运行要求，并应对运行列车具有足够的支撑刚度和良好的导向作用。

5.3.3 钢轮钢轨系统正线段曲线超高应根据列车运行速度设置，最大超高应满足列车静止状态下的横向稳定要求，未被平衡的横向加速度不应超过 $0.4m/s^2$。车站内曲线超高不应超过 $15mm$，未被平衡的横向加速度不应超过 $0.3m/s^2$。

5.3.4 轨道尽端应设置车挡。设在钢轮钢轨系统正线、配线及试车线、牵出线的车挡应能承受列车以 $25km/h$ 速度撞击时的冲击荷载。

5.3.5 轨道道岔结构应安全可靠，道岔型号选择应与列车通过时的运行速度相适应。

5.3.6 无砟轨道结构的混凝土强度等级，隧道内和 U 形结构地段不应低于 C35，高架线和地面线地段不应低于 C40。

5.3.7 采用直流牵引供电并以走行轨组成回流网的城市轨道交通系统，轨道应符合下列规定：

1 应采取有效措施减少回流网的纵向电阻；

2 回流走行轨与周围结构之间应有良好的绝缘水平；

3 回流走行轨应按牵引供电区间设置分断点，应以绝缘式轨隙连接方式使回流走行轨在分断点处彼此隔离。

5.3.8 采取减振工程措施时，不应削弱轨道结构的强度、稳定性及平顺性。

5.3.9 高架线路跨越铁路、河流、重要路口地段及竖曲线与缓和曲线重叠地段应采取防脱轨措施。

5.3.10 路基工程应具有足够的承载力、稳定性和耐久性，并应满足防洪、防涝的要求。

5.3.11 路基工程工后沉降量应符合下列规定：

1 有砟轨道线路不应大于 200mm，路桥过渡段不应大于100mm，沉降速率不应大于 50mm/年；

2 无砟轨道线路，不应超过扣件允许的调高量，且路桥或路隧交界处不应大于 10mm，过渡段沉降造成的路基和桥梁或隧道的折角不应大于 1/1000。

5.4 车站建筑

5.4.1 车站应满足预测客流要求，应保证乘降安全、疏导迅速，车站布置应紧凑、便于管理，并应具有良好的通风、照明、卫生、防灾等设施。

5.4.2 线路之间的换乘方式应综合考虑建设条件、换乘客流、便捷性等因素。

5.4.3 除有轨电车系统外，车站站台和乘降区的宽度应符合下列规定：

    1 岛式站台车站的乘降区宽度不应小于2.5m，站台宽度不应小于8m；

    2 侧式站台车站，平行于线路方向设置楼扶梯时站台乘降区宽度不应小于2.5m，垂直于侧站台设置楼扶梯时乘降区宽度不应小于3.5m。

5.4.4 当采用有轨电车系统时，岛式站台的宽度不应小于5m，侧式站台的宽度不应小于3m。

5.4.5 车站楼梯和通道的宽度应符合下列规定：

    1 天桥和通道宽度不应小于2.4m；

    2 单向公共区人行楼梯宽度不应小于1.8m；

    3 双向公共区人行楼梯宽度不应小于2.4m；

    4 消防专用楼梯宽度不应小于1.2m，站台至轨行区的工作梯（兼疏散梯）宽度不应小于1.1m，区间风井疏散梯宽度不应小于1.8m。

5.4.6 车站付费区与非付费区之间的隔离栅栏上应设开向疏散方向的栅栏门，检票口和栅栏门的总通过能力应保证站台疏散至站厅的乘客不滞留在付费区。

5.4.7 城市轨道交通车站检票口应至少设置一处无障碍专用检票通道，通道净宽不应小于900mm。

5.4.8 当车站不设置站台屏蔽门时，站台边缘应设置醒目的安全带或安全线标志；当车站设置站台屏蔽门时，自站台边缘起向内1m范围内的地面装饰层下应采取绝缘措施。

5.4.9 跨座式单轨系统车站站台应设站台屏蔽门，高架车站底部应封闭。

5.4.10 地下车站风亭（井）的设置应能防止气流短路，并应符合环境保护要求。

5.4.11 车站内应设置导向、事故疏散等标志标识，区间隧道应设疏散标志。

5.4.12 车站内应设无障碍设施。

5.5 结构工程

5.5.1 结构净空尺寸应满足建筑限界、使用功能及施工工艺等要求，并应考虑施工误差、结构变形和后期沉降的影响。

5.5.2 结构工程的材料应根据结构类型、受力条件、使用要求和所处环境等选用，并应满足结构对材料的安全性、耐久性、可靠性、经济性和可维护性的要求。

5.5.3 当地下区间下穿河流、湖泊等水域时，应按规划航道的要求和预测冲淤深度控制区间隧道埋深，并应在下穿水域的两端设置防淹门或采取其他防水淹措施。

5.5.4 当高架结构墩柱有可能受机动车、船舶等撞击时，应设防止墩柱受撞击的保护措施。

5.5.5 进行过工程场地地震安全性评价的工程，抗震设防烈度应根据安全性评价结果确定。

5.5.6 结构工程应按照相关部门批准的地质灾害评价结论采取相应的措施，确保结构安全。

5.5.7 地下结构的防水措施应根据气候条件、工程地质和水文地质状况、结构特点、施工方法、使用要求等因素确定，应保证结构的安全性、耐久性和正常使用要求。

5.5.8 地下车站主体、出入口和机电设备集中区段的结构防水等级应为一级；区间隧道、联络通道、风井等附属结构的防水等级不应低于二级。高架结构桥面应设柔性防水层，并应设置顺畅的排水系统。

5.5.9 对有战时防护功能要求的地下结构，应在规定的设防部位按批准的人防抗力等级进行结构验算，并应设置相应的防护设施，满足平战转换要求；当与既有线路连通或上跨、下穿既有线路时，尚应保证不降低各自的防护能力。

5.6 车辆基地与其他设施

5.6.1 车辆基地用地应满足设计远期运营需求。

5.6.2 车辆基地选址应靠近正线，且具备良好的出入条件。

5.6.3 每条轨道交通线路应至少设置一处车辆段。

5.6.4 车辆基地应满足行车、维修和应急抢修需要，应满足对车辆进行公共卫生消毒的需要。

5.6.5 车辆基地应有完善的运输和消防道路，并应有不少于 2 个与外界道路相连通的出入口；总平面布置、房屋建筑和材料、设备的选用等应满足工艺和消防要求。

5.6.6 车辆基地应具备良好的排水系统，基地布局应满足防洪、防淹要求，其场坪高程应按能应对 100 年一遇洪水设防设计，并应满足城镇内涝防治要求。

6 机电设备系统

6.1 供电系统

6.1.1 牵引供电系统、应急照明、通信、信号、线网清分系统、线路中央计算机系统、自动售检票系统、火灾自动报警系统、综合监控系统、出入口控制系统、站台屏蔽门系统、消防用电设备及与防排烟、事故通风、消防疏散、主排水泵、雨水泵、防淹门、公共安全防范有关的用电设备均应为一级负荷。

6.1.2 供电系统应具有完备的继电保护和自动装置。

6.1.3 供电系统注入公共电网系统的谐波含量值不应超过允许范围。

6.1.4 供电系统应具有电力远程监控功能。

6.1.5 在变电所的两路进线电源中，每路进线电源的容量应满足高峰小时变电所全部一、二级负荷的供电要求。

6.1.6 地面变电所应避开易燃、易爆、有腐蚀性气体等影响电气设备安全运行的场所。

6.1.7 当变电所配电装置的长度大于 6m 时，其柜（屏）后通道应设 2 个出口；低压电气装置后面通道的出口之间距离不应大于 15m。

6.1.8　在地下使用的电气设备及材料，应选用低损耗、低噪声、防潮、无自爆、低烟、无卤、阻燃或耐火的定型产品。

6.1.9　接触网应符合下列规定：

1　接触网应能在规定的列车行车速度内向列车可靠馈电；

2　接触网应满足限界要求，其带电裸导体应与钢筋混凝土结构、轨旁设备和车体保持安全间距；

3　接触网的电分段应满足牵引供电和检修作业要求；

4　正线接触网应实行双边供电；

5　车辆基地接触网应有主备 2 路电源，架空接触网应设置限界门；

6　接触轨应设置防护罩；

7　接触网应设置保护装置，露天线路架空接触网应设置避雷器，其间距应根据地域、气候等条件计算确定；

8　接触网架空地线应与牵引变电所接地装置连接；

9　固定支持架空接触网的金属结构体的接地应与接触网架空地线连接，且不应影响信号和杂散电流防护。

6.1.10　采用直流牵引供电并与走行轨组成回流网的城市轨道交通系统，其供电系统应符合下列规定：

1　直流牵引供电系统应为不接地系统，牵引网应采用双导线制，正极、负极均不应接地；

2　接地系统和回流回路之间不应直接连接；

3　回流网的导体应对地、对结构绝缘，回流网各导体之间的连接必须牢固，移动相关连接件时应使用专用工具；

4　电气安全、接地安全和杂散电流防护安全应综合设计，当三者之间有矛盾时应满足电气安全和接地安全；

5　牵引变电所中的电气设备应绝缘安装，且电气设备的基础槽钢应与结构钢筋绝缘；

6　连接牵引变电所与回流走行轨之间的回流电缆不应少于 2 个回路，当其中 1 个回路的 1 根电缆发生故障时应仍能满足回流的要求；

7　回流走行轨应按牵引区间设置回流分断点，轨道应采用绝缘式轨隙连接方式实现彼此间的相连和电气分隔；

8　回流走行轨与地之间的电压应符合下列规定：

　　1）在正常运行条件下正线应小于或等于 DC120V，车辆基地应小于或等于 DC60V；

　　2）当瞬时超过时应具有可靠的安全保护措施。

6.1.11　动力与照明应符合下列规定：

1　通信、信号、火灾自动报警系统及地下车站和区间隧道的应急照明应具备应急电源；

2　照明应采用节能灯具；

3　车站应设置总等电位联结或辅助等电位联结。

6.2　通信系统

6.2.1　通信系统应安全、可靠，在正常情况下，应具备为运营管理、行车指挥、设备监控、防灾报警等传送语音、数据、图像等信息；在非正常或紧急情况下，应能作为抢险救灾的通信手段。

6.2.2　通信系统应符合下列规定：

1　传输系统应满足通信各子系统和其他系统信息传输的要求；

2　无线通信系统应为控制中心调度员、车站值班员等固定用户与列车司机、防灾人员、维修人员、公安人员等移动用户之间提供通信手段，应满足行车指挥及紧急抢险需要，并应具有选呼、组呼、全呼、紧急呼叫、呼叫优先级权限等调度通信、存储及监测等功能；

3　视频监视系统应为控制中心调度员、车站值班员、列车司机等提供列车运行、防灾救灾以及乘客疏导情况等视觉信息，应具备视频录像功能；

4　公务电话系统应满足城市轨道交通各部门间进行公务通话及业务联系的需要，并应接入公用网络；公务电话系统设备应具备综合业务数字网络的交换能力；

　　5　专用电话系统应为控制中心调度员及车站、车辆基地的值班员提供调度通信；调度电话系统应具有单呼、组呼、全呼等调度功能，并应具备录音功能；

　　6　广播系统应满足控制中心调度员和车站值班员向乘客通告列车运行信息及提供安全、向导等服务信息的需要，应能向工作人员发布作业命令和通知，应具备与火灾自动报警系统的联动功能，且防灾广播优先级应高于行车广播；

　　7　时钟系统应为工作人员、乘客及相关系统设备提供统一的标准时间信息。

6.2.3　通信电源应能实现集中监控管理，并应满足通信设备不间断、无瞬变供电要求；通信电源的后备供电时间不应少于 2h；通信接地系统应满足人身安全、通信设备安全及通信设备正常工作要求；通信系统应采取防雷措施。

6.2.4　地下车站及区间线路的通信电缆、光缆应采用阻燃、低烟、无卤、防腐蚀、防鼠咬的防护层，并应符合杂散电流腐蚀防护要求。

6.2.5　当光缆引入室内时，应做绝缘接头，室内外金属护层及金属加强芯应断开，并应彼此绝缘。

6.2.6　防灾广播的功率传输线路不应与通信线缆或数据线缆共管或共槽。

6.3　信号系统

6.3.1　信号系统应具有行车指挥与列车运行监视、控制和安全防护功能及道岔、信号机、区段联锁功能，以及降级运用的能力。涉及行车安全的系统、设备应符合"故障—安全"原则。

6.3.2　线路全封闭的城市轨道交通系统应配备列车自动防护系统；线路部分封闭的城市轨道交通系统，列车运行安全防护应根据行车间隔、列车运行速度、线路封闭状态等运营条件采取相应的技术措施。

6.3.3 城市轨道交通应配置行车指挥系统。行车指挥调度区段内的区间、车站应能实现集中监视。具有自动控制功能的行车指挥系统尚应具有人工控制功能。

6.3.4 列车自动防护系统应满足行车密度、行车速度和行车交路等需求。当全封闭线路列车采用无安全防护功能的人工驾驶模式时，应有授权，并应对授权及相关操作予以表征。

6.3.5 列车自动防护系统应以实现列车停车为最高安全准则，并应具备下列功能：

　　1 检测列车定位与距离，控制列车间隔；

　　2 监督列车运行速度，发送超速信息和实现列车超速防护；

　　3 监控列车车门、站台屏蔽门状态，并根据安全状况限制列车车门、站台屏蔽门开闭；

　　4 使用在车站站台或车控室设置的紧急停车按钮对车站区域范围内的列车实施紧急制动。

6.3.6 联锁设备应保证道岔、信号机和区段的联锁关系正确。当联锁条件不符时，不应开通进路。敌对进路必须相互照查，不应同时开通。

6.3.7 列车自动运行系统应具有列车自动牵引、惰行、制动、区间停车和车站定点停车、车站通过及折返作业等控制功能。控制过程应满足控制精度、舒适度和节能等要求。

6.3.8 当列车配置列车自动防护设备、车内信号装置时，应以车内信号为主体信号；未配置时，应以地面信号为主体信号。当地面主体信号显示熄灭时，应视为禁止信号。

6.3.9 全自动运行系统应符合下列规定：

　　1 全自动运行系统建设应与线路、站场配置及运行管理模式相互协调。全自动运行系统应能实现信号、通信、防灾报警等机电系统设备及车辆的协同控制；

　　2 控制中心或车站有人值班室应能监控全自动运行列车的运行状态，应能实现列车停车及对车门、站台屏蔽门的应急控制。

6.3.10 当部分封闭的城市轨道交通设专用线路时，专用线路与城市道路的平交路口应设置城市轨道交通列车优先信号；当未设专用线路时，在平交路口处，城市轨道交通列车应遵守道路交通信号。

6.3.11 车辆基地信号系统应符合下列规定：

1 用于有人驾驶系统的车辆基地，应设进出车辆基地的信号机；进出车辆基地的信号机、调车信号机应以显示禁止信号为定位；车辆基地信号系统、设备的配置应满足列车进出车辆基地和在车辆基地内进行列车作业或调车作业的需求；

2 用于全自动运行系统的车辆基地，应根据全自动运行系统的功能和车辆基地内无人和有人驾驶区域的范围设置信号系统，配置相应设备；

3 车辆基地应纳入信号系统的监视范围；

4 试车线信号系统的地面设备及其布置应满足系统双向试车的需要。

6.3.12 信号系统设备应具有符合"故障—安全"原则的证明及相关说明。信号系统应满足国家对信息系统安全等级保护的要求。

6.3.13 在信号系统设备投入运用前，应编制技术性安全报告，内容应包括对功能的安全性要求、量化的安全目标等。

6.4　通风、空调与供暖系统

6.4.1 城市轨道交通的内部空气环境控制应采用通风、空调与供暖方式，并应符合下列规定：

1 当列车正常运行时，应将内部空气环境控制在标准范围内；

2 当列车阻塞在隧道内时，应能对阻塞处进行有效的通风；

3 当列车在隧道内发生火灾事故时，应能对事故发生处进行有效的排烟、通风；

4 当车站公共区和设备及管理用房内发生火灾事故时，应能进行有效的排烟、通风。

6.4.2 车站新（排）风井、集中空调系统的设置和卫生质量应符合下列规定：

1 新风井应设置在室外空气清洁的地点；

2 当新风井、排风井合建时，新风井开口应低于排风井开口；

3 各系统的新风吸入口应设防护网和初效过滤器；

4 空调系统的冷却水、冷凝水中不得检出嗜肺军团菌。

6.4.3 城市轨道交通的内部空气环境应优先采用自然通风（含活塞通风）方式进行控制。

6.4.4 城市轨道交通应在车站公共区、地下车站付费区内及列车内设置温度、湿度、二氧化碳浓度、可吸入颗粒物浓度等空气质量指标的监控和记录设施设备。

6.4.5 地下车站站内夏季空气计算温度和相对湿度应按采用通风方式和使用空调方式 2 种状况分别合理确定。地下车站站内冬季空气温度不应低于 $12℃$。

6.4.6 通风、空调与供暖系统的负荷应按预测的远期客流量和最大通过能力确定。

6.4.7 通风、空调与供暖方式的设置和设备配置应符合节能要求，并应充分利用自然冷源和热源。

6.4.8 区间隧道通风系统的进风应直接采自大气，排风应直接排出地面。

6.4.9 当采用通风方式且系统为开式运行时，每个乘客每小时需供应的新鲜空气量不应少于 $30m^3$；当系统为闭式运行时，每个乘客每小时需供应的新鲜空气量不应少于 $12.6m^3$，且新鲜空气供应量不应少于总送风量的 10%。

6.4.10 当采用空调时，每个乘客每小时需供应的新鲜空气量不应少于 $12.6m^3$，且新鲜空气供应量不应少于总送风量的 10%。

6.4.11 地下车站公共区内、设备与管理用房内的二氧化碳日平均浓度应小于 0.15%，空气中可吸入颗粒物的日平均浓度应小于 0.25mg/m³。

6.4.12 高架线和地面线站厅内的空气计算温度应符合下列规定：

1 当采用通风方式控制站厅温度时，夏季计算温度不应超过室外计算温度 3℃，且不应超过 35℃；

2 当采用空调方式控制站厅温度时，夏季计算温度应为 29℃～30℃，相对湿度不应大于 70%；

3 当高架线和地面线站厅设置供暖时，站厅内的空气设计温度应为 12℃。

6.4.13 供暖地区的高架线和地面线车站管理用房应设供暖，供暖期间室内空气设计温度应为 18℃。

6.4.14 地上车站设备用房应根据工艺要求设置通风、空调与供暖，设计温度应按工艺要求确定。

6.4.15 列车阻塞在隧道时的送风量，应保障隧道断面的气流速度不小于 2m/s，且不高于 11m/s，并应保障列车顶部最不利点的隧道空气温度不超过 45℃。

6.5 给水、排水系统

6.5.1 城市轨道交通工程的给水系统应满足生产、生活和消防用水对水量、水压和水质的要求。

6.5.2 给水管道不应穿过变电所、蓄电池室、通信信号机房、车站控制室和配电室等房间。

6.5.3 地下车站及地下区间隧道排水泵站（房）的设置应符合下列规定：

1 区间隧道线路实际最低点应设排水泵站；

2 当出入线洞口的雨水不能按重力流方式排至洞外地面时，应在洞口内适当位置设排雨水泵站；

3 露天出入口及敞开风口应设排雨水泵房，并应满足当地防洪排涝要求。

6.5.4 地面车站、高架车站及车辆基地运用库、检修库、高层建筑屋面排水管道设计应按当地 10 年一遇的暴雨强度计算，设计降雨历时应按 5min 计算；屋面雨水工程与溢流设施的总排水能力不应小于 50 年重现期的雨水量；高架区间、敞开出入口、敞开风井及隧道洞口的雨水泵站、排水沟及排水管渠的排水能力，应按当地 50 年一遇的暴雨强度计算，设计降雨历时应按计算确定。同时，应满足当地城市内涝防治要求。

6.6　环境与设备监控系统

6.6.1　环境与设备监控系统应具备下列功能：

　1　车站及区间设备的监控；

　2　环境监控与节能运行管理；

　3　车站环境和设备的管理；

　4　执行防灾和阻塞模式；

　5　系统维修。

6.6.2　车站及区间设备的监控应符合下列规定：

　1　应能实现中央和车站两级监控管理；

　2　环境与设备监控系统控制指令应能分别从中央工作站、车站工作站、车站紧急控制盘和环境与设备监控系统人工发布或由程序自动判定执行；

　3　应具备注册和操作权限设定功能。

6.6.3　防灾和阻塞模式应符合下列规定：

　1　应能接收车站自动或手动火灾模式指令，执行车站防排烟模式；

　2　应能接收列车区间停车位置、火灾部位信息，执行隧道防排烟模式；

　3　应能接收列车区间阻塞信息，执行阻塞通风模式；

　4　应能监控车站逃生指示系统和应急照明系统；

　5　应能监视各排水泵房危险水位和危险水位报警信息；

　6　应能监视雨水易倒灌通道和低洼位置的积水位；

　7　应能监视排水泵故障自动巡检状态。

6.6.4 环境监控与节能运行管理应符合下列规定：

1 应能对环境参数进行监测，对能耗进行统计分析；

2 应能控制通风、空调设备优化运行，提高整体环境的舒适度，降低能源消耗。

6.6.5 车站环境和设备的管理应符合下列规定：

1 应能对车站环境参数进行统计；

2 应能对设备的运行状况进行统计，优化设备运行，形成维护管理趋势预告。

6.6.6 系统维修应符合下列规定：

1 应能对系统设备进行集中监控和管理，监视全线环境与设备监控系统设备的运行状态；

2 应能对全线环境与设备监控系统软件进行维护、组态、定义运行参数，以及形成系统数据库和修改用户操作界面；

3 应能通过对硬件设备故障的判断，对系统进行实时监控及维护。

6.6.7 防排烟系统与正常通风系统合用的车站设备应由环境与设备监控系统统一监控。环境与设备监控系统和火灾自动报警系统之间应设置可靠的通信接口，应由火灾自动报警系统发布火灾模式指令，环境与设备监控系统应优先执行相应的火灾控制程序。

6.6.8 当地下区间发生火灾或列车阻塞停车时，隧道通风、排烟系统控制命令应由控制中心发布，车站环境与设备监控系统应接收命令并执行。

6.6.9 车站控制室应设置综合后备控制盘，盘面应以火灾工况操作为主，操作程序应简单、直接，操作权限应高于车站和中央工作站。

6.6.10 环境与设备监控系统应选择性能可靠，并具备容错性、可维护性且适应城市轨道交通使用环境的工业级标准设备；环境与设备监控系统对事故通风与排烟系统的监控应有冗余设置。

6.6.11 环境与设备监控系统软件应为标准、开放和通用的软件，并应具备实时多任务功能。

6.7 综合监控系统

6.7.1 控制中心应具有对全线的列车运行、电力供给、环境状况及车站设备、票务运行等全过程进行集中监控、统一调度指挥和管理的功能。

6.7.2 应根据城市轨道交通规划线网的规模和建设时序，设置1个或多个控制中心对列车运行进行统一调度指挥。

6.7.3 控制中心应具备行车调度、电力调度、环境与设备调度、防灾指挥、客运管理、乘客信息管理、设备维修及信息管理等运营调度和指挥功能，并应对城市轨道交通系统运营的全过程进行集中监控和管理。

6.7.4 控制中心应兼作防灾和应急指挥中心，并应具备防灾和应急指挥的功能。控制中心的综合监控系统应具备火灾工况监控、区间火灾防排烟模式控制、车站火灾消防应急广播、车站火灾场景的视频监控和乘客信息系统火灾信息发布功能。

6.7.5 控制中心应设置火灾自动报警、环境与设备监控、火灾事故广播、自动灭火、水消防、防排烟等消防设施控制系统。多线路中央控制室应设置自动灭火系统。

6.7.6 控制中心的综合监控系统应具备重要控制对象的远程手动控制功能。车站控制室综合后备盘应集中设置对集成和互联系统的手动后备控制。

6.8 自动售检票系统

6.8.1 车站控制室应设置紧急控制按钮，并应与火灾自动报警系统实现联动，当车站处于紧急状态或设备失电时，自动检票机阻挡装置应处于释放状态。

6.8.2 自动售检票系统的防雷接地与交流工频接地、直流工作接地、安全保护接地应共用综合接地体，接地装置的接地电阻值应按接入设备要求的最小值确定，其接地测试值不应大于1Ω。

6.9 自动扶梯、电梯系统

6.9.1 自动扶梯、电梯的配置及数量应满足最大预测客流量的需要。

6.9.2 自动扶梯、电梯运行强度应满足每天连续运行时间不少于 20h，每周合计不少于 140h。

6.9.3 自动扶梯应符合下列规定：

1 应采用公共交通重载型自动扶梯，在运行的任意 3h 内，能以 100%制动载荷连续运行的时间不应少于 1h；

2 应有明确的运行方向指示；

3 应配备紧急停止开关；

4 应设置附加制动器；

5 传输设备应采用阻燃材料；

6 自动扶梯应全程纳入视频监视范围；

7 自动扶梯主驱动链的静力计算的安全系数不应小于 8，当采用链条传动时，链条不应少于 2 排，当采用三角传动皮带时，皮带不应少于 3 根；

8 当自动扶梯名义速度为 0.5m/s 时，上下水平梯级数量不应少于 3 块；当名义速度为 0.65m/s 时，上水平梯级数量不应少于 4 块，下水平梯级数量不应少于 3 块；当名义速度大于 0.65m/s 时，上水平梯级数量不应少于 5 块，下水平梯级数量不应少于 4 块；

9 当扶手带外缘与任何障碍物之间距离小于 400mm 时，在自动扶梯与楼板交叉处以及各交叉设置的自动扶梯之间，应在扶手带上方设置无锐利边缘的垂直防护挡板，其高度不应小于 0.3m，且至少延伸至扶手带下缘 25mm 处。

6.9.4 电梯应符合下列规定：

1 电梯的配置应方便残障乘客使用；

2 电梯的操作装置应易于识别，便于操作；

3 当车站发生火灾时，电梯接收到消防指令后应能自动运行到设定层，并打开电梯轿厢门和层门；

　　4 电梯轿厢内应设有专用通信设备，保证内部乘客与外界的通信联络；

　　5 电梯轿厢内应设视频监视装置；

　　6 电梯应具备停电紧急救援功能；

　　7 电梯井道内不应布置与电梯无关的管线。

6.10 站台屏蔽门系统

6.10.1 站台屏蔽门应保障乘客顺利通过，当列车停靠在站台任意位置时，屏蔽门均应能满足车上乘客的应急疏散需要。

6.10.2 站台屏蔽门的结构应能同时承受人的挤压和活塞风载荷的作用。

6.10.3 在正常工作模式时，站台屏蔽门应由司机或信号系统监控；当站台屏蔽门关闭不到位时，列车不应启动或进站。

6.10.4 站台屏蔽门的每一扇滑动门应能在站台侧或轨道侧手动打开或关闭。

6.10.5 站台屏蔽门应设置应急门，站台两端应设置供工作人员使用的专用工作门。应急门和工作门不受站台屏蔽门系统的控制。

6.10.6 站台屏蔽门系统应按一级负荷供电，并应设置备用电源。

6.10.7 驱动电源的输出回路数应满足对应一节车厢的某个滑动门的回路电源故障时，对应该节车厢的其余滑动门应能够正常工作。

6.10.8 站台屏蔽门应具有障碍物探测功能。

6.10.9 站台屏蔽门系统所采用的绝缘材料、密封材料和电线电缆等应为无卤、低烟的阻燃材料，且不应含有放射性成分。

6.11 乘客信息系统

6.11.1 乘客信息系统应适应城市轨道交通网络化运营的需要，

应实时提供准确的乘客乘车信息和服务信息，以及城市轨道交通设施、设备、装备、服务、故障、安全和应急指导等方面的公开信息。

6.11.2　城市轨道交通系统应设置乘车信息设施设备，电子显示屏等运营服务设施应为乘客提供发车时间、到达时间、沿线车站等运营服务信息。

6.11.3　乘客信息系统应能在紧急情况下显示辅助引导信息。

6.11.4　乘客信息系统设备应符合国家有关人体健康安全和环保等方面的标准。

6.11.5　乘客信息系统的数据线与电源线不应共用电缆，且不应敷设在同一根金属套管内。

6.12　公共安全设施

6.12.1　城市轨道交通公共安全防范系统工程应与新建的城市轨道交通工程项目同步规划、建设、检验和验收。已投入运营的城市轨道交通安全防范设施应在城市轨道交通系统改扩建时同步进行改扩建。

6.12.2　城市轨道交通公共安全防范系统应与城市轨道交通系统相协调，不应影响城市轨道交通的公共开放性。系统建成运行后，轨道交通应能满足高峰时段的使用需求。

6.12.3　城市轨道交通公共安全防范系统工程设计应综合运用公共安全技术资源，配合安全政策、防范程序、防范行动，协调运用威慑、阻止、探测、延迟和反应策略。

6.12.4　城市轨道交通应采用技术防范、实体防范和人力防范等多重措施构建一体化公共安全防范系统。技术防范、实体防范应相互配合，并应能支撑人力防范。

6.12.5　城市轨道交通公共安全防范系统工程应合理布设安全防范设施，包括安全检查设备、监控系统、危险品处置设施及相关用房等安防设施。

6.12.6　城市轨道交通应设置视频监控系统、入侵报警系统、安全检查及探测系统、出入口控制系统、电子巡查系统和安防集成平台等技术防范系统。

6.12.7 城市轨道交通公共安全技术防范系统中的各子系统应集成为一个整体，由独立的安防集成平台统一管理。

6.12.8 城市轨道交通公共安全防范系统的基础网络设施、信息系统等应符合国家网络安全等级保护制度。

6.12.9 城市轨道交通涉及安全的重要设施的通道门、系统和设备管理用房房门应设置电子锁等出入口控制装置。车站控制室综合后备控制盘（IBP）应设置出入口控制系统紧急开门控制按钮。

6.12.10 出入口控制系统应实现与火灾自动报警系统的联动控制。电子锁应满足防冲撞和消防疏散的要求，并应具备断电自动释放功能，设备及管理用房房门电子锁还应具备手动机械解锁功能。紧急开门控制按钮应具备手动、自动切换功能。

6.12.11 在地下至高架的地面开口过渡地段、隧道出入口，应设有空间隔挡的安全防范措施。

二十六、《立井钻井法施工及验收规范》GB 51227—2017

6.1.4 井壁吊环必须符合下列规定：

1 应采用热轧碳素圆铜制作，严禁冷弯加工；

2 超出井壁上法兰盘部分的高度不得大于 200mm，下部应采用托架与结构钢筋或钢板筒焊接固定；

3 埋设在混凝土中的深度应根据井壁重量计算确定。

7.1.1 下沉井壁前必须测井并绘制钻井井筒纵向剖面图和最大投影有效圆图，且终孔有效圆直径必须符合下式计算结果：

$$D \geqslant D_1 + 2d + K \tag{7.1.1}$$

式中：D——终孔有效圆的直径（m）；

D_1——井壁的最大外直径（m）；

d——充填管的最大外直径（m）；

K——直径富余量（m）。

8.5.3 壁后充填质量检查施工应符合下列规定：

3 检查孔有出浆出水的，必须重新补注浆；

二十七、《通信线路工程验收规范》GB 51171—2016

4.0.5 直埋光（电）缆、硅芯塑料管道与其他建筑设施间的最小净距应符合表 4.0.5 的规定。

表 4.0.5 直埋光（电）缆、硅芯塑料管道与其他建筑
设施间的最小净距（m）

名称	平行时	交越时
通信管道边线（不包括人手孔）	0.75	0.25
非同沟的直埋通信光（电）缆	0.5	0.25
埋式电力电缆（交流 35kV 以下）	0.5	0.5
埋式电力电缆（交流 35kV 及以上）	2.0	0.5
给水管（管径小于 300mm）	0.5	0.5
给水管（管径 300mm～500mm）	1.0	0.5
给水管（管径大于 500mm）	1.5	0.5
高压油管、天然气管	10.0	0.5
热力、排气管	1.0	0.5
燃气管（压力小于 300kPa）	1.0	0.5
燃气管（压力 300kPa 及以上）	2.0	0.5
其他通信线路	0.5	—
排水沟	0.8	0.5
房屋建筑红线或基础	1.0	—
树木（室内、村镇大树、果树、行道树）	0.75	—
树木（市外大树）	2.0	—
水井、坟墓	3.0	—

续表 4.0.5

名称	平行时	交越时
粪坑、积肥池、沼气池、氨水池等	3.0	—
架空杆路及拉线	1.5	—

注：1 直埋光（电）缆采用钢管保护时，与水管、燃气管、输油管交越时的净距不得小于 0.15m；

2 对于杆路、拉线、孤立大树和高耸建筑，还应符合防雷要求；

3 大树指胸径 0.3m 及以上的树木；

4 穿越埋深与光（电）缆相近的各种地下管线时，光（电）缆应在管线下方通过并采取保护措施；

5 最小净距达不到表中要求时，应按设计要求采取行之有效的保护措施。

4.0.6 架空通信线路与其他设施接近、交越时，其间隔距离应符合下列规定。

1 杆路与其他设施的最小水平净距应符合表 4.0.6-1 的规定。

表 4.0.6-1 杆路与其他设施的最小水平净距

其他设施名称	最小水平净距（m）	备注
消火栓	1.0	消火栓与电杆距离
地下管、缆线	0.5~1.0	包括通信管、缆线与电杆间的距离
火车铁轨	地面杆高的 4/3 倍	—
人行道边石	0.5	
地面上已有其他杆路	地面杆高的 4/3 倍	以较长杆高为基础。其中，对 500kV～750kV 输电线路不小于 10m，对 750kV 以上输电线路不小于 13m
市区树木	0.5	缆线到树干的水平距离
郊区树木	2.0	
房屋建筑	2.0	缆线到房屋建筑的水平距离

注：在地域狭窄地段，拟建架空光缆与已有架空线路平行敷设时，当间距不能满足以上要求，杆路共享或改用其他方式敷设光（电）缆线路，应满足隔距要求。

2 架空光（电）缆架设高度不应低于表 4.0.6-2 的规定。

表 4.0.6-2 架空光（电）缆架设高度

名称	与线路方向平行时		与线路方向交越时	
	架设高度（m）	备注	架设高度（m）	备注
市内街道	4.5	最低缆线到地面	5.5	最低缆线到轨面
市内里弄（胡同）	4.0		5.0	
铁路	3.0		7.5	
公路	3.0		5.5	
土路	3.0		5.0	
房屋建筑物	—		0.6	最低缆线到屋脊
			1.5	最低缆线到房屋平面
河流	—		1.0	最低缆线到最高水位时的船桅顶
市区树木	—		1.5	最低缆线到树枝的垂直距离
郊区树木	—		1.5	
其他通信导线	—		0.6	一方最低缆线到另一方最高线条

3 架空光（电）缆交越其他电气设施的最小垂直净距不应小于表 4.0.6-3 的规定。

表 4.0.6-3 架空光（电）缆交越其他电气设施的最小垂直净距

其他电气设备名称	最小垂直净距（m）		备注
	架空电力线路有防雷保护设备	架空电力线路无防雷保护设备	
10kV 以下电力线	2.0	4.0	最高缆线到电力线条
35kV 至 110kV 电力线（含 110kV）	3.0	5.0	

续表 4.0.6-3

其他电气设备名称	最小垂直净距（m）		备注
	架空电力线路有防雷保护设备	架空电力线路无防雷保护设备	
110kV 至 220kV 电力线（含 220kV）	4.0	6.0	最高缆线到电力线条
220kV 至 330kV 电力线（含 330kV）	5.0	—	
330kV 至 500kV 电力线（含 500kV）	8.5	—	
500kV 至 750kV 电力线（含 750kV）	12.0	—	
750kV 至 1000kV 电力线（含 1000kV）	18	—	
供电线接户线	0.6		—
霓虹灯及其铁架	1.6		—
电气铁道及电车滑接线	1.25		—

注：1 供电线为被覆线且最小净距不符合表要求时，光（电）缆应在供电线上方交越；

  2 光（电）缆与供电线交越时，跨越档两侧电杆及吊线安装应做加强保护装置；

  3 通信线应架设在电力线路的下方位置，应架设在电车滑接线和接触网的上方位置。

6.4.6 人行道上易被行人碰触到的拉线应设置拉线标志。在距地面高 2.0m 以下的拉线部位应采用绝缘材料进行保护。绝缘材料应埋入地下 200mm，包裹绝缘材料物表面应为红白色相间。

8.8.7 局站内或交接箱处的光（电）缆金属构件应接防雷地线。电缆进局时，电缆成端应按电缆线序接保安接线排。

二十八、《数据中心基础设施施工及验收规范》GB 50462—2015

3.1.5 对改建、扩建工程的施工，需改变原建筑结构及超过原设计荷载时，必须具有确认荷载的设计文件。

5.2.10 含有腐蚀性物质的铅酸类蓄电池，安装时必须采取佩戴防护装具以及安装排气装置等防护措施。

5.2.11 电池汇流排裸露的必须采取加装绝缘护板的防护措施。

6.2.2 数据中心区域内外露的不带电的金属物必须与建筑物进行等电位连接。

二十九、《通信局(站)防雷与接地工程验收规范》GB 51120—2015

3.0.1 通信局（站）的接地系统必须采用联合接地的方式。

6.3.2 严禁在接地线中加装开关或熔断器。

6.3.4 接地线与设备或接地排连接时必须加装铜接线端子，且应压（焊）接牢固。

7.3.1 缆线严禁系挂在避雷网、避雷带或引下线上。

三十、《建筑隔震工程施工及验收规范》JGJ 360—2015

5.4.2 对可能泄漏有害介质或可燃介质的重要管道，在穿越隔震层位置时应采用柔性连接。

5.5.1 上部结构与下部结构之间的水平隔震缝的高度应满足设计要求。当设计无要求时，缝高不应小于20mm。

5.5.2 上部结构周边设置的竖向隔震缝宽度应满足设计要求。当设计无要求时，缝宽不应小于各支座在罕遇地震下的最大水平位移值的 1.2 倍，且不应小于 200mm。对两相邻隔震结构，其竖向隔震缝宽度应取两侧结构的支座在罕遇地震下的最大水平位移值之和，且不应小于 400mm。

6.1.3 建筑隔震工程上部结构验收和竣工验收时，均应对隔震缝和柔性连接进行验收检查。

三十一、《洁净厂房施工及质量验收规范》GB 51110—2015

4.5.6 吊顶的固定和吊挂件应与主体结构相连；不得与设备支架和管线支架连接；吊顶的吊挂件不得用作管线支、吊架或设备的支、吊架。

5.3.4(6) 风管内严禁其他管线穿越。

5.4.9(2) 电加热器前后 800mm 的绝热保温层应采用不燃材料，风管与电加热器连接法兰垫片应采用耐热不燃材料；

5.4.9(3) 金属外壳应设良好接地，外露的接线柱应设安全防护罩。

6.2.5(1) 可燃、有毒的排风风管的密封垫料、固定材料应采用不燃材料；

6.2.9 防爆、可燃、有毒排风系统的风阀制作材料必须符合设计要求。

6.2.10 防排烟阀、柔性短管应符合下列规定：

1 防排烟阀、排烟口应符合国家现行有关消防产品标准的规定，并应具有相应的产品合格证明文件；

2 防排烟系统柔性短管的制作材料必须为不燃材料。

6.3.4 排风风管穿过防火、防爆的墙体、顶棚或楼板时，应设防护套管，其套管钢板厚度不应小于 1.6mm。防护套管应事先预埋。并应固定；风管与防护套管之间的间隙应采用不燃隔热材料的封堵。

6.3.5 排风风管安装应符合下列规定：

1 输送含有可燃、易爆介质的排风风管或安装在有爆炸危险环境的风管应设有可靠接地；

2 排风风管穿越洁净室（区）的墙体、顶棚和地面时应设套管，并应做气密构造；

3 排风风管内严禁其他管线穿越；

4 室外排风立管的固定拉索严禁与避雷针或避雷网连接。

6.3.6 排风风管内气体温度高于 80℃时，应按工程设计要求采取防护措施。

7.1.3 阀门安装前，应对下列管道的阀门逐个进行压力试验和严密性试验，不合格者不得使用：

1 输送可燃流体、有毒流体管道的阀门；

2 输送高纯气体、高纯水管道的阀门；

3 输送特种气体、化学品管道的阀门。

7.1.5 管道穿越洁净室（区）墙体、吊顶、楼板和特殊构造时应符合下列规定：

1 管道穿越伸缩缝、防震缝、沉降缝时应采用柔性连接；

2 管道穿越墙体、吊顶、楼板时应设置套管，套管与管道之间的间隙应采用不易产尘的不燃材料密封填实；

3 管道接口、焊缝不得设在套管内。

7.3.1 管道安装作业不连续时，应采用洁净物品对所有的管口进行封闭处理。

7.7.3 管道粘结作业场所严禁烟火；通风应良好，集中作业场所应设排风设施。

7.8.2(1) 输送剧毒流体管道的焊缝应全部进行射线照相检验，其质量不得低于Ⅱ级。

7.8.2(2) 输送压力大于或等于 0.5MPa 的可燃流体、有毒流体管道的焊缝，应抽样进行射线照相检验，抽检比例不得低于管道焊缝的 10%，其质量不得低于Ⅲ级。工程设计文件有抽检比例和质量规定时，应符合设计文件要求。

9.4.4(1) 接地体及其引出线和焊接部位应进行表面除锈，去除污物和残留焊渣，并应进行防腐处理。

9.4.4(2) 接地体埋设深度应符合工程设计文件的要求，且不得小于 0.6m。

三十二、《露天煤矿工程质量验收规范》GB 50175—2014

3.0.6 露天煤矿工程施工质量验收应符合下列规定：

2 未经批准的设计变更、工程调整不得施工，不按批复的设计文件和施工组织设计施工的工程不得验收。

5 涉及结构安全的试块、试件以及材料，应进行见证取样检测。

7 对涉及露天煤矿安全的防洪、边坡等重要工程应进行抽样检测。

4.0.4　通过返修或加固处理仍不能满足安全使用要求的分部工程、单位工程，严禁验收。

10.3.3　承担运输任务的平盘必须修筑安全挡墙，高度不得小于卡车轮胎直径的 2/5，顶部宽度不应小于 1m。

10.5.1　排土场应设安全挡墙及工作线反向坡度等安全设施，安全设施应符合表 10.5.1 的规定。

表 10.5.1　安全设施要求

序号	检查项目	允许偏差	检查方法
1	安全挡墙（m）	+0.5 0	测量：200m 测 4 点
2	工作线反向坡度（%）	+0.5 0	测量：200m 测一断面，每个断面测 2 点

11.5.1　排土场线路端头应设车挡，排土工作线应设反向坡度等安全设施。排土场安全设施要求应符合表 11.5.1 的规定。

表 11.5.1　排土场安全设施要求

序号	检查项目	要求	检查方法
1	安全车挡（m）	不小于设计值	现场检查
2	排土线反向坡度（%）	+0.5 0	测量：50m 测一断面

12.3.2　设置辅助设备联络道路的平盘应修筑安全挡墙，高度不得小于卡车轮胎直径的 2/5，顶部宽度不应小于 1m。

三十三、《锅炉安装工程施工及验收标准》GB 50273—2022

1.0.3　锅炉未办理工程验收手续，严禁投入使用。

1.0.4　在锅炉安装前和安装过程中，当发现受压部件存在影响安全使用的质量问题时，必须停止安装，并报告建设单位。

6.3.3　蒸汽锅炉安全阀应铅垂安装，排汽管管径应与安全阀排出口径一致，管路应畅通，并应直通至安全地点，排汽管底部应装有疏水管。省煤器的安全阀应装排水管。在排水管、排汽管和疏水管上，不得装设阀门。应将排汽管支撑固定，不得使排汽管的外力施加到安全阀上，两个独立的安全阀的排汽管不应相连。

6.3.4　蒸汽锅炉安全阀的整定压力应符合表 6.3.4 的规定。锅炉上必须有一个安全阀按表 6.3.4 中较低的整定压力进行调整。过热器上的安全阀必须按表 6.3.4 中较低的整定压力进行调整。

表 6.3.4　蒸汽锅炉安全阀的整定压力（MPa）

额定工作压力	整定压力
≤0.8	工作压力加 0.03
	工作压力加 0.05
>0.8~3.82	工作压力的 1.04 倍
	工作压力的 1.06 倍

注：1　省煤器安全阀整定压力应为装设地点的工作压力的 1.1 倍。
　　2　表中的工作压力，对于脉冲式安全阀系指冲量接出地点的工作压力，对于其他类型的安全阀系指安全阀装设地点的工作压力。

6.3.7　热水锅炉安全阀的整定压力应符合表 6.3.7 的规定。锅炉上必须有一个安全阀按表 6.3.7 中较低的整定压力进行调整。

表 6.3.7　热水锅炉安全阀的整定压力（MPa）

整定压力	工作压力的 1.10 倍，且不应小于工作压力加 0.07
	工作压力的 1.12 倍，且不应小于工作压力加 0.10

6.3.9　有机热载体气相炉最少应安装两只不带手柄的全启式弹簧安全阀，安全阀与筒体连接的短管上应装设一只爆破片，爆破片与锅筒或集箱连接的短管上应加装一只截止阀。有机热载体气相炉在运行时，截止阀必须处于全开位置。

三十四、《工业炉砌筑工程质量验收标准》GB 50309—2017

4.2.6　经返修或加固处理仍不能满足安全使用的分部工程及单

位工程，严禁验收。

5.2.4　吊挂砖的主要受力部位严禁有裂纹，其余部位不得有显裂纹。

6.1.5　锚固砖或吊挂砖的主要受力部位严禁有裂纹，其余部位不得有显裂纹。

9.6.3　炭化室跨顶砖除长度方向的端面外，其他面均不得加工。跨顶砖的主要受力部位严禁有裂纹，其余部位不得有显裂纹。

12.1.5　炉底工作层反拱拱脚砖必须砌入墙内。反拱砌体与侧墙、端墙的接触面必须湿砌，接合应严密、牢固。

三十五、《煤矿井巷工程质量验收规范》GB 50213—2010 (2022 年版)

3.0.4　煤矿井巷工程质量必须按下列规定进行验收：

1　井巷工程质量应符合本规范的规定；

2　井巷工程应符合工程设计文件的要求；

3　参加质量验收的各方人员应具备规定的资格；

4　工程质量的验收均应在施工单位自行检查评定的基础上进行；

5　隐蔽工程在隐蔽前应由施工单位通知有关单位进行验收，并应形成验收文件；

6　试块、试件以及有关材料，应按规定进行见证取样检测；

7　分项工程的质量应按主控项目和一般项目验收；

8　对涉及井巷工程安全和使用功能的重要分部工程应进行抽样检测；

9　承担见证取样检测及有关井巷工程安全检测的单位应具有相应资质；

10　工程的观感质量应由验收人员通过现场检查，并应共同确认。

5.0.4 单位（或子单位）工程质量验收合格必须符合下列规定：

1 单位（或子单位）工程所含分部（或子分部）工程的质量均应验收合格；

2 质量控制资料应完整；

3 单位（或子单位）工程所含分部工程有关安全和功能的检测资料应完整；

4 主要功能项目的抽查结果应符合相关专业质量验收规范的规定；

5 观感质量验收的得分率应达到70％及以上。

5.0.7 通过返修或加固处理，经安全评价后仍不能满足安全使用要求的分项工程，严禁验收。

6.0.5 建设单位应在单位工程竣工验收合格后15个工作日内，向煤炭工业建设工程质量监督机构申请质量认证；煤炭工业建设工程质量监督机构在收到单位工程质量认证申请书和相关资料后，应在15日内组织工程质量认证。

6.0.6 煤矿井巷工程不经单位工程质量认证，不得进行工程竣工结（决）算及投入使用。

9.1.1 锚杆的杆体及配件的材质、品种、规格、强度必须符合设计要求。

9.1.2 水泥卷、树脂卷和砂浆锚固材料的材质、规格、配比、性能必须符合设计要求。

9.2.1 预应力锚杆、锚索的材质、规格、承载力必须符合设计要求。

9.2.2 预应力锚杆、锚索的锚固材料、锚固方式必须符合设计要求。

10.2.1 预制混凝土块、料石的材质、强度、规格必须符合设计要求。

10.2.2 砂浆的品种必须符合设计要求，砂浆的强度必须符合下列规定：

1 同一批砂浆试块抗压强度平均值必须大于或等于设计值；

2 同一批砂浆试块抗压强度的最小一组平均值严禁小于设计值的 85%。

11.1.1 各种支架及其构件、配件的材质、规格必须符合设计要求。

13.2.4 混凝土强度等级必须符合设计要求，每节井壁必须留置不少于一组标准养护试样。

13.4.1 壁后注浆所用材料的质量及其配合比必须符合设计要求。

13.4.3 壁后注浆质量检查必须符合下列规定：

1 检查孔的单孔出浆量必须小于 0.1m³，出水量必须小于 0.5m³/h；

2 历经 24h 后严禁继续增加，且水中严禁带砂。

13.4.5 壁后注浆充填量必须符合下列规定：

1 锅底至井底车场连接处以上 30m 充填段的注浆充填量严禁少于测算量的 90%；

2 其他充填段的注浆充填量严禁少于测算量的 80%。

15.1.1 井下各种风门、防火门、防爆门、防水闸门、排泥仓密闭门和各种密闭墙的基槽四周必须挖到实底、硬顶、实帮，成形应规整。

15.3.1 各种门及门框的材质、规格及质量必须符合设计要求。

15.3.4 防水闸门竣工验收，必须按设计要求进行；对新掘进巷道内建筑的防水闸门，必须进行注水耐压试验，试验的压力严禁低于设计水压。

17.3.1 轨枕、岔枕及其所用材料的品种、材质、规格、强度必须符合设计规定。

17.4.1 钢轨的规格、型号、质量必须符合设计要求。采用 30kg/m 及其以上轨型的钢轨在使用前，必须逐根调直整平；严禁在主要运输线路使用磨损超过限度的钢轨，严禁在同一条运输线路上铺设不同型号的钢轨。主要运输线路钢轨垂直磨耗限度必须符合表 17.4.1 的规定。

表 17.4.1　主要运输线路钢轨垂直磨耗限度

钢轨类型（kg/m）	15	18	22、30
垂直磨耗限度（mm）	6	7	9

17.4.3　运行架线电机车的轨道回流线和该轨道与非回流轨道连接处的绝缘质量必须符合设计要求。

三十六、《110kV～750kV 架空输电线路施工及验收规范》GB 50233—2014

6.1.2　基础混凝土中严禁掺入氯盐。

7.2.1　分解组立铁塔时，基础混凝土的抗压强度必须达到设计强度的 70%。

8.4.1　不同金属、不同规格、不同绞制方向的导线或架空地线严禁在一个耐张段内连接。

8.4.7　切割导线外层铝股时严禁伤及钢芯。

三十七、《输送设备安装工程施工及验收规范》GB 50270—2010

3.0.10　带式逆止器［图 3.0.10（*a*）］的工作包角不应小于 70°；滚柱逆止器的安装方向必须与滚柱逆止器［图 3.0.10（*b*）］一致，安装后减速器应运转灵活。

12.4.2　制动力矩的调整必须符合下列规定：

1　竖井和斜井的提升机或绞车的制动力矩，必须符合表 12.4.2的规定。

表 12.4.2　竖井和斜井的提升机或绞车的制动力矩

倾角	5°～20°	25°	30°～90°
制动力矩	$\geqslant 2M$	$\geqslant 2.6M$	$\geqslant 3.0M$

注：1　倾角是指提升机或绞车纵向中心线与水平面的夹角，M 为最大静力矩；

2　对于坡度变化的巷道，提升机或绞车的倾角应按其在最大坡度段的倾角确定。

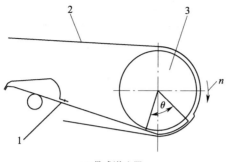

(a) 带式逆止器

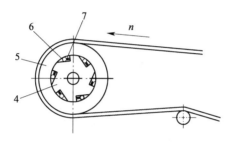

(b) 滚柱逆止器

图 3.0.10 逆止器

1—逆止带；2—胶带；3—滚筒；4—星轮；

5—固定圈；6—滚子；7—弹簧柱销；θ—工作

包角；n—皮带运转方向

2 凿井绞车提升或下放物料时的制动力矩，严禁小于最大静力矩的 2 倍。

3 双卷筒提升机调绳或变换水平时，制动盘或制动轮上的制动力矩，严禁小于容器和钢丝绳重量之和的最大静力矩的 1.2 倍。

三十八、《金属切削机床安装工程施工及验收规范》GB 50271—2009

2.0.8 机床在空负荷运转前，应符合下列要求：

8　电机的旋转方向必须与机床标明的旋转方向相符。

2.0.9　机床空负荷运转时，应符合下列要求：

2　安全防护装置和保险装置必须齐备和可靠；

三十九、《锻压设备安装工程施工及验收规范》GB 50272—2009

3.7.3　空负荷试运转时，应对所有运动机构的动作进行检查，并应符合下列要求：

1　安全装置和联锁保护必须正确、可靠；

4.9.5　空负荷试运转应符合下列要求：

7　装有紧急停止和紧急回程、意外电压恢复时防止电力驱动装置的自行接通、警铃（或蜂鸣器）警告灯，以及光电保护装置的动作试验，必须安全、可靠；

7.3.3　剪切机的空负荷试运转，应符合下列要求：

4　安全保护联锁装置的动作必须准确、可靠；在单次行程工作试验时，严禁发生连续工作行程的现象；

四十、《制冷设备空气分离设备安装工程施工及验收规范》GB 50274—2010

2.1.10　制冷剂充灌和制冷机组试运转过程中，严禁向周围环境排放制冷剂。

3.1.4　空气分离设备的脱脂，应符合下列规定：

1　与氧或富氧介质接触的设备、管路、阀门和各忌油设备均应进行脱脂处理；

3.1.9　氧气管道中的切断阀，严禁使用闸阀。

3.1.10　氧气管道必须设置防静电接地。每对法兰或螺纹连接间的电阻值超过 0.03Ω 时，应设置导线跨接。

3.13.5　低温液体贮槽的安装，应符合下列要求：

7　液氧容器安置在室外时，必须设置防静电接地和防雷击装置；

四十一、《风机、压缩机、泵安装工程施工及验收规范》GB 50275—2010

2.3.6 轴流通风机试运转，应符合下列要求：

3 轴流通风机启动后调节叶片时，电流不得大于电动机的额定电流值；轴流通风机运行时，严禁停留于喘振工况内；

3.1.1 压缩机组装前，设备的清洗和检查应符合下列要求：

5 压缩机或压力容器内部严禁使用明火查看。

4.7.1 泵试运转前除应符合本规范第4.1.9条的规定外，尚应符合下列要求：

2 潜水螺杆泵必须有可靠的接地装置和接地线；

四十二、《破碎、粉磨设备安装工程施工及验收规范》GB 50276—2010

13.0.2 空负荷试运转前，安全保护装置必须符合随机技术文件的规定；试运转后，必须检查各接合部位，并拧紧连接螺栓。

四十三、《铸造设备安装工程施工及验收规范》GB 50277—2010

3.2.1 混砂机的球体及运砂小车，不得作为起重运输的承力处。

5.3.2 高压放电回路的接地电阻应小于0.5Ω；接地螺钉与机壳之间的电阻应小于0.1Ω；各绝缘部位的绝缘值，应符合随机技术文件的规定。

四十四、《起重设备安装工程施工及验收规范》GB 50278—2010

1.0.3 对大型、特殊、复杂的起重设备的吊装或在特殊、复杂环境下的起重设备的吊装，必须制订完善的吊装方案。当利用建筑结构作为吊装的重要承力点时，必须进行结构的承载核算，并经原设计单位书面同意。

2.0.3 安装挠性提升构件时，必须符合下列规定：

　　1 压板固定钢丝绳时，压板应无错位，无松动。

　　2 楔块固定钢丝绳时，钢丝绳紧贴楔块的圆弧段应楔紧、无松动。

　　3 钢丝绳在出、入导绳装置时，应无卡阻；放出的钢丝绳应无打旋、无碰触。

　　4 吊钩在下限位置时，除固定绳尾的圈数外，卷筒上的钢丝绳不应少于 2 圈。

　　5 起升用钢丝绳应无编接接长的接头；当采用其他方法接长时，接头的连接强度不应小于钢丝绳破断拉力的 90％。

　　6 起重链条经过链轮或导链架时应自由、无卡链和爬链。

4.0.2 连接运行小车两墙板的螺柱上的螺母必须拧紧，螺母的锁件必须装配正确。

四十五、《油气长输管道工程施工及验收规范》GB 50369—2014

10.3.2 无损检测应符合国家现行标准《石油天然气管道工程全自动超声波检测技术规范》GB/T 50818 和《石油天然气钢质管道无损检测》SY/T 4109 的规定，射线检测及超声检测的合格等级均应为Ⅱ级。

10.3.3 输油管道的无损检测方法及比例应符合下列规定：

　　1 采用射线检测检验时，应对焊工当日所焊不少于 30％的焊缝全周长进行射线检测；

　　2 采用超声检测时，应对焊工当日所焊焊缝的全部进行检查，并对其中 10％环焊缝的全周长用射线检测复验；

　　3 对通过居民区、工矿企业和穿越、跨越大中型水域、一二级公路、铁路、隧道的管道环焊缝，以及所有碰死口焊缝，应进行 100％超声检测和射线检测。

10.3.4 输气管道的检测方法及比例应符合下列规定：

1 所有焊接接头应进行全周长 100％无损检测，无损检测方法应选用射线检测和超声检测。焊缝表面缺陷应选用磁粉或液体渗透检测。

2 当采用超声检测对焊缝进行无损检测时，应按下列比例采用射线检测对每个焊工或流水作业焊工组当天完成的全部焊缝进行复验：一级地区中焊缝的 5％，二级地区中焊缝的 10％，三级地区中焊缝的 15％，四级地区中焊缝的 20％。

3 穿越、跨越水域、公路、铁路的管道焊缝，弯头与直管段焊缝及未经试压的管道碰死口焊缝，均应进行 100％超声检测和射线检测。

四十六、《炼铁机械设备工程安装验收规范》GB 50372—2006

2.0.6 机械设备的安全保护装置应符合设计文件的规定，在试运转中需要调试的装置应在试运转中完成调试，其功能应符合设计文件的要求。

2.0.15 工程质量不符合要求且经处理或返工仍不能满足安全使用要求的工程严禁验收。

5.2.2 焊工必须经考试合格并取得合格证书。持证焊工必须在其考试合格项目及认可范围内施焊。

5.2.5 水冷梁对接焊缝内部质量必须符合设计文件的规定。无规定时，应符合现行国家标准《金属熔化焊焊接接头射线照相》GB 3323 中 AB 类Ⅱ级的规定。

5.2.7 煤气管道焊缝质量必须符合设计文件的规定。无规定时，应符合现行国家标准《金属熔化焊焊接接头射线照相》GB 3323 中 AB 类Ⅱ级的规定。

四十七、《轧机机械设备工程安装验收规范》GB 50386—2016

7.5.1 卷筒试运转前必须安装安全套筒，卷筒的外置轴承架应处于工作位置。

四十八、《焦化机械设备安装验收规范》GB 50390—2017

3.0.9 安全阀必须校定，并应有校定报告。安全阀上应有校定的标识。

30.1.3 在试运转中压力继电器、液控安全阀、温度控制器、行程限位开关安全保护装置，必须在试运转中完成调试。

四十九、《冶金电气设备工程安装验收规范》GB 50397—2007

13.1.2 三相或单相的交流单芯电缆，不得单独穿于钢导管内。

16.1.1 金属电缆桥架及支架和引入或引出的金属电缆导管必须接地（PE）或接零（PEN）可靠，且必须符合下列规定：

1 金属电缆桥架及其支架全长不应少于 2 处与接地（PE）或接零（PEN）干线相连接。

2 非镀锌金属电缆桥架间连接板的两端应跨接铜芯接地线，接地线最小允许截面积不小于 $4mm^2$。

3 镀锌电缆桥架间连接板的两端不跨接接地线，但连接板两端不少于 2 个有防松螺帽或防松垫圈的连接固定螺栓。

20.1.1 金属的导管和线槽必须接地（PE）或接零（PEN）可靠，并符合下列规定：

1 可挠性导管、金属线槽和明配的镀锌钢导管不得熔焊跨接接地线；以专用接地卡跨接的两卡间连线为铜芯软导线，截面积不小于 $4mm^2$。

2 当非镀锌钢导管采用螺纹连接时，连接处的两端焊跨接接地线；当镀锌钢导管采用螺纹连接明配时，连接处的两端用专用接地卡固定跨接接地线；当镀锌钢导管采用螺纹连接暗配时，可用圆钢作跨接地线熔焊连接。

3 金属线槽不作设备的接地导体，当设计无要求时，金属线槽全长不少于 2 处与接地（PE）或接零（PEN）干线连接。

4 非镀锌金属线槽连接板的两端跨接铜芯接地线。镀锌线榴间连接板的两端不跨接接地线，但连接板两端不少于 2 个有防松螺帽或防松垫圈的连接固定螺栓。

20.1.2 金属导管严禁对口熔焊连接；镀锌和壁厚小于等于 2mm 的钢导管不得套管熔焊连接。

21.1.1 须接地、接零的灯具、开关、插座等非带电的金属导体，应有明显标志的专用接地螺栓，按 TN 接地系统要求实施接地。设计无规定时，应符合下列规定：

　　1 单相双孔插座的接线：面对插座，右孔或上孔接相线，左孔或下孔接零线。

　　2 单相三孔、三相四孔及三相五孔插座的接地（PE）或接零（PEN）线接在上孔。插座的接地端子不与零线端子连接。同一场所的三相插座，接线的相序一致。

　　3 接地（PE）或接零（PEN）线在插座间不得串联连接。

　　4 当灯具距地面高度小于 2.4m 时，灯具的可接近裸露导体必须接地（PE）或接零（PEN）可靠，并应有专用接地螺栓，且有标识。

21.1.2 花灯吊钩圆钢直径不应小于灯具挂销直径，且不应小于 6mm。大型花灯的固定及悬吊装置，应按灯具重量的 2 倍做过载试验。

23.1.1 测试接地装置的接地电阻值必须符合设计要求。

25.1.6 防爆电气设备的接地或接零必须符合设计规定。

26.1.1 电气设备的类型应符合设计规定。

五十、《炼钢机械设备工程安装验收规范》GB 50403—2017

3.0.14 氧枪、副枪、吹氩枪、喷枪、AOD 炉供气装置、结晶器、测温取样装置、水冷托圈、水冷炉口、裙罩、移动烟罩、烟道、水冷壁、水冷炉盖、水冷管系统、电极夹持头必须进行水压试验及通水试验。

3.0.15 氧枪、喷枪、AOD 炉供气装置的通氧零部件及管路严禁沾有油脂。

五十一、《石油化工静设备安装工程施工质量验收规范》GB 50461—2008

4.3.4 焊后进行整体热处理的球形储罐，在支柱底板与垫铁组之间应设置滑动底板。

5.4.3 现场组焊的压力容器必须按照《压力容器安全技术监察规程》的要求制备产品焊接试板。产品焊接试板的尺寸、试样截取和数量、试验项目、合格标准和复验要求应符合国家现行标准《钢制压力容器产品焊接试板的力学性能检验》JB 4744 的规定。

6.1.3 耐压试验应采用液压试验，若采用气压试验代替液压试验时，必须符合下列规定：

1 压力容器的焊接接头进行 100％ 射线或超声检测，执行标准和合格级别执行原设计文件的规定。

2 非压力容器的焊接接头进行 25％ 射线或超声检测，合格级别射线检测为Ⅲ级，超声检测为Ⅱ级。

3 有本单位技术总负责人批准的安全措施。

4 试压系统设置安全泄放装置。

7.0.2 施工过程中应及时进行工序检查确认，并审查相关资料；被后一工序覆盖的部位必须进行隐蔽工程验收。

五十二、《微电子生产设备安装工程施工及验收规范》GB 50467—2008

3.10.15 生产设备、电气配管、氢气配管、氧气配管的接地必须与专用接地线可靠连接。

3.10.16 当微电子生产设备的生产和安装同时进行时，二次配管配线应符合下列规定：

1 施工中进行焊接等产烟明火作业时，必须取得建设单位签发的动火许可证及动用消防设施许可证。

2 生产区与安装区之间应采取临时隔离措施。

3 垂直作业时，应采取安全隔离措施，并应设置危险警示标志。

4 洁净度等级高于等于 5 级的清净室（区）的人员密度不应大于 0.1 人/m²，洁净度等级低于 5 级的洁净室（区）的人员密度不应大于 0.25 人/m²。

3.10.17 管子从在用配管连接到新安装设备时，必须从一次配管上预留阀门后接至设备相应接口，严禁在一次配管上新开三通接管。

3.10.18 管子从停用配管连接到新安装设备时，应排尽阀后所有管内介质，其中可燃、易爆和助燃介质应排至室外安全场所。

3.11.1 二次配管工作压力不小于 0.1MPa 的管道应进行压力试验，其中可燃，易爆和助燃性气体管道应进行气密性试验；气密性试验合格后，再次拆卸过的管道必须再次做气密性试验。

3.11.4 二次配管压力试验开始时应测量试验温度，试验温度严禁接近材料脆性转变温度。

3.11.10 输送介质为可燃、易爆和助燃的管道应采用惰性气体进行冲（吹）洗，冲（吹）洗气体的纯度不应低于管网输送介质的纯度。

5.4.2 经返修后仍不能满足安全使用和性能要求的分项工程不得进行验收。

五十三、《石油化工金属管道工程施工质量验收规范》GB 50517—2010（2023 年版）

3.0.2 从事石油化工金属管道施工的焊工和无损检测人员应具备与所从事的作业内容相符的工作技能。

5.1.1 管道组成件必须具有质量证明文件并应有批号，质量证明文件的性能数据应符合国家现行标准和设计文件规定。

5.1.6 实物标识应与质量证明文件相符。到货的管道组成件实物标识不清或与质量证明文件不符或对质量证明文件中的特性数据或检验结果有异议时，在问题和异议未解决前不得验收。

12.0.2　管道施工过程的隐蔽工程未经监理检验确认，不得进行隐蔽施工。

五十四、《冶金除尘设备工程安装与质量验收规范》GB 50566—2010

18.1.5　设备的安全保护装置必须符合设计规定。在试运转中需要调试的安全装置，必须在试运转中完成调试，其功能必须符合设计要求。

18.2.4　静电除尘器试运转应符合下列规定：

　　1　静电除尘器升压试验前必须确认除尘室内无任何异物，接地装置确认良好，必须符合设计文件的规定。

五十五、《双曲线冷却塔施工与质量验收规范》GB 50573—2010

3.3.6　双曲线冷却塔工程合格质量标准应符合下列规定：

　　1　曲线冷却塔工程所含的各分部（子分部）工程的质量均应验收合格；

　　2　质量控制资料应完整；

　　3　双曲线冷却塔工程所含的各分部（子分部）工程有关安全及功能的检测资料应完整；混凝土结构实体检验必须达到现行国家标准《混凝土结构工程施工质量验收规范》GB 50204 的有关要求；混凝土抗冻等级与抗渗等级必须达到设计及有关检验评定标准的要求；

　　4　主要功能项目的抽检结果应符合相关专业质量验收规定；

　　5　观感质量验收应符合本规范表 E.0.1-4 的要求。

3.3.8　经返修或加固处理仍不能满足双曲线冷却塔安全使用要求的分部工程和单位工程，严禁验收。

5.3.3　斜支柱现浇支架应按现行行业标准《建筑施工扣件式钢管脚手架安全技术规范》JGJ 130 或《建筑施工碗扣式钢管脚手

架安全技术规范》JGJ 166 的有关规定计算确定其强度。刚度和稳定性。斜支柱模板应与支架有可靠的连接，其倾斜角度应符合设计要求。

5.5.1　斜支柱吊装应根据设计图纸要求控制其空间位置，吊装支架的强度、刚度及稳定性必须经过验算。

6.3.7　环梁、刚性环施工用脚手架应按现行行业标准《建筑施工扣件式钢管脚手架安全技术规范》JGJ 130 或《建筑施工碗扣式钢管脚手架安全技术规范》JGJ 166 的有关规定计算确定其强度、刚度和稳定性。

6.3.15　环梁底模拆除时其混凝土强度应达到设计要求的 75% 以上；采用悬挂式脚手架施工筒壁，拆模时其上节混凝土强度应达到 6MPa 以上；刚性环拆模时其混凝土强度应达到 15MPa 以上。

10.0.7　接地装置安装完成后，应测试接地电阻，电阻值必须符合设计要求。

12.0.3　筒壁施工阶段应符合下列规定：

　　1　周围应设立 30m 施工危险（警界）区，并应设立明显的安全警示标志；

　　2　在危险区内的通道应搭设全封闭双层硬隔离保护棚；

　　4　悬挂式脚手架上部外侧应设置 1.2m 高活动式防护栏杆，内外门架必须挂设封闭兜底安全网，且应及时清理安全网内的杂物，严禁高处落物；

　　6　悬挂式脚手架与筒壁、同层悬挂式脚手架及悬挂式脚手架上下层间各杆件连接应牢固，且同层悬挂式脚手架与筒壁应调整垂直和水平；

12.0.4　采用翻模或爬模工艺时，混凝土未达到规定的强度不得提升或翻模。

12.0.6　施工升降机必须装设上、下限位开关及上、下极位开关和防坠落等安全装置，且应灵敏可靠，并应定期进行检查。施工升降机应经验收合格并取得准用证。

五十六、《1kV 及以下配线工程施工与验收规范》GB 50575—2010

3.0.9 配线工程中非带电的金属部分的保护接地必须符合设计要求。

3.0.13 配线工程的电线线芯截面面积不得低于设计值，进场时应对其导体电阻值进行见证取样送检。

4.5.4 线槽的敷设应符合下列规定：

　　6 金属线槽应接地可靠，且不得作为其他设备接地的接续导体，线槽全长不应少于 2 处与接地保护干线相连接。全长大于 30m 时，应每隔 20m～30m 增加与接地保护干线的连接点；线槽的起始端和终点端均应可靠接地。

5.1.2 电线接头应设置在盒（箱）或器具内，严禁设置在导管和线槽内，专用接线盒的设置位置应便于检修。

5.1.6 配线工程施工后，必须进行回路的绝缘检查，绝缘电阻值应符合现行国家标准《电气装置安装工程　电气设备交接试验标准》GB 50150 的有关规定，并应做好记录。

5.2.3 三相或单相的交流单芯线，不得单独穿于钢导管内。

5.5.1 塑料护套线应明敷，严禁直接敷设在建筑物顶棚内、墙体内、抹灰层内、保温层内或装饰面内。

五十七、《铝母线焊接工程施工及验收规范》GB 50586—2010

1.0.3 从事铝母线焊接的焊工必须持有焊工考核合格证，才能上岗操作。

4.1.2 铝板（带）剪切断面应无裂纹。

7.2.3 焊缝金属表面焊波应均匀，不得有裂纹、烧穿、弧坑、针状气孔、缩孔等缺陷。

8.2.4 短路通电检查的试验电流达到设计额定工作电流 2h 后，铝母线的导电性能应符合下列规定：

　　1 铝母线的电压降应符合下列规定：

1）单台电解槽的停槽电压降应符合设计要求，电压降允许偏差为 5mV。

2）立柱母线压接面两侧各距 50mm 间的电压降为 12mV。

3）立柱短路接口的压接面两侧各距 50mm 间的电压降为 20mV。

2 铝母线焊接接头的电压降在电流密度为 0.3A/mm² 时，焊接接头焊缝中心线两侧各距 50mm 间的电压降为 1.5mV。

五十八、《石油化工绝热工程施工质量验收规范》GB 50645—2011

3.2.5 返修处理后仍不能满足安全使用要求的工程，严禁验收。

4.3.2 储存或输送易燃、易爆物料的设备及管道，以及与此类管道架设在同一支架上或相交叉处的其他管道，其保护层必须采用不燃性材料。

8.0.6 凡施工质量验收不合格时，必须经返工或返修，重新验收合格后方可办理交工。

五十九、《印染设备工程安装与质量验收规范》GB 50667—2011

4.3.2 介质温度高于 98℃ 的高温高压卷染机，必须设置温度、压力安全联锁控制装置。

4.3.3 介质的排放温度高于 98℃ 并具有高温排放功能的高温高压卷染机，必须设置安全防护装置。

4.4.6 温度高于 98℃ 的高温高压气流染色机，必须设置温度、压力安全联锁控制装置。

4.4.7 介质的排放温度高于 98℃ 并具有高温排放功能的高温高压气流染色机，必须设置安全防护装置。

4.5.7 对于温度高于 98℃ 的高温高压经轴染色机，必须设置温度、压力安全联锁控制装置。

4.5.8 介质的排放温度高于 98℃ 并具有高温排放功能的高温高

压经轴染色机，必须设置安全防护装置。

4.6.7　温度高于 98℃的高温高压喷射染色机，必须设置温度、压力安全联锁控制装置。

4.6.8　介质的排放温度高于 98℃并具有高温排放功能的高温高压喷射染色机，必须设置安全防护装置。

5.1.2　接地与接零保护应符合下列规定：

　　7　印染设备严禁用输液、输汽（气）金属管道作为接地体或接地线。

六十、《空分制氧设备安装工程施工与质量验收规范》GB 50677—2011

3.0.4　空分制氧设备安装工程中从事施焊的焊工必须经考试合格并取得合格证书，同时应在其考试合格项目及其认可的范围内施焊。

3.0.14　工程质量不符合要求，且经处理和返工仍不能满足安全使用要求的工程，严禁验收。

9.1.1　氧气压缩机安装前，凡与氧气接触的机械零件、部件、管道组成件及仪表必须进行脱脂。

11.1.1　精馏塔底部加热器安装前应进行脱脂。

13.8.1　氧气压缩机的氧气试运转必须在氮气或无油空气试运转合格后进行，严禁采用氧气直接试运转。

14.2.10　进入冷箱或密闭容器作业，必须采取通风措施，在作业过程中氧气含量始终不得低于 19.5%。

六十一、《石油化工非金属管道工程施工质量验收规范》GB 50690—2011

8.1.7　试压过程中如有泄漏，严禁带压返修。返修完成并经外观检查合格后，应重新进行试压。

9.1.5　吹扫时应设安全警戒区域，吹扫出口处严禁站人。

六十二、《涤纶、锦纶、丙纶设备工程安装与质量验收规范》GB 50695—2011（2023年版）

2.5.8 安装中使用的易燃易爆和危险化学物品应做到专人使用、专人管理。使用场所周围必须采取防护措施，且夜间严禁存放在安装现场。

3.16.6 热煤加热系统处于循环加热状态时，严禁焊接管道。

3.27.7 采用油雾润滑的卷绕头，当油雾发生装置启动时间小于30min时，不得通电旋转卷绕头。

9.0.2 保温工程的基本要求除应符合现行国家标准《工业设备及管道绝热工程设计规范》GB 50264 的有关规定外，尚应符合下列规定：

2 供应商提供的设备保温质量不符合要求时，用户必须进行二次保温。

4 保温材料的质量稳定性应满足在 350℃ 温度下长期连续绝热性能的要求，持续使用寿命应达到 5a 以上。

5 除不需保温的设备、管道、支撑架、吊耳及纺丝箱底部外，保温保护层外表面温度与环境温度差应小于 25℃。

六十三、《冶炼烟气制酸设备安装工程质量验收规范》GB 50712—2011

3.0.4 从事设备焊接的焊工应在其考核合格项目及其认可范围内作业，无损检测人员应取得相应的执业证书。

6.7.1 沉降器安装完成后，应进行常温盛水试验，试验时间应为48h，并应以无渗漏、无冒汗、无明显变形等现象为合格。

6.8.1 循环槽、高位槽及安全水封的盛水试验，试验时间应为48h，并应以无渗漏、无冒汗、无明显变形等现象为合格。

6.9.1 稀酸脱吸塔的盛水试验应进行常温盛水试验，试验时间应为48h，并应以无渗漏、无冒汗、无明显变形等现象为合格。

8.4.3 水压试验应符合设计技术文件的规定，设计技术文件无规定时，试验压力应按工作压力的 1.25 倍进行，应在试验压力下稳压 20min，再降至工作压力进行检查，水压应缓慢升降，应无漏水或异常现象，压力应保持不变。

六十四、《重有色金属冶炼设备安装工程质量验收规范》GB 50717—2011

4.1.3 火法冶炼炉氧枪与氧气或富氧接触的零部件必须全部脱脂。

六十五、《液晶显示器件生产设备安装工程施工及验收规范》GB 50725—2011

3.8.20 生产设备、电气配管、氢气配管、氧气配管的接地，必须与专用接地线连接。

5.4.2 经返修仍不能满足安全使用和性能要求的分项工程不得验收。

六十六、《±800kV 及以下直流换流站土建工程施工质量验收规范》GB 50729—2012

4.3.23 孔洞封堵的金属构件与换流变套管或升高座之间不得直接接触，并应保持 30mm～50mm 的空隙。

4.3.24 换流变压器、油浸式平波电抗器穿墙套管洞口周边固定封堵防火板的材料应满足设计要求。当采用同材质金属材料时，金属框必须做隔磁处理，避免形成环流。

4.4.13 避雷带（网）的接地应符合现行国家标准《电气装置安装工程 接地装置施工及验收规范》GB 50169 的有关规定。

4.5.9 混凝土中掺用外加剂的质量及应用技术应符合现行国家标准《混凝土外加剂》GB 8076 和《混凝土外加剂应用技术规范》GB 50119 的有关规定。

4.5.10 处于潮湿环境和干湿交替环境的混凝土，应选用非碱活性骨料。

4.7.10 护栏高度、栏杆间距、安装位置必须符合设计要求。护栏安装必须牢固，高度应不低于 1050mm，临空面必须加挡板。

4.8.4 接地（PE）或接零（PEN）支线必须单独与接地（PE）或接零（PEN）干线相连接，不得串联连接。

5.2.8 电抗器基础的钢筋交叉处应做隔磁处理，避免形成环流。

5.2.9 混凝土设备基础不应有影响结构性能和设备安装的尺寸偏差。

5.9.3 水池及盐池工程所用的原材料、半成品、成品等产品的品种、规格、性能必须符合设计要求。生活饮用水应符合现行国家标准《生活饮用水卫生标准》GB 5749 的有关规定。

5.9.6 水池及盐池混凝土施工完毕后必须进行满水试验。

6.2.7 钢筋安装应符合下列规定：

　　1 钢筋进场应提供出厂合格证和产品质量证明书，并按现行国家标准《钢筋混凝土用钢　第 2 部分：热轧带肋钢筋》GB/T 1499.2 等的规定抽取试件作为力学性能检验进行现场见证取样，试验合格后方可使用；

　　2 钢筋安装时，受力钢筋的品种、级别、规格和数量必须符合设计要求；

7.2.3 隔声降噪设施钢结构应可靠接地。

7.3.4 石料及砂浆强度等级必须符合设计要求。

六十七、《水电水利工程压力钢管制作安装及验收规范》GB 50766—2012

4.1.3 钢管在安装过程中必须采取可靠措施，支撑的强度、刚度和稳定性必须经过设计计算，不得出现倾覆和垮塌。

4.1.4 钢管制作安装用高空操作平台应符合下列规定：

　　1 操作平台、钢丝绳及锁定装置等必须经设计计算确定。

　　2 必须有安全保护装置。

　　3 钢丝绳严禁经过尖锐部位。

4 电焊机等电气装置必须电气绝缘和可靠接地，严禁用操作平台作为接地电路。

5 必须采取可靠的防火和防坠落措施。

六十八、《±800kV 及以下换流站干式平波电抗器施工及验收规范》GB 50774—2012

5.3.2 吊具必须使用产品专用起吊工具。

5.5.3 支柱绝缘子的接地线不应形成闭合环路。

5.6.1 在距离电抗器本体中心两倍电抗器本体直径的范围内不得形成磁闭合回路。

六十九、《±800kV 及以下换流站换流变压器施工及验收规范》GB 50776—2012

6.0.4 当油箱内含氧量未达到 18％及以上时，人员不得进入油箱内。

12.0.1 换流变压器在移交试运行前应进行全面检查，检查项目应符合下列规定：

5 事故排油设施应完好，消防设施应齐全；

7 铁芯和夹件的接地引出套管、套管的接地小套管及电压抽取装置不使用时，其抽出端子均应接地；备用电流互感器二次端子应短路接地；套管顶部结构的接触及密封应良好；

10 调压切换装置分接头应符合运行要求，远程操作应动作可靠，且指示位置应正确；

13 换流变压器的全部电气试验应合格；保护装置整定值应符合规定；操作及联动试验应正确；

七十、《±800kV 及以下换流站构支架施工及验收规范》GB 50777—2012

7.1.6 构架柱组立后，必须立即做好临时接地。

7.1.7 构支架组立后，必须立即打牢构架柱的临时拉线，拉线大小应根据吊物的重量选定。

七十一、《钢铁厂加热炉工程质量验收规范》GB 50825—2013

4.8.5 焊接汽化冷却支撑梁的焊工必须取得中华人民共和国特种设备作业人员证，方可从事冷却支撑梁的焊接工作。

4.10.3 蓄热燃烧系统蓄热室（或蓄热烧嘴）与炉墙间应严密，不应有泄漏和冒火现象。炉区蓄热室（或蓄热烧嘴）周围一氧化碳（CO）含量应小于 $30mg/m^3$。

七十二、《1000kV 构支架施工及验收规范》GB 50834—2013

4.1.3 构架柱底段就位后，必须及时进行接地连接。

4.3.4 支架就位后，必须及时进行接地连接。

七十三、《1000kV 电力变压器、油浸电抗器、互感器施工及验收规范》GB 50835—2013

3.3.3 变压器、电抗器现场器身检查应符合下列规定：

4 变压器、电抗器本体内部含氧量低于 18％时，检查人员严禁进入；在内检过程中必须向箱体内持续补充干燥空气，并必须保持内部含氧量不低于 18％。

3.8.2 真空注油前，设备各接地点及连接管道必须可靠接地。

3.13.1 变压器、电抗器验收应符合下列规定：

5 变压器、电抗器中性点必须有两根与主接地网的不同干线连接的接地引下线，规格必须符合设计要求。

七十四、《1000kV 高压电器（GIS、HGIS、隔离开关、避雷器）施工及验收规范》GB 50836—2013

4.2.5 气体绝缘金属封闭开关设备（GIS）的现场安装应在设备厂家技术人员指导下进行，并应符合下列要求：

6 预充氮气的箱体必须先经排氮，然后充露点低于−40℃的干燥空气，且必须在检测氧气含量达到 18％以上时，方可进入。

4.6.1 气体绝缘金属封闭开关设备（GIS）验收时，应进行下列检查：

9 气体绝缘金属封闭开关设备（GIS）底座、机构箱和爬梯必须可靠接地；外接等电位连接必须可靠，并必须标识清晰；内接等电位连接必须可靠，并必须有隐蔽工程验收记录。

七十五、《矿浆管线施工及验收规范》GB 50840—2012

6.0.4 布管时，钢管必须安放稳定。

七十六、《建材矿山工程施工与验收规范》GB 50842—2013

3.0.3 建材矿山工程的安全设施、环境保护设施应与主体工程同时设计、同时施工、同时投入使用。

6.1.13 爆破施工现场严禁烟火，禁止携带发火物品。

18.1.5 雷雨天气禁止在露天进行爆破作业和高处作业。

18.1.6 严禁在临时炸药库、油脂库、加油站等易燃、易爆物品储存点使用明火。

19.3.3 有毒、有害废水严禁直接排放。

七十七、《住宅区和住宅建筑内光纤到户通信设施工程施工及验收规范》GB 50847—2012

1.0.3 新建住宅区和住宅建筑内的地下通信管道、配线管网、电信间、设备间等通信设施应与住宅区及住宅建筑同步施工、同时验收。

七十八、《尾矿设施施工及验收规范》GB 50864—2013

1.0.4 尾矿设施施工必须按施工图进行。当实际情况与工程勘察或设计不符需修改设计时，必须取得勘察和设计单位的书面同意。涉及坝址、筑坝料和排洪建筑物结构等重大设计变更时，必须报原审批部门批准。

七十九、《轻金属冶炼机械设备安装工程质量验收规范》GB 50883—2013

8.4.6 负荷试运转严禁以超过试运转设备的额定参数运行。

八十、《烟气脱硫机械设备工程安装及验收规范》GB 50895—2013

15.1.5 设备的安全保护装置必须符合设计文件的规定。在试运转中需要调试的安全装置，必须在试运转中完成调试，安全装置的功能必须符合设计文件的要求。

八十一、《选煤厂管道安装工程施工与验收规范》GB 50937—2013

3.0.1 施工必须按工程设计文件进行，不得擅自修改工程设计。工程设计修改必须有设计变更通知书或技术签证。

4.0.7 在狭小及密闭空间进行管道焊接，必须采取强制通风措施。

八十二、《煤矿设备安装工程质量验收规范》GB 50946—2013

2.0.8 煤矿机械设备的安全保护装置必须符合设计文件、设备制造厂家技术文件的规定，在试运转中需要调试的装置，必须在试运转中完成调试，其功能必须符合设计文件的要求。设备联轴器、传动装置中的传动键、传动带等转动部位均应安装防护罩。

2.0.9 煤矿主提升机、主排水泵、主通风机等大型固定设备安装工程的验收，必须取得相应的技术性能测试报告；属于强制性监督检验的特种设备，其制造、安装、改造及维修，应由依照有关规定取得许可的单位进行。施工前必须将拟进行的特种设备安装、改造、维修情况书面告知直辖市或者设区的市的特种设备安全监督管理部门，告知后方可施工；其施工过程，必须按安全技术规范的要求进行监督检验；取得相应监督检验合格证明后方可投入使用。

15.2.9 井下空气压缩机选用的配套电气设备必须符合现行国家标准《爆炸性环境》GB 3836.1 的有关规定，各种防爆电气设备防爆合格证明应齐全。

17.9.1 氯瓶间及加氯室必须有通风装置和自动报警检漏装置，并应备有防毒面具。

19.4.1 安装的设备，主要的或用于重要部位的材料，必须符合设计和产品标准的规定。泵站中属煤矿安全标志管理范围的产品，必须具有《煤矿矿用产品安全标志证书》。利用瓦斯时，在泵的出气侧管路系统必须装设防回火、防回气、防爆炸的安全装置。

20.5.3 掘进机选用的配套电气设备必须符合现行国家标准《爆炸性环境》GB 3836.1 的有关规定，各种防爆电气设备必须有防爆合格证明。

23.3.6 矿井制冷站设备选用的配套电气设备必须符合现行国家标准《爆炸性环境》GB 3836.1 的有关规定，各种防爆电气设备应有防爆合格证明。

25.4.2 核放射源罐必须具有卫生防疫站和公安部门的使用许可证，安全标志齐全醒目，长时间不使用和确要在放射源下方检修和操作时，必须将旋转挡块关闭，并锁住固定插销。

八十三、《光缆厂生产设备安装工程施工及质量验收规范》GB 50950—2013

4.3.3 光缆厂生产设备起吊应符合下列要求：

　　3 吊车吊臂运行范围及外侧 2m 内、行车运行路线两侧 2m 以内不得站人；

4.5.11 施工应符合下列要求：

　　3 高空作业时，必须采取安全防护措施并应设置危险警示标志；

4 电气接线前必须在厂房明显位置设安全告示标志；

5.1.10 调试前必须在厂房明显位置设安全告示标志。

八十四、《化纤工厂验收规范》GB 50956—2013

3.0.8 试运行和验收活动中发生事故时，应按应急预案及事故处理程序进行排除，并应及时查明原因和采取控制措施；事故原因未查明、事故处理未结束、控制措施未到位时，严禁继续进行试运行和后续的验收活动。

8.1.4 职业卫生及安全消防设施，气防器材，温感、烟感、有毒有害可燃气体报警、防雷防静电、监视系统、紧急照明及呼叫等设施，应处于完好（备用）状态。

8.1.5 涉及尘、毒、噪声及放射性等危害的区域，其监测点应确定，并应设置标识牌或警示牌。

9.1.3 投料试车前应进行安全、消防设施的检查，并应符合下列规定：

　1 火灾报警及消防系统必须经过当地消防部门检查确认合格，试验应灵敏可靠，并应处于正常投用状态；

　3 安全阀、爆破片、爆炸泄压板等安全设施必须经调校整定合格，其排空或泄压位置必须符合设计要求，并应经相关部门及人员检查确认，编号记录应完整；

　4 生产系统安全报警、警笛、喇叭等设施设备必须经测试合格，应灵敏可靠，并应处于正常启用状态；

　6 放射源、高温、易燃易爆、粉尘及有毒有害等区域的提示牌、警示牌、警戒线设置必须符合设计或相关安全规定的要求，并应经过检查确认，记录应完整；

八十五、《有色金属矿山井巷安装工程质量验收规范》GB 50961—2014

3.0.4 井巷安装工程施工质量应按下列要求进行验收：

　7 建设项目安全设施和安全条件，必须经安全生产监督管理部门验收。

3.0.17 通过返修后仍不能满足安全使用要求的分部（子分部）工程、单位（子单位）工程，严禁判定为验收通过。

八十六、《有色金属矿山井巷工程质量验收规范》GB 51036—2014

5.0.8 通过返修或加固处理，经安全评价后仍不能满足安全使用要求的分项工程，严禁通过验收。

6.0.6 单位工程验收报告提交后，应及时进行单位工程验收。

10.1.1 井下水仓、风门、防水闸门、排泥仓密闭门、防火门、防爆门和密闭墙的基槽四周必须挖到实底、硬顶、实帮，并应成形规整。

10.3.1 各种门及门框的材质、规格及质量必须符合设计要求。

八十七、《钢铁企业余能发电机械设备工程安装与质量验收规范》GB 50971—2014

3.0.6 蒸汽轮机、燃气轮机、煤气压缩机、煤气余压透平膨胀机的合缸，必须进行隐蔽工程验收，并形成文件。

11.3.3 汽包封闭前必须进行隐蔽工程验收，并形成文件。

12.1.3 试运转需要安装的临时性安全保护装置，必须在试运转前安装和施工完毕，并经检查符合设计文件和施工文件的要求。临时性安全保护装置在试运转工作完成后应拆除。

八十八、《循环流化床锅炉施工及质量验收规范》GB 50972—2014

3.0.3 锅炉在安装前应对设备进行复查，当发现制造缺陷时应书面通知建设单位、监理单位和制造单位的驻现场代表，研究处理方案并做好设备缺陷处理签证记录。

3.0.4 合金钢材质的零部件应符合设备技术文件的要求；组合安装前必须进行材质复查，并在明显部位作出标识；安装结束后应核对标识，标识不清时应重新复查。

3.0.8 设计为露天或半露天布置的锅炉钢架安装过程中应及时完成钢构架的防雷接地施工，并经检测合格。

3.0.11 隐蔽工程隐蔽前必须经检查验收合格，并办理签证。

6.1.7 不得在汽包、汽水分离器及联箱上引弧或随意施焊，当确需施焊时，必须制订专项焊接工艺措施，并应征得制造厂同意。

6.2.3 受热面管在组合和安装前必须分别进行通球试验，并应经验收签证。

7.0.3 水压试验水温应严格按制造厂技术文件要求执行。

7.0.7 水压试验从工作压力升压到试验压力，升压速度不得大于 0.2MPa/min。

9.3.6 严禁将纯机械弹簧式安全阀排汽管载荷直接作用在排汽弯头疏水盘上。

9.6.5 设备及管道的防静电设施的安装及试验应符合设计技术文件要求，阀门的法兰连接应有可靠的防静电跨接措施，并应可靠接地。

9.6.8 燃油（气）系统安装结束后，所有管道必须经水压试验和渗漏试验合格，水压试验的压力应符合设计技术文件要求，无要求时应按管道设计压力的 1.5 倍；渗漏试验压力应为设计压力，试验介质应采用空气。

10.2.6 防爆门安装应符合设计技术文件要求，并应有可靠措施防止运行中防爆门动作时引出管伤及人体或引起火灾。

11.1.1 锅炉首次点火前，必须进行烟、风系统严密性试验并签证。

12.1.1 不定形耐磨耐火材料的品种、牌号及质量，应符合设计技术文件要求；严禁使用不符合现行国家或行业标准规定的材料。

12.2.1 定形耐磨耐火材料及砌筑用泥浆的品种、牌号及质量，应符合设计技术文件要求；严禁使用不符合现行国家或行业标准规定的材料。

14.3.6 化学清洗废液应进行综合处理，处理后的废液应符合地方环保部门相关排放标准，当地方环保部门无相关标准时，化学清洗废液的主要排放指标应符合表 14.3.6 的规定。

表 14.3.6　化学清洗废液的主要排放指标

序号	有害物质或项目名称	最高允许排放浓度		
		一级标准	二级标准	三级标准
1	pH 值	6～9	6～9	6～9
2	悬浮物（mg/L）	70	150	400
3	化学须氧量（重铬酸钾法，mg/L）	100	150	500
4	氟化物（mg/L）	10	10	20
5	油（mg/L）	5	10	20

14.6.6 试运过程中，严禁将调整完毕的安全阀隔绝或锁死。

八十九、《联合循环机组燃气轮机施工及质量验收规范》GB 50973—2014

3.4.5 土建重要结构上不得任意施焊、切割或开孔，必须进行时应制订措施，经原设计单位校核满足要求并经审批后方可执行。

3.4.10 燃气轮机设备及管道最终封闭前应办理隐蔽工程签证。

4.3.5 静电接地安装应符合下列规定：

　　1 有静电接地要求的管道，法兰间应设导线跨接；

4.3.7 燃料供应系统压力试验前，待试验管道应与无关系统隔离，与已运行的燃气、燃油系统之间必须加装盲板且有明显标识。

5.3.10 盘动转子时应检查转子转动无异常，严禁损伤设备。

5.6.4 进气系统安装完毕后，必须进行清洁度检查，系统内部应清洁、无异物；所有螺栓、定位销等可能松动的部件应采取防松措施。

6.2.6 油箱事故排油管应接至设计规定的事故排油井，事故排油阀应设两道明杆钢质手动阀门。事故排油阀的操作手轮应设在操作层距油箱 5m 以外的地方，并应有两个以上的通道，阀杆应水平或向下布置，手轮应设玻璃保护罩。油箱事故排油管在机组启动试运前应安装完毕并确认畅通。

7.4.4 管道吹扫时，吹扫出口应设在开阔地段并加固，吹扫时应设安全区域，吹扫出口前方严禁站人。

7.4.5 管道吹扫时，吹扫介质宜采用洁净的压缩空气，严禁采用氧气和可燃性气体。

7.4.9 天然气系统所有设备及管道在投运前必须进行气体置换。

7.4.12 气体置换设备及管道附近应设警戒区，无关人员不得入内。

7.4.13 严禁携带火种及其他可能产生静电的物件进入天然气区域。

7.4.16 天然气置换惰性气体过程中，应做好安全措施，并具有可靠的检测可燃气体泄漏的手段；安装有天然气设备的建筑物内，应经常检查通风系统运行良好。

7.5.5 人体皮肤应避免与抗燃油直接接触。

7.6.4 燃气轮机在备用和运行期间，二氧化碳灭火系统应投入运行。

九十、《1000kV 输变电工程竣工验收规范》GB 50993—2014

4.3.2 带电体对地、带电体对建（构）筑物、带电体与带电体之间的安全净距，必须符合设计要求。

4.3.9 油浸变压器及电抗器系统施工质量，应符合下列规定：

　　3 变压器、电抗器中性点引下后必须有两根与主接地网的不同干线连接的接地线，规格必须符合设计要求。

4.4.3 导线及地线施工质量应符合下列规定：

　　5 导线及地线的安全距离必须符合设计要求。

九十一、《地下水封石洞油库施工及验收规范》GB 50996—2014

8.1.6 当洞室相向开挖接近贯通时，应符合下列规定：

1 当两开挖面距离小于 30m 时，爆破作业严禁同时起爆；

9.2.4 运输作业应符合下列要求：

3 在洞口、平交道口、狭窄的施工场地，必须设置明显的警示标志。车辆严禁超车，倒车与转向应有人指挥。

14.1.9 对存在有害气体的作业区，施工中应制订专项通风方案，并应设置监测装置。

16.1.3 竖井套管吊装及井内作业应编制专项技术方案。

16.6.12 从上节套管和下节套管对接，到施焊完成过程中，吊机应持续保持吊装受力状态，吊臂不得变幅、旋转。

17.2.4 封塞键槽开挖及断面测量应符合下列要求：

2 严禁采用喷射混凝土支护。

19.0.7 严禁炸药、雷管混装，爆破器材运输过程中施工人员不得搭乘同一运输工具。

九十二、《水泥工厂余热发电工程施工与质量验收规范》GB 51005—2014

3.4.5 施工机具设备和设施的使用应符合下列规定：

2 压力容器设备应按国家相关规定定期检验，并应取得检定合格证书。未经检验或检验不合格的压力容器，严禁使用。

3 施工升降机必须装设上、下限位开关和上、下极位开关以及防坠落的安全装置。施工升降机安装完毕后，应按国家相关规定检查验收合格方能投入使用。

3.4.8 高处作业安全应符合下列规定：

3 严禁在同一空间多层垂直同时作业；

4 作业人员必须穿安全鞋、戴安全帽、佩戴安全带；

5 雷、雨、雪、五级及以上大风等恶劣天气必须停止作业。

3.4.9 施工现场动火作业应符合下列规定：

1 作业区域内的易燃、易爆物品必须清除或采取防护措施；

2 严禁与使用化学危险品作业的在同一区域内同时作业；

3 设备管道内动火作业时，必须采取通风换气措施，作业区空气氧含量不得低于18%；

4 作业区域必须配置消防设置，消防通道应畅通；

5 作业区域必须设置安全警示标志，并应设专人负责火灾监控；

6 作业结束后，必须检查并消除火灾隐患。

3.5.2 处理施工中废弃物时应符合下列规定：

2 施工现场严禁焚烧各类废弃物。

3.5.3 施工中产生的危险废弃物的管理应符合下列规定：

3 严禁随意处置危险废弃物。

3.6.7 当工程质量未满足要求时，除应进行登记备案外，验收工作还应符合下列规定：

6 经返工、返修处理的分部工程仍不能满足安全使用要求的，严禁验收。

5.2.3 烟风管道安装应符合下列规定：

6 烟风管道与水泥生产线连接施工，必须在生产线停运后且管道表面温度低于50℃时进行；

6.4.3 油系统安装应符合下列规定：

7 事故放油管路施工应符合下列规定：

    1）事故放油管路中的阀门必须使用明杆阀，安装前应按铭牌压力进行试压，阀门应无泄漏；

    2）油箱事故放油管应接至事故油坑，油箱注油前应安装完毕并确认畅通。

九十三、《煤矿选煤设备安装工程施工与验收规范》GB 51011—2014

3.0.15 安装工程质量不符合要求，且经处理或返工后仍不能满足安全使用要求的工程，严禁验收。

九十四、《火炬工程施工及验收规范》GB 51029—2014

3.0.10 当分项工程质量不符合相应专业质量验收规范的规定时，应按下列规定进行处理：

  4 经过返修仍不能满足安全使用要求的工程，严禁验收。

九十五、《电子工业纯水系统安装与验收规范》GB 51035—2014

3.6.6 电脱盐装置的模块的进出水管路必须接地可靠。

3.6.7 装置本体自带配电盘或仪表盘必须接地可靠。

4.1.4 系统中的药品管路安装应符合设计要求，敷设在人行通道上方的酸碱液管路应设置相应的防护措施。

九十六、《微组装生产线工艺设备安装工程施工及验收规范》GB 51037—2014

4.2.1 流延机的安装应符合下列规定：

  4 流延腔附近严禁有明火或其他可能产生电火花的危险源；

4.5.2 激光打孔机的调试及试运行应符合下列规定：

  1 设备工作时安全门、罩必须处于关闭状态；

5.4.1 化学气相淀积系统的安装应符合下列规定：

  3 对使用危险气体 SiH_4、PH_4、SF_6、CH_4、CF_6 的化学气相淀积系统，安装时应同时安装危险气体泄漏报警装置；

5.6.1 曝光机的安装应符合下列规定：

  3 激光光路及曝光光源必须安装防护门、罩等保护装置；

5.7.1 显影台的安装应符合下列规定：

  5 设备的排液管必须接入废液管道，废液管道必须通向废液处理池；

7.7.2 X 射线检查仪的调试及试运行应符合下列规定：

  3 X 射线开关开启前必须确保设备安全门处于关闭状态；

九十七、《有色金属加工机械安装工程施工与质量验收规范》GB 51059—2014

2.0.5　设备无负荷试运行应作为主控项目检验，未进行无负荷试运行和无负荷试运行不合格的设备不得验收。

2.0.10　工程质量不符合设计和质量标准要求，且经返修或返工处理后仍不能满足安全使用功能时，严禁验收。

2.0.13　起重吊装等危险性较大的工程施工前应单独编制安全专项施工方案，施工必须按安全专项施工方案实施。

12.1.8　设备安全保护装置必须符合设计和随机技术文件的规定。设备安全保护装置的调试和参数整定必须在无负荷试运行中完成。

九十八、《取向硅钢生产线设备安装与验收规范》GB 51104—2015

2.0.17　工程质量不符合要求，且经处理或返工后仍不能满足质量和安全使用要求的工程严禁签署验收合格。

11.1.7　吊装区域应设置安全警戒标志和警戒线。

九十九、《挤压钢管工程设备安装与验收规范》GB 51105—2015

2.0.9　设备的安全保护设施必须齐全、可靠，限位开关动作应准确无误。

2.0.17　工程质量不符合要求，且经处理或返工后仍不能满足质量和安全使用要求的工程严禁签署验收合格。

11.1.7　吊装区域应设置安全警戒标志和警戒线。

一百、《电子工业废水废气处理工程施工及验收规范》GB 51137—2015

4.2.11　封闭混凝土池防腐施工场所必须设置送风或抽风的通风

装置，施工人员必须配备防护装备。

一百零一、《尿素造粒塔工程施工及质量验收规范》GB 51138—2015

6.6.3 滑模滑升时应符合下列规定：

4 采取吊笼运输时，滑升前必须放松导索，严禁带荷滑升；

5 在吊笼导索松弛情况下，严禁进行垂直运输；

7.5.1 在施工操作平台上搭设脚手架时，应符合下列规定：

2 脚手架立杆支撑于施工操作平台分布梁上部的平台板上，严禁支撑于悬空平台板上；

12.3.2 冬季施工措施应符合下列规定：

3 冬季施工滑模平台和喷淋层施工操作平台上严禁采取明火取暖；

12.4.2 严禁在施工现场焚烧施工废料和包装物。

一百零二、《煤矿电气设备安装工程施工与验收规范》GB 51145—2015

5.12.1 变压器、电抗器、接地变压器及箱式变电站试运行前，应对变压器、电抗器、接地变压器及箱式变电站进行全面检查。检查应符合下列规定：

7 变压器本体应两点接地；接地引线及其与主接地网的连接，应符合设计要求，接地应可靠。

一百零三、《钢铁企业煤气储存和输配系统施工及质量验收规范》GB 51164—2016

4.3.2 煤气柜范围内与煤气柜相连的第一道切断阀门组必须全数进行强度和严密性试验。

6.2.1（1） 柜底板、柜底油槽的焊缝必须进行 100% 严密性检验，应无泄漏；

6.2.4（3） 制作侧板用的钢板不得有接缝。

6.3.1（1） 柜底结构制作有气密性要求的焊缝必须进行100％严密性试验，应无泄漏；

6.3.2（1） 柜底板、柜底油槽的焊缝必须进行100％严密性试验，应无泄漏。

6.3.5（1） 单块侧板应采用整张钢板制作，制作时侧板与T形肋应贴合紧密，侧板内侧焊缝必须进行100％严密性试验，应无泄漏。

6.3.6（1） 侧板与T形肋和立柱面应贴合紧密，侧板内侧必须进行100％严密性试验，应无泄漏；

6.3.10（1） 活塞系统构件当有气密性要求时，焊缝必须100％进行严密性试验，应无泄漏。

6.3.11（1） 活塞系统构件安装有气密性要求的焊缝，必须进行100％严密性试验，应无泄漏。

6.4.2（1） 活塞板施工前，柜底板焊缝应完成严密性检验，验收应合格；

6.4.2（2） 活塞板焊接完成后，应按设计要求进行严密性检验，应无泄漏；

6.4.6（1） 侧板安装焊接完成后应按设计要求进行严密性检验；

6.4.12（1） 密封槽钢、角钢的焊缝应进行外观检查，并进行严密性检验，接口应打磨平整；

7.1.2（1） 管道及附件安装验收合格后应进行气压强度与严密性试验。

8.2.2 当电缆槽或电缆沟道通过爆炸危险区域的分隔间壁时，在分隔间壁处必须做充填密封。

一百零四、《通信电源设备安装工程验收规范》GB 51199—2016

1.0.6 在我国抗震设防烈度7度以上（含7度）地区公用电信网中使用的电源设备必须满足抗震设防要求。

2.0.10 机房内严禁存放易燃、易爆等危险物品。

3.3.5 电源线中间严禁有接头。

一百零五、《通信高压直流电源系统工程验收标准》GB 51378—2019

5.2.9 蓄电池正、负极及其电缆全程严禁接地。

6.1.6 电源线中间严禁有接头。

8.1.2 各级直流配电屏的输出回路必须与地、机架外壳电气隔离，严禁接地。

8.2.6 接地线中严禁加装开关或熔断器。

一百零六、《发光二极管生产工艺设备安装工程施工及质量验收标准》GB 51392—2019

4.4.7 起吊软包装或无包装的设备时应符合下列规定：

　　3 起吊区域下方应设置安全隔离及警示标志，设备起吊时严禁人员进入起吊区域下方。

6.0.7 曝光机的试运行应符合下列规定：

　　4 激光光路及曝光光源必须安装保护装置。

6.0.17 X射线检查仪的调试及试运行应符合下列规定：

　　3 X光开关开启前必须确保设备安全门处于关闭状态。

一百零七、《太阳能电池生产设备安装工程施工及质量验收规范》GB 51206—2016

4.1.7 对于易燃、易爆、有毒、有害危险化学品，应按属性分别设专门库房存放，专门库房应符合下列规定：

　　1 库房地面材质应防渗漏，并应设置围堰或事故收集装置，易燃、易爆品库房地面应采用不发火处理；

　　2 库房应保持通风，并应设置事故排风装置；

　　3 易燃、易爆品库房应设置泄爆墙。

4.6.14 二次配管进行压力试验时，应符合下列规定：

　　5 介质为氢气、酸碱药液等具有危险性、腐蚀性的二次配

管安装完成后必须进行压力试验;

  6 压力试验应分为强度试验和气密性试验;强度试验应采用设计压力的 1.15 倍,保压 30min 无损坏、无泄漏为合格;气密性试验应采用设计压力的 1.05 倍,保压 24h 无压降、无泄漏为合格;

  7 二次配管压力试验开始时应测量试验温度,试验温度严禁选择材料脆性转变的温度。

  一百零八、《架空输电线路大跨越工程施工及验收规范》DL 5319—2014

3.0.1 工程使用的原材料及器材必须有该批产品出厂质量检验合格证书。

4.0.2 分坑测量前必须依据设计提供的数据对线路进行复测。

6.1.5 基础混凝土中严禁掺入氯盐。

6.1.15 工程桩应进行承载力和桩身质量检验。

第四篇　安　　全

一、《建筑与市政施工现场安全卫生与职业健康通用规范》GB 55034—2022

1　总则

1.0.1　为在建筑与市政工程施工中保障人身健康和生命财产安全、生态环境安全。满足经济社会管理基本需要，制定本规范。

1.0.2　建筑与市政工程施工现场安全、环境、卫生与职业健康管理必须执行本规范。

1.0.3　建筑与市政工程施工应符合国家施工现场安全、环保、防灾减灾、应急管理、卫生及职业健康等方面的政策，实现人身健康和生命财产安全、生态环境安全。

1.0.4　工程建设所采用的技术方法和措施是否符合本规范要求，由相关责任主体判定。其中，创新性的技术方法和措施，应进行论证并符合本规范中有关性能的要求。

2　基本规定

2.0.1　工程项目专项施工方案和应急预案应根据工程类型、环境地质条件和工程实践制定。

2.0.2　工程项目应根据工程特点及环境条件进行安全分析、危险源辨识和风险评价，编制重大危险源清单并制定相应的预防和控制措施。

2.0.3　施工现场规划、设计应根据场地情况、入住队伍和人员数量、功能需求、工程所在地气候特点和地方管理要求等各项条件，采取满足施工生产、安全防护、消防、卫生防疫、环境保护、防范自然灾害和规范化管理等要求的措施。

2.0.4　施工现场生活区应符合二列规定：

　　1　围挡应采用可循环、可拆卸、标准化的定型材料，且高度不得低于 1.8m。

　　2　应设置门卫室、宿舍、厕所等临建房屋，配备满足人员管理和生活需要的场所和设施；场地应进行硬化和绿化，并应设置有效的排水设施。

3 出入大门处应有专职门卫，并应实行封闭式管理。

4 应制定法定传染病、食物中毒、急性职业中毒等突发疾病应急预案。

2.0.5 应根据各工种的作业条件和劳动环境等为作业人员配备安全有效的劳动防护用品，并应及时开展劳动防护用品使用培训。

2.0.6 进场材料应具备质量证明文件，其品种、规格、性能等应满足使用及安全卫生要求。

2.0.7 各类设施、设备应具备制造许可证或其他质量证明文件。

2.0.8 停缓建工程项目应做好停工期间的安全保障工作，复工前应进行检查，排除安全隐患。

3 安全管理

3.1 一般规定

3.1.1 工程项目应根据工程特点制定各项安全生产管理制度，建立健全安全生产管理体系。

3.1.2 施工现场应合理设置安全生产宣传标语和标牌，标牌设置应牢固可靠。应在主要施工部位、作业层面、危险区域以及主要通道口设置安全警示标识。

3.1.3 施工现场应根据安全事故类型采取防护措施。对存在的安全问题和隐患，应定人、定时间、定措施组织整改。

3.1.4 不得在外电架空线路正下方施工、吊装、搭设作业棚、建造生活设施或堆放构件、架具、材料及其他杂物等。

3.2 高处坠落

3.2.1 在坠落高度基准面上方 2m 及以上进行高空或高处作业

时，应设置安全防护设施并采取防滑措施，高处作业人员应正确佩戴安全帽、安全带等劳动防护用品。

3.2.2 高处作业应制定合理的作业顺序。多工种垂直交叉作业存在安全风险时，应在上下层之间设置安全防护设施。严禁无防护措施进行多层垂直作业。

3.2.3 在建工程的预留洞口、通道口、楼梯口、电梯井口等孔洞以及无围护设施或围护设施高度低于 1.2m 的楼层周边、楼梯侧边、平台或阳台边、屋面周边和沟、坑、槽等边沿应采取安全防护措施，并严禁随意拆除。

3.2.4 严禁在未固定、无防护设施的构件及管道上进行作业或通行。

3.2.5 各类操作平台、载人装置应安全可靠，周边应设置临边防护，并应具有足够的强度、刚度和稳定性，施工作业荷载严禁超过其设计荷载。

3.2.6 遇雷雨、大雪、浓雾或作业场所 5 级以上大风等恶劣天气时，应停止高处作业。

3.3 物体打击

3.3.1 在高处安装构件、部件、设施时，应采取可靠的临时固定措施或防坠措施。

3.3.2 在高处拆除或拆卸作业时，严禁上下同时进行。拆卸的施工材料、机具、构件、配件等，应运至地面，严禁抛掷。

3.3.3 施工作业平台物料堆放重量不应超过平台的容许承载力，物料堆放高度应满足稳定性要求。

3.3.4 安全通道上方应搭设防护设施，防护设施应具备抗高处坠物穿透的性能。

3.3.5 预应力结构张拉、拆除时，预应力端头应采取防护措施，且轴线方向不应有施工作业人员。无粘结预应力结构拆除时，应先解除预应力，再拆除相应结构。

3.4 起重伤害

3.4.1 吊装作业前应设置安全保护区域及警示标识，吊装作业时应安排专人监护，防止无关人员进入，严禁任何人在吊物或起重臂下停留或通过。

3.4.2 使用吊具和索具应符合下列规定：

　　1 吊具和索具的性能、规格应满足吊运要求，并与环境条件相适应；

　　2 作业前应对吊具与索具进行检查，确认完好后方可投入使用；

　　3 承载时不得超过额定荷载。

3.4.3 吊装重量不应超过起重设备的额定起重量。吊装作业严禁超载、斜拉或起吊不明重量的物体。

3.4.4 物料提升机严禁使用摩擦式卷扬机。

3.4.5 施工升降设备的行程限位开关严禁作为停止运行的控制开关。

3.4.6 吊装作业时，对未形成稳定体系的部分，应采取临时固定措施。对临时固定的构件，应在安装固定完成并经检查确认无误后，方可解除临时固定措施。

3.4.7 大型起重机械严禁在雨、雪、雾、霾、沙尘等低能见度天气时进行安装拆卸作业；起重机械最高处的风速超过 9.0m/s 时，应停止起重机安装拆卸作业。

3.5 坍塌

3.5.1 土方开挖的顺序、方法应与设计工况相一致，严禁超挖。

3.5.2 边坡坡顶、基坑顶部及底部应采取截水或排水措施。

3.5.3 边坡及基坑周边堆放材料、停放设备设施或使用机械设备等荷载严禁超过设计要求的地面荷载限值。

3.5.4 边坡及基坑开挖作业过程中，应根据设计和施工方案进行监测。

3.5.5 当基坑出现下列现象时，应及时采取处理措施，处理后方可继续施工：

　　1 支护结构或周边建筑物变形值超过设计变形控制值；

　　2 基坑侧壁出现大量漏水、流土，或基坑底部出现管涌；

　　3 桩间土流失孔洞深度超过桩径。

3.5.6 当桩基成孔施工中发现斜孔、弯孔、缩孔、塌孔或沿护筒周围冒浆及地面沉陷等现象时，应及时采取处理措施。

3.5.7 基坑回填应在具有挡土功能的结构强度达到设计要求后进行。

3.5.8 回填土应控制土料含水率及分层压实厚度等参数，严禁使用淤泥、沼泽土、泥炭土、冻土、有机土或含生活垃圾的土。

3.5.9 模板及支架应根据施工工况进行设计，并应满足承载力、刚度和稳定性要求。

3.5.10 混凝土强度应达到规定要求后，方可拆除模板和支架。

3.5.11 施工现场物料、物品等应整齐堆放，并应根据具体情况采取相应的固定措施。

3.5.12 临时支撑结构安装、使用时应符合下列规定：

　　1 严禁与起重机械设备、施工脚手架等连接；

　　2 临时支撑结构作业层上的施工荷载不得超过设计允许荷载；

　　3 使用过程中，严禁拆除构配件。

3.5.13 建筑施工临时结构应进行安全技术分析，并应保证在设计使用工况下保持整体稳定性。

3.5.14 拆除作业应符合下列规定：

　　1 拆除作业应从上至下逐层拆除，并应分段进行，不得垂直交叉作业。

　　2 人工拆除作业时，作业人员应在稳定的结构或专用设备上操作，水平构件上严禁人员聚集或物料集中堆放；拆除建筑墙体时，严禁采用底部掏掘或推倒的方法。

　　3 拆除建筑时应先拆除非承重结构，再拆除承重结构。

4 上部结构拆除过程中应保证剩余结构的稳定。

3.6 机械伤害

3.6.1 机械操作人员应按机械使用说明书规定的技术性能、承载能力和使用条件正确操作、合理使用机械,严禁超载、超速作业或扩大使用范围。

3.6.2 机械操作装置应灵敏,各种仪表功能应完好,指示装置应醒目、直观、清晰。

3.6.3 机械上的各种安全防护装置、保险装置、报警装置应齐全有效,不得随意更换、调整或拆除。

3.6.4 机械作业应设置安全区域,严禁非作业人员在作业区停留、通过、维修或保养机械。当进行清洁、保养、维修机械时,应设置警示标识,待切断电源、机械停稳后,方可进行操作。

3.6.5 工程结构上搭设脚手架、施工作业平台,以及安装塔式起重机、施工升降机等机具设备时,应进行工程结构承载力、变形等验算,并应在工程结构性能达到要求后进行搭设、安装。

3.6.6 塔式起重机安全监控系统应具有数据存储功能,其监视内容应包含起重量、起重力矩、起升高度、幅度、回转角度、运行行程等信息。塔式起重机有运行危险趋势时。控制回路电源应能自动切断。

3.7 冒顶片帮

3.7.1 暗挖施工应合理规划开挖顺序,严禁超挖,并应根据围岩情况、施工方法及时采取有效支护,当发现支护变形超限或损坏时,应立即整修和加固。

3.7.2 盾构作业时,掘进速度应与地表控制的隆陷值、进出土量及同步注浆等相协调。

3.7.3 盾构掘进中遇有下列情况之一时,应停止掘进,分析原因并采取措施:

1 盾构前方地层发生坍塌或遇有障碍;

2 盾构自转角度超出允许范围；

3 盾构位置偏离超出允许范围；

4 盾构推力增大超出预计范围；

5 管片防水、运输及注浆等过程发生故障。

3.7.4 顶进作业前，应对施工范围内的既有线路进行加固。顶进施工时应对既有线路、顶力体系和后背实时进行观测、记录、分析和控制，发现变形和位移超限时，应立即进行调整。

3.8 车辆伤害

3.8.1 施工车辆运输危险物品时应悬挂警示牌。

3.8.2 施工现场车辆行驶道路应平整坚实，在特殊路段应设置反光柱、爆闪灯、转角灯等设施，车辆行驶应遵守施工现场限速要求。

3.8.3 车辆行驶过程中，严禁人员上下。

3.8.4 夜间施工时，施工现场应保障充足的照明，施工车辆应降低行驶速度。

3.8.5 施工车辆应定期进行检查、维护和保养。

3.9 中毒和窒息

3.9.1 领取和使用有毒物品时，应实行双人双重责任制，作业中途不得擅离职守。

3.9.2 施工单位应根据施工环境设置通风、换气和照明等设备。

3.9.3 受限或密闭空间作业前，应按照氧气、可燃性气体、有毒有害气体的顺序进行气体检测。当气体浓度超过安全允许值时，严禁作业。

3.9.4 室内装修作业时，严禁使用苯、工业苯、石油苯、重质苯及混苯作为稀释剂和溶剂，严禁使用有机溶剂清洗施工用具。建筑外墙清洗时，不得采用强酸强碱清洗剂及有毒有害化学品。

3.10 触电

3.10.1 施工现场用电的保护接地与防雷接地应符合下列规定：

1 保护接地导体（PE），接地导体和保护联结导体应确保自身可靠连接；

2 采用剩余电流动作保护电器时应装设保护接地导体（PE）；

3 共用接地装置的电阻值应满足各种接地的最小电阻值的要求。

3.10.2 施工用电的发电机组电源应与其他电源互相闭锁，严禁并列运行。

3.10.3 施工现场配电线路应符合下列规定：

1 线缆敷设应采取有效保护措施，防止对线路的导体造成机械损伤和介质腐蚀。

2 电缆中应包含全部工作芯线、中性导体（N）及保护接地导体（PE）或保护中性导体（PEN）；保护接地导体（PE）及保护中性导体（PEN）外绝缘层应为黄绿双色；中性导体（N）外绝缘层应为淡蓝色；不同功能导体外绝缘色不应混用。

3.10.4 施工现场的特殊场所照明应符合下列规定：

1 手持式灯具应采用供电电压不大于 36V 的安全特低电压（SELV）供电；

2 照明变压器应使用双绕组型安全隔离变压器，严禁采用自耦变压器；

3 安全隔离变压器严禁带入金属容器或金属管道内使用。

3.10.5 电气设备和线路检修应符合下列规定：

1 电气设备检修、线路维修时，严禁带电作业。应一切断并隔离相关配电回路及设备的电源，并应检验、确认电源被切除，对应配电间的门、配电箱或切断电源的开关上锁，及应在锁具或其箱门、墙壁等醒目位置设置警示标识牌。

2 电气设备发生故障时，应采用验电器检验，确认断电后方可检修，并在控制开关明显部位悬挂"禁止合闸、有人工作"停电标识牌。停送电必须由专人负责。

　　3　线路和设备作业严禁预约停送电。

3.10.6　管道、容器内进行焊接作业时，应采取可靠的绝缘或接地措施，并应保障通风。

3.11　爆炸

3.11.1　柴油、汽油、氧气瓶、乙炔气瓶、煤气罐等易燃、易爆液体或气体容器应轻拿轻放，严禁暴力抛掷，并应设置专门的存储场所，严禁存放在住人用房。

3.11.2　严禁利用输送可燃液体、可燃气体或爆炸性气体的金属管道作为电气设备的保护接地导体。

3.11.3　输送管道进行强度和严密性试验时，严禁使用可燃气体和氧气进行试验。

3.11.4　当管道强度试验和严密性试验中发现缺陷时，应待试验压力降至大气压后进行处理．处理合格后应重新进行试验。

3.11.5　设备、管道内部涂装和衬里作业时，应采用防爆型电气设备和照明器具，并应采取防静电保护措施。可燃性气体、蒸汽和粉尘浓度应控制在可燃烧极限和爆炸下限的10%以下。

3.11.6　输送臭氧、氧气的管道及附件在安装前应进行除锈、吹扫、脱脂。

3.11.7　压力容器及其附件应合格、完好和有效。严禁使用减压器或其他附件缺损的氧气瓶。严禁使用乙炔专用减压器、回火防止器或其他附件缺损的乙炔气瓶。

3.11.8　对承压作业时的管道、容器或装有剧毒、易燃、易爆物品的容器，严禁进行焊接或切割作业。

3.12　爆破作业

3.12.1　爆破作业前应对爆区周围的自然条件和环境状况进行调

查，了解危及安全的不利环境因素，并应采取必要的安全防范措施。

3.12.2 爆破作业前应确定爆破警戒范围，并应采取相应的警戒措施。应在人员、机械、车辆全部撤离或者采取防护措施后方可起爆。

3.12.3 爆破作业人员应按设计药量进行装药，网路敷设后应进行起爆网路检查，起爆信号发出后现场指挥应再次确认达到安全起爆条件，然后下令起爆。

3.12.4 露天浅孔、深孔、特科爆破实施后，应等待 5min 后方准许人员进入爆破作业区检查；当无法确认有无盲炮时，应等待 15min 后方准许人员进入爆破作业区检查；地下工程爆破后，经通风除尘排烟确认井下空气合格后，应等待 15min 后方准许人员进入爆破作业区检查。

3.12.5 有下列情况之一时，严禁进行爆破作业：

    1 爆破可能导致不稳定边坡、滑坡、崩塌等危险；

    2 爆破可能危及建（构）筑物、公共设施或人员的安全；

    3 危险区边界未设警戒的；

    4 恶劣天气条件下。

3.13 透水

3.13.1 地下施工作业穿越富水地层、岩溶发育地质、采空区以及其他可能引发透水事故的施工环境时，应制定相应的防水、排水、降水、堵水及截水措施。

3.13.2 盾构机气压作业前，应通过计算和试验确定开挖仓内气压，确保地层条件满足气体保压的要求。

3.13.3 钢板桩或钢管桩围堰施工前，其锁口应采取止水措施；土石围堰外侧迎水面采取防冲刷措施，防水应严密；施工过程中应监测水位变化，围堰内外水头差应满足安全要求。

3.14　淹溺

3.14.1　当场地内开挖的槽、坑、沟、池等积水深度超过 0.5m 时，应采取安全防护措施。

3.14.2　水上或水下作业人员，应正确佩戴救生设施。

3.14.3　水上作业时，操作平台或操作面周边应采取安全防护措施。

3.15　灼烫

3.15.1　高温条件下，作业人员应正确佩戴个人防护用品。

3.15.2　带电作业时，作业人员应采取防灼烫的安全措施。

3.15.3　具有腐蚀性的酸、碱、盐、有机物等应妥善储存、保管和使用，使用场所应有防止人员受到伤害的安全措施。

4　环境管理

4.0.1　主要通道、进出道路、材料加工区及办公生活区地面应全部进行硬化处理；施工现场内裸露的场地和集中堆放的土方应采取覆盖、固化或绿化等防尘措施。易产生扬尘的物料应全部篷盖。

4.0.2　施工现场出口应设冲洗池和沉淀池，运输车辆底盘和车轮全部冲洗干净后方可驶离施工现场。施工场地、道路应采取定期洒水抑尘措施。

4.0.3　建筑垃圾应分类存放、按时处置。收集、储存、运输或装卸建筑垃圾时应采取封闭措施或其他防护措施。

4.0.4　施工现场严禁熔融沥青及焚烧各类废弃物。

4.0.5　严禁将有毒物质、易燃易爆物品、油类、酸碱类物质向城市排水管道或地表水体排放。

4.0.6　施工现场应设置排水沟及沉淀池，施工污水应经沉淀处理后，方可排入市政污水管网。

4.0.7　严禁将危险废物纳入建筑垃圾回填点、建筑垃圾填埋场，或送入建筑垃圾资源化处理厂处理。

4.0.8 施工现场应编制噪声污染防治工作方案并积极落实，并应采用有效的隔声降噪设备、设施或施工工艺等，减少噪声排放，降低噪声影响。

4.0.9 施工现场应在安全位置设置临时休息点。施工区域禁止吸烟。

5　卫生管理

5.0.1 施工现场应根据工人数量合理设置临时饮水点。施工现场生活饮用水应符合卫生标准。

5.0.2 饮用水系统与非饮用水系统之间不得存在直接或间接连接。

5.0.3 施工现场食堂应设置独立的制作间、储藏间，配备必要的排风和冷藏设施；应制定食品留样制度并严格执行。

5.0.4 食堂应有餐饮服务许可证和卫生许可证，炊事人员应持有身体健康证。

5.0.5 施工现场应选择满足安全卫生标准的食品，且食品加工、准备、处理、清洗和储存过程应无污染、无毒害。

5.0.6 施工现场应根据施工人员数量设置厕所，厕所应定期清扫、消毒，厕所粪便严禁直接排入雨水管网、河道或水沟内。

5.0.7 施工现场和生活区应设置保障施工人员个人卫生需要的设施。

5.0.8 施工现场生活区宿舍、休息室应根据人数合理确定使用面积、布置空间格局，且应设置足够的通风、采光、照明设施。

5.0.9 办公区和生活区应采取灭鼠、灭蚊蝇、灭蟑螂及灭其他害虫的措施。

5.0.10 办公区和生活区应定期消毒，当遇突发疫情时，应及时上报，并应按卫生防疫部门相关规定进行处理。

5.0.11 办公区和生活区应设置封闭的生活垃圾箱，生活垃圾应分类投放，收集的垃圾应及时清运。

5.0.12 施工现场应配备充足有效的医疗和急救用品，且应保障在需要时方便取用。

6 职业健康管理

6.0.1 应为从事放射性、高毒、高危粉尘等方面工作的作业人员，建立、健全职业卫生档案和健康监护档案，定期提供医疗咨询服务。

6.0.2 架子工、起重吊装工、信号指挥工配备劳动防护用品应符合下列规定：

　　1 架子工、塔式起重机操作人员、起重吊装工应配备灵便紧口的工作服、系带防滑鞋和工作手套；

　　2 信号指挥工应配备专用标识服装，在强光环境条件作业时，应配备有色防护眼镜。

6.0.3 电工配备劳动防护用品应符合下列规定：

　　1 维修电工应配备绝缘鞋、绝缘手套和灵便紧口的工作服；

　　2 安装电工应配备手套和防护眼镜；

　　3 高压电气作业时，应配备相应等级的绝缘鞋、绝缘手套和有色防护眼镜。

6.0.4 电焊工、气割工配备劳动防护用品应符合下列规定：

　　1 电焊工、气割工应配备阻燃防护服、绝缘鞋、鞋盖、电焊手套和焊接防护面罩；高处作业时，应配备安全帽与面罩连接式焊接防护面罩和阻燃安全带；

　　2 进行清除焊渣作业时，应配备防护眼镜；

　　3 进行磨削钨极作业时，应配备手套、防尘口罩和防护眼镜；

　　4 进行酸碱等腐蚀性作业时，应配备防腐蚀性工作服、耐酸碱胶鞋、耐酸碱手套、防护口罩和防护眼镜；

　　5 在密闭环境或通风不良的情况下，应配备送风式防护面罩。

6.0.5 锅炉、压力容器及管道安装工配备劳动防护用品应符合

下列规定：

　　1　锅炉、压力容器安装工及管道安装工应配备紧口工作服和保护足趾安全鞋；在强光环境条件作业时，应配备有色防护眼镜；

　　2　在地下或潮湿场所作业时。应配备紧口工作服、绝缘鞋和绝缘手套。

6.0.6　油漆工在进行涂刷、喷漆作业时，应配备防静电工作服、防静电鞋、防静电手套、防毒口罩和防护眼镜；进行砂纸打磨作业时，应配备防尘口罩和密闭式防护眼镜。

6.0.7　普通工进行淋灰、筛灰作业时，应配备高腰工作鞋、鞋盖、手套和防尘口罩，并应配备防护眼镜；进行抬、扛物料作业时，应配备垫肩；进行人工挖扩桩孔井下作业时，应配备雨靴、手套和安全绳；进行拆除工程作业时，应配备保护足趾安全鞋和手套。

6.0.8　磨石工应配备紧口工作服、绝缘胶靴、绝缘手套和防尘口罩。

6.0.9　防水工配备劳动防护用品应符合下列规定：

　　1　进行涂刷作业时，应配备防静电工作服、防静电鞋和鞋盖、防护手套、防毒口罩和防护眼镜；

　　2　进行沥青熔化、运送作业时，应配备防烫工作服、高腰布面胶底防滑鞋和鞋盖、工作帽、耐高温长手套、防毒口罩和防护眼镜。

6.0.10　钳工、铆工、通风工配备劳动防护用品应符合下列规定：

　　1　使用锉刀、刮刀、錾子、扁铲等工具进行作业时，应配备紧口工作服和防护眼镜；

　　2　进行剔凿作业时，应配备手套和防护眼镜；进行搬抬作业时，应配备保护足趾安全鞋和手套；

　　3　进行石棉、玻璃棉等含尘毒材料作业时，应配备防异物工作服、防尘口罩、风帽、风镜和薄膜手套。

6.0.11　电梯、起重机械安装拆卸工进行安装、拆卸和维修作业时，应配备紧口工作服、保护足趾安全鞋和手套。

6.0.12 进行电钻、砂轮等手行电动工具作业时，应配备绝缘鞋、绝缘手套和防护眼镜；进行可能飞溅渣屑的机械设备作业时，应配备防护眼镜。

6.0.13 其他特殊环境作业的人员配备劳动防护用品应符合下列规定：

   1 在噪声环境下工作的人员应配备耳塞、耳罩或防噪声帽等；

   2 进行地下管道、井、池等检查、检修作业时，应配备防毒面具、防滑鞋和手套；

   3 在有毒、有害环境中工作的人员应配备防毒面罩或面具；

   4 冬期施工期间或作业环境温度较低时，应为作业人员配备防寒类防护用品；

   5 雨期施工期间，应为室外作业人员配备雨衣、雨鞋等个人防护用品。

二、《施工脚手架通用规范》GB 55023—2022

1 总则

1.0.1 为保障施工脚手架安全、适用，制定本规范。

1.0.2 施工脚手架的材料与构配件选用、设计、搭设、使用、拆除、检查与验收必须执行本规范。

1.0.3 脚手架应稳固可靠，保证工程建设的顺利实施与安全，并应遵循下列原则：

   1 符合国家资源节约利用、环保、防灾减灾、应急管理等政策；

   2 保障人身、财产和公共安全；

   3 鼓励脚手架的技术创新和管理创新。

1.0.4 工程建设所采用的技术方法和措施是否符合本规范要求，由相关责任主体判定。其中，创新性的技术方法和措施，应进行论证并符合本规范中有关性能的要求。

2 基本规定

2.0.1 脚手架性能应符合下列规定：

    1 应满足承载力设计要求；

    2 不应发生影响正常使用的变形；

    3 应满足使用要求，并应具有安全防护功能；

    4 附着或支承在工程结构上的脚手架，不应使所附着的工程结构或支承脚手架的工程结构受到损害。

2.0.2 脚手架应根据使用功能和环境进行设计。

2.0.3 脚手架搭设和拆除作业以前，应根据工程特点编制脚手架专项施工方案，并应经审批后实施。脚手架专项施工方案应包括下列主要内容：

    1 工程概况和编制依据；

    2 脚手架类型选择；

    3 所用材料、构配件类型及规格；

    4 结构与构造设计施工图；

    5 结构设计计算书；

    6 搭设、拆除施工计划；

    7 搭设、拆除技术要求；

    8 质量控制措施；

    9 安全控制措施；

    10 应急预案。

2.0.4 脚手架搭设和拆除作业前，应将脚手架专项施工方案向施工现场管理人员及作业人员进行安全技术交底。

2.0.5 脚手架使用过程中，不应改变其结构体系。

2.0.6 当脚手架专项施工方案需要修改时，修改后的方案应经审批后实施。

3 材料与构配件

3.0.1 脚手架材料与构配件的性能指标应满足脚手架使用的需

要，质量应符合国家现行相关标准的规定。

3.0.2 脚手架材料与构配件应有产品质量合格证明文件。

3.0.3 脚手架所用杆件和构配件应配套使用，并应满足组架方式及构造要求。

3.0.4 脚手架材料与构配件在使用周期内，应及时检查、分类、维护、保养，对不合格品应及时报废，并应形成文件记录。

3.0.5 对于无法通过结构分析、外观检查和测量检查确定性能的材料与构配件，应通过试验确定其受力性能。

4 设计

4.1 一般规定

4.1.1 脚手架设计应采用以概率理论为基础的极限状态设计方法，并应以分项系数设计表达式进行计算。

4.1.2 脚手架结构应按承载能力极限状态和正常使用极限状态进行设计。

4.1.3 脚手架地基应符合下列规定：

    1 应平整坚实，应满足承载力和变形要求；

    2 应设置排水措施，搭设场地不应积水；

    3 冬期施工应采取防冻胀措施。

4.1.4 应对支撑脚手架的工程结构和脚手架所附着的工程结构进行强度和变形验算，当验算不能满足安全承载要求时，应根据验算结果采取相应的加固措施。

4.2 荷载

4.2.1 脚手架承受的荷载应包括永久荷载和可变荷载。

4.2.2 脚手架的永久荷载应包括下列内容：

    1 脚手架结构件自重；

    2 脚手板、安全网、栏杆等附件的自重；

    3 支撑脚手架所支撑的物体自重；

4 其他永久荷载。

4.2.3 脚手架的可变荷载应包括下列内容：

1 施工荷载；

2 风荷载；

3 其他可变荷载。

4.2.4 脚手架可变荷载标准值的取值应符合下列规定：

1 应根据实际情况确定作业脚手架上的施工荷载标准值，且不应低于表4.2.4-1的规定；

表 4.2.4-1　作业脚手架施工荷载标准值

序号	作业脚手架用途	施工荷载标准值（kN/m²）
1	砌筑工程作业	3.0
2	其他主体结构工程作业	2.0
3	装饰装修作业	2.0
4	防护	1.0

2 当作业脚手架上存在2个及以上作业层同时作业时，在同一跨距内各操作层的施工荷载标准值总和取值不应小于5.0kN/m²；

3 应根据实际情况确定支撑脚手架上的施工荷载标准值，且不应低于表4.2.4-2的规定；

表 4.2.4-2　支撑脚手架施工荷载标准值

类别		施工荷载标准值（kN/m²）
混凝土结构模板支撑脚手架	一般	2.5
	有水平泵管设置	4.0
钢结构安装支撑脚手架	轻钢结构、轻钢空间网架结构	2.0
	普通钢结构	3.0
	重型钢结构	3.5

4 支撑脚手架上移动的设备、工具等物品应按其自重计算可变荷载标准值。

4.2.5 在计算水平风荷载标准值时，高耸塔式结构、悬臂结构等特殊脚手架结构应计入风荷载的脉动增大效应。

4.2.6 对于脚手架上的动力荷载，应将振动、冲击物体的自重乘以动力系数 1.35 后计入可变荷载标准值。

4.2.7 脚手架设计时，荷载应按承载能力极限状态和正常使用极限状态计算的需要分别进行组合，并应根据正常搭设、使用或拆除过程中在脚手架上可能同时出现的荷载，取最不利的荷载组合。

4.3　结构设计

4.3.1 脚手架设计计算应根据工程实际施工工况进行，结果应满足对脚手架强度、刚度、稳定性的要求。

4.3.2 脚手架结构设计计算应依据施工工况选择具有代表性的最不利杆件及构配件，以其最不利截面和最不利工况作为计算条件，计算单元的选取应符合下列规定：

　　1 应选取受力最大的杆件、构配件；

　　2 应选取跨距、间距变化和几何形状、承力特性改变部位的杆件、构配件；

　　3 应选取架体构造变化处或薄弱处的杆件、构配件；

　　4 当脚手架上有集中荷载作用时，尚应选取集中荷载作用范围内受力最大的杆件、构配件。

4.3.3 脚手架杆件和构配件强度应按净截面计算；杆件和构配件稳定性、变形应按毛截面计算。

4.3.4 当脚手架按承载能力极限状态设计时，应采用荷载基本组合和材料强度设计值计算。当脚手架按正常使用极限状态设计时，应采用荷载标准组合和变形限值进行计算。

4.3.5 脚手架受弯构件容许挠度应符合表 4.3.5 的规定。

表 4.3.5　脚手架受弯构件容许挠度

构件类别	容许挠度（mm）
脚手板、水平杆件	$l/150$ 与 10 取较小值

续表 4.3.5

构件类别	容许挠度（mm）
作业脚手架悬挑受弯杆件	$l/400$
模板支撑脚手架受弯杆件	$l/400$

注：l 为受弯构件的计算跨度，对悬挑构件为悬伸长度的 2 倍。

4.3.6 模板支撑脚手架应根据施工工况对连续支撑进行设计计算，并应按最不利的工况计算确定支撑层数。

4.4 构造要求

4.4.1 脚手架构造措施应合理、齐全、完整，并应保证架体传力清晰、受力均匀。

4.4.2 脚手架杆件连接节点应具备足够强度和转动刚度，架体在使用期内节点应无松动。

4.4.3 脚手架立杆间距、步距应通过设计确定。

4.4.4 脚手架作业层应采取安全防护措施，并应符合下列规定：

1 作业脚手架、满堂支撑脚手架、附着式升降脚手架作业层应满铺脚手板，并应满足稳固可靠的要求。当作业层边缘与结构外表面的距离大于 150mm 时，应采取防护措施。

2 采用挂钩连接的钢脚手板，应带有自锁装置且与作业层水平杆锁紧。

3 木脚手板、竹串片脚手板、竹笆脚手板应有可靠的水平杆支承，并应绑扎稳固。

4 脚手架作业层外边缘应设置防护栏杆和挡脚板。

5 作业脚手架底层脚手板应采取封闭措施。

6 沿所施工建筑物每 3 层或高度不大于 10m 处应设置一层水平防护。

7 作业层外侧应采用安全网封闭。当采用密目安全网封闭时，密目安全网应满足阻燃要求。

8 脚手板伸出横向水平杆以外的部分不应大于 200mm。

4.4.5 脚手架底部立杆应设置纵向和横向扫地杆，扫地杆应与相邻立杆连接稳固。

4.4.6 作业脚手架应按设计计算和构造要求设置连墙件，并应符合下列要求：

1 连墙件应采用能承受压力和拉力的刚性构件，并应与工程结构和架体连接牢固；

2 连墙点的水平间距不得超过 3 跨，竖向间距不得超过 3 步，连墙点之上架体的悬臂高度不应超过 2 步；

3 在架体的转角处、开口型作业脚手架端部应增设连墙件，连墙件竖向间距不应大于建筑物层高，且不应大于 4m。

4.4.7 作业脚手架的纵向外侧立面上应设置竖向剪刀撑，并应符合下列规定：

1 每道剪刀撑的宽度应为 4 跨～6 跨，且不应小于 6m，也不应大于 9m；剪刀撑斜杆与水平面的倾角应在 45°～60°之间；

2 当搭设高度在 24m 以下时，应在架体两端、转角及中间每隔不超过 15m 各设置一道剪刀撑，并应由底至顶连续设置；当搭设高度在 24m 及以上时，应在全外侧立面上由底至顶连续设置；

3 悬挑脚手架、附着式升降脚手架应在全外侧立面上由底至顶连续设置。

4.4.8 悬挑脚手架立杆底部应与悬挑支承结构可靠连接；应在立杆底部设置纵向扫地杆，并应间断设置水平剪刀撑或水平斜撑杆。

4.4.9 附着式升降脚手架应符合下列规定：

1 竖向主框架、水平支承桁架应采用桁架或刚架结构，杆件应采用焊接或螺栓连接；

2 应设有防倾、防坠、停层、荷载、同步升降控制装置，各类装置应灵敏可靠；

3 在竖向主框架所覆盖的每个楼层均应设置一道附墙支座；每道附墙支座应能承担竖向主框架的全部荷载；

4 当采用电动升降设备时，电动升降设备连续升降距离应大于一个楼层高度，并应有制动和定位功能。

4.4.10 应对下列部位的作业脚手架采取可靠的构造加强措施:

1 附着、支承于工程结构的连接处;

2 平面布置的转角处;

3 塔式起重机、施工升降机、物料平台等设施断开或开洞处;

4 楼面高度大于连墙件设置竖向高度的部位;

5 工程结构突出物影响架体正常布置处。

4.4.11 临街作业脚手架的外侧立面、转角处应采取有效硬防护措施。

4.4.12 支撑脚手架独立架体高宽比不应大于 3.0。

4.4.13 支撑脚手架应设置竖向和水平剪刀撑,并应符合下列规定:

1 剪刀撑的设置应均匀、对称;

2 每道竖向剪刀撑的宽度应为 6m～9m,剪刀撑斜杆的倾角应在 45°～60°之间。

4.4.14 支撑脚手架的水平杆应按步距沿纵向和横向通长连续设置,且应与相邻立杆连接稳固。

4.4.15 脚手架可调底座和可调托撑调节螺杆插入脚手架立杆内的长度不应小于 150mm,且调节螺杆伸出长度应经计算确定,并应符合下列规定:

1 当插入的立杆钢管直径为 42mm 时,伸出长度不应大于 200mm;

2 当插入的立杆钢管直径为 48.3mm 及以上时,伸出长度不应大于 500mm。

4.4.16 可调底座和可调托撑螺杆插入脚手架立杆钢管内的间隙不应大于 2.5mm。

5 搭设、使用与拆除

5.1 个人防护

5.1.1 搭设和拆除脚手架作业应有相应的安全措施,操作人员应佩戴个人防护用品,应穿防滑鞋。

5.1.2 在搭设和拆除脚手架作业时，应设置安全警戒线、警戒标志，并应由专人监护，严禁非作业人员入内。

5.1.3 当在脚手架上架设临时施工用电线路时，应有绝缘措施，操作人员应穿绝缘防滑鞋；脚手架与架空输电线路之间应设有安全距离，并应设置接地、防雷设施。

5.1.4 当在狭小空间或空气不流通空间进行搭设、使用和拆除脚手架作业时，应采取保证足够的氧气供应措施，并应防止有毒有害、易燃易爆物质积聚。

5.2　搭设

5.2.1 脚手架应按顺序搭设，并应符合下列规定：

　　1 落地作业脚手架、悬挑脚手架的搭设应与主体结构工程施工同步，一次搭设高度不应超过最上层连墙件2步，且自由高度不应大于4m；

　　2 剪刀撑、斜撑杆等加固杆件应随架体同步搭设；

　　3 构件组装类脚手架的搭设应自一端向另一端延伸，应自下而上按步逐层搭设；并应逐层改变搭设方向；

　　4 每搭设完一步距架体后，应及时校正立杆间距、步距、垂直度及水平杆的水平度。

5.2.2 作业脚手架连墙件安装应符合下列规定：

　　1 连墙件的安装应随作业脚手架搭设同步进行；

　　2 当作业脚手架操作层高出相邻连墙件2个步距及以上时，在上层连墙件安装完毕前，应采取临时拉结措施。

5.2.3 悬挑脚手架、附着式升降脚手架在搭设时，悬挑支承结构、附着支座的锚固应稳固可靠。

5.2.4 脚手架安全防护网和防护栏杆等防护设施应随架体搭设同步安装到位。

5.3　使用

5.3.1 脚手架作业层上的荷载不得超过荷载设计值。

5.3.2　雷雨天气、6 级及以上大风天气应停止架上作业；雨、雪、雾天气应停止脚手架的搭设和拆除作业，雨、雪、霜后上架作业应采取有效的防滑措施，雪天应清除积雪。

5.3.3　严禁将支撑脚手架、缆风绳、混凝土输送泵管、卸料平台及大型设备的支承件等固定在作业脚手架上。严禁在作业脚手架上悬挂起重设备。

5.3.4　脚手架在使用过程中，应定期进行检查并形成记录，脚手架工作状态应符合下列规定：

　　1　主要受力杆件、剪刀撑等加固杆件和连墙件应无缺失、无松动，架体应无明显变形；

　　2　场地应无积水，立杆底端应无松动、无悬空；

　　3　安全防护设施应齐全、有效，应无损坏缺失；

　　4　附着式升降脚手架支座应稳固，防倾、防坠、停层、荷载、同步升降控制装置应处于良好工作状态，架体升降应正常平稳；

　　5　悬挑脚手架的悬挑支承结构应稳固。

5.3.5　当遇到下列情况之一时，应对脚手架进行检查并应形成记录，确认安全后方可继续使用：

　　1　承受偶然荷载后；

　　2　遇有 6 级及以上强风后；

　　3　大雨及以上降水后；

　　4　冻结的地基土解冻后；

　　5　停用超过 1 个月；

　　6　架体部分拆除；

　　7　其他特殊情况。

5.3.6　脚手架在使用过程中出现安全隐患时，应及时排除；当出现下列状态之一时，应立即撤离作业人员，并应及时组织检查处置：

　　1　杆件、连接件因超过材料强度破坏，或因连接节点产生滑移，或因过度变形而不适于继续承载；

2 脚手架部分结构失去平衡；

3 脚手架结构杆件发生失稳；

4 脚手架发生整体倾斜；

5 地基部分失去继续承载的能力。

5.3.7 支撑脚手架在浇筑混凝土、工程结构件安装等施加荷载的过程中，架体下严禁有人。

5.3.8 在脚手架内进行电焊、气焊和其他动火作业时，应在动火申请批准后进行作业，并应采取设置接火斗、配置灭火器、移开易燃物等防火措施，同时应设专人监护。

5.3.9 脚手架使用期间，严禁在脚手架立杆基础下方及附近实施挖掘作业。

5.3.10 附着式升降脚手架在使用过程中不得拆除防倾、防坠、停层、荷载、同步升降控制装置。

5.3.11 当附着式升降脚手架在升降作业时或外挂防护架在提升作业时，架体上严禁有人，架体下方不得进行交叉作业。

5.4 拆除

5.4.1 脚手架拆除前，应清除作业层上的堆放物。

5.4.2 脚手架的拆除作业应符合下列规定：

1 架体拆除应按自上而下的顺序按步逐层进行，不应上下同时作业。

2 同层杆件和构配件应按先外后内的顺序拆除；剪刀撑、斜撑杆等加固杆件应在拆卸至该部位杆件时拆除。

3 作业脚手架连墙件应随架体逐层、同步拆除，不应先将连墙件整层或数层拆除后再拆架体。

4 作业脚手架拆除作业过程中，当架体悬臂段高度超过 2 步时，应加设临时拉结。

5.4.3 作业脚手架分段拆除时，应先对未拆除部分采取加固处理措施后再进行架体拆除。

5.4.4 架体拆除作业应统一组织，并应设专人指挥，不得交叉作业。

5.4.5 严禁高空抛掷拆除后的脚手架材料与构配件。

6 检查与验收

6.0.1 对搭设脚手架的材料、构配件质量，应按进场批次分品种、规格进行检验，检验合格后方可使用。

6.0.2 脚手架材料、构配件质量现场检验应采用随机抽样的方法进行外观质量、实测实量检验。

6.0.3 附着式升降脚手架支座及防倾、防坠、荷载控制装置、悬挑脚手架悬挑结构件等涉及架体使用安全的构配件应全数检验。

6.0.4 脚手架搭设过程中，应在下列阶段进行检查，检查合格后方可使用；不合格应进行整改，整改合格后方可使用：

    1 基础完工后及脚手架搭设前；

    2 首层水平杆搭设后；

    3 作业脚手架每搭设一个楼层高度；

    4 附着式升降脚手架支座、悬挑脚手架悬挑结构搭设固定后；

    5 附着式升降脚手架在每次提升前、提升就位后，以及每次下降前、下降就位后；

    6 外挂防护架在首次安装完毕、每次提升前、提升就位后；

    7 搭设支撑脚手架，高度每 2 步～4 步或不大于 6m。

6.0.5 脚手架搭设达到设计高度或安装就位后，应进行验收，验收不合格的，不得使用。脚手架的验收应包括下列内容：

    1 材料与构配件质量；

    2 搭设场地、支承结构件的固定；

    3 架体搭设质量；

    4 专项施工方案、产品合格证、使用说明及检测报告、检查记录、测试记录等技术资料。

三、《建筑施工安全技术统一规范》GB 50870—2013

5.2.1 对建筑施工临时结构应做安全技术分析，并应保证在设计规定的使用工况下保持整体稳定性。

7.2.2 建筑施工安全应急救援预案应对安全事故的风险特征进行安全技术分析，对可能引发次生灾害的风险，应有预防技术措施。

四、《建筑施工塔式起重机安装、使用、拆卸安全技术规程》JGJ 196—2010

2.0.3 塔式起重机安装、拆卸作业应配备下列人员：

　　1 持有安全生产考核合格证书的项目负责人和安全负责人、机械管理人员；

　　2 具有建筑施工特种作业操作资格证书的建筑起重机械安装拆卸工、起重司机、起重信号工、司索工等特种作业操作人员。

2.0.9 有下列情况之一的塔式起重机严禁使用：

　　1 国家明令淘汰的产品；

　　2 超过规定使用年限经评估不合格的产品；

　　3 不符合国家现行相关标准的产品；

　　4 没有完整安全技术档案的产品。

2.0.14 当多台塔式起重机在同一施工现场交叉作业时，应编制专项方案，并应采取防碰撞的安全措施。任意两台塔式起重机之间的最小架设距离应符合下列规定：

　　1 低位塔式起重机的起重臂端部与另一台塔式起重机的塔身之间的距离不得小于2m；

　　2 高位塔式起重机的最低位置的部件（或吊钩升至最高点或平衡重的最低部位）与低位塔式起重机中处于最高位置部件之间的垂直距离不得小于2m。

2.0.16 塔式起重机在安装前和使用过程中，发现有下列情况之一的，不得安装和使用：

1 结构件上有可见裂纹和严重锈蚀的；

2 主要受力构件存在塑性变形的；

3 连接件存在严重磨损和塑性变形的；

4 钢丝绳达到报废标准的；

5 安全装置不齐全或失效的。

3.4.12 塔式起重机的安全装置必须齐全，并应按程序进行调试合格。

3.4.13 连接件及其防松防脱件严禁用其他代用品代用。连接件及其防松防脱件应使用力矩扳手或专用工具紧固连接螺栓。

4.0.2 塔式起重机使用前，应对起重司机、起重信号工、司索工等作业人员进行安全技术交底。

4.0.3 塔式起重机的力矩限制器、重量限制器、变幅限位器、行走限位器、高度限位器等安全保护装置不得随意调整和拆除，严禁用限位装置代替操纵机构。

5.0.7 拆卸时应先降节、后拆除附着装置。

五、《建筑工程施工现场标志设置技术规程》JGJ 348—2014

3.0.2 建筑工程施工现场的下列危险部位和场所应设置安全标志：

1 通道口、楼梯口、电梯口和孔洞口；

2 基坑和基槽外围、管沟和水池边沿；

3 高差超过1.5m的临边部位；

4 爆破、起重、拆除和其他各种危险作业场所；

5 爆破物、易燃物、危险气体、危险液体和其他有毒有害危险品存放处；

6 临时用电设施；

7 施工现场其他可能导致人身伤害的危险部位或场所。

六、《建设工程施工现场供用电安全规范》GB 50194—2014

4.0.4 发电机组电源必须与其他电源互相闭锁，严禁并列运行。

8.1.10　保护导体（PE）上严禁装设开关或熔断器。

8.1.12　严禁利用输送可燃液体、可燃气体或爆炸性气体的金属管道作为电气设备的接地保护导体（PE）。

10.2.4　严禁利用额定电压 220V 的临时照明灯具作为行灯使用。

10.2.7　行灯变压器严禁带入金属容器或金属管道内使用。

11.2.3　在易燃、易爆区域内进行用电设备检修或更换工作时，必须断开电源，严禁带电作业。

11.4.2　在潮湿环境中严禁带电进行设备检修工作。

七、《城市地下综合管廊运行维护及安全技术标准》GB 51354—2019

1.0.4　综合管廊必须实行 24h 运行维护及安全管理。

6.4.3　天然气管道巡检用设备、防护装备应符合天然气舱室的防爆要求，巡检人员严禁携带火种和非防爆型无线通信设备入廊，并应穿戴防静电服、防静电鞋等。

6.4.6　入廊人员进入天然气舱室前，应进行静电释放，并必须检测舱室内天然气、氧气、一氧化碳、硫化氢等气体浓度，在确认符合安全要求之前不得进入。

6.4.14　天然气管道及附件严禁带气动火作业。

八、《建筑施工临时支撑结构技术规范》JGJ 300—2013

7.1.1　支撑结构严禁与起重机械设备、施工脚手架等连接。

7.1.3　支撑结构使用过程中，严禁拆除构配件。

7.7.2　支撑结构作业层上的施工荷载不得超过设计允许荷载。

九、《建筑施工升降设备设施检验标准》JGJ 305—2013

3.0.7　严禁使用经检验不合格的建筑施工升降设备设施。

4.2.9　防坠装置与提升设备严禁设置在同一个附墙支承结构上。

4.2.15　附着式脚手架架体上应有防火措施。

5.2.8　安全锁应完好有效，严禁使用超过有效标定期限的安全锁。

6.2.9 吊笼安全停靠装置应为刚性机构，且必须能承担吊笼、物料及作业人员等全部荷载。

7.2.15 严禁使用超过有效标定期限的防坠安全器。

8.2.8 钢丝绳必须设有防脱装置，该装置与滑轮及卷筒轮缘的间距不得大于钢丝绳直径的 20%。

十、《施工企业安全生产管理规范》GB 50656—2011

3.0.9 施工企业严禁使用国家明令淘汰的技术、工艺、设备、设施和材料。

5.0.3 施工企业应建立和健全与企业安全生产组织相对应的安全生产责任体系，并应明确各管理层、职能部门、岗位的安全生产责任。

10.0.6 施工企业应根据施工组织设计、专项安全施工方案（措施）编制和审批权限的设置，分级进行安全技术交底，编制人员应参与安全技术交底、验收和检查。

12.0.3 施工企业的工程项目部应根据企业安全生产管理制度，实施施工现场安全生产管理，应包括下列内容：

　　6 确定消防安全责任人，制订用火、用电、使用易燃易爆材料等各项消防安全管理制度和操作规程，设置消防通道、消防水源，配备消防设施和灭火器材，并在施工现场入口处设置明显标志；

15.0.4 施工企业安全检查应配备必要的检查、测试器具，对存在的问题和隐患，应定人、定时间、定措施组织整改，并应跟踪复查直至整改完毕。

十一、《压型金属板工程应用技术规范》GB 50896—2013

8.3.1 压型金属板围护系统工程施工应符合下列规定：

　　1 施工人员应戴安全帽，穿防护鞋；高空作业应系安全带，穿防滑鞋；

2 屋面周边和预留孔洞部位应设置安全护栏和安全网，或其他防止坠落的防护措施；

3 雨天、雪天和五级风以上时严禁施工。

十二、《安全防范工程通用规范》GB 55029—2022

1 总则

1.0.1 为规范安全防范工程建设、安全防范系统运行与维护，提高安全防范水平，保护人身安全和财产安全，维护社会安全稳定，制定本规范。

1.0.2 安全防范工程必须执行本规范。

1.0.3 安全防范工程建设、安全防范系统运行与维护应遵循下列原则：

1 防范与风险相适应；

2 人力防范、实体防范、电子防范相结合，探测、延迟、反应相协调；

3 满足纵深防护、均衡防护的要求；

4 满足安全防范系统安全、可靠、稳定运行的要求。

1.0.4 工程建设所采用的技术方法和措施是否符合本规范要求，由相关责任主体判定。其中，创新性的技术方法和措施应进行论证并符合本规范中有关性能的要求。

2 基本规定

2.0.1 安全防范工程建设、安全防范系统运行与维护应做到全生命周期协调管理。

2.0.2 安全防范系统应由实体防护系统和电子防护系统构成，并应符合下列规定：

1 应选择利用天然屏障、人工屏障、防护器具（设备）等构建实体防护系统；

2 应选择入侵和紧急报警系统、视频监控系统、出入口控制系统、停车库（场）安全管理系统、安全检查系统、楼寓对讲系统、电子巡查系统、安全防范管理平台等构建电子防护系统。

2.0.3 安全防范系统使用的设备、材料应检测合格。

2.0.4 安全防范系统和设备登录密码不应为弱口令，不应存在网络安全漏洞和隐患。当基于不同传输网络的系统和设备联网时，应采取相应的网络边界安全管理措施。

2.0.5 安全防范工程建设、安全防范系统运行与维护应落实安全保密责任，应具有保护国家秘密、商业秘密和个人隐私的措施。

3 工程设计

3.1 布防设计

3.1.1 安全防范工程设计应明确保护对象（包括保护单位、保护区域或部位、保护目标等）及其安全需求，确定需要防范的风险。

3.1.2 安全防范工程设计应根据风险防范要求，确定防护点位和系统、设备的功能、性能。高风险保护对象安全防范工程设计前应进行现场勘察。

3.1.3 周界防护应根据现场环境和安全防范管理要求，选择设置实体防护、入侵探测、视频监控等设施，有效覆盖需要防护的区域，并应符合下列规定：

  1 实体防护设施应具有阻挡或延迟相应风险的能力；

  2 入侵探测设备应具有对攀爬、翻越、挖凿、穿越等一种或多种入侵行为的探测能力；

  3 视频监控装置采集的图像应能清晰显示关注目标的活动情况。

3.1.4 出入口防护应根据现场环境和安全防范管理要求，选择设置实体防护、出入口控制、入侵探测、视频监控等设施，并应符合下列规定：

　　1　在满足通行能力的前提下，应减少周界出入口数量。与周界相连且无人值守的出入口，其实体屏障的防护能力应与周界实体防护能力相当。

　　2　出入口控制装置应能满足目标识别、出入管理的要求，并应具有防拆卸、防技术开启等防护能力。

　　3　入侵探测设备应具有针对出入口部位入侵行为的探测能力。

　　4　视频监控装置采集的图像应能清晰显示行人出入口处进出行人的体貌特征和车辆出入口处通行车辆的号牌。

3.1.5　走道、通道和公共活动场所防护应根据现场环境和安全防范管理要求，选择设置视频监控、入侵探测、实体防护等设施，并应符合下列规定：

　　1　视频监控装置采集的图像应能清晰显示监控区域内人员、物品、车辆的通行、活动情况；

　　2　入侵探测设备应具有针对通道、公共活动场所入侵行为的探测能力；

　　3　实体屏障应具有限制或阻挡人员、车辆通行的相应能力。

3.1.6　人员密集场所起隔离疏导作用的实体防护、出入口控制设施等，应满足紧急情况下人员疏散的要求。

3.1.7　重要保护部位的防护应根据现场环境和安全防范管理要求，选择设置实体防护、入侵探测、出入口控制、视频监控等设施，防护能力应满足相应的阻挡延迟、入侵行为探测、出入目标控制、场景监视等要求。

3.1.8　高风险保护对象的安全防范系统应设置监控中心，监控中心选址应远离产生粉尘、油烟、有害气体的场所，以及生产或贮存腐蚀性、易燃、易爆物品的场所，并应远离强震源和强噪声源。

3.1.9　高风险保护对象的监控中心防护应符合下列规定：

　　1　应设置视频监控装置，且其采集的图像应能清晰显示人员出入及室内活动的情况；

2 应配备内外联络的通信设备；

3 应设置紧急报警装置，并能够向外发送报警信息；

4 当监控中心值守区与设备区为两个独立物理区域且不相邻时，两个区域之间的传输线缆应采取保护措施；

5 独立的监控中心设备区除应符合本条第1款～第3款的规定外，还应设置入侵探测、出入口控制装置。

3.1.10 对保护目标的防护应根据现场环境和安全防范管理要求，选择设置实体防护、入侵探测、位移探测、视频监控等设施，并应符合下列规定：

1 实体防护设施应满足不同保护目标抵御相应风险的要求；

2 入侵探测、位移探测等装置应能探测接近、移动保护目标的入侵行为；

3 视频监控区域应覆盖保护目标，采集的图像应能清晰显示监控区域内人员的活动情况；

4 当保护目标涉密或有隐私保护需求时，视频监控应满足保密或隐私保护的要求。

3.1.11 当需要对通行人员、物品、车辆安全检查时，应在保护区域的出入口或其附近设置安全检查区，并应配备相应的安全检查和处置设施。

3.1.12 易燃、易爆等特殊环境的安全防范系统设计前，应进行危险源辨识，并应根据危险场所类型，选择设备及部署位置，规划管线路由。

3.1.13 当保护对象被确定为恐怖袭击重点目标时，除应符合本规范第3.1.2条～第3.1.12条的规定外，尚应选择下列一种或多种防护措施：

1 加强周界防范措施；

2 对出入人员、物品、车辆等进行安全检查；

3 重要的出入口、走道和通道设置人行通道闸、车辆实体屏障、安全缓冲区、隔离区等；

4 人员密集区域加强视频监控和动态监测、预警；

5 监控中心及其他重要部位（区域）联合设置实体防护和电子防护设施；

6 对无人飞行器采取防御措施；

7 加强人力防范资源配置。

3.2 系统架构设计

3.2.1 应按照安全可控、开放共享的原则，确定安全防范系统的子系统组成、集成/联网方式、传输网络、系统管理、存储模式、系统供电、接口协议等要素。

3.2.2 应根据现场勘察和风险防范要求以及布防设计情况，确定安全防范系统的各子系统。

3.2.3 应根据各类信息资源共享、交换的实际需要以及系统复杂程度，选择下列一种或多种系统集成/联网方式：

1 子系统设备之间信号驱动联动；

2 子系统之间协议通信联动；

3 安全防范管理平台对各子系统集成；

4 安全防范管理平台之间联网；

5 安全防范管理平台与其他系统联网。

3.2.4 高风险保护对象的安全防范系统应采用专用传输网络。

3.2.5 安全防范管理平台应具有集成管理、信息管理、用户管理、设备管理、联动控制、日志管理、数据统计等功能。

3.2.6 应根据安全防范系统信息存储与管理的需要，确定存储模式。

3.2.7 应根据安全防范系统及其设备的分布特点、供电条件和安全保障需求，确定供电模式和保障措施。

3.2.8 应根据安全防范系统集成/联网以及信息共享应用的需要，确定系统接口以及信息传输、交换、控制协议。

3.3 人力防范措施

3.3.1 应综合考虑实体防范、电子防范能力以及系统正常运行、应急处置的需要，进行人力防范资源配置。

3.3.2 应配备安全保卫、系统值机操作和维护等人员，并应对各岗位人员进行技术、技能培训。

3.3.3 应配备必要的个人防护、对抗性装备。

3.3.4 应针对可能发生的治安和恐怖风险事件制订应急预案，并应组织演练。

3.4 实体防护系统设计

3.4.1 实体防护系统设计应与建筑选址、建筑设计、景观设计统筹规划、同步设计。

3.4.2 实体防护系统设计应针对需要防范的风险，通过周界实体防护设计、建（构）筑物设计和实体装置设计，实现相应的威慑、阻挡、延迟等防护能力。

3.4.3 周界实体防护设计应符合下列规定：

 1 应根据场地条件和防范的风险确定周界实体屏障的类型和位置；

 2 当保护对象有防御爆炸攻击要求时，应选择具有相应防护能力的实体屏障，并应合理确定实体屏障与保护对象的安全距离；

 3 穿越周界的河道以及涵洞、管廊等可容纳防范对象进入的孔洞，应设置实体屏障进行防护；

 4 应根据防范车辆的种类、重量、速度等因素，确定周界出入口车辆实体屏障的类型、规格尺寸、结构强度、固定方式等。

3.4.4 建（构）筑物设计应符合下列规定：

 1 应进行建（构）筑物场地的交通流线设计，并应利用场地和景观形成障碍、缓冲区、隔离带等。

 2 易燃、易爆、有毒、放射性等保护目标的存放场所应设置在隐蔽和远离人群的位置。

 3 当高风险保护对象建（构）筑物的洞口、管沟、管廊、吊顶、风管、槽盒、管道等空间尺寸可容纳防范对象进入时，应采用实体屏障或实体构件进行封闭或阻挡。

　　4　当建（构）筑物的墙体有防爆炸要求时，应进行防爆结构设计。当门窗有防盗、防爆炸、防弹、防砸等要求时，应采用相应的防护措施。

3.4.5　应根据保护目标的防盗窃、防窥视、防砸、防撬、防弹、防爆炸等安全需求，配置相应的实体装置。

3.4.6　当设置具有锐利边缘、触碰时易对人体造成伤害的防护设施时，应在其安装区域设置警示标识。

3.5　电子防护系统设计

3.5.1　入侵和紧急报警系统设计应根据需要防范的风险和现场环境条件等因素，选择相应的设备，设计安装位置和传输路由，具备对隐蔽进入、强行闯入以及撬、挖、凿等入侵行为的探测与报警功能，并应符合下列规定：

　　1　系统应准确、及时地探测入侵行为和紧急报警装置触发状态，发出报警信号；

　　2　入侵探测器和控制指示设备应具有防拆报警功能；

　　3　当报警信号传输线缆断路或短路、探测器电源线被切断时，控制指示设备应能发出报警信号；

　　4　系统应具有参数设置和用户权限设置功能；

　　5　系统应具有设防、撤防、旁路、胁迫报警等功能；

　　6　系统应能对入侵、紧急、防拆、故障等报警信号准确指示；

　　7　系统应能对操作、报警和警情处理等事件进行记录，且不可更改；

　　8　单控制器系统报警响应时间不应超过 2s；

　　9　备用电源应能保证系统正常工作时间不少于 8h。

3.5.2　视频监控系统设计应根据视频图像采集、目标识别的需要和现场环境条件等因素，选择相应的设备，具备对监控区域和目标进行视频采集、传输、处理、控制、显示、存储与回放等功能，并应符合下列规定：

1 系统的监控区域应有效覆盖保护区域、部位和目标，监视效果应满足场景监控或目标特征识别的需求；

2 系统应具备按照授权对前端视频采集设备进行实时控制，或进行工作状态调整的能力；

3 系统应具备按照授权实时调度指定视频信号到指定终端的能力；

4 系统应能实时显示系统内的所有视频图像；

5 视频图像信息存储的时间不应少于 30d；

6 系统应具备设备管理、用户管理及日志管理等功能。

3.5.3 出入口控制系统设计应根据通行对象进出各受控区的安全管理要求，选择适当类型的识读、控制与执行设备，具备凭证识别查验、进出授权、控制与管理等功能，并应符合下列规定：

1 安装于受控区以外的部件应采取防拆保护措施；

2 疏散通道的出入口控制点应满足紧急情况下人员不经凭证识读操作即可通行的要求；

3 断电开启的出入口控制点应配置备用电源，并应确保执行装置正常工作时间不少 48h；

4 当系统与其他非安防业务系统共用凭证或凭证为"一卡通"应用模式时，出入口控制系统应独立管理；

5 执行装置的连接线缆位于该出入口的受控区以外的部分应封闭保护。

3.5.4 停车库（场）安全管理系统设计应根据车辆进出停车库（场）的安全管理要求，选择适当类型的识读、控制与执行装置，具备对进出的车辆进行识别、通行控制和信息记录等功能，并应符合下列规定：

1 系统应能通过对车辆的识读做出能否通行的指示；

2 执行装置应具有防砸车功能；

3 执行装置应具有在紧急状态下人工开启的功能。

3.5.5 安全检查系统设计应根据保护对象对人员、车辆和禁限带物品的安全管理要求，选择相应的设备，具备对进入保护单位或区域的人员、物品、车辆进行安全检查，对禁限带的爆炸物、武器、管制器具或其他违禁品进行探测、显示、报警和记录的功能，并应符合下列规定：

    1 当选择成像式人体安全检查设备时，应对人体隐私部位的图像采取保护处理措施；

    2 当微剂量 X 射线安全检查设备正常工作时，工作人员工作位置周围剂量当量率不应大于 $0.5\mu Sv/h$；

    3 系统应配备防爆处置设施。

3.5.6 楼寓对讲系统设计应根据安全管理要求，选择对讲或可视对讲设备，具备被访人员通过音视频方式确认访客身份、控制开启出入口门锁的功能，并应符合下列规定：

    1 访客呼叫机与用户接收机之间应具有双向对讲功能；

    2 当受控门开启时间超过预设时长、访客呼叫机防拆装置被触发时，应能够发出现场警示信息。

3.5.7 电子巡查系统应能按照预先编制的巡查方案，实现对人员巡查的工作状态进行监督管理，具有巡查路线、巡查时间、巡查人员设置和统计报表等功能。在线式电子巡查系统应能对不符合巡查方案的异常情况及时报警。

4 工程施工

4.0.1 安全防范工程应按深化设计文件进行施工。

4.0.2 应在施工前查验进场设备和材料及其质量证明文件，并应在查验合格后安装。

4.0.3 隐蔽工程应进行工序验收，验收合格后方可进行下一道工序。

4.0.4 安全防范工程的线缆接续点、线缆两端、线缆检修孔、分支处等应统一编号，并设置永久标识。

4.0.5 文物保护单位的安全防范设备安装、管线敷设应采取对文物本体和文物风貌的保护措施。

4.0.6 在易燃、易爆等特殊环境中安装安全防范设备时，应根据危险场所类别采用相应的施工工艺。

4.0.7 安全防范工程初步验收通过或项目整改完成后，应进行系统试运行，时间不应少于 30d。

5　工程检验与验收

5.0.1 高风险保护对象的安全防范工程应进行检验。

5.0.2 工程检验时，应对系统功能、性能等进行检验。

5.0.3 工程竣工后应组织竣工验收，包括施工验收、技术验收和资料审查。

5.0.4 工程竣工验收应对工程质量做出验收结论。

5.0.5 工程竣工验收合格后，施工单位应整理、编制、移交完整的工程竣工资料，并将安全防范系统正式交付使用。验收不合格的工程不应交付使用。

6　系统运行与维护

6.0.1 安全防范工程竣工移交后，应开展安全防范系统的运行与维护工作。

6.0.2 应制订安全防范系统运行与维护方案，建立人员、经费、制度和技术支撑在内的运行维护保障体系。

6.0.3 系统运行工作应确认作业内容，编制作业指导文件，制订日常管理、值机、现场处置、安全保密、培训和考核等制度。

6.0.4 同时接入监控中心和公安机关接警中心的紧急报警，监控中心值机人员应核实公安机关是否收到报警信息。

6.0.5 应按照系统维护工作方案，开展日常维护、故障处理、特殊时期保障等工作。特殊时期应采取加强工作协调、增加维护人员、补充备品备件等保障措施。

十三、《纺织工业职业安全卫生设施设计标准》GB 50477—2017

5.2.6 在采用气相热媒加热的车间应设置热媒收集槽（罐），严禁将对人体有害的热媒蒸气直接排出。

5.5.8 纺织工业企业在下列车间或场所应设置应急照明：

1 自备电站，变电所，工艺控制室，消防控制室，消防泵间，防排烟机房，电话机房，总值班室；

2 车间疏散通道处。

十四、《电子工业职业安全卫生设计规范》GB 50523—2010

1.0.3 电子工业建设项目的工程设计，必须包括职业安全卫生技术措施和设施设计，并应与主体工程同时设计、同时施工、同时投入生产和使用。

3.4.4 建设项目的抗震设防烈度应按国家规定的权限审批、颁发的文件（图件）确定。凡抗震设防烈度为 6 度及以上地区的建（构）筑物，必须进行抗震设计。

3.5.2 工作场所布置设计应符合下列要求：

9 生产的火灾危险性为甲、乙类的生产场所，以及储存物品的火灾危险性为甲、乙类的仓库不应设置在地下室或半地下室内。

3.5.7 设有车间或仓库的建筑物内，不得设置员工集体宿舍。

4.3.3 使用、产生易燃易爆物质的建筑（或工作间），应采取下列防火、防爆措施：

1 所选用的工艺设备和公用工程设备应具有相应的防火、防爆性能。

2 应设置局部排风系统或全室排风系统。

5 对可能突然放散大量有爆炸危险物质的建筑（或工作间），应设置事故报警装置及其与之联锁的事故通风系统。

4.3.5 储存易燃、易爆物品的露天储罐（或储罐区），应采取下列防范措施：

1 储罐之间，储罐与其配套设备之间，储罐与各类建（构）筑物，明火地点或散发火花地点之间，储罐与道路，铁路之间，应根据现行国家标准《建筑设计防火规范》GB 50016 的有关规定，设置足够的防火（安全）间距。

2 甲、乙、丙类液体储罐和液化石油气储罐，应按现行国家标准《建筑设计防火规范》GB 50016 的有关规定设置防火墙、防火堤及冷却水设施。

3 储罐区内的卸车泊位，应设置相应的收纳事故泄漏的设施。

4 储罐及储罐区应按现行国家标准《建筑物防雷设计规范》GB 50057、《防止静电事故通用导则》GB 12158 的有关规定采取防雷、防静电措施。

4.3.9 室内管道的布置设计应符合下列要求：

1 输送易燃、易爆、助燃介质的管道严禁穿越生活间、办公室、配电室、控制室。

3 输送易燃、易爆、助燃介质的管道、管件、阀门、泵等连接处应严密，管道系统应采取防静电接地措施。

5.1.4 建设项目应采取下列措施，将尘、毒从工作间（或工作区）排除：

1 在生产中可能突然逸出大量有害气体或易造成急性中毒气体的作业场所，必须设置泄漏自动报警装置和与其联锁的事故通风装置及应急处理装置。

5.1.5 对尘、毒物品的运输、储存、分配应采取下列防范措施：

6 储存和使用氰化物、砷化物等剧毒物品的库房、工作间，其墙壁、顶棚和地面应采用不吸附毒物的材料，并应便于清洗和收集。分发有毒物质处应设置洗涤池和通风柜。

5.1.10 输送有毒介质的管道应符合下列规定：

1 严禁穿越生活间、办公室、配电室、控制室。

5.8.11 废弃的放射源应按当地环境保护部门或放射卫生防护部

门的规定处置。

十五、《水泥工厂职业安全卫生设计规范》GB 50577—2010

1.0.3 劳动安全、职业卫生设施必须与主体工程同时设计、同时施工、同时投入使用。

4.2.5 在布置预处置危险废物车间时，必须同步设计相应的事故防范、应急和救援设施。

5.1.8 厂内道路必须设置交通安全警示标志。

5.2.2 水泥生产线多台联锁遥控、程控的生产设备，必须设置机旁锁定开停机的按钮、中控和现场操作切换的开关。控制系统应设置互锁保护装置。

5.2.3 磨机等生产设备的机旁控制装置应布置在操作人员能看到整个设备动作的位置，机旁开关应能强制分断与隔离主电路，并应具有锁定装置及开关位置标志。现场必须设有预示开车的声光信号装置。

5.2.6 表面温度超过 50℃ 的设备和管道，必须在人员容易接触到的位置，采取防护措施，并应设置安全标志。

5.2.8 各种机械传动装置的外露部分必须配置防护罩或防护网等安全防护装置，露出的轴承必须加护盖。

5.2.10 袋装水泥码垛高度，机械装卸时严禁高于 5m，人工装卸时严禁高于 2m。

5.2.11 生产设备易发生危险的部位必须设置安全标志。

5.3.3 工作平台临空部分应设置安全护栏，安全护栏应符合下列规定：

　　1 平台高度为 15m 及以上时，护栏高度不应低于 1.2m。

　　2 平台高度低于 15m 时，护栏高度不应低于 1.05m。

　　3 预热器塔架的护栏高度不应低于 1.2m。

　　4 设置于屋面及库顶上的护栏高度不应低于 1.2m。

　　5 平台面以上 0.15m 内的护栏应为网状护栏。

5.3.10 各种物料筒仓的顶部应设置可锁人孔门，在直径 15m

以上筒仓的下部应同时设置可锁人孔门。

5.4.9 煤粉仓应设置一氧化碳和温度监测仪表及报警、灭火设施。

5.4.11 煤粉制备车间的煤磨和煤粉仓旁,应设置干粉灭火装置和消防给水装置;煤磨收尘器入口处及煤粉仓应设置气体灭火装置;煤预均化库必须在消防安全门的外墙上设置消防给水装置。

5.5.7 在装设手持电器插座的供电回路上应设置漏电保护装置。

6.1.12 处置、使用酸碱或其他腐蚀性物质、危险废物的车间或场所,必须设置中和溶液和冲洗皮肤眼睛的供水设施。

6.2.5 在原料粉磨、熟料烧成、煤粉制备、水泥粉磨、水泥包装及各类破碎等生产车间设置的值班室应为隔声室。

6.3.10 水泥工厂储存或生产过程中产生易燃、易爆气体或物料的场所,严禁采用明火采暖。当采用电暖气采暖时,电暖气的电器元件必须满足防爆要求。

十六、《机械工程建设项目职业安全卫生设计规范》GB 51155—2016

4.1.9 输送高温气体以及排出有爆炸危险的气体和蒸气混合物的风管设计,应符合下列规定:

　　6 有爆炸危险的厂房内的排风管道,严禁穿过防火墙和有爆炸危险的车间隔墙;

4.3.2 电气设备外露可导电部分必须与接地装置有可靠的电气连接,成排配电装置的两端必须与接地线相连。

4.6.9 户外轨道起重机必须设夹轨钳和锚定装置。

十七、《人造板工程职业安全卫生设计规范》GB 50889—2013

5.1.2 安全装置设计应符合下列规定:

　　1 刨花干燥设备必须配备防火和防爆装置。

　　2 纤维干燥系统、干纤维输送系统和砂光粉输送系统必须设置火花探测与自动灭火装置。

　　3　干刨花仓、干纤维料仓、砂光粉仓、干燥旋风分离器必须设置防爆设施。

十八、《铅作业安全卫生规程》GB 13746—2008（节选）

4　一般要求

4.1　铅作业企业的新建、改建、扩建建设项目，应进行职业病危害评价和安全评价。

4.2　铅作业企业的选址应符合《建筑设计防火规范》GB 50016和《工业企业总平面设计规范》GB 50187 的相关要求。

4.3　有铅烟、铅尘发生源的车间应与其他车间隔离，该车间应设置在厂区全年最小频率风向的上风侧。铅作业车间的设计和布局应符合《工业企业总平面设计规范》GB 50187 的相关要求。

4.4　所有电气设备的安装和使用应符合《供配电系统设计规范》GB 50052 和《通用用电设备配电设计规范》GB 50055 的相关要求。

4.5　所有机械设备的安装和使用应符合《生产设备安全卫生设计总则》GB 5083 和《机械安全　机械设计的卫生要求》GB/T 19891 的相关要求。

4.6　铅作业场所的铅烟时间加权平均容许浓度应不超过 $0.03\mathrm{mg/m^3}$，铅尘时间加权平均容许浓度应不超过 $0.05\mathrm{mg/m^3}$，废气应进行净化处理。

4.7　铅作业场所操作人员每天连续接触噪声 8h，噪声声级应不超过 85dB（A）。

4.8　铅作业生产应优先采用先进的工艺和设备，提高生产过程密闭化、机械化和自动化水平。

4.9　铅作业车间地面应便于清洗和铅尘回收。

4.10　所有原料和半成品的存放应有确定的地点并且设置收集铅粉尘的容器。

4.11　熔铅锅和浇铸口旁应设置存放浮渣的容器。

4.12　铅作业场所允许湿扫的生产设备,应采取湿扫、湿抹的方式。含铅废水应集中处理、达标排放,或者净化后循环使用。

4.13　铅作业场所应设置有效的通风装置,并且设置事故通风设施。

6　储存和运输

6.1　储存

6.1.1　铅、铅合金、铅化合物,铅混存物等严禁露天堆放,应存放在专用的库房。

6.1.2　库房应是阴凉、干燥、通风、避光的防火建筑,并远离居民区和水源。

6.1.3　不同种类的铅物质应分开存放,远离热源、电源、火源。

6.1.4　库房内应保持整洁、干净,堆垛应符合安全、方便的原则,堆放牢固、整齐、美观。

6.1.5　电解铅残渣(阳极泥、碎渣)暂时堆存时,应使用专用容器盛装,集中堆放,不应堆放在露天、未硬化地面或有水流失的地方,避免造成污染。

6.1.6　粉状铅应使用专用容器进行包装储存。

6.1.7　包装破损时,应更换包装方可入库,包装应在专用场所进行。撒在地上的铅粉应用吸尘器或水清除干净,收集的铅粉应统一处理。

6.1.8　盛装过粉状铅的容器应密闭,并存放在确定的地点。含铅物质的包装物、容器重复使用前,应当进行检查。

6.1.9　长时间储存未经包装的铅时,宜加盖苫布。

6.1.10　各种含铅的物料、含铅泥渣等属于危险固体废物,其堆放应符合《危险化学品仓库储存通则》GB 15603 的相关要求。

6.2 运输

6.2.1 运输前粉状铅必须用专用容器包装，包装材料应不易破损，锭状铅应使用钢带打捆。

6.2.2 运输过程中应采取防止淋湿的措施，铅和含铅物质不应泄漏和飞扬。

6.2.3 人力搬运装有粉状铅、铅混存物的容器，应在容器上装设把手或车轮。

6.2.4 铅粉泄漏时，应立即进行清扫。

8 管理

8.1 职业安全卫生管理机构和制度

8.1.1 企业主要负责人应负责组织制定和实施职业安全卫生管理计划，并列入企业中、长期发展规划。

8.1.2 企业应设职业安全卫生管理部门，配备专职安全卫生管理人员。

8.1.3 铅作业企业应建立健全职业安全卫生管理制度。职业安全卫生管理制度主要包括：作业场所检测评价管理办法、职业病防治管理办法、职业健康监护制度、防尘防毒设备设施管理制度、劳动防护用品管理制度、岗位责任制和岗位操作规程等。

8.1.4 从事铅作业的工作人员上岗、复岗前应经过"三级安全教育"和职业安全卫生培训，经考核合格后方可上岗。

8.1.5 企业应定期对铅作业人员及其管理人员进行职业安全卫生知识的继续教育培训，每年至少组织一次考核。

8.1.6 从事铅作业的工作人员在上岗前应被明确告知所从事工作的职业危害性，并在劳动合同中体现告知的内容。

8.1.7 铅作业企业应针对可能发生的铅中毒及其他事故，按《生产经营单位安全生产事故应急预案编制导则》AQ/T 9002 的要求制定应急预案。

8.1.8 应配备必要的应急器材并定期维护，应急预案应定期更新和组织演练，并有维护和演练记录。

8.2 个人防护与职业卫生

8.2.1 涉及铅作业的企业应按相关国家标准和行业标准的要求，为从事铅作业人员配备正确合格的防尘工作服、口罩、手套等个人防护用品。

8.2.2 作业人员应具有正确使用个人防护用品的技能，上岗时必须穿戴好个人防护用品。

8.2.3 个人防护用品应按要求进行维护、保养，由企业集中清洗并及时更换。待清洗的个人防护用品应置于密闭容器储存，并设警示标识。

8.2.4 铅作业场所应设置红色区域警示线，应在显著位置设置安全标志及说明有害物质危害性预防措施和应急处理措施的标识牌。

8.2.5 作业场所应按照相关规范设置更衣室、浴室、洗手池等设施。休息室、浴室、公用衣柜等公共设施应经常打扫、冲洗。

8.2.6 作业场所地面、墙壁和设备等应每天清扫或冲洗。从事清扫作业人员应穿工作服、戴防尘口罩等。收集的铅粉尘应放置在专用容器内，不应与其他垃圾等堆放在一起。

8.2.7 作业场所严禁吸烟、烤煮食物、进食饮水等；下班后必须洗澡、漱口、更换工作服后方可离开；严禁穿工作服进食堂、出厂。

8.3 职业健康监护

8.3.1 企业应委托有职业健康检查资质的机构对职工进行上岗前、在岗期间和离岗前的职业健康检查，建立健全职业健康监护档案，不得安排有职业禁忌证的劳动者从事与该禁忌证相关的有害作业。

8.3.2 企业应每年组织在岗作业人员进行职业健康检查。

8.3.3 经诊断为铅中毒者必须暂时脱离工作岗位进行驱铅治疗，轻度者治疗后可以恢复铅作业，但重度铅中毒者，必须调离原工作岗位，并给予治疗、休息。

8.3.4 凡被确诊患有职业病的员工，应报上级有关部门按《劳动能力鉴定　职工工伤与职业病伤残等级》GB/T 16180 的相关规定进行工伤与职业病致残等级鉴定，并享受国家规定的职业病待遇。

8.4　检测

8.4.1 企业应当对作业场所的铅烟、铅尘浓度每月至少检测一次，采样及测定方法应参照相关规定执行，检测结果应整理归档。铅作业场所应设置红色区域警示线，应在显著位置设置安全标志及说明有害物质危害性预防措施和应急处理。

8.4.2 有害物质浓度检测应在正常工况下进行，检测点的位置和数量等参数的选择应符合相关国家标准的要求。

8.4.3 企业应按相关规定对防尘防毒设施的性能和净化效率每年至少检测一次，达不到要求时应及时检修或更换。检测结果和维修记录应整理归档。

十九、《城市地下综合管廊运行维护及安全技术标准》GB 51354—2019

1.0.4 综合管廊必须实行 24h 运行维护及安全管理。

6.4.3 天然气管道巡检用设备、防护装备应符合天然气舱室的防爆要求，巡检人员严禁携带火种和非防爆型无线通信设备入廊，并应穿戴防静电服、防静电鞋等。

6.4.6 入廊人员进入天然气舱室前，应进行静电释放，并必须检测舱室内天然气、氧气、一氧化碳、硫化氢等气体浓度，在确认符合安全要求之前不得进入。

6.4.14 天然气管道及附件严禁带气动火作业。

第五篇　技　　术

第一章　地　下　工　程

一、《工程结构通用规范》GB 55001—2021（节选）

1.0.1　为在工程建设中贯彻落实建筑方针，保障工程结构安全性、适用性、耐久性，满足建设项目正常使用和绿色发展需要，制定本规范。

1.0.2　工程结构必须执行本规范。

1.0.3　工程建设所采用的技术方法和措施是否符合本规范要求，由相关责任主体判定。其中，创新性的技术方法和措施，应进行论证并符合本规范中有关性能的要求。

2.1　基本要求

2.1.1　结构在设计工作年限内，必须符合下列规定：

　　1　应能够承受在正常施工和正常使用期间预期可能出现的各种作用；

　　2　应保障结构和结构构件的预定使用要求；

　　3　应保障足够的耐久性要求。

2.1.2　结构体系应具有合理的传力路径，能够将结构可能承受的各种作用从作用点传递到抗力构件。

2.1.3　当发生可能遭遇的爆炸、撞击、罕遇地震等偶然事件及人为失误时，结构应保持整体稳固性，不应出现与起因不相称的破坏后果。当发生火灾时，结构应能在规定的时间内保持承载力和整体稳固性。

2.1.4　根据环境条件对耐久性的影响，结构材料应采取相应的防护措施。

2.1.5　结构设计应包括下列基本内容：

1 结构方案；

2 作用的确定及作用效应分析；

3 结构及构件的设计和验算；

4 结构及构件的构造、连接措施；

5 结构耐久性的设计；

6 施工可行性。

2.1.6 结构应按照设计文件施工。施工过程应采取保证施工质量和施工安全的技术措施和管理措施。

2.1.7 结构应按设计规定的用途使用，并应定期检查结构状况，进行必要的维护和维修。严禁下列影响结构使用安全的行为：

1 未经技术鉴定或设计许可，擅自改变结构用途和使用环境；

2 损坏或者擅自变动结构体系及抗震设施；

3 擅自增加结构使用荷载；

4 损坏地基基础；

5 违规存放爆炸性、毒害性、放射性、腐蚀性等危险物品；

6 影响毗邻结构使用安全的结构改造与施工。

2.1.8 对结构或其部件进行拆除前，应制定详细的拆除计划和方案，并对拆除过程可能发生的意外情况制定应急预案。结构拆除应遵循减量化、资源化和再生利用的原则。

2.2 安全等级与设计工作年限

2.2.1 结构设计时，应根据结构破坏可能产生后果的严重性，采用不同的安全等级。结构安全等级的划分应符合表 2.2.1 的规定。结构及其部件的安全等级不得低于三级。

表 2.2.1　安全等级的划分

安全等级	破坏后果	安全等级	破坏后果	安全等级	破坏后果
一级	很严重	二级	严重	三级	不严重

2.2.2 结构设计时，应根据工程的使用功能、建造和使用维护

成本以及环境影响等因素规定设计工作年限，并应符合下列规定：

1 房屋建筑的结构设计工作年限不应低于表 2.2.2-1 的规定；

表 2.2.2-1　房屋建筑的结构设计工作年限

类别	设计工作年限（年）
临时性建筑结构	5
普通房屋和构筑物	50
特别重要的建筑结构	100

2 公路工程的结构设计工作年限不应低于表 2.2.2-2 的规定；

表 2.2.2-2　公路工程的结构设计工作年限（年）

结构类别		公路等级	高速公路、一级公路	二级公路	三级公路	四级公路
路面	沥青混凝土路面		15	12	10	8
	水泥混凝土路面		30	20	15	10
桥涵	主体结构	特大桥、大桥	100	100	100	100
		中桥	100	50	50	50
		小桥、涵洞	50	30	30	30
	可更换部件	斜拉索、吊索、系杆等	20	20	20	20
		栏杆、伸缩装置、支座等	15	15	15	15
隧道	主体结构	特长隧道	100	100	100	100
		长隧道	100	100	100	50
		中隧道	100	100	100	50
		短隧道	100	100	50	50
	可更换、修复构件	特长、长、中、短隧道	30	30	30	30

3 永久性港口建筑物的结构设计工作年限不应低于 50 年。

2.2.3 结构的防水层、电气和管道等附属设施的设计工作年限，应根据主体结构的设计工作年限和附属设施的材料、构造和使用要求等因素确定。

2.2.4 结构部件与结构的安全等级不一致或设计工作年限不一致的，应在设计文件中明确标明。

二、《城市地下水动态观测规程》CJJ 76—2012

1.0.3 城市地下水动态观测网应纳入城市规划，并结合城市发展情况予以实施。利用地下水作为城市供水水源、有地下空间开发规划和有海水入侵、海平面上升、滑坡、岩溶塌陷、地面沉降等灾害影响的城市，均应进行地下水动态观测。

三、《特殊设施工程项目规范》GB 55028—2022

1　总则

1.0.1 为明确特殊设施工程项目基本功能、性能、关键技术措施要求，规范特殊设施工程项目建设，制定本规范。

1.0.2 城市地下综合管廊、防灾避难场所和城市雕塑等特殊设施工程项目必须执行本规范。

1.0.3 特殊设施工程项目建设应坚持合理布局、绿色低碳、安全运维原则，并应远近期结合。

1.0.4 工程建设所采用的技术方法和措施是否符合本规范要求，由相关责任主体判定。其中，创新性的技术方法和措施，应进行论证并符合本规范中有关性能的要求。

2　基本规定

2.0.1 特殊设施空间、设备和附属设施配置应满足使用功能的要求，并应满足综合防灾、保护生态、保障人身健康的要求。

2.0.2 特殊设施基地应选择在地质灾害为低风险的地段，并应符合下列规定：

    1 地面特殊设施基地应选择在具备天然采光、自然通风等卫生条件良好的地段，周围环境的空气、土壤、水体等不应对人体构成危害；

    2 地面特殊设施和地下特殊设施的口部建（构）筑物等地面附属设施，与易发生危险的建筑物、仓库、储罐、可燃物品和材料堆场等的距离，应满足安全防护距离要求；

    3 地面特殊设施基地的场地高程不应低于城市防洪和内涝防治确定的控制标高，并应兼顾场地雨水收集与排放，调蓄雨水、减少径流外排。

2.0.3 特殊设施建设与运行应符合下列规定：

    1 地下特殊设施建设应注重地下空间资源保护，对生态环境、文化遗产采取必要保护措施；

    2 特殊设施的设备用房、附属设施布置不应危害公共空间安全，并应采取措施减少对景观的影响；

    3 当特殊设施及其设备使用过程中可能产生噪声和废气污染时，应采取降噪减排措施，不应对邻近建筑产生不良影响；

    4 特殊设施应合理、有效利用能源和水资源。

2.0.4 特殊设施应选用质量合格并符合绿色、环保要求的材料与设备。

2.0.5 当特殊设施达到设计工作年限或遭遇自然灾害，需要继续使用时，应进行检测鉴定，并按鉴定结论进行处理合格后方可继续使用。

3 城市地下综合管廊

3.1 一般规定

3.1.1 城市工程管线纳入综合管廊时应符合下列规定：

    1 敷设城市主干工程管线时应采用干线综合管廊；

    2 敷设城市配给工程管线时应采用支线综合管廊或缆线综

合管廊。

3.1.2 综合管廊应根据功能需要进行建设。

3.1.3 当进行城市新区建设及城市更新时，应在重要地段和管线密集区域建设综合管廊。

3.1.4 综合管廊工程建设应根据城市发展目标、发展规模、土地利用、空间布局等合理布局。综合管廊部署应结合城市地下管线规划或使用状况，以及城市道路、轨道交通、给水、雨水、污水、再生水、天然气、热力、电力、广播电视、通信等设施的情况确定，并应符合生态环境保护的要求。

3.1.5 综合管廊工程建设规划应划定综合管廊三维控制线，明确综合管廊各级监控中心用地范围。

3.1.6 干线综合管廊、支线综合管廊应设置消防、通风、供电、照明、监控与报警、排水、标识等附属设施。

3.1.7 综合管廊建造材料应根据结构类型、受力条件、使用要求和环境条件等确定，主体结构材料应满足结构安全和耐久性要求。

3.1.8 综合管廊内的管线及设备应根据运行环境及应对事故危害需要，采取防水、防潮、防火、防爆等措施。

3.1.9 综合管廊日常管理单位应建立健全运行维护管理制度和运行维护档案，并应会同专业管线单位编制管线维护管理办法、实施细则及应急预案。

3.1.10 综合管廊应针对下列可能发生的事故制定应急预案：

    1 管线事故；

    2 人为破坏；

    3 城市内涝；

    4 火灾；

    5 对综合管廊产生较大影响的地质灾害或地震；

    6 其他事故。

3.1.11 干线综合管廊建成后，应划定综合管廊保护范围，并应采取监护措施。

3.2 干线综合管廊、支线综合管廊

3.2.1 干线综合管廊、支线综合管廊的结构设计工作年限应为
100 年。

3.2.2 干线综合管廊、支线综合管廊应采取防止漏水的措施，
结构内表面总湿渍面积不应大于总防水面积的 1/1000；任意
100m² 防水面积上的湿渍不应超过 2 处，且单个湿渍的面积不应
大于 0.1m²。

3.2.3 干线综合管廊、支线综合管廊抗震设防标准应按乙类
确定。

3.2.4 干线综合管廊、支线综合管廊出地面的口部构筑物应同
周边城市景观相协调。有开孔口的口部应提高口部高程、设置密
闭盖板或采取其他防止地面水倒灌的措施，满足内涝防治重现期
不少于 100 年的防内涝要求。有洪水威胁的地区，其开口标高不
应低于防洪水位以上 0.5m。

3.2.5 干线综合管廊、支线综合管廊露出地面的口部构筑物应
采取防止无关人员及小动物进入的措施。

3.2.6 干线综合管廊内部净高不应小于 2.1m。

3.2.7 干线综合管廊、支线综合管廊的检修通道净宽，应满足
人员通行、巡检、维护，以及管道、配件、设备运输的要求，并
应符合下列规定：

　　1 管廊内两侧设置支架或管道时，检修通道净宽不应小
于 1.0m；

　　2 管廊内单侧设置支架或管道时，检修通道净宽不应小
于 0.9m。

3.2.8 纳入天然气管道的综合管廊舱室应设置可燃气体探测与
报警系统。

3.3 缆线综合管廊

3.3.1 缆线综合管廊内不应敷设天然气管道、蒸汽管道。

3.3.2 缆线综合管廊管线分支口应满足地块集中接入点需求，分支口的内部空间应满足最大截面缆线的转弯半径要求。

4 防灾避难场所

4.1 建设要求

4.1.1 防灾避难场所应根据其配置功能级别、避难规模和开放时间等划分为紧急避难场所、固定避难场所和中心避难场所。

4.1.2 防灾避难场所应优先选择地势较高、地形较平坦、有利于排水和空气流通、具备一定基础设施的公共空间；避难建筑应优先选择抗灾设防标准高、抗灾能力好的公共建筑。安全性应符合下列规定：

    1 应避开可能发生滑坡、崩塌、地陷、地裂、泥石流的地段，以及地震断裂带上可能发生地表错位的部位，并应避开行洪区、分洪口、洪水期间进洪或退洪主流区及山洪威胁区、高压线走廊区域；

    2 应避开易燃、易爆、有毒危险物品生产存储场所，严重污染源，以及其他易发生次生灾害的地段，并应位于安全距离外；

    3 应避开周边建（构）筑物垮塌和坠落物影响范围，并应位于安全距离外；

    4 防灾避难场所场地严禁长输天然气管道、输油管道穿越，场地周边敷设应满足安全防护距离要求。

4.1.3 防灾避难场所可通达性应符合下列规定：

    1 中心避难场所与城镇外部应有可靠交通连接，与周边避难场所应有疏散通道连接；

    2 固定避难场所应与责任区内居住区建立安全避难联系。

4.1.4 地下空间作为防灾避难场所时，应确保灾后供电和通风等基础设施正常运转，人员进出安全。

4.1.5 用于地震避难的防灾避难场所遭受相当于本地区抗震设防烈度对应的罕遇地震影响时，应急保障基础设施应能有效运转，避难建筑不应发生中等及以上破坏，应急辅助设施不应发生严重破坏或不能及时恢复的破坏，应急疏散和避难功能应能得到有效保障。

4.1.6 用于风灾避难的防灾避难场所遭受 100 年一遇的当地基本风压对应的风灾影响时，应急保障基础设施应能有效运转，避难建筑不应发生中等及以上破坏，应急辅助设施不应发生严重破坏或不能及时恢复的破坏，应急和避难人员的生活需求应能得到有效保障。防风避难场所应满足临灾时期和灾时避难的安全防护要求，龙卷风安全防护时间不应少于 3h，台风安全防护时间不应少于 24h。

4.1.7 用于洪水避难的防灾避难场所设定防御标准应高于按当地防洪标准和流域防洪要求所确定使用情景下的淹没水位，且其中避洪场地应急避难区和安全台地面标高的安全超高不应低于 0.5m。

4.1.8 防灾避难场所应建立场所维护管理制度，制定场所使用应急预案，明确应急管理机构组成，编制应急设施位置图及场所使用功能手册。

4.1.9 防灾避难场所责任人应定期对场所进行检查和维护，场所启用前应对设施和设备进行应急评估与应急转换。

4.2　布局与设施

4.2.1 城市单个中心避难场所的服务范围不应超过 50km² 建设用地规模，服务能力不应超过 50 万人。

4.2.2 固定避难场所能容纳避难人员的规模不应低于其责任区范围内规划人口的 15%。

4.2.3 不同避难期的人均有效避难面积不应低于表 4.2.3 的规定。

表 4.2.3　避难场所的人均最低有效避难面积

避难期	紧急	临时	短期	中期	长期
人均有效避难面积（m²/人）	0.5	1.0	2.0	3.0	4.5

4.2.4　防灾避难场所与周围一般地震次生火灾源之间的距离不应小于30m；距易燃易爆工厂仓库、燃气厂站等重大次生火灾或爆炸危险源的距离应能够保障避难场所安全。

4.2.5　防灾避难场所应根据承担的应急功能配置应急设施，并应符合下列规定：

　　1　紧急避难场所应设置应急休息区、应急物资分发点、应急出入口及通道，配置应急消防、应急照明、应急标识等设施。

　　2　固定避难场所应设置场所管理区、避难宿住区、应急医疗卫生救护区、应急物资储备区、垃圾收集点，配置应急供水、应急交通、应急消防、应急供电、应急广播、应急排污、应急通风、应急标识等设施。

　　3　中心避难场所除应具备固定避难场所的功能及按固定避难场所配置相应设施外，还应设置应急指挥区、应急停车场、应急水源区、应急停机坪等，配置应急淋浴、应急通信、应急垃圾储运等设施。

4.2.6　固定和中心避难场所内应划分避难分区。分区之间应设防火分隔。分区内应设置防火设施、消防通道。中心避难场所和固定避难场所应设置应急消防水源。

4.2.7　避难场所内的室外供水、供电应急保障基础设施应具备不少于2种方式的来源满足其应急功能，并应有可靠保障措施。

4.2.8　防灾避难场所室外场地中用于婴幼儿、高龄老人、行动困难残疾人和伤病员等特定群体的专门区域，应确保人员无障碍通行。

4.2.9　中心避难场所和长期固定避难场所应至少设置4个不同方向的主要出入口，中、短期固定避难场所及紧急避难场所应至少设置2个不同方向的主要出入口。

4.2.10　当避难场所用于短期、中期避难使用时，避难宿住区的应急厕所厕位数量不应少于避难人数的1.0%；当避难场所用于长期避难使用时，避难宿住区的应急厕所厕位数量不应少于避难人数的2.0%。

4.2.11　应急医疗卫生救护工作场地应满足救护车辆和应急保障车辆出入和停放的需要。

4.2.12　防灾避难场所应设置明显的、易于辨认和引导的规范化避难标识。

4.3　避难建筑

4.3.1　除防洪避难建筑外，避难容量大于建筑平时使用人员规模的避难建筑宿住功能应优先设在1层和2层；当确需设置在3层及以上时，安全出入口、疏散楼梯及消防设施应满足消防安全要求。

4.3.2　避难建筑应避开地震断裂带，且避让距离不应小于500m。

4.3.3　避难建筑应按无障碍要求建设。

4.3.4　用作人员避难或物资储存的地下空间和对通风有专门要求的避难建筑，应设应急通风设施。

4.3.5　用于地震避难的避难建筑抗震设计应符合下列规定：

　　1　避难建筑应采用设置多道抗震防线的结构体系。

　　2　避难建筑设计应具备抗连续倒塌的能力。

　　3　当本地区抗震设防烈度为6度～8度时，避难建筑应按比本地区抗震设防烈度高1度的要求采取抗震措施；当本地区抗震设防烈度为9度时，避难建筑应按比9度更高的要求采取抗震措施。

　　4　建筑非结构构件和建筑附属机电设备及其与主体结构的连接应采用抗震设计，并应采取与主体结构加强连接或柔性连接的措施。

4.3.6　位于蓄滞洪区的安全楼型避难建筑设计应符合下列规定：

　　1　近水面安全层楼面板底面设计高度，不应低于安全楼设计水位、波峰在静水面以上的高度、风增水高度和安全超高之和，且安全超高不应低于0.5m。

　　2　安全楼设计水位以下的建筑层应采用半透空式或透空式

结构形式,且建筑层门窗洞口设计应有利于洪水出入,墙体开洞比例不应小于0.32。

4.3.7 避难建筑抗风设计应符合下列规定:

1 用于风灾避难的避难建筑基本风压应按不低于100年一遇的风压确定,且不应小于 $0.35kN/m^2$;其地面粗糙度类型应提高1类。

2 用于风灾避难的避难建筑洞口均应按其破坏不致损伤整体结构体系安全确定,并应按照最大洞口为敞开时分析室内压力影响;洞口围护构件应验算室内正压力效应。

4.3.8 用作避难场所的地下空间建筑面积不应小于 $4000m^2$。场所内应配备应急供电设施、应急广播设施、应急给水排水设施、应急消防设施、应急通风设施、应急标识等。

5 城市雕塑

5.0.1 城市雕塑设置应保证周边安全,形体应与城市功能、环境、空间尺度相匹配,内涵应与城市历史、文化、景观风貌等相协调。

5.0.2 城市雕塑分类应符合表5.0.2的规定。

表5.0.2 城市雕塑分类

类型	除浮雕外的城市雕塑	浮雕
特大型	$H \geq 30m$ 或 $L \geq 45m$	$S \geq 300m^2$
大型	$10m \leq H < 30m$ 或 $30m \leq L < 45m$	$100m^2 \leq S < 300m^2$
中型	$3m \leq H < 10m$ 或 $10m \leq L < 30m$	$60m^2 \leq S < 100m^2$
小型	未达到上述规模	$S < 60m^2$

注:1 表中 H 为高度,L 为宽度,S 为面积;

2 表中面积按展开面积计算。

5.0.3 大型及以上城市雕塑选址应避开城市地下设施地面出入口及架空电力等设施。

5.0.4 大型及以上城市雕塑建设应符合历史文化保护传承及城

市设计要求。中型及以上城市雕塑体量确定应考虑场所方位、采光方向、地形地貌、自然荷载等因素。

5.0.5　城市雕塑主体结构及结构构件应具备足够的安全性，有结构支撑的城市雕塑应采取防腐措施。中型及以上城市雕塑及其主体结构设计工作年限不应少于 50 年。

5.0.6　城市雕塑应根据环境特点选择适宜户外长期放置的环保材料，材料尚应满足耐候性的要求。

5.0.7　城市雕塑应采取抗风、抗震、防雷措施。

5.0.8　城市雕塑的照明设计应选择环保节能型光源，并应避免光污染。

5.0.9　当城市雕塑设有外部电源直供照明的配电箱时，应在配电箱的受电端设置具有隔离和保护作用的开关。配电线路应装设短路、过负载保护。室外灯光装置应配置合适的浪涌保护器，并采取可靠的防雷接地措施。

5.0.10　采用外投光形式的城市雕塑，直接照射范围应控制在城市雕塑范围内，外溢杂散光和干扰光数值不应超过 20%。

5.0.11　城市雕塑应根据设计要求定期维护。

四、《城市综合管廊工程技术规范》GB 50838—2015

3.0.2　综合管廊工程建设应以综合管廊工程规划为依据。

3.0.9　综合管廊工程设计应包含总体设计、结构设计、附属设施设计等，纳入综合管廊的管线应进行专项管线设计。

4.1.4　综合管廊工程规划应集约利用地下空间，统筹规划综合管廊内部空间，协调综合管廊与其他地上、地下工程的关系。

4.3.4　天然气管道应在独立舱室内敷设。

4.3.5　热力管道采用蒸汽介质时应在独立舱室内敷设。

4.3.6　热力管道不应与电力电缆同舱敷设。

5.1.7　压力管道进出综合管廊时，应在综合管廊外部设置阀门。

5.4.1　综合管廊的每个舱室应设置人员出入口、逃生口、吊装口、进风口、排风口、管线分支口等。

5.4.7 天然气管道舱室的排风口与其他舱室排风口、进风口、人员出入口以及周边建（构）筑物口部距离不应小于10m。天然气管道舱室的各类孔口不得与其他舱室连通，并应设置明显的安全警示标识。

6.1.1 管线设计应以综合管廊总体设计为依据。

6.4.2 天然气管道应采用无缝钢管。

6.4.6 天然气调压装置不应设置在综合管廊内。

6.5.5 当热力管道采用蒸汽介质时，排气管应引至综合管廊外部安全空间，并应与周边环境相协调。

6.6.1 电力电缆应采用阻燃电缆或不燃电缆。

7.1.1 含有下列管线的综合管廊舱室火灾危险性分类应符合表7.1.1的规定：

表 7.1.1　综合管廊舱室火灾危险性分类

舱室内容纳管线种类		舱室火灾危险性类别
天然气管道		甲
阻燃电力电缆		丙
通信线缆		丙
热力管道		丙
污水管道		丁
雨水管道、给水管道、再生水管道	塑料管等难燃管材	丁
	钢管、球墨铸铁管等不燃管材	戊

第二章　模板与脚手架工程

一、《租赁模板脚手架维修保养技术规范》GB 50829—2013

3.3.10　外表面锈蚀深度大于 0.18mm 或产生塑性变形的钢管，必须报废。

4.1.8　施工现场拆除后的大模板应按现行行业标准《建筑工程大模板技术规程》JGJ 74 的要求堆放，高架堆放时，堆放架必须进行专项设计。

4.3.8　吊环维修必须符合下列要求：

　　1　吊环必须全数检查和维修。

　　2　装配式吊环连接螺栓必须每次更换，并应用双螺母紧固。

　　3　模板维修时，不应对吊环截面、安装位置及连接螺栓进行任意代换。

4.4.5　吊环存在下列情况之一时必须报废：

　　1　吊环出现裂纹。

　　2　截面损失大于或等于 3%。

　　3　吊环使用年限超过 3 年。

8.4.2　维修后扣件质量应符合下列要求：

　　1　各部位严禁有裂纹。

　　2　T 形螺栓长度应为 72mm±0.5mm；螺母对边宽度应为 22mm±0.5mm；螺母厚度应为 14mm±0.5mm。

　　3　铆钉直径应为 8mm±0.5mm；铆接头应大于铆孔直径 1mm。

　　4　旋转扣件中心铆钉直径应为 14mm±0.5mm。

　　5　盖板和座的张开距离应大于或等于 50mm，当钢管公称外径为 51mm 时，盖板与座的张开距离应大于或等于 55mm。

二、《钢框胶合板模板技术规程》JGJ 96—2011

3.3.1 吊环应采用 HPB235 钢筋制作，严禁使用冷加工钢筋。

4.1.2 模板及支撑应具有足够的承载能力、刚度和稳定性。

6.4.7 在起吊模板前，应拆除模板与混凝土结构之间所有对拉螺栓、连接件。

三、《整体爬升钢平台模架技术标准》JGJ 459—2019

3.1.5 整体钢平台模架在安装与拆除阶段、爬升阶段、作业阶段的风速超过设计风速限值时，不得进行相应阶段的施工。

3.2.4 整体钢平台模架在爬升阶段、作业阶段、非作业阶段均应满足承载力、刚度、整体稳固性的要求。

3.3.2 整体钢平台模架分块安装、拆除时，应满足分块的整体稳固性要求；安装过程应满足分块连接后形成单元的整体稳固性要求；拆除过程应满足分块拆除后剩余单元的整体稳固性要求。

3.4.2 整体钢平台模架支撑于混凝土结构时，支撑部位的混凝土结构应满足承载力要求。

四、《组合铝合金模板工程技术规程》JGJ 386—2016

3.1.4 铝合金材料的强度设计值应按表 3.1.4 采用。

表 3.1.4 铝合金材料的强度设计值（N/mm²）

铝合金材料			用于构件计算		用于焊接连接计算	
牌号	状态	厚度 (mm)	抗拉、抗压 和抗弯 f_a	抗剪 f_{va}	焊接热影响区抗拉、抗压和抗弯 $f_{u,haz}$	焊接热影响区抗剪 $f_{v,haz}$
6061	T6	所有	200	115	100	60
6082	T6	所有	230	120	100	60

第三章 幕墙与门窗工程

一、《民用建筑通用规范》 GB 55031—2022

1 总则

1.0.1 为规范民用建筑空间与部位的基本尺度、技术性要求及通用技术措施，制定本规范。

1.0.2 民用建筑必须执行本规范。

1.0.3 民用建筑的建设和使用维护应遵循下列基本原则：

1 应按照可持续发展的原则，正确处理人、建筑与环境的相互关系，营建与使用功能匹配的合理空间；

2 应贯彻节能、节地、节水、节材、保护环境的政策要求；

3 应与所处环境协调，体现时代特色、地域文化。

1.0.4 工程建设所采用的技术方法和措施是否符合本规范要求，由相关责任主体判定。其中，创新性的技术方法和措施，应进行论证并符合本规范中有关性能的要求。

2 基本规定

2.1 功能要求

2.1.1 民用建筑建设应遵循安全、卫生、健康、舒适的原则，为人们的生活、工作、交流等社会活动提供合理的使用空间，使用空间应满足人体工学的基本尺度要求。

2.1.2 民用建筑选址应满足安全要求。

2.1.3 居住建筑应保障居住者生活安全及私密性，并应满足采光、通风和隔声等方面的要求。

2.1.4 教育、办公科研、商业服务、公众活动、交通、医疗及社会民生服务等公共建筑除应满足各类活动所需空间及使用需求外，还应满足交通、人员集散的要求。

2.1.5 当民用建筑存在不同功能场所组合的情况时，除应满足上述条款的要求外，尚应符合下列规定：

  1 各功能场所不应降低其他功能场所的基本安全、卫生标准；

  2 当产生污染、辐射的功能场所与其他功能场所组合时，应采取必要的安全防护措施；

  3 当不同安全等级的功能场所组合时，应采取确保各功能场所使用安全的相应措施。

2.1.6 民用建筑应配置满足基本使用功能需要的设备设施。

2.1.7 民用建筑应设置相应的安全及导向标识系统。

2.2 性能与措施

2.2.1 民用建筑应综合采取防火、抗震、防洪、防空、抗风雪及防雷击等防灾安全措施。

2.2.2 民用建筑的结构应满足相应的设计工作年限要求。

2.2.3 民用建筑应满足无障碍要求，且具有无障碍性能的设施设置应系统连贯。

2.2.4 室内外装修不应影响建筑物结构的安全性，且应选择安全环保型装修材料。装修材料、装饰面层或构配件与主体结构的连接应安全牢固。建筑物外墙装饰面层、构件、门窗等材料及构造应安全可靠，在设计工作年限内应满足功能和性能要求，使用期间应定期维护，防止坠落。

2.2.5 装配式建筑应采用集成化、模块化、标准化及通用化的预制部品、部件。

2.2.6 民用建筑的室外公共场地、建筑空间、建筑部件及公共设备设施应定期进行日常保养、维修和监管。

3　建筑面积与高度

3.1　建筑面积

3.1.1　建筑面积应按建筑每个自然层楼（地）面处外围护结构外表面所围空间的水平投影面积计算。

3.1.2　总建筑面积应按地上和地下建筑面积之和计算，地上和地下建筑面积应分别计算。

3.1.3　室外设计地坪以上的建筑空间，其建筑面积应计入地上建筑面积；室外设计地坪以下的建筑空间，其建筑面积应计入地下建筑面积。

3.1.4　永久性结构的建筑空间，有永久性顶盖、结构层高或斜面结构板顶高在 2.20m 及以上的，应按下列规定计算建筑面积：

　　1　有围护结构、封闭围合的建筑空间，应按其外围护结构外表面所围空间的水平投影面积计算；

　　2　无围护结构、以柱围合，或部分围护结构与柱共同围合，不封闭的建筑空间，应按其柱或外围护结构外表面所围空间的水平投影面积计算；

　　3　无围护结构、单排柱或独立柱、不封闭的建筑空间，应按其顶盖水平投影面积的 1/2 计算；

　　4　无围护结构、有围护设施、无柱、附属在建筑外围护结构、不封闭的建筑空间，应按其围护设施外表面所围空间水平投影面积的 1/2 计算。

3.1.5　阳台建筑面积应按围护设施外表面所围空间水平投影面积的 1/2 计算；当阳台封闭时，应按其外围护结构外表面所围空间的水平投影面积计算。

3.1.6　下列空间与部位不应计算建筑面积：

　　1　结构层高或斜面结构板顶高度小于 2.20m 的建筑空间；

　　2　无顶盖的建筑空间；

　　3　附属在建筑外围护结构上的构（配）件；

4 建筑出挑部分的下部空间；

5 建筑物中用作城市街巷通行的公共交通空间；

6 独立于建筑物之外的各类构筑物。

3.1.7 功能空间使用面积应按功能空间墙体内表面所围合空间的水平投影面积计算。

3.1.8 功能单元使用面积应按功能单元内各功能空间使用面积之和计算。

3.1.9 功能单元建筑面积应按功能单元使用面积、功能单元墙体水平投影面积、功能单元内阳台面积之和计算。

3.2 建筑高度

3.2.1 平屋顶建筑高度应按室外设计地坪至建筑物女儿墙顶点的高度计算，无女儿墙的建筑应按至其屋面檐口顶点的高度计算。

3.2.2 坡屋顶建筑应分别计算檐口及屋脊高度，檐口高度应按室外设计地坪至屋面檐口或坡屋面最低点的高度计算，屋脊高度应按室外设计地坪至屋脊的高度计算。

3.2.3 当同一座建筑有多种屋面形式，或多个室外设计地坪时，建筑高度应分别计算后取其中最大值。

3.2.4 机场、广播电视、电信、微波通信、气象台、卫星地面站、军事要塞等设施的技术作业控制区内及机场航线控制范围内的建筑，建筑高度应按建筑物室外设计地坪至建（构）筑物最高点计算。

3.2.5 历史建筑，历史文化名城名镇名村、历史文化街区、文物保护单位、风景名胜区、自然保护区的保护规划区内的建筑，建筑高度应按建筑物室外设计地坪至建（构）筑物最高点计算。

3.2.6 本规范第3.2.4条、第3.2.5条规定以外的建筑，屋顶设备用房及其他局部突出屋面用房的总面积不超过屋面面积的1/4时，不应计入建筑高度。

3.2.7 建筑的室内净高应满足各类型功能场所空间净高的最低

要求，地下室、局部夹层、公共走道、建筑避难区、架空层等有人员正常活动的场所最低处室内净高不应小于 2.00m。

4 建筑室外场地

4.1 环境与场地

4.1.1 民用建筑应结合当地的自然环境特征，集约利用资源，严格控制其对生态环境的不利影响。

4.1.2 建筑周围环境的空气、土壤、水体等不应对人体健康构成危害。存在污染的建设场地应采取有效措施进行治理，并应达到建设用地土壤环境质量要求。

4.1.3 建筑在建设和使用过程中，应采取控制噪声、振动、眩光等污染的措施，产生的废物、废气、废水等污染物应妥善处理。

4.1.4 建筑与危险化学品及易燃易爆品等危险源的距离，应满足有关安全规定。

4.1.5 建筑场地应符合下列规定：

  1 有洪涝威胁的场地应采取可靠的防洪、防内涝措施；

  2 当场地标高低于市政道路标高时，应有防止客水进入场地的措施；

  3 场地设计标高应高于常年最高地下水位。

4.1.6 人员密集公共建筑的建筑基地应符合下列规定：

  1 建筑基地的出入口应满足人员安全疏散要求；

  2 建筑物主要出入口前应设置人员集散场地，其面积和长宽尺寸应根据使用性质和人数确定；

  3 建筑基地内设置的绿地、停车场（位）或其他构筑物，不应对人员集散造成障碍。

4.2 建筑控制

4.2.1 除建筑连接体、地铁相关设施以及管线、管沟、管廊等市政设施外，建筑物及其附属设施不应突出道路红线或用地红线。

4.2.2 除地下室、地下车库出入口，以及窗井、台阶、坡道、雨篷、挑檐等设施外，建（构）筑物的主体不应突出建筑控制线。

4.2.3 骑楼、建筑连接体、沿道路红线的悬挑建筑等，不应影响交通、环保及消防安全。

4.3　基地道路

4.3.1 建筑基地内的道路系统应顺畅、便捷，保障车辆、行人交通安全，并应满足消防救援及无障碍通行要求。

4.3.2 建筑基地道路应与外部道路相连接。

4.3.3 建筑基地内机动车车库出入口与连接道路间应设置缓冲段。

4.3.4 建筑基地机动车出入口位置应符合下列规定：

　　1 不应直接与城市快速路相连接；

　　2 距周边中小学及幼儿园的出入口最近边缘不应小于 20.0m；

　　3 应有良好的视线，行车视距范围内不应有遮挡视线的障碍物。

4.3.5 建筑基地内道路的设置应符合下列规定：

　　1 基地内道路与城市道路连接处应设限速设施，道路应能通达建筑物的主要出入口；

　　2 当机动车道路改变方向时，路边绿化及建筑物应满足行车有效视距要求。

4.3.6 建筑基地内机动车道路应符合下列规定：

　　1 单车道宽度不应小于 3.0m，兼作消防车道时不应小于 4.0m；

　　2 双车道宽度不应小于 6.0m；

　　3 尽端式道路长度大于 120m 时，应设置回车场地。

4.4　场地铺装和水体

4.4.1　场地内的人行道、广场等硬质铺装应保障人员通行的安全，且地面铺装面层应防滑。

4.4.2　允许车辆通行的广场，应满足车辆行驶、停放和载重的要求，且地面铺装面层应平整、防滑、耐磨。

4.4.3　人工水体岸边近 2.0m 范围内的水深大于 0.50m 时，应采取安全防护措施。

4.5　构筑物与设施

4.5.1　地下车库、地下室有污染性的排风口不应朝向邻近建筑的可开启外窗或取风口；当排风口与人员活动场所的距离小于10m 时，朝向人员活动场所的排风口底部距人员活动场所地坪的高度不应小于 2.5m。

4.5.2　当建筑物上设置太阳能热水或光伏发电系统、暖通空调设备、广告牌、外遮阳设施、装饰线脚等附属构件或设施时，应采取防止构件或设施坠落的安全防护措施，并应满足建筑结构及其他相应的安全性要求。

4.5.3　基地内的生活垃圾收集站房应符合下列规定：

　　1　应配置上下水设施，地面、墙面应采用易清洁材料；

　　2　应满足垃圾分类储存的要求；

　　3　应设置满足垃圾车装载和运输要求的场地。

5　建筑通用空间

5.1　出入口

5.1.1　建筑出入口应根据场地条件、建筑使用功能、交通组织以及安全疏散等要求进行设置，并应安全、顺畅、便捷。

5.1.2　入口、门厅等人员通达部位采用落地玻璃时，应使用安全玻璃，并应设置防撞提示标识。

5.1.3 建筑出入口处应采取防止室外雨水侵入室内的措施。

5.2 台阶、人行坡道

5.2.1 当台阶、人行坡道总高度达到或超过 0.70m 时，应在临空面采取防护措施。

5.2.2 建筑物主入口的室外台阶踏步宽度不应小于 0.30m，踏步高度不应大于 0.15m。

5.2.3 台阶踏步数不应少于 2 级，当踏步数不足 2 级时，应按人行坡道设置。

5.2.4 台阶、人行坡道的铺装面层应采取防滑措施。

5.3 楼梯、走廊

5.3.1 楼梯、走廊应安全、顺畅，并应满足人员通行、安全疏散等要求。

5.3.2 供日常交通用的公共楼梯的梯段最小净宽应根据建筑物使用特征，按人流股数和每股人流宽度 0.55m 确定，并不应少于 2 股人流的宽度。

5.3.3 当公共楼梯单侧有扶手时，梯段净宽应按墙体装饰面至扶手中心线的水平距离计算。当公共楼梯两侧有扶手时，梯段净宽应按两侧扶手中心线之间的水平距离计算。当有凸出物时，梯段净宽应从凸出物表面算起。靠墙扶手边缘距墙面完成面净距不应小于 40mm。

5.3.4 公共楼梯应至少于单侧设置扶手，梯段净宽达 3 股人流的宽度时应两侧设扶手。

5.3.5 当梯段改变方向时，楼梯休息平台的最小宽度不应小于梯段净宽，并不应小于 1.20m；当中间有实体端时，扶手转向端处的平台净宽不应小于 1.30m。直跑楼梯的中间平台宽度不应小于 0.90m。

5.3.6 公共楼梯正对（向上、向下）梯段设置的楼梯间门距踏步边缘的距离不应小于 0.60m。

5.3.7 公共楼梯休息平台上部及下部过道处的净高不应小于2.00m，梯段净高不应小于2.20m。

5.3.8 公共楼梯每个梯段的踏步级数不应少于2级，且不应超过18级。

5.3.9 公共楼梯踏步的最小宽度和最大高度应符合表5.3.9的规定。螺旋楼梯和扇形踏步离内侧扶手中心0.25m处的踏步宽度不应小于0.22m。

表 5.3.9   楼梯踏步最小宽度和最大高度（m）

楼梯类别	最大高度	最小宽度
以楼梯作为主要垂直交通的公共建筑、非住宅类居住建筑的楼梯	0.26	0.165
住宅建筑公共楼梯、以电梯作为主要垂直交通的多层公共建筑和高层建筑裙房的楼梯	0.26	0.175
以电梯作为主要垂直交通的高层和超高层建筑楼梯	0.25	0.180

注：表中公共建筑及非住宅类居住建筑不包括托儿所、幼儿园、中小学及老年人照料设施。

5.3.10 每个梯段的踏步高度、宽度应一致，相邻梯段踏步高度差不应大于0.01m，且踏步面应采取防滑措施。

5.3.11 当少年儿童专用活动场所的公共楼梯井净宽大于0.20m时，应采取防止少年儿童坠落的措施。

5.3.12 除住宅外，民用建筑的公共走廊净宽应满足各类型功能场所最小净宽要求，且不应小于1.30m。

5.4 电梯、自动扶梯、自动人行道

5.4.1 设置电梯、自动扶梯、自动人行道应满足安全使用要求。民用建筑应按相关规范要求设置消防及无障碍电梯。

5.4.2 电梯设置应符合下列规定：

　　1 高层公共建筑和高层非住宅类居住建筑的电梯台数不应少于2台；

2 建筑内设有电梯时，至少应设置 1 台无障碍电梯；

3 电梯井道和机房与有安静要求的用房贴邻布置时，应采取隔振、隔声措施；

4 电梯机房应采取隔热、通风、防尘等措施，不应直接将机房顶板作为水箱底板，不应在机房内直接穿越水管或蒸汽管。

5.4.3 自动扶梯、自动人行道设置应符合下列规定：

1 出入口畅通区的宽度从扶手带端部算起不应小于 2.50m；

2 位于中庭中的自动扶梯或自动人行道临空部位应采取防止人员坠落的措施；

3 两梯（道）相邻平行或交叉设置，当扶手带中心线与平行墙面或楼板（梁）开口边缘完成面之间的水平投影距离、两梯（道）之间扶手带中心线的水平距离小于 0.50m 时，应在产生的锐角口前部 1.00m 处范围内，设置具有防夹、防剪的保护设施或采取其他防止建筑障碍物伤害人员的措施；

4 自动扶梯的梯级、自动人行道的踏板或传送带上空，垂直净高不应小于 2.30m。

5.5　公共厨房

5.5.1 公共厨房应符合食品卫生防疫安全和厨房工艺要求。

5.5.2 厨房专间、备餐区等清洁操作区内不应设置排水明沟，地漏应能防止浊气逸出。

5.5.3 厨房区、食品库房等用房应采取防鼠、防虫和防其他动物的措施，以及防尘、防潮、防异味和通风的措施。

5.5.4 公共厨房应采取防止油烟、气味、噪声及废弃物等对紧邻建筑物或空间环境造成污染的措施。

5.6　公共厕所（卫生间）

5.6.1 民用建筑应根据功能需求配置公共厕所（卫生间），并应设洗手设施。

5.6.2 公共厕所（卫生间）设置应符合下列规定：

　　1　应根据建筑功能合理布局，位置、数量均应满足使用要求；

　　2　不应布置在有严格卫生、安全要求房间的直接上层；

　　3　应根据人体活动时所占的空间尺寸合理布置卫生洁具及其使用空间，管道应相对集中，便于更换维修。

5.6.3　公共厕所（卫生间）男女厕位的比例应根据使用特点、使用人数确定。

5.6.4　公共厕所（卫生间）隔间的平面净尺寸应根据使用特点合理确定，并不应小于表 5.6.4 的规定值。

表 5.6.4　公共厕所（卫生间）隔间的平面最小净尺寸

类别	平面最小净尺寸（净宽度 m×净深度 m）
外开门的隔间	0.90×1.30（坐便）、0.90×1.20（蹲便）
内开门的隔间	0.90×1.50（坐便）、0.90×1.40（蹲便）

5.6.5　公共厕所内通道净宽应符合下列规定：

　　1　厕所隔间外开门时，单排厕所隔间外通道净宽不应小于1.30m；双排厕所隔间之间通道净宽不应小于 1.30m；隔间至对面小便器或小便槽外沿的通道净宽不应小于 1.30m；

　　2　厕所隔间内开门时，通道净宽不应小于 1.10m。

5.7　母婴室

5.7.1　经常有母婴逗留的公共建筑内应设置母婴室。

5.7.2　公共建筑应根据公共场所面积、人流量、母婴逗留情况等因素，合理确定母婴室的位置、数量、面积及配置设施。

5.8　设备用房

5.8.1　建筑应按正常运行需要设置燃气、热力、给水排水、通风、空调、电力、通信等设备用房，设备用房应按功能需要满足安全、防火、隔声、降噪、减振、防水等要求。

5.8.2　设备用房、设备层的层高和垂直运输交通应满足设备荷载、安装、维修的要求，并应留有能满足最大设备安装、检修的进出口及检修通道。

5.8.3　设备机房应采取有效措施防止其对其他公共区域、邻近建筑或环境造成污染。

5.9　地下室、半地下室

5.9.1　地下室、半地下室的出入口（坡道）、窗井、风井，下沉庭院（下沉式广场）、地下管道（沟）、地下坑井等应采取必要的截水、挡水及排水等防止涌水、倒灌的措施，并应满足内涝防治要求。

5.9.2　地下室、半地下室与土壤接触的底板、顶板以及侧墙外壁，应满足防水、防潮要求。

5.9.3　当地下室顶板作为室外场地使用时，设计应满足日常使用的最大荷载要求，后期使用荷载不能超过设计的最大荷载要求。

5.9.4　窗井、风井、下沉庭院的顶部周边应设置安全防护设施。

6　建筑部件与构造

6.1　屋面

6.1.1　屋面应合理采取保温、隔热、防水等措施。屋面防水应按排水与防水相结合的原则，根据建筑物的重要程度及使用功能，结合工程特点、气候条件等按不同等级设置防水层。

6.1.2　屋面应符合下列规定：

　　1　屋面应设置坡度，且坡度不应小于2％；

　　2　屋面设计应进行排水计算。天沟、檐沟断面及雨水立管管径、数量应通过计算合理确定；

　　3　装配式屋面应进行抗风揭设计，各构造层均应采取相应的固定措施；

　　4　严寒和寒冷地区的屋面应采取防止冰雪融坠的安全措施；

5 坡度大于 45°瓦屋面，以及强风多发或抗震设防烈度为 7 度及以上地区的瓦屋面，应采取防止瓦材滑落、风揭的措施；

6 种植屋面应满足种植荷载及耐根穿刺的构造要求；

7 上人屋面应满足人员活动荷载，临空处应设置安全防护设施；

8 屋面应方便维修、检修，大型公共建筑的屋面应设置检修口或检修通道。

6.1.3 建筑采光顶采用玻璃时，面向室内一侧应采用夹层玻璃；建筑雨篷采用玻璃时，应采用夹层玻璃。

6.2　内墙、外墙

6.2.1 墙体应根据其在建筑物中的位置、作用和受力状态确定厚度、材料及构造做法，材料的选择应因地制宜。

6.2.2 外墙应根据气候条件和建筑使用要求，采取保温隔热、隔声、防火、防水、防潮和防结露等措施。

6.2.3 墙体防潮、防水应符合下列规定：

1 砌筑墙体应在室外地面以上、室内地面垫层处设置连续的水平防潮层，室内相邻地面有高差时，应在高差处贴邻土壤一侧加设防潮层；

2 有防潮要求的室内墙面迎水面应设防潮层，有防水要求的室内墙面迎水面应采取防水措施；

3 有配水点的墙面应采取防水措施。

6.2.4 外墙的洞口、门窗等处应采取防止墙体产生变形裂缝的加强措施。外窗台应采取排水、防水构造措施。

6.2.5 设置在墙上的内、外保温系统与墙体、梁、柱的连接应安全可靠。

6.2.6 安装固定在墙体上的设备或管道系统应安全可靠，并应具有防止雨水、雪水渗漏到室内的可靠措施。

6.2.7 安装在易于受到人体或物体碰撞部位的玻璃面板，应采取防护措施，并应设置提示标识。

6.2.8　建筑幕墙应综合考虑建筑类别、使用功能、高度、所在地域的地理气候、环境等因素，合理选择幕墙形式和面板材料，并应符合下列规定：

1　应具有承受自重、风、地震、温度作用的承载能力和变形能力，且应便于制作安装、维护保养及局部更换面板等构件；

2　应满足建筑需求的水密、气密、保温隔热、隔声、采光、耐撞击、防火、防雷等性能要求；

3　幕墙与主体结构的连接应牢固可靠，与主体结构的连接锚固件不应直接设置在填充砌体中；

4　幕墙外开窗的开启扇应采取防脱落措施；

5　玻璃幕墙的玻璃面板应采用安全玻璃，斜幕墙的玻璃面板应采用夹层玻璃；

6　超高层建筑的幕墙工程应设置幕墙维护和更换所需的装置；

7　外倾斜、水平倒挂的石材或脆性材质面板应采取防坠落措施。

6.3　楼面、地面

6.3.1　楼面、地面应根据建筑使用功能，满足隔声、保温、防水、防火等要求，其铺装面层应平整、防滑、耐磨、易清洁。

6.3.2　地面应根据需要采取防潮、防止地基土冻胀或膨胀、防止不均匀沉陷等措施。

6.3.3　建筑内的厕所（卫生间）、浴室、公共厨房、垃圾间等场所的楼面、地面，开敞式外廊、阳台的楼面应设防水层。

6.3.4　有易燃易爆物质的场所，有对静电敏感的电气或电子元件、组件、设备的场所，以及可能因人体静电放电对产品质量或人身安全带来危害的场所，应采用导（防）静电面层。

6.3.5　机动车库的楼面、地面应采用高强度且具有耐磨、防滑性能的材料。

6.3.6　存放食品、食料或药物的房间，楼面、地面面层应采用无污染、无异味、符合卫生防疫条件的环保材料。

6.3.7 地板玻璃应采用夹层玻璃，点支承地板玻璃应采用钢化夹层玻璃。钢化玻璃应进行均质处理。

6.4　顶棚、吊顶

6.4.1 建筑顶棚应满足防坠落、防火、抗震等安全要求，并应采取保障其安全使用的可靠技术措施。

6.4.2 吊顶与主体结构的吊挂应采取安全构造措施。重量大于3kg的物体，以及有振动的设备应直接吊挂在建筑承重结构上。

6.4.3 吊杆长度大于1.50m时，应设置反支撑。

6.4.4 吊杆、反支撑及钢结构转换层与主体结构的连接应安全牢固，且不应降低主体结构的安全性。

6.4.5 管线较多的吊顶内应留有检修空间。当空间受限不能进入检修时，应采用便于拆卸的装配式吊顶或设置检修孔。

6.4.6 面板为脆性材料的吊顶，应采取防坠落措施。玻璃吊顶应采用安全玻璃。

6.4.7 设置永久马道的，马道应单独吊挂在建筑承重结构上。

6.4.8 吊顶系统不应吊挂在吊顶内的设备管线或设施上。

6.4.9 吊顶内敷设水管应采取防止产生冷凝水的措施。

6.4.10 潮湿房间的吊顶，应采用防水或防潮材料，并应采取防结露、防滴水及排放冷凝水的措施。

6.4.11 室外吊顶应采取抗风揭措施；面板及支承结构表面应采取防腐措施。

6.5　门窗

6.5.1 门窗选用应根据建筑使用功能、节能要求、所在地区气候条件等因素综合确定，应满足抗风、水密、气密等性能要求，并应综合考虑安全、采光、节能、通风、防火、隔声等要求。

6.5.2 门窗与墙体应连接牢固，不同材料的门窗与墙体连接处应采取适宜的连接构造和密封措施。

6.5.3　门的设置应符合下列规定：

1　门应开启方便、使用安全、坚固耐用；

2　手动开启的大门扇应有制动装置，推拉门应采取防脱轨的措施；

3　非透明双向弹簧门应在可视高度部位安装透明玻璃。

6.5.4　窗的设置应符合下列规定：

1　窗扇的开启形式应能保障使用安全，且应启闭方便，易于维修、清洗；

2　开向公共走道的窗扇开启不应影响人员通行，其底面距走道地面的高度不应小于2.00m；

3　外开窗扇应采取防脱落措施。

6.5.5　全玻璃的门和落地窗应选用安全玻璃，并应设防撞提示标识。

6.5.6　民用建筑（除住宅外）临空窗的窗台距楼地面的净高低于0.80m时应设置防护设施，防护高度由楼地面（或可踏面）起计算不应小于0.80m。

6.5.7　天窗的设置应符合下列规定：

1　采光天窗应采用防破碎坠落的透光材料，当采用玻璃时，应使用夹层玻璃或夹层中空玻璃；

2　天窗应设置冷凝水导泄装置，采取防冷凝水产生的措施，多雪地区应考虑积雪对天窗的影响；

3　天窗的连接应牢固、安全，开启扇启闭应方便可靠。

6.6　栏杆、栏板

6.6.1　阳台、外廊、室内回廊、中庭、内天井、上人屋面及楼梯等处的临空部位应设置防护栏杆（栏板），并应符合下列规定：

1　栏杆（栏板）应以坚固、耐久的材料制作，应安装牢固，并应能承受相应的水平荷载；

2　栏杆（栏板）垂直高度不应小于1.10m。栏杆（栏板）高度应按所在楼地面或屋面至扶手顶面的垂直高度计算，如底面有宽度大于或等于 0.22m，且高度不大于 0.45m 的可踏部位，应按可踏部位顶面至扶手顶面的垂直高度计算。

6.6.2 楼梯、阳台、平台、走道和中庭等临空部位的玻璃栏板应采用夹层玻璃。

6.6.3 少年儿童专用活动场所的栏杆应采取防止攀滑措施，当采用垂直杆件做栏杆时，其杆件净间距不应大于 0.11m。

6.6.4 公共场所的临空且下部有人员活动部位的栏杆（栏板），在地面以上 0.10m 高度范围内不应留空。

6.7 管道井、烟道、通风道

6.7.1 管道井的设置应符合下列规定：

  1 安全、防火或卫生等方面互有影响的管线不应敷设在同一管道井内；

  2 管道井的断面尺寸应满足管道安装、检修所需空间的要求；

  3 管道井与楼板的缝隙应采取封堵措施。

6.7.2 管道井、烟道和通风道应独立设置。

6.7.3 伸出屋面的烟道或排风道，其伸出高度应根据屋面形式、排出口周围遮挡物的高度和距离、屋面积雪深度等因素合理确定，应有利于烟气扩散和防止烟气倒灌。

6.8 变形缝

6.8.1 变形缝应根据建筑使用要求合理设置，并应采取防水、防火、保温、隔声等构造措施，各种措施应具有防老化、防腐蚀和防脱落等性能。

6.8.2 变形缝设置应能保障建筑物在产生位移或变形时不受阻，且不产生破坏。

6.8.3 厕所、卫生间、盥洗室和浴室等防水设防区域不应跨越变形缝。

6.8.4 配电间及其他严禁有漏水的房间不应跨越变形缝。

6.8.5　门不应跨越变形缝设置。

二、《塑料门窗设计及组装技术规程》JGJ 362—2016

3.4.2　塑料门窗用增强型钢应经计算确定，且塑料窗用增强型钢壁厚不应小于 1.5mm，门用增强型钢壁厚不应小于 2.0mm。

第四章 防 雷

一、《农村民居雷电防护工程技术规范》GB 50952—2013

3.1.5 使用双层彩钢板做屋面及接闪器，且双层彩钢板下方有易燃物品时，应符合下列规定：

1 上层钢板厚度不应小于 0.5mm。

2 夹层中保温材料必须为不燃或难燃材料。

4.1.2 除结构设计要求外，兼做引下线的承力钢结构构件、混凝土梁、柱内钢筋与钢筋的连接，应采用土建施工的绑扎法或螺丝扣的机械连接，严禁热加工连接。

二、《建筑物电子信息系统防雷技术规范》GB 50343—2012

5.1.2 需要保护的电子信息系统必须采取等电位连接与接地保护措施。

5.2.5 防雷接地与交流工作接地、直流工作接地、安全保护接地共用一组接地装置时，接地装置的接地电阻值必须按接入设备中要求的最小值确定。

5.4.2 电子信息系统设备由 TN 交流配电系统供电时，从建筑物内总配电柜（箱）开始引出的配电线路必须采用 TN-S 系统的接地形式。

7.3.3 检验不合格的项目不得交付使用。

第五章　遮　　阳

一、《建筑遮阳工程技术规范》JGJ 237—2011

3.0.7　遮阳装置及其与主体建筑结构的连接应进行结构设计。

7.3.4　在遮阳装置安装前，后置锚固件应在同条件的主体结构上进行现场见证拉拔试验，并应符合设计要求。

8.2.4　遮阳装置与主体结构的锚固连接应符合设计要求。

　　检验数量：全数检查验收记录。

　　检验方法：检查预埋件或后置锚固件与主体结构的连接等隐蔽工程施工验收记录和试验报告。

8.2.5　电力驱动装置应有接地措施。

　　检验数量：全数检查。

　　检验方法：观察检查电力驱动装置的接地措施，进行接地电阻测试。

第六章 保温供暖空调通风

一、《硬泡聚氨酯保温防水工程技术规范》GB 50404—2017

3.0.14 硬泡聚氨酯保温防水工程应加强施工过程防火管理，严禁与其他施工工种同时交叉作业，当遇下列情况之一时，严禁电焊、切割等动火作业：

1 硬泡聚氨酯材料进入施工现场过程中；

2 硬泡聚氨酯保温层喷涂或安装施工过程中；

3 硬泡聚氨酯保温层未进行保护层施工前或无保护层保护时。

3.0.15 硬泡聚氨酯保温层上无可靠防火构造措施时，不得在其上进行防水材料的热熔、热粘结法施工。

二、《低温辐射电热膜供暖系统应用技术规程》JGJ 319—2013

3.2.3 电热膜电磁辐射量应小于 $100\mu T$。

4.4.3 当电热膜布置在与土壤相邻的地面时，必须设绝热层，绝热层下部必须设置防潮层。

4.8.5 电热膜配电线路应采用剩余电流动作保护器，并应自动切断故障电源，剩余动作电流值不应大于 $30mA$。

5.4.1 严禁在施工现场对电热膜进行裁剪、连接导线、电气绝缘等操作。

5.6.4 在混凝土填充层未固化前，严禁通电调试和使用电热膜。

三、《变风量空调系统工程技术规程》JGJ 343—2014

5.3.2 变风量末端的电动执行器、控制器和变风量空调机组控制器箱（柜）的可导电外壳必须可靠接地。

四、《空调通风系统运行管理标准》GB 50365—2019

4.2.1　当制冷机组采用对人体有害的制冷剂时，应定期检查、检测和维护制冷剂泄漏报警装置及应急通风系统，泄漏报警装置及应急通风系统的各项功能应正常有效。

4.2.5　空调通风系统冷热源的燃油、燃气管道系统的防静电接地装置应定期检查、维护、试验。防静电接地装置功能应正常有效。

五、《多联机空调系统工程技术规程》JGJ 174—2010

5.4.6　严禁在管道内有压力的情况下进行焊接。

5.5.3　当多联机空调系统需要排空制冷剂进行维修时，应使用专用回收机对系统内剩余的制冷剂回收。

六、《蓄冷空调工程技术规程》JGJ 158—2008

3.3.12　水蓄冷系统的蓄冷、蓄热共用水池不应与消防水池合用。

3.3.25　乙烯乙二醇的载冷剂管路系统不应选用内壁镀锌的管材及配件。

第七章　地　基　基　础

一、《煤矿采空区建(构)筑物地基处理技术规范》GB 51180—2016

3.0.2　煤矿采空区新建、改建和扩建工程设计和施工前，必须进行煤矿采空区岩土工程勘察、判定工程建设场地的稳定性和适宜性。勘察及评价结论应作为煤矿采空区地基处理、建（构）筑物及地基基础设计的主要依据。

6.1.2　砌筑法施工应严格执行"安全第一、预防为主"的煤矿安全生产方针，当遇冒顶、掉块、片帮、涌水、有毒有害物质等危险环境作业时，必须先排除安全隐患、后进行砌筑作业、并加强安全监测工作。

二、《液压振动台基础技术规范》GB 50699—2011

8.0.1　液压振动台的混凝土基础施工完毕并达到设计强度后，必须对基础进行振动测试以作检验。

第八章 其 他

一、《城市给水工程项目规范》GB 55026—2022（节选）

1 总则

1.0.1 为保障城市给水安全，规范城市给水工程建设和运行，节约资源，为政府监管提供技术依据，制定本规范。

1.0.2 城市集中式给水工程项目，必须执行本规范。

1.0.3 城市给水工程应遵循安全供水、保障服务、节约资源、保护环境、与水的自然循环协调发展的原则。

1.0.4 工程建设所采用的技术方法和措施是否符合本规范要求，由相关责任主体判定。其中，创新性的技术方法和措施，应进行论证并符合本规范中有关性能的要求。

2 基本规定

2.1 规模与布局

2.1.1 城市必须建设与其社会经济发展需求相适应的给水工程，城市给水工程应具有连续不间断供水的能力，满足用户对水质、水量和水压的需求。

2.1.2 城市供水量应与可利用水资源相协调。

2.1.3 城市给水规划应在科学预测城市用水量和用水负荷的基础上，合理开发利用水资源、协调给水设施的布局，指导给水工程建设，并应与水资源规划、水污染防治规划、生态环境保护规划和防灾规划等相协调，与城市排水和海绵城市等专项规划衔接。

2.2　建设要求

2.2.1　城市给水工程建设和运行过程中必须满足生产安全、职业卫生健康安全、消防安全、反恐和生态安全的要求。

2.2.2　城市给水工程应具备应对自然灾害、事故灾难、公共卫生事件和社会安全事件等突发事件的应急供水能力。

2.2.3　城市给水工程主要设施的抗震设防类别应为重点设防类。

2.2.4　城市给水工程的防洪标准不得低于当地的设防要求。

2.2.5　城市给水工程中主要构筑物的主体结构和输配水管道，其结构设计工作年限不应小于50年，安全等级不应低于二级。

2.2.6　城市给水工程中涉水的设备、材料和药剂，必须满足卫生安全要求。

2.2.7　城市给水工程应优先采用节水和节能型工艺、设备、器具和产品。

2.2.8　城市给水工程应根据其储存或传输介质的腐蚀性质及环境条件，确定构筑物、设备和管道应采取的相应防腐蚀措施。

2.2.9　城市给水工程建设和运行过程产生的噪声、废水、废气、扬尘和固体废弃物不应对周边环境和人身健康造成危害，并应满足生态环境保护控制要求。

2.2.10　城市给水工程进行改、扩建时，应保障供水安全，并应对相邻设施实施保护。

2.2.11　城市给水工程的质量验收应按国家规定的验收项目及程序进行。

2.2.12　生活饮用水的调蓄设施应具有卫生防护措施，确保水质安全，并应定期清洗、消毒。

2.2.13　生活饮用水调蓄设施的排空、溢流等管道严禁直接与排水管道连通，四周应排水畅通，严禁污水倒灌和渗漏。

2.2.14　城市给水工程的供电系统应满足给水设施连续、安全运行的要求，机电设备及其系统应保障在维护或故障情况下的生产能力要求。

2.2.15 城市给水工程的自动化控制系统和给水调度系统应安全可靠、连续运行，应具有实时监控、数据采集与处理、数据存储、事故预警、应急处置等功能。

2.2.16 城市给水工程的信息系统应作为数字化城市信息系统的组成部分。信息安全、密码产品和密码技术的使用和管理应符合国家相关规定。

2.2.17 水源、给水厂站和管网应设置保障供水安全和满足工艺要求的在线监测仪表，并应按规定对仪表进行检定和校准，留存记录。

2.2.18 水源、给水厂站和管网应采取实体防范、电子防范措施，保障给水设施的安全。

2.2.19 城市给水工程中，取水工程、净（配）水工程、转输厂站的供电负荷等级不应低于表2.2.19的规定；当不能满足表2.2.19要求时，应设置备用动力设施。

表 2.2.19　给水工程供电负荷等级

城市规模	永久性设施		临时性设施
	主要厂站	次要厂站	
中等及以上城市	一级负荷	二级负荷	三级负荷
小城市	二级负荷	二级负荷	三级负荷

7　给水管网

7.1　一般规定

7.1.1 给水管网布置应以给水工程专项规划、控制性详细规划、修建性详细规划等为依据，以管线短、占地少、不破坏环境、施工维护方便、运行安全、降低能耗、满足用水需求为原则。

7.1.2 应对给水管网进行降低能耗和漏损的优化设计，并应优化调度管理。

7.1.3 给水管网应采取防止污染侵入的防护措施，严禁给水管网与非生活饮用水管道连通。严禁擅自将自建供水设施与给水管网连接。严禁穿过毒物污染区；通过腐蚀地段的管道应采取安全保护措施。

7.1.4　施工过程中严禁对输配水管道、涵洞和储水设施的结构和防腐材料造成破坏。

7.1.5　严禁在城市公共给水管道上直接接泵抽水。

7.1.6　给水管道竣工验收前应进行水压试验。生活饮用水管道运行前应冲洗、消毒，经检验水质合格后，方可并网通水投入运行。

7.1.7　当实施压力调控、新增水源、切换水源时，应对管网水质进行监测分析，发现问题应及时采取相应处置措施，保障管网水质安全。

7.1.8　给水管网及与水接触的设备经改造、修复后，及水质受到污染后，应进行清洗消毒，水质检验合格后，方可投入使用。

7.1.9　给水管网漏水探测作业不得污染给水水质。

7.1.10　城市给水管网应布置在线流量和压力监测点，并实时传输数据。在线监测点的布设应满足监控与调度的要求。

7.1.11　采取分区计量管理的管网，在建设和运行过程中，应对分区边界的供水区域采取水质监测、管网冲洗、排气等措施，保障管网水质安全。

7.1.12　城市公共给水管网的漏损率不应大于10％。

7.1.13　应每年对城市给水管网进行检测和评估，并应及时修复或更新病害管道。

7.2　输配水

7.2.1　输配水管道的设计流量和设计压力应满足使用的要求。

7.2.2　当城市原水输水采用2条及以上管通时，应按事故用水量设置连通管；当采用单管时，应具备多水源或设置调蓄设施，并应保证事故用水量。

7.2.3　长距离管道输水系统的选择应在输水线路、输水方式、管材、管径等方面进行技术、经济比较和安全论证，并应对管道系统进行水力过渡过程分析，采取水锤综合防护措施。

7.2.4 当原水管道埋设在河底时，管内水流速度应大于不淤流速。

7.2.5 配水管网应保障城市最高日最高时用水量和最不利点的供水压力需求，并应满足消防时和事故时用水需求。

7.2.6 消防水量、水压及延续时间等应符合国家规定的消防要求。

7.2.7 设计事故供水量不应小于设计水量的70%。

7.2.8 城市配水管网干管应成环状布置。

7.2.9 城市给水管道的平面布置和竖向位置，应保证供水安全，与建（构）筑物及其他管线的距离应满足安全防护的要求。

7.2.10 在有冰冻风险的地区，给水管道应采取防冻措施。

7.2.11 金属管道的内外壁应采取防腐蚀保护措施。

7.2.12 敷设在城市综合管廊的给水管道应符合下列规定：

　　1 给水管道进出综合管廊处，应在综合管廊外部设置阀门。

　　2 应选择安全可靠、适应内压、耐久性强、便于运输安装的管材。

　　3 管线引出管廊沟壁处应采取适应不均匀沉降的措施。

　　4 非整体连接型给水管道三通、弯头等部位，应与管廊主体设计结合，并应采取保护管道稳定的措施。

7.3 附属设施

7.3.1 有冰冻风险地区，应对消火栓、空气阀和阀门井等设备及设施采取防冻措施。

7.3.2 管（渠）道的起点、终点、分叉处以及穿越河道、铁路、公路段，应根据工程的具体情况和有关部门的规定设置阀（闸）门。输水管道尚应按事故检修的需要设置阀门。

7.3.3 管道沿线应设置管道标志，城区外的地下管道在地面上应设置标志桩，城区内埋地管道顶部上方应设置警示带。

7.3.4　架空（露天）管道应设置空气阀，采取保证管道整体稳定和防止攀爬等措施，并应设置警示标识。

7.3.5　作业人员进入套管、箱涵或阀门井前，应进行异常情况检验和消除；作业时，应采取保护作业人员安全的措施。

二、《点挂外墙板装饰工程技术规程》JGJ 321—2014

4.1.6　点挂外墙板应与主体结构可靠连接，锚固件与主体结构的锚固承载力应通过现场拉拔试验进行验证。

三、《住宅信报箱工程技术规范》GB 50631—2010

1.0.3　城镇新建、改建、扩建的住宅小区、住宅建筑工程，应将信报箱工程纳入建筑工程统一规划、设计、施工和验收，并应与建筑工程同时投入使用。

3.0.1　住宅信报箱应按住宅套数设置，每套住宅应设置一个格口。

四、《预制组合立管技术规范》GB 50682—2011

5.4.6　预制组合立管单元节装配完成后必须进行转立试验，并应符合下列规定：

　1　应进行全数试验和检查。

　2　试验单元节应由平置状态起吊至垂立悬吊状态，静置5min，过程无异响；平置后检查单元节，焊缝应无裂纹，紧固件无松动或位移，部件无形变为合格。

6.2.3　单元节松钩前应就位稳定，且可转动支架与管道框架连接螺栓应全部紧固完成。

五、《冰雪景观建筑技术规程》JGJ 247—2011

4.3.3　建筑高度大于10m的冰景观建筑和允许游人进入内部或上部观赏的冰雪景观建筑物、构筑物等应进行结构设计。

4.3.6　冰雪景观建筑中，可与游人直接接触的砌体结构垂直高度大于 5m 时，应作收分或阶梯式处理，且其上部最高处的砌体部分或悬挑部分的垂直投影与冰雪景观建筑基底外边缘的缩回距离不应小于 500mm，并应符合下列规定：

 1 应有抗倾覆和抗滑移措施；

 2 冰砌体厚度不得小于 700mm，并分层砌筑，缝隙粘结率不得低于 80%；

 3 雪体厚度不得小于 900mm，并应按设计密度值要求分层夯实。

4.3.9 冰、雪活动项目类设计应符合下列规定：

 1 冰、雪攀爬活动项目高度超过 5m 时，应采取安全攀登防护措施，并应提供或安装经安全测试合格的攀登辅助工具，顶部应设安全维护设施、疏散平台和通道。

 2 冰、雪滑梯的滑道应平坦、流畅，并应符合下列规定：

  1）直线滑道宽度不应小于 500mm，曲线滑道宽度不应小于 600mm；滑道护栏高度不应低于 500mm，厚度不应小于 250mm；

  2）转弯处滑道应进行加高加固处理，曲线部分护栏高度不应小于 700mm，并应在转弯坡度变化区域，设警示标志，在坡道终端应设缓冲道，缓冲道长度应通过计算或现场试验确定，终点处应设防护设施；

  3）滑道长度超过 30m 的滑梯类活动，应采用下滑工具；采用下滑工具的滑道平均坡度不应大于 10°，不采用下滑工具的滑道平均坡度不应大于 25°；

  4）下滑工具应形体圆滑，选用摩擦系数小、坚固、耐用、轻质材料制作，并应经安全测试合格方可使用。

 3 溜冰、滑雪等项目设计应符合滑冰场、滑雪场的相关规定。

 4 利用冰、雪自行车，雪地摩托车，冰、雪碰碰车等进行特殊游乐活动的工具应采用安全合格产品；场地应符合设计要求，且应设计安全防护设施。

4.4.4　冰景观建筑基础设计应符合下列规定：

　　1　高度大于 10m，落地短边长度大于 6m 的冰建筑应进行基础设计，地基承载力应按非冻土强度计算，且应考虑冰建筑周边土的冻胀因素。

　　2　软土或回填土地基不能满足设计要求时，应采取减小基底压力、提高冰砌体整体刚度和承载力的措施。

　　3　对于高度大于 10m 的冰建筑基础，不能满足天然地基设计条件时，应采用水浇冻土地基等加固措施进行地基处理。处理后的地基承载力应达到设计要求。

5.1.3　建筑高度超过 30m 的冰建筑，施工期内应按现行行业标准《建筑变形测量规范》JGJ/T 8 的有关规定进行沉降和变形观测。

5.4.3　冰建筑承重墙、柱必须坐落在实体地基上，严禁坐落在碎冰层上。

5.5.5　施工期间，应对冰砌体进行温度监测。当冰体温度高于设计温度或砌筑水不能冻结时，应停止施工，并应采用遮光、防风材料遮挡等保护冰景的措施。

5.5.7　冰砌体墙的砌筑应符合下列规定：

　　1　内部采用碎冰填充的大体量冰建筑或冰景，当外侧冰墙高度大于 6m 时，冰墙组砌厚度不应小于 900mm，当外侧冰墙高度小于 6m 时，冰墙组砌厚度不应小于 600mm，且应满足冰墙高厚比的要求；

　　2　冰砌体组砌上下皮冰块应上、下错缝，内外搭砌；错缝、搭砌长度应为 1/2 冰砌体长度，且不应小于 120mm；

　　3　每皮冰块砌筑高度应一致，表面用刀锯划出注水线；冰砌体的水平缝及垂直缝不应大于 2mm，且应横平竖直，砌体表面光滑、平整；

　　4　单体冰景观建筑同一标高的冰砌体（墙）应连续同步砌筑；当不能同步砌筑时，应错缝留斜槎，留槎部位高差不应大于 1.5m。

5.6.4 冰建筑施工脚手架和垂直运输设备应独立搭设，不得与冰建筑接触。

六、《建筑与市政工程无障碍通用规范》GB 55019—2021（节选）

1 总则

1.0.1 为保障无障碍环境建设中无障碍设施的建设和运行维护，依据国家相关法律法规，制定本规范。

1.0.2 新建、改建和扩建的市政和建筑工程的无障碍设施的建设和运行维护必须执行本规范。

1.0.3 无障碍设施的建设和运行维护应遵循下列基本原则：

1 满足残疾人、老年人等有需求的人使用，消除他们在社会生活上的障碍；

2 保证安全性和便利性，兼顾经济、绿色和美观；

3 保证系统性及无障碍设施之间有效衔接；

4 从设计、选型、验收、调试和运行维护等环节保障无障碍通行设施、无障碍服务设施和无障碍信息交流设施的安全、功能和性能；

5 无障碍信息交流设施的建设与信息技术发展水平相适应；

6 各级文物保护单位根据需要在不破坏文物的前提下进行无障碍设施建设。

1.0.4 工程建设所采用的技术方法和措施是否符合本规范要求，由相关责任主体判定。其中，创新性的技术方法和措施，应进行论证并符合本规范中有关性能的要求。

5 无障碍设施施工验收和维护

5.0.1 工程竣工验收时，建设单位应组织对无障碍设施的系统性进行检查验收。

5.0.2 工程验收时，应对无障碍设施的地面防滑性能、扶手和安全抓杆的受力性能进行验收。

5.0.3 对竣工验收交付使用的无障碍设施应明确维护责任人。

5.0.4 维护责任人应定期对无障碍设施进行检查，确保其符合安全性、功能性和系统性要求。

5.0.5 对安全性、功能性或系统性缺损的无障碍设施，维护责任人应及时进行维护，保证其正常使用。

5.0.6 涉及人身安全的无障碍设施，因突发性事件引起功能缺损或因雨雪等原因造成防滑性能下降，维护责任人应采取应急维护措施。

第六篇　建筑材料与环境保护

一、《低温环境混凝土应用技术规范》GB 51081—2015

4.1.2 低温环境混凝土的轴心抗压强度标准值应按表 4.1.2-1 采用，低温环境混凝土的轴心抗拉强度标准值应按表 4.1.2-2 采用。

表 4.1.2-1 低温环境混凝土轴心抗压强度标准值 f_{ck}^{CT}（N/mm²）

混凝土强度等级 \ 温度值 T(℃)	常温环境	−40	−60	−80	−100	−120	−140	−160	−180	−197
C40	26.8	28.0	30.2	32.6	34.7	35.7	36.2	36.5	36.6	36.6
C45	29.6	30.9	33.2	35.8	38.0	39.1	39.7	40.0	40.1	40.1
C50	32.4	33.7	36.2	39.0	41.3	42.5	43.1	43.4	43.5	43.6
C55	35.5	36.9	39.5	42.4	45.0	46.3	46.9	47.2	47.3	47.4
C60	38.5	40.0	42.7	45.8	48.5	49.9	50.6	50.9	51.0	51.1

表 4.1.2-2 低温环境混凝土轴心抗拉强度标准值 f_{tk}^{CT}（N/mm²）

混凝土强度等级 \ 温度值 T(℃)	常温环境	−40	−60	−80	−100	−120	−140	−160	−180	−197
C40	2.39	2.50	2.71	2.95	3.14	3.23	3.28	3.30	3.32	3.32
C45	2.51	2.63	2.84	3.08	3.28	3.38	3.42	3.45	3.46	3.46
C50	2.64	2.76	2.97	3.22	3.43	3.53	3.58	3.60	3.62	3.62
C55	2.74	2.86	3.08	3.33	3.54	3.64	3.69	3.72	3.73	3.74
C60	2.85	2.97	3.19	3.45	3.66	3.77	3.82	3.85	3.86	3.87

4.1.3 低温环境混凝土的轴心抗压强度设计值应按表 4.1.3-1 采用，低温环境混凝土的轴心抗拉强度设计值应按表 4.1.3-2 采用。

表 4.1.3-1　低温环境混凝土轴心抗压强度设计值 f_c^{CT}（N/mm²）

f_c^{CT} 温度值 T(℃) 混凝土强度等级	常温环境	−40	−60	−80	−100	−120	−140	−160	−180	−197
C40	19.1	20.0	21.5	23.3	24.8	25.5	25.9	26.1	26.2	26.2
C45	21.1	22.0	23.7	25.6	27.2	28.0	28.4	28.5	28.6	28.6
C50	23.1	24.1	25.8	27.8	29.5	30.4	30.8	31.0	31.1	31.1
C55	25.3	26.4	28.2	30.3	32.1	33.0	33.5	33.7	33.8	33.9
C60	27.5	28.6	30.5	32.7	34.6	35.6	36.1	36.3	36.4	36.5

表 4.1.3-2　低温环境混凝土轴心抗拉强度设计值 f_t^{CT}（N/mm²）

f_t^{CT} 温度值 T(℃) 混凝土强度等级	常温环境	−40	−60	−80	−100	−120	−140	−160	−180	−197
C40	1.71	1.79	1.94	2.10	2.24	2.31	2.34	2.36	2.37	2.37
C45	1.80	1.88	2.03	2.20	2.34	2.41	2.45	2.46	2.47	2.47
C50	1.89	1.97	2.12	2.30	2.45	2.52	2.56	2.57	2.58	2.58
C55	1.96	2.04	2.20	2.38	2.53	2.60	2.64	2.66	2.67	2.67
C60	2.04	2.12	2.28	2.47	2.62	2.69	2.73	2.75	2.76	2.77

7.1.2　低温环境混凝土拌合物在运输和浇筑过程中严禁加水。

二、《铁尾矿砂混凝土应用技术规范》GB 51032—2014

4.1.5　铁尾矿砂中的硫化物及硫酸盐含量不得大于 0.5%（按 SO₃ 质量计）。

三、《纤维增强复合材料建设工程应用技术规范》GB 50608—2010

3.2.2　用于结构加固的玻璃纤维布、GFRP 筋和 GFRP 管中的玻璃纤维，应使用高强型、含碱量小于 0.8% 的无碱玻璃纤维或耐碱玻璃纤维，不得使用中碱玻璃纤维及高碱玻璃纤维。

3.3.2 粘结材料的主要性能指标应满足表 3.3.2-1～表 3.3.2-4 的规定。

表 3.3.2-1 底层树脂性能指标

项目	性能指标
混合后初黏度（25℃）	≤2000MPa·s
适用期（25℃）	≥40min
凝胶时间（25℃）	≤12h

表 3.3.2-2 找平材料性能指标

项目	性能指标
适用期（25℃）	≥40min
凝胶时间（25℃）	≤12h

表 3.3.2-3 浸渍树脂性能指标

项目	性能指标
混合后初黏度（25℃）	4000MPa·s～20000MPa·s
触变指数 TI	≥1.7
适用期（25℃）	≥40min
凝胶时间（25℃）	≤12h
拉伸强度	≥30MPa
拉伸弹性模量	≥1500MPa
伸长率	≥1.8%
压缩强度	≥70MPa
弯曲强度	≥40MPa
拉伸剪切强度	≥10MPa
层间剪切强度	≥35MPa

表 3.3.2-4　FRP 板粘接剂性能指标

项目	性能指标
适用期（25℃）	≥40min
凝胶时间（25℃）	≤12h
拉伸强度	≥25MPa
拉伸弹性模量	≥2500MPa
压缩强度	≥70MPa
弯曲强度	≥30MPa
拉伸剪切强度（钢-钢）	≥14MPa
对接接头拉伸强度（钢-钢）	≥25MPa

注：适用期（25℃）指标指常温型粘接树脂的性能指标，其他性能指标试件的固化条件除另有规定外，固化方式均为 23℃±2℃下固化 7d。

4.1.3　粘贴 FRP 片材进行抗弯加固和抗剪加固时，被加固混凝土构件的实测混凝土强度等级不应低于 C15。采用 FRP 片材约束加固混凝土柱时，实测混凝土强度等级不应低于 C10。

4.1.6　采用 FRP 片材加固混凝土结构时，被加固结构的原承载力设计值不应低于其荷载效应准永久组合值。

4.6.9　碳纤维施工时应采取避免对周围带电设备造成损伤的防护措施。施工完成后应及时清理现场残留的碳纤维片材废料。

四、《干混砂浆生产线设计规范》GB 51176—2016

7.3.4　变压器选择应符合下列规定：

　　1　车间内变电所应选用干式变压器；

10.1.1　环境保护设计应按环境影响评价报告的要求，采取相应措施防治废气、废水、固体废弃物及噪声对环境的污染。

五、《平板玻璃》GB 11614—2022（节选）*

4　分类与分级

4.1　按颜色属性分为无色透明平板玻璃和本体着色平板玻璃

----

*　限于篇幅，只放了少量的几个规范，更多的请购买闫军主编的《建筑材料强制性条文速查手册》。

两类。

4.2　按外观质量要求的不同分为普通级平板玻璃和优质加工级平板玻璃两级。

5　要求

5.1　概述

平板玻璃的检验项目与其要求和检验方法对应条款见表1。

表1　检验项目与其要求和检验方法对应条款

检验项目		对应的要求	检验方法
尺寸偏差		5.2	6.1
对角线差		5.3	6.2
厚度		5.4	6.3
厚薄差		5.4	6.4
外观质量	点状缺陷	5.5	6.5.1
	点状缺陷密集度	5.5	6.5.2
	线道、划伤、裂纹	5.5	6.5.3
	光学变形	5.5	6.5.4
	断面缺陷	5.5	6.5.5
弯曲度		5.6	6.6
虹彩		5.7	6.7
光学性能	无色透明平板玻璃可见光透射比	5.8.1	6.8.1
	本体着色平板玻璃透射比偏差	5.8.2	6.8.2
颜色均匀性		5.9	6.9

5.2　尺寸偏差

平板玻璃应切裁成矩形，其长度和宽度的尺寸偏差应不超过表2规定。

表2　尺寸偏差（mm）

厚度 D	尺寸偏差	
	边长 L≤3000	边长 L>3000
2≤D≤6	±2	±3
6<D≤12	+2，−3	+3，−4
12<D≤19	±3	±4
D>19	±5	±5

5.3　对角线差

对角线差应不大于对角线平均长度的0.2%。

5.4　厚度和厚薄差

5.4.1　平板玻璃的常用厚度规格为2mm、3mm、4mm、5mm、6mm、8mm、10mm、12mm、15mm、19mm、22mm、25mm，厚度应在产品合格证明文件中明示。不应生产常用厚度规格以外的产品。当平板玻璃用于建筑用玻璃领域以外，如信息产业、光伏、交通工具、家电等其他领域并对厚度有特殊要求时，可以生产常用厚度规格以外的产品，应在合同等文件中对产品厚度做出约定和明示。

5.4.2　平板玻璃的厚度偏差和厚薄差应符合表3的规定。

表3　厚度偏差和厚薄差（mm）

厚度 D	厚度偏差	厚薄差
2≤D<3	±0.10	≤0.10
3≤D<5	±0.15	≤0.15
5≤D<8	±0.20	≤0.20
8≤D<12	±0.30	≤0.30
12<D<19	±0.50	≤0.50
D>19	±1.00	≤1.00

5.5　外观质量

5.5.1　普通级平板玻璃外观质量应符合表 4 的规定。

表 4　普通级平板玻璃外观质量

缺陷种类	要求		
点状缺陷[a]	尺寸 L		允许个数限度
	0.3mm≤L≤0.5mm		2×S
	0.5mm<L≤1.0mm		1×S
	1.0mm<L≤1.5mm		0.2×S
	L>1.5mm		0
点状缺陷密集度	尺寸 L≥0.3mm 的点状缺陷最小间距不小于 300mm；在直径 100mm 圆内，尺寸 L≥0.2mm 的点状缺陷不超过 3 个		
线道	不准许		
裂纹	不准许		
划伤	允许范围		允许条数限度
	宽 W≤0.2mm，长 L≤40mm		2×S
光学变形	厚度 D	无色透明平板玻璃	本体着色平板玻璃
	2mm≤D≤3mm	≥45°	≥45°
	3mm<D≤4mm	≥50°	≥45°
	4mm<D≤12mm	≥55°	≥50°
	D>12mm	≥50°	≥45°
断面缺陷	厚度不超过 8mm 时，不超过玻璃板的厚度；厚度 8mm 以上时，不超过 8mm		

S 是以平方米为单位的玻璃板面积数值，按 GB/T 8170 修约，保留小数点后两位。点状缺陷的允许个数限度及划伤的允许条数限度为各系数与 S 相乘所得的数值，按 GB/T 8170 修约至整数。

[a]　光畸变点视为 0.3mm≤L≤0.5mm 的点状缺陷。

5.5.2　优质加工级平板玻璃外观质量应符合表 5 的规定。

表5　优质加工级平板玻璃外观质量

缺陷种类	要求		
点状缺陷[a]	尺寸 L		允许个数限度
	$0.3mm \leqslant L \leqslant 0.5mm$		$1 \times S$
	$0.5mm < L \leqslant 1.0mm$		$0.2 \times S$
	$L > 1.0mm$		0
点状缺陷密集度	尺寸 $L \geqslant 0.3mm$ 的点状缺陷最小间距不小于 300mm；在直径 100mm 圆内，尺寸 $L \geqslant 0.1mm$ 的点状缺陷不超过 3 个		
线道	不准许		
裂纹	不准许		
划伤	允许范围		允许条数限度
	宽 $W \leqslant 0.1mm$，长 $L \leqslant 30mm$		$2 \times S$
光学变形	厚度 D	无色透明平板玻璃	本体着色平板玻璃
	$2mm \leqslant D \leqslant 3mm$	$\geqslant 50°$	$\geqslant 50°$
	$3mm < D \leqslant 4mm$	$\geqslant 55°$	$\geqslant 50°$
	$4mm < D \leqslant 12mm$	$\geqslant 60°$	$\geqslant 55°$
	$D > 12mm$	$\geqslant 55°$	$\geqslant 50°$
断面缺陷	厚度不超过 5mm 时，不超过玻璃板的厚度；厚度 5mm 以上时，不超过 5mm		

S 是以平方米为单位的玻璃板面积数值，按 GB/T 8170 修约，保留小数点后两位。点状缺陷的允许个数限度及划伤的允许条数限度为各系数与 S 相乘所得的数值，按 GB/T 8170 修约至整数。

[a]　点状缺陷中不准许有光畸变点。

5.6　弯曲度

普通级平板玻璃应不大于 0.2%，优质加工级平板玻璃应不大于 0.1%。

5.7　虹彩

仅对以浮法工艺生产的优质加工级平板玻璃进行此项检验。

试验后，应无虹彩现象。

5.8 光学性能

5.8.1 无色透明平板玻璃可见光透射比应不小于表 6 的规定。对于 5.4.1 规定的常用规格以外厚度的产品，其可见光透射比实测值应换算成 5mm 标准厚度可见光透射比，应不小于表 6 的规定。

表 6 无色透明平板玻璃可见光透射比

厚度（mm）	可见光透射比（%）	厚度（mm）	可见光透射比（%）
2	89	10	81
3	88	12	79
4	87	15	76
5	86	19	72
6	85	22	69
8	83	25	67

5.8.2 本体着色平板玻璃可见光透射比，太阳光直接透射比，太阳能总透射比的偏差应不大于表 7 的规定。

表 7 本体着色平板玻璃透射比偏差允许值

测试项目	偏差允许值（%）
可见光透射比（波长范围 380nm～780nm）	1.5
太阳光直接透射比（波长范围 300nm～2500nm）	2.5
太阳能总透射比（波长范围 300nm～2500nm）	3.0

5.9 颜色均匀性

仅对本体着色平板玻璃进行此项检验，同一批产品中，普通级平板玻璃色差 $\Delta E^*_{ab} \leqslant 1.5$，优质加工级色差 $\Delta E^*_{ab} \leqslant 1.0$。

六、《钢结构防火涂料》GB 14907—2018[*]

5.1.5 膨胀型钢结构防火涂料的涂层厚度不应小于 1.5mm，非膨胀型钢结构防火涂料的涂层厚度不应小于 15mm。

5.2　性能要求

5.2.1 室内钢结构防火涂料的理化性能应符合表 2 的规定。

表 2　室内钢结构防火涂料的理化性能

序号	理化性能项目	技术指标		缺陷类别
		膨胀型	非膨胀型	
1	在容器中的状态	经搅拌后呈均匀细腻状态或稠厚流体状态，无结块	经搅拌后呈均匀稠厚流体状态，无结块	C
2	干燥时间(表干，h)	≤12	≤24	C
3	初期干燥抗裂性	不应出现裂纹	允许出现 1～3 条裂纹，其宽度应≤0.5mm	C
4	粘结强度(MPa)	≥0.15	≥0.04	A
5	抗压强度(MPa)	—	≥0.3	C
6	干密度(kg/m³)	—	≤500	C
7	隔热效率偏差	±15%	±15%	—
8	pH 值	≥7	≥7	C
9	耐水性	24h 试验后，涂层应无起层、发泡、脱落现象，且隔热效率衰减量应≤35%	24h 试验后，涂层应无起层、发泡、脱落现象，且隔热效率衰减量应≤35%	A

---

[*]　限于篇幅，只放了少量的几个规范，更多的请购买闫军主编的《建筑材料强制性条文速查手册》。

续表2

序号	理化性能项目	技术指标		缺陷类别
		膨胀型	非膨胀型	
10	耐冷热循环性	15 次试验后，涂层应无开裂、剥落、起泡现象，且隔热效率衰减量应≤35%	15 次试验后，涂层应无开裂、剥落、起泡现象，且隔热效率衰减量应≤35%	B

注1：A 为致命缺陷，B 为严重缺陷，C 为轻缺陷；"—"表示无要求。
注2：隔热效率偏差只作为出厂检验项目。
注3：pH 值只适用于水基性钢结构防火涂料。

5.2.2 室外钢结构防火涂料的理化性能应符合表3的规定。

表3　室外钢结构防火涂料的理化性能

序号	理化性能项目	技术指标		缺陷类别
		膨胀型	非膨胀型	
1	在容器中的状态	经搅拌后呈均匀细腻状态或稠厚流体状态，无结块	经搅拌后呈均匀稠厚流体状态，无结块	C
2	干燥时间（表干，h）	≤12	≤24	C
3	初期干燥抗裂性	不应出现裂纹	允许出现 1～3 条裂纹，其宽度应≤0.5mm	C
4	粘结强度（MPa）	≥0.15	≥0.04	A
5	抗压强度（MPa）	—	≥0.5	C
6	干密度（kg/m³）	—	≤650	C
7	隔热效率偏差	±15%	±15%	—
8	pH 值	≥7	≥7	C
9	耐曝热性	720h 试验后，涂层应无起层、脱落、空鼓、开裂现象，且隔热效率衰减量应≤35%	720h 试验后，涂层应无起层、脱落、空鼓、开裂现象，且隔热效率衰减量应≤35%	B

续表 3

序号	理化性能项目	技术指标		缺陷类别
		膨胀型	非膨胀型	
10	耐湿热性	504h 试验后，涂层应无起层、脱落现象，且隔热效率衰减量应≤35％	504h 试验后，涂层应无起层、脱落现象，且隔热效率衰减量应≤35％	B
11	耐冻融循环性	15 次试验后，涂层应无开裂、脱落、起泡现象，且隔热效率衰减量应≤35％	15 次试验后，涂层应无开裂、脱落、起泡现象，且隔热效率衰减量应≤35％	B
12	耐酸性	360h 试验后，涂层应无起层、脱落、开裂现象，且隔热效率衰减量应≤35％	360h 试验后，涂层应无起层、脱落、开裂现象，且隔热效率衰减量应≤35％	B
13	耐碱性	360h 试验后，涂层应无起层、脱落、开裂现象，且隔热效率衰减量应≤35％	360h 试验后，涂层应无起层、脱落、开裂现象，且隔热效率衰减量应≤35％	B
14	耐盐雾腐蚀性	30 次试验后，涂层应无起泡，明显的变质、软化现象，且隔热效率衰减量应≤35％	30 次试验后，涂层应无起泡，明显的变质、软化现象，且隔热效率衰减量应≤35％	B

续表 3

序号	理化性能项目	技术指标		缺陷类别
		膨胀型	非膨胀型	
15	耐紫外线辐照性	60 次试验后，涂层应无起层，开裂、粉化现象，且隔热效率衰减量应≤35%	60 次试验后，涂层应无起层，开裂、粉化现象，且隔热效率衰减量应≤35%	B

注1：A 为致命缺陷，B 为严重缺陷，C 为轻缺陷；"—"表示无要求。

注2：隔热效率偏差只作为出厂检验项目。

注3：pH 值只适用于水基性的钢结构防火涂料。

5.2.3 钢结构防火涂料的耐火性能应符合表 4 的规定。

表 4 钢结构防火涂料的耐火性能

产品分类	耐火性能										缺陷类别
	膨胀型				非膨胀型						
普通钢结构防火涂料	$F_p0.50$	$F_p1.00$	$F_p1.50$	$F_p2.00$	$F_p0.50$	$F_p1.00$	$F_p1.50$	$F_p2.00$	$F_p2.50$	$F_p3.00$	A
特种钢结构防火涂料	$F_t0.50$	$F_t1.00$	$F_t1.50$	$F_t2.00$	$F_t0.50$	$F_t1.00$	$F_t1.50$	$F_t2.00$	$F_t2.50$	$F_t3.00$	

注：耐火性能试验结果适用于同种类型且截面系数更小的基材。

7 检验规则

7.1 检验分类

7.1.1 出厂检验

出厂检验项目分为常规项目和抽检项目两类。常规项目应至少包括：在容器中的状态、干燥时间、初期干燥抗裂性和pH值，且应按批检验。抽检项目应至少包括：干密度、隔热效率偏差、耐水性、耐酸性、耐碱性，且应在每季度或每生产500t（P类）、1000t（F类）产品（先到为准）之内至少进行一次检验。

7.1.2 型式检验

型式检验项目为5.1.5、5.2规定的全部项目。

有下列情形之一，产品应进行型式检验：

a）新产品投产或老产品转厂生产时试制定型鉴定；

b）正式生产后，产品的配方、工艺、原材料有较大改变时；

c）产品停产一年以上恢复生产时；

d）出厂检验结果与上次型式检验结果有较大差异时；

e）发生重大质量事故整改后；

f）质量监督机构依法提出要求时。

7.2 组批与抽化

7.2.1 组批

组成一批的钢结构防火涂料应为同一次投料、同一生产工艺、同一生产条件下生产的产品。

7.2.2 抽化

出厂检验样品应分别从不少于200kg（P类）、500kg（F类）的产品中随机抽取40kg（P类）、100kg（F类）。

型式检验样品应分别从不少于1000kg（P类）、3000kg（F类）的产品中随机抽取300kg（P类）、500kg（F类）。

7.3 判定规则

7.3.1 出厂检验判定

出厂检验的常规项目全部符合要求时判该批产品合格；常规

项目发现有不合格的，判该批产品不合格。抽检项目全部合格的，产品可正常出厂；抽检项目有不合格的，允许对不合格项进行加倍复验，复验合格的，产品可继续生产销售；复验仍不合格的，产品停产整改。

7.3.2　型式检验判定

型式检验项目全部符合要求时，判该产品合格。有缺陷时的合格判定规则如下，检验结论中需注明缺陷类别和数量：

a）A＝0；

b）B≤2；

c）B＋C≤3。

七、《室内装饰装修材料　人造板及其制品中甲醛释放限量》GB 18580—2017

4　要求

室内装饰装修材料人造板及其制品中甲醛释放限量值为 $0.124mg/m^3$，限量标识 E_1。

八、《木器涂料中有害物质限量》GB 18581—2020（节选）

4　产品分类

本标准将木器涂料分为：溶剂型涂料（含腻子）、水性涂料（含腻子）、辐射固化涂料（含腻子）、粉末涂料。其中，溶剂型涂料（含腻子）分为聚氨酯类、硝基类（限工厂化涂装使用）、醇酸类、不饱和聚酯类；水性涂料（含腻子）分为色漆、清漆；辐射固化涂料（含腻子）分为水性、非水性。

5　要求

木器涂料中有害物质限量的限量值应符合表 1 的要求。

表 1　有害物质限量的限量值要求

项目	限量值									
	溶剂型涂料（含腻子）ᵃ				水性涂料（含腻子）ᵇ		辐射固化涂料（含腻子）		粉末涂料
	聚氨酯类	硝基类（限工厂化涂装使用）	醇酸类	不饱和聚酯类	色漆	清漆	水性ᵇ	非水性ᵃ	
VOC含量　涂料（g/L）≤	面漆［光泽(60°)≥80单位值］：550；面漆［光泽(60°)<80单位值］：650；底漆：600	700	450	420	250	300	250	420	—
VOC含量　溶剂型腻子（g/L）≤	400	—	—	300					
VOC含量　水性和辐射固化腻子（g/kg）≤					60	60	60		—
甲醛含量（mg/kg）≤					100	100	100		—
总铅（Pb）含量（mg/kg）（限色漆ᶜ、腻子和醇酸清漆）≤	90								

续表 1

项目	限量值								
	溶剂型涂料(含腻子)[a]				水性涂料(含腻子)[b]		辐射固化涂料(含腻子)		粉末涂料
	聚氨酯类	硝基类(限工厂化涂装使用)	醇酸类	不饱和聚酯类	色漆	清漆	水性[b]	非水性[a]	
可溶性重金属含量(mg/kg) ≤ (限色漆[c]、腻子和醇酸清漆)　镉(Cd)含量	75								—
铬(Cr)含量	60								—
汞(Hg)含量	60								—
乙二醇醚及醚酯总和含量(mg/kg) ≤ (限乙二醇甲醚、乙二醇甲醚醋酸酯、乙二醇乙醚、乙二醇乙醚醋酸酯、二乙二醇二甲醚、三乙二醇二甲醚)	300								—
苯含量(%) ≤	0.1				—	—	—	0.1	—
甲苯与二甲苯(含乙苯)总和含量(%) ≤	20	20	5	10	—	—	—	5	—
苯系物总和含量(mg/kg) [限苯、甲苯、二甲苯(含乙苯)] ≤	—	—	—	—	250	250	250	—	—
多环芳烃总和含量(mg/kg) (限萘、蒽) ≤	200				—	—	—	200	—

续表1

项目	限量值								
	溶剂型涂料(含腻子)[a]				水性涂料(含腻子)[b]		辐射固化涂料(含腻子)		粉末涂料
	聚氨酯类	硝基类(限工厂化涂装使用)	醇酸类	不饱和聚酯类	色漆	清漆	水性[b]	非水性[a]	
游离二异氰酸酯总和含量[d](%)[限甲苯二异氰酸酯(TDI)、六亚甲基二异氰酸酯(HDI)] ≤	潮(湿)气固化型: 0.4 其他: 0.2				—		—	—	—
甲醇含量(%) ≤	—	0.3			—		—	0.3	—
卤代烃总和含量(%)(限二氯甲烷、三氯甲烷、四氯化碳、1,1-二氯乙烷、1,2-二氯乙烷、1,1,1-三氯乙烷、1,1,2-三氯乙烷、1,2,3-三氯丙烷、三氯乙烯、四氯乙烯) ≤	—	0.1			—		—	0.1	—
邻苯二甲酸酯总和含量(%)[限邻苯二甲酸二丁酯(DBP)、邻苯二甲酸丁苄酯(BBP)、邻苯二甲酸二(2-乙基己基)酯(DEHP)、邻苯二甲酸二辛酯(DNOP)、邻苯二甲酸二异壬酯(DINP)、邻苯二甲酸二异癸酯(DIDP)] ≤	—	0.2			—		—	—	—

续表 1

项目	限量值							
	溶剂型涂料(含腻子)[a]				水性涂料(含腻子)[b]		辐射固化涂料(含腻子)	粉末涂料
	聚氨酯类	硝基类(限工厂化涂装使用)	醇酸类	不饱和聚酯类	色漆	清漆	水性[b] ／ 非水性[a]	
烷基酚聚氧乙烯醚总和含量(mg/kg)(限辛基酚聚氧乙烯醚[C_8H_{17}—C_4H_4—(OC_2H_4)—OH，简称 OP_nEO]和壬基酚聚氧乙烯醚[C_9H_{19}—C_6H_4—$(OC_2H_2)_nOH$，简称 NP_nEO]，$n=2\sim16$) ≤	—	—	—	—	1000	1000	1000 ／ —	—

a 按产品明示的施工状态下的施工配比混合后测定。如多组分的某组分的使用量为某一范围时，应按照产品施工配比规定的最大比例进行测定。

b 涂料产品所有项目均不考虑水的稀释比例。膏状腻子和仅以水稀释的粉状腻子，除以水稀释的粉状腻子外，可溶性重金属项目除总铅、可溶性铅等其他金属项目直接测试粉体，其本项目按产品明示的施工状态下将粉体与水、胶粘剂等其他液体混合后测试。如施工状态下的配比为某一范围时，应按照水用量最小，胶粘剂等其他液体用量最大的配比混合后测试。

c 指含有颜料、体质颜料、染料的一类涂料。

d 如聚氨酯类涂料规定了稀释剂规定了稀释配比与施工状态下的施工配比混合后计算（含游离二异氰酸酯预聚物）中的含量，再按产品明示的施工状态下的施工配比为某一范围时，应按照产品施工状态下的施工配比为某一范围时，应按照产品施工配比规定的最小稀释比例进行计算。如固化剂的使用量为某一范围时，应按照产品施工状态下的施工配比规定的最大用量进行计算。

九、《建筑用墙面涂料中有害物质限量》GB 18582—2020（节选）

4　产品分类

本标准将建筑用墙面涂料分为：水性墙面涂料、装饰板涂料。其中，水性墙面涂料分为：内墙涂料、外墙涂料、腻子；外墙涂料又分为含效应颜料类和其他类。装饰板涂料分为：水性装饰板涂料、溶剂型装饰板涂料；水性装饰板涂料又分为合成树脂乳液类和其他类，溶剂型装饰板涂料又分为含效应颜料类和其他类。

5　要求

5.1　水性墙面涂料中有害物质限量的限量值应符合表1的要求。

表1　水性墙面涂料中有害物质限量的限量值要求

项目		限量值			
		内墙涂料[a]	外墙涂料[a]		腻子[b]
			含效应颜料类	其他类	
VOC 含量	≤	80 g/L	120 g/L	100 g/L	10 g/kg
甲醛含量(mg/kg)	≤	50			
苯系物总和含量(mg/kg)〔限苯、甲苯、二甲苯(含乙苯)〕	≤	100			
总铅(Pb)含量(mg/kg)(限色漆和腻子)	≤	90			
可溶性重金属含量(mg/kg)≤(限色漆和腻子)	镉(Cd)含量	75			
	铬(Cr)含量	60			
	汞(Hg)含量	60			

续表1

项目	限量值			
	内墙涂料[a]	外墙涂料[a]		腻子[b]
		含效应颜料类	其他类	
烷基酚聚氧乙烯醚总和含量(mg/kg)　≤ ｛限辛基酚聚氧乙烯醚[C_8H_{17}—C_6H_4—(OC_2H_4)$_n$OH，简称 OP_nEO]和壬基酚聚氧乙烯醚[C_9H_{19}—C_5H_4—(OC_2H_4)$_n$OH，简称 NP_nEO]，$n=2\sim16$｝	1000			—

[a] 涂料产品所有项目均不考虑水的稀释配比。

[b] 膏状腻子及仅以水稀释的粉状腻子所有项目均不考虑水的稀释配比；粉状腻子(除仅以水稀释的粉状腻子外)除总铅、可溶性重金属项目直接测试粉体外，其余项目按产品明示的施工状态下的施工配比将粉体与水、胶粘剂等其他液体混合后测试。如施工状态下的施工配比为某一范围时，应按照水用量最小、胶粘剂等其他液体用量最大的配比混合后测试。

5.2 装饰板涂料中有害物质限量的限量值应符合表2的要求。

表2　装饰板涂料中有害物质限量的限量值要求

项目	限量值			
	水性装饰板涂料[a]		溶剂型装饰板涂料[b]	
	合成树脂乳液类	其他类	含效应颜料类	其他类
VOC 含量(g/L)　≤	120	250	760	580
甲醛含量(mg/kg)　≤	50		—	
总铅(Pb)含量(mg/kg)　≤ (限色漆)	90			
可溶性重金属含量(mg/kg)≤ (限色漆)	镉(Cd)含量	75		
	铬(Cr)含量	60		
	汞(Hg)含量	60		

续表2

项目	限量值			
	水性装饰板涂料[a]		溶剂型装饰板涂料[b]	
	合成树脂乳液类	其他类	含效应颜料类	其他类
乙二醇醚及醚酯总和含量(mg/kg) ≤ (限乙二醇甲醚、乙二醇甲醚醋酸酯、乙二醇乙醚、乙二醇乙醚醋酸酯、乙二醇二甲醚、乙二醇二乙醚、二乙二醇二甲醚、三乙二醇二甲醚)	300			
卤代烃总和含量(%) ≤ (限二氯甲烷、三氯甲烷、四氯化碳、1,1-二氯乙烷、1,2-二氯乙烷、1,1,1-三氯乙烷、1,1,2-三氯乙烷、1,2-二氯丙烷、1,2,3-三氯丙烷、三氯乙烯、四氯乙烯)	—		0.1	
苯含量(%) ≤	—		0.3	
甲苯与二甲苯(含乙苯)总和含量(%) ≤	—		20	

a 水性装饰板涂料产品所有项目均不考虑水的稀释配比。

b 溶液型装饰板涂料所有项目按产品明示的施工状态下的施工配比混合后测定。如多组分的某组分使用量为某一范围时,应按照产品施工状态下的施工配比规定的最大比例混合后进行测定。

十、《室内装饰装修材料 胶粘剂中有害物质限量》GB 18583—2008

3 要求

3.1 室内建筑装饰装修用胶粘剂分类

室内建筑装饰装修用胶粘剂分为溶剂型、水基型、本体型三大类。

3.2　溶剂型胶粘剂中有害物质限量

溶剂型胶粘剂中有害物质限量值应符合表 1 的规定。

表 1　溶剂型胶粘剂中有害物质限量值

项目	指标			
	氯丁橡胶胶粘剂	SBS 胶粘剂	聚氨酯类胶粘剂	其他胶粘剂
游离甲醛（g/kg）	≤0.50		—	—
苯（g/kg）	≤5.0			
甲苯＋二甲苯（g/kg）	≤200	≤150	≤150	≤150
甲苯二异氰酸酯（g/kg）	—		≤10	—
二氯甲烷（g/kg）		≤50		
1，2-二氯乙烷（g/kg）	总量≤5.0		—	≤50
1，1，2-三氯乙烷（g/kg）		总量≤5.0		
三氯乙烯（g/kg）				
总挥发性有机物（g/L）	≤700	≤650	≤700	≤700

注：如产品规定了稀释比例或产品有双组分或多组分组成时，应分别测定稀释剂和各组分中的含量，再按产品规定的配比计算混合后的总量。如稀释剂的使用量为某一范围时，应按照推荐的最大稀释量进行计算。

3.3　水基型胶粘剂中有害物质限量值

水基型胶粘剂中有害物质限量值应符合表 2 的规定。

表 2　水基型胶粘剂中有害物质限量值

项目	指标				
	缩甲醛类胶粘剂	聚乙酸乙烯酯胶粘剂	橡胶类胶粘剂	聚氨酯类胶粘剂	其他胶粘剂
游离甲醛（g/kg）	≤1.0	≤1.0	≤1.0	—	≤1.0
苯（g/kg）	≤0.20				
甲苯＋二甲苯（g/kg）	≤10				
总挥发性有机物（g/L）	≤350	≤110	≤250	≤100	≤350

3.4　本体型胶粘剂中有害物质限量值

本体型胶粘剂中有害物质限量值应符合表3的规定。

表3　本体型胶粘剂中有害物质限量值

项目	指标
总挥发性有机物（g/L）	≤100

十一、《室内装饰装修材料　木家具中有害物质限量》GB 18584—2001

4　要求

木家具产品应符合表1规定的有害物质限量要求。

表1　有害物质限量要求

项目		限量值
甲醛释放量（mg/L）		≤1.5
重金属含量（限色漆，mg/kg）	可溶性铅	≤90
	可溶性镉	≤75
	可溶性铬	≤60
	可溶性汞	≤60

十二、《室内装饰装修材料　壁纸中有害物质限量》GB 18585—2001

4　要求

壁纸中的有害物质限量值应符合表1规定。

表1　壁纸中的有害物质限量值（mg/kg）

有害物质名称		限量值
重金属（或其他）元素	钡	≤1000
	镉	≤25
	铬	≤60

续表1

有害物质名称		限量值
重金属（或其他）元素	铅	≤90
	砷	≤8
	汞	≤20
	硒	≤165
	锑	≤20
氯乙烯单体		≤1.0
甲醛		≤120

十三、《室内装饰装修材料　聚氯乙烯卷材地板中有害物质限量》GB 18586—2001

3　要求

3.1　氧乙烯单体限量

卷材地板聚氯乙烯层中氯乙烯单体含量应不大于 5mg/kg。

3.2　可溶性重金属限量

卷材地板中不得使用铅盐助剂；作为杂质，卷材地板中可溶性铅含量应不大于 $20mg/m^2$。卷材地板中可溶性锡含量应不大于 $20mg/m^2$。

3.3　挥发物的限量

卷材地板中挥发物的限量见表1。

表 1　挥发物的限量（g/m^2）

发泡类卷材地板中挥发物的限量		非发泡类卷材地板中挥发物的限量	
玻璃纤维基材	其他基材	玻璃纤维基材	其他基材
≤75	≤35	≤40	≤10

十四、《室内装饰装修材料　地毯、地毯衬垫及地毯胶粘剂有害物质释放限量》GB 18587—2001

表 1　地毯有害物质释放限量 $[mg/(m^2 \cdot h)]$

序号	有害物质测试项目	限量	
		A 级	B 级
1	总挥发性有机化合物（TVOC）	≤0.500	≤0.600
2	甲醛（Formaldehyde）	≤0.050	≤0.050
3	苯乙烯（Styrene）	≤0.400	≤0.500
4	4-苯基环己烯 (4-Phenylcyclohexene)	≤0.050	≤0.050

表 2　地毯衬垫有害物质释放限量 $[mg/(m^2 \cdot h)]$

序号	有害物质测试项目	限量	
		A 级	B 级
1	总挥发性有机化合物（TVOC）	≤1.000	≤1.200
2	甲醛（Formaldehyde）	≤0.050	≤0.050
3	丁基羟基甲苯 (BHT-butylated hydroxytoluene)	≤0.030	≤0.030
4	4-苯基环己烯 (4-Phenylcyclohexene)	≤0.050	≤0.050

表 3　地毯胶粘剂有害物质释放限量 $[mg/(m^2 \cdot h)]$

序号	有害物质测试项目	限量	
		A 级	B 级
1	总挥发性有机化合物（TVOC）	≤10.000	≤12.000
2	甲醛（Formaldehyde）	≤0.050	≤0.050
3	2-乙基己醇 (2-ethyl-1-hexanol)	≤3.000	≤3.500

十五、《混凝土外加剂中释放氨的限量》GB 18588—2001

4　要求

混凝土外加剂中释放氨的量≤0.10％（质量分数）。

十六、《混凝土外加剂中残留甲醛的限量》GB 31040—2014

4　要求

混凝土外加剂中残留甲醛的量应不大于 500mg/kg。

十七、《工业防护涂料中有害物质限量》GB 30981—2020（节选）

4　产品分类

本标准将工业防护涂料分为水性涂料、溶剂型涂料、无溶剂涂料、辐射固化涂料、粉末涂料。其中，水性涂料分为机械设备涂料、建筑物和构筑物防护涂料（建筑用墙面涂料除外）、集装箱涂料、包装涂料、型材涂料（含金属底材幕墙板涂料）、电子电器涂料；溶剂型涂料分为机械设备涂料、建筑物和构筑物防护涂料、集装箱涂料、预涂卷材涂料、包装涂料、型材涂料（含金属底材幕墙板涂料）、电子电器涂料；辐射固化涂料分为水性和非水性。

5　要求

5.1　除特殊功能性涂料以外的各类工业防护涂料中 VOC 含量的限量值应符合表 1、表 2、表 3、表 4 的要求。

表 1　水性涂料中 VOC 含量的限量值要求

产品类别		主要产品类型	限量值(g/L)
机械设备涂料	工程机械和农业机械涂料（含零部件涂料）	底漆	≤300
		中涂	≤300
		面漆	≤420
		清漆	≤420
	港口机械和化工机械涂料（含零部件涂料）	车间底漆	≤300
		底漆	≤300

续表1

产品类别			主要产品类型		限量值(g/L)
机械设备涂料	港口机械和化工机械涂料（含零部件涂料）		中涂		≤250
			面漆		≤300
			清漆		≤300
	其他		底漆		≤250
			中涂		≤200
			面漆		≤300
			清漆		≤300
建筑物和构筑物防护涂料（建筑用墙面涂料除外）	金属基材防腐涂料	单组分	醇酸树脂涂料		≤350
			其他	底漆	≤300
				面漆	≤300
				效应颜料漆	≤420
		双组分	车间底漆		≤300
			底漆		≤300
			中涂		≤250
			面漆		≤300
			效应颜料漆		≤420
	混凝土防护涂料		封闭底漆		≤300
			底漆		≤250
			中涂		≤250
			面漆		≤300
	其他		—		≤300
集装箱涂料			底漆		≤350
			中涂		≤250
			面漆		≤300
包装涂料	不粘涂料		底漆		≤480
			中涂		≤350
			面漆		≤300

续表1

产品类别		主要产品类型	限量值(g/L)
包装涂料	其他	辊涂(片材)	≤480
		喷涂	≤400
型材涂料(含金属底材幕墙板涂料)		电泳涂料	≤250
		氟树脂涂料	≤350
		其他	≤300
电子电器涂料		底漆	≤420
		色漆	≤420
		清漆	≤420

表2   溶剂型涂料中 VOC 含量的限量值要求

产品类别		主要产品类型		限量值(g/L)
机械设备涂料	工程机械和农业机械涂料(含零部件涂料)	底漆		≤540
		中涂		≤540
		面漆		≤550
		清漆		≤550
	港口机械和化工机械涂料(含零部件涂料)	车间底漆		≤680
		底漆	无机	≤600
			其他	≤550
		中涂		≤500
		面漆		≤500
		清漆		≤500
		特种涂料(耐高温涂料等)		≤650
	其他	底漆		≤500
		中涂		≤480
		面漆		≤550
		清漆		≤550

续表 2

产品类别		主要产品类型		限量值(g/L)
建筑物和构筑物防护涂料	金属基材防腐涂料	车间底漆	无机	≤720
			有机	≤650
		无机锌底漆		≤600
		单组分涂料		≤630
		双组分涂料	底漆	≤500
			中涂	≤500
			面漆	≤550
			清漆	≤580
	混凝土防护涂料(含铁路混凝土桥面用薄涂型防水涂料)	封闭底漆		≤700
		底漆		≤540
		中涂		≤540
		面漆		≤550
	特种涂料(耐高温涂料、耐化学品涂料、连接漆等)	—		≤650
	其他	—		≤550
集装箱涂料		车间底漆	喷涂	≤700
			辊涂	≤650
		底漆		≤550
		中涂		≤500
		面漆		≤550
预涂卷材涂料	氟树脂涂料	—		≤780
	其他	底漆		≤650
		背漆		≤700
		面漆		≤600
		清漆		≤600
包装涂料	不粘涂料	—		≤420
	其他	辊涂	卷材	≤780
			片材	≤680
		喷涂		≤750

续表 2

产品类别		主要产品类型	限量值(g/L)
型材涂料（含金属底材幕墙板涂料）	氟树脂涂料	—	≤780
	其他	底漆	≤520
		面漆	≤600
		清漆	≤550
电子电器涂料		底漆	≤600
		色漆	≤700
		清漆	≤650

表 3　无溶剂涂料中 VOC 含量的限量值要求

项目	限量值(g/L)
VOC 含量	≤100

表 4　辐射固化涂料中 VOC 含量的限量值要求

产品类别	施涂方式	限量值（g/L）
水性	喷涂	≤400
	其他	≤150
非水性	喷涂	≤550
	其他	≤200

　　注：特殊功能性涂料是指绝缘涂料、触摸屏和光学塑料片用耐指纹涂料、150℃以上高温烧结成膜的聚四氟乙烯类涂料（耐化学介质、耐磨、润滑、不粘等特殊功能）、弹性体用氟硅涂料、电镀银效果漆（辐射固化型）、标志漆、电子元器件用保护涂料（防酸雾、防尘、防湿等特殊功能）等。

　　水性涂料中 VOC 含量的限量值应符合表 1 的要求；溶剂型涂料中 VOC 含量的限量值应符合表 2 的要求；无溶剂涂料中 VOC 含量的限量值应符合表 3 的要求；辐射固化涂料中 VOC 含量的限量值应符合表 4 的要求。当涂料产品明示适用于多种用途时，应符合各要求中最严格的限量值要求。

　　水性涂料和水性辐射固化涂料所有项目均不考虑水的稀释比

例；其他类型涂料按产品明示的施工状态下的施工配比混合后测定，如多组分的某组分使用量为某一范围时，应按照产品施工状态下的施工配比规定的最大比例混合后进行测定。

5.2　各类工业防护涂料中除 VOC 含量以外其他有害物质含量的限量值应符合表 5 的要求。

表 5　其他有害物质含量的限量值要求

项目	限量值
苯含量[a]（限溶剂型涂料、非水性辐射固化涂料,%）	≤0.3
甲苯与二甲苯（含乙苯）总和含量[a]（限溶剂型涂料、非水性辐射固化涂料,%）	≤35
卤代烃总和含量[a]（限溶剂型涂料、非水性辐射固化涂料,%）（限二氯甲烷、三氯甲烷、四氯化碳、1,1-二氯乙烷、1,2-二氯乙烯、1,1,1-三氯乙烷、1,1,2-三氯乙烷、1,2-二氯丙烷、1,2,3-三氯丙烷、三氯乙烯、四氯乙烯）	≤1
多环芳烃总和含量[a]（限溶剂型涂料、非水性辐射固化涂料,mg/kg）（限萘、蒽）	≤500
甲醇含量[a]（限无机类涂料,%）	≤1
乙二醇醚及醚酯总和含量[a]（限水性涂料、溶剂型涂料、辐射固化涂料,%）（限乙二醇甲醚、乙二醇甲醚醋酸酯、乙二醇乙醚、乙二醇乙醚醋酸酯、乙二醇二甲醚、乙二醇二乙醚、二乙二醇二甲醚、三乙二醇二甲醚）	≤1

重金属含量（限色漆[b]、粉末涂料、醇酸清漆,mg/kg）	铅（Pb）含量	≤1000
	镉（Cd）含量	≤100
	六价铬（Cr⁶⁺）含量	≤1000
	汞（Hg）含量	≤1000

[a]　按产品明示的施工状态下的施工配比混合后测定，如多组分的某组分的使用量为某一范围时，应按照产品施工状态下的施工配比规定的最大比例混合后进行测定，水性涂料和水性辐射固化涂料所有项目均不考虑水的稀释比例。

[b]　指含有颜料、体质颜料、染料的一类涂料。

十八、《建筑胶粘剂有害物质限量》GB 30982—2014

4　要求

4.1　建筑胶粘剂分类

建筑胶粘剂分为溶剂型、水基型、本体型三大类。

4.2　溶剂型建筑胶粘剂中有害物质限量

溶剂型建筑胶粘剂中有害物质限量值应符合表1的规定。

表1　溶剂型建筑胶粘剂中有害物质限量值

项目	指标				
	氯丁橡胶胶粘剂	SBS胶粘剂	聚氨酯类胶粘剂	丙烯酸酯类胶粘剂	其他胶粘剂
苯(g/kg)	≤5.0				
甲苯+二甲苯(g/kg)	≤200	≤80	≤150		
甲苯二异氰酸酯(g/kg)	—		≤10		
二氯甲烷(g/kg)	总量≤5.0	≤200	总量≤50		
1,2-二氯乙烷(g/kg)		总量≤5.0			
1,1,1-三氯乙烷(g/kg)					
1,1,2-三氯乙烷(g/kg)					
总挥发性有机物（g/L)	≤680	≤630	≤680	≤600	≤680

4.3　水基型建筑胶粘剂中有害物质限量

水基型建筑胶粘剂中有害物质限量值应符合表2的规定。

表2　水基型建筑胶粘剂中有害物质限量值

项目	指标						
	聚乙酸乙烯酯类	缩甲醛类	橡胶类	聚氨酯类	VAE乳液类	丙烯酸酯类	其他类
游离甲醛(g/kg)	≤0.5	≤1.0	≤1.0	—	≤0.5	≤0.5	≤1.0
总挥发性有机物(g/L)	≤100	≤150	≤150	≤100	≤100	≤100	≤150

4.4　本体型建筑胶粘剂中有害物质限量

本体型建筑胶粘剂中有害物质限量值应符合表3的规定。

表3　本体型建筑胶粘剂中有害物质限量值

项目	指标				
	有机硅类（含MS）	聚氨酯类	聚硫类	环氧类	
				A组分	B组分
总挥发性有机物(g/kg)	≤100	≤50	≤50	≤50	—
甲苯二异氰酸酯(g/kg)	—	≤10	—	—	—
苯(g/kg)	—	≤1	—	≤2	≤1
甲苯(g/kg)	—	≤1	—	—	—
甲苯＋二甲苯(g/kg)	—	—	—	≤50	≤20

4.5　其他有害物质的标识

邻苯二甲酸酯类作为胶粘剂原料添加并超出了总质量的2%，应在外包装上予以注明其添加物质的种类名称及用量。

十九、《建筑防水涂料中有害物质限量》JC 1066—2008

4　要求

4.1　水性建筑防水涂料

水性建筑防水涂料中有害物质含量应符合表2要求。

表2　水性建筑防水涂料中有害物质含量

序号	项目		含量	
			A	B
1	挥发性有机化合物(VOC，g/L)	≤	80	120
2	游离甲醛(mg/kg)	≤	100	200

续表2

序号	项目		含量	
			A	B
3	苯、甲苯、乙苯和二甲苯总和(mg/kg)　≤		300	
4	氨(mg/kg)　≤		500	1000
5	可溶性重金属[a](mg/kg)　≤	铅 Pb	90	
		镉 Cd	75	
		铬 Cr	60	
		汞 Hg	60	

[a] 无色、白色、黑色防水涂料不需测定可溶性重金属。

4.2　反应型建筑防水涂料

反应型建筑防水涂料中有害物质含量应符合表3的要求。

表3　反应型建筑防水涂料中有害物质含量

序号	项目		含量	
			A	B
1	挥发性有机化合物(VOC, g/L)　≤		50	200
2	苯(mg/kg)　≤		200	
3	甲苯+乙苯+二甲苯(g/kg)　≤		1.0	5.0
4	苯酚(mg/kg)　≤		200	500
5	蒽(mg/kg)　≤		10	100
6	萘(mg/kg)　≤		200	500
7	游离 TDI[a](g/kg)　≤		3	7
8	可溶性重金属[b](mg/kg)　≤	铅 Pb	90	
		镉 Cd	75	
		铬 Cr	60	
		汞 Hg	60	

[a] 仅适用于聚氨酯类防水涂料。

[b] 无色、白色、黑色防水涂料不需测定可溶性重金属。

4.3　溶剂型建筑防水涂料

溶剂型建筑防水涂料中有害物质含量应符合表 4 的要求。

表 4　溶剂型建筑防水涂料有害物质含量

序号	项目		含量
			B
1	挥发性有机化合物(VOC，g/L)	≤	750
2	苯(g/kg)	≤	2.0
3	甲苯＋乙苯＋二甲苯(g/kg)	≤	400
4	苯酚(mg/kg)	≤	500
5	蒽(mg/kg)	≤	100
6	萘(mg/kg)	≤	500
7	可溶性重金属[a](mg/kg) ≤	铅 Pb	90
		镉 Cd	75
		铬 Cr	60
		汞 Hg	60
[a] 无色、白色、黑色防水涂料不需测定可溶性重金属。			

二十、《胶粘剂挥发性有机化合物限量》GB 33372—2020(节选)

4　分类

根据胶粘剂产品中不同的分散介质和含量，分为溶剂型、水基型、本体型三大类。

注：通常水基型胶粘剂和本体型胶粘剂为低 VOC 型胶粘剂。

5　VOC 含量限量

5.1　基本要求

5.1.1　胶粘剂产品中苯系（苯、甲苯和二甲苯）、卤代烃（二氯甲烷、1，2-二氯乙烷、1，1，1-三氯乙烷、1，1，2-三氯乙烷）、甲苯二异氰酸酯、游离甲醛等单个挥发性有机化合物含量，应满足《建筑胶粘剂有害物质限量》GB 30982 或《鞋和箱包用胶粘剂》GB 19340 中的规定。

5.1.2 胶粘剂产品明示用于多种用途，取各要求中的最低限量。

5.2 溶剂型胶粘剂 VOC 含量限量

溶剂型胶粘剂 VOC 含量限量应符合表 1 的规定。

表 1 溶剂型胶粘剂 VOC 含量限量

应用领域	限量值（g/L）≤				
	氯丁橡胶类	苯乙烯-丁二烯-苯乙烯嵌段共聚物橡胶类	聚氨酯类	丙烯酸酯类	其他
建筑	650	550	500	510	500
室内装饰装修	600	500	400	510	450
鞋和箱包	600	500	400	—	400
木工与家具	600	500	400	510	400
装配业	600	550	250	510	250
包装	600	500	400	510	500
特殊	850[a]	—	550[b]	—	700[c]
其他	600	500	250	510	250

[a] 现场抢修用。

[b] 重防腐专用。

[c] 汽车桥梁减振用热硫化胶粘剂。

5.3 水基型胶粘剂 VOC 含量限量

水基型胶粘剂 VOC 含量限量应符合表 2 的规定。

表2　水基型胶粘剂 VOC 含量限量

应用领域	限量值（g/L）≤						
	聚乙酸乙烯酯类	聚乙烯醇类	橡胶类	聚氨酯类	醋酸乙烯-乙烯共聚乳液类	丙烯酸酯类	其他
建筑	100	100	150	100	50	100	50
室内装饰装修	50	50	100	50	50	50	50
鞋和箱包	50	—	150	50	50	100	50
木工与家具	100	—	100	50	50	50	50
交通运输	50	—	50	50	50	50	50
装配	100	—	100	50	50	50	50
包装	50	—	50	50	50	50	50
其他	50	50	50	50	50	50	50

5.4　本体型胶粘剂 VOC 含量限量

本体型胶粘剂 VOC 含量限量见表3。

表3　本体型胶粘剂 VOC 含量限量

应用领域	限量值（g/kg）≤								
	有机硅类	MS类	聚氨酯类	聚硫类	丙烯酸酯类	环氧树脂类	α-氰基丙烯酸类	热塑类	其他
建筑	100	100	50	50	—	100	20	50	50
室内装饰装修	100	50	50	50	—	50	20	50	50
鞋和箱包	—	50	50	—	—	—	20	50	50
卫材、服装与纤维加工	—	50	50	—	—	—	—	50	50
纸加工及书本装订	—	50	50	—	—	—	—	50	50

续表 3

| 应用领域 | 限量值（g/kg）≤ | | | | | | | | |
	有机硅类	MS类	聚氨酯类	聚硫类	丙烯酸酯类	环氧树脂类	α-氰基丙烯酸类	热塑类	其他
交通运输	100	100	50	50	200	100	20	50	50
装配业	100	100	50	50	200	100	20	50	50
包装	100	50	50					50	50
其他	100	50	50	50	200	50	20	50	50

注 1：MS 指以硅烷改性聚合物为主体材料的胶粘剂。
注 2：热塑类指热塑性聚烯烃或热塑性橡胶。

二十一、《建筑材料放射性核素限量》GB 6566—2010

3　要求

3.1　建筑主体材料

建筑主体材料中天然放射性核素镭-226、钍-232、钾-40 的放射性比活度应同时满足 $I_{Ra} \leq 1.0$ 和 $I_\gamma \leq 1.0$。

对空心率大于 25% 的建筑主体材料，其天然放射性核素镭-226、钍-232、钾-40 的放射性比活度应同时满足 $I_{Ra} \leq 1.0$ 和 $I_\gamma \leq 1.3$。

3.2　装饰装修材料

本标准根据装饰装修材料放射性水平大小划分为以下三类：

3.2.1　A 类装饰装修材料

装饰装修材料中天然放射性核素镭-226、钍-232、钾-40 的放射性比活度同时满足 $I_{Ra} \leq 1.0$ 和 $I_\gamma \leq 1.3$ 要求的为 A 类装饰装修材料。A 类装饰装修材料产销与使用范围不受限制。

3.2.2　B 类装饰装修材料

不满足 A 类装饰装修材料要求但同时满足 $I_{Ra}\leqslant1.3$ 和 $I_\gamma\leqslant$ 1.9 要求的为 B 类装饰装修材料。B 类装饰装修材料不可用于 I 类民用建筑的内饰面，但可用于 II 类民用建筑物、工业建筑内饰面及其他一切建筑的外饰面。

3.2.3　C 类装饰装修材料

不满足 A、B 类装修材料要求但满足 $I_\gamma\leqslant2.8$ 要求的为 C 类装饰装修材料。C 类装饰装修材料只可用于建筑物的外饰面及室外其他用途。

二十二、《声环境质量标准》GB 3096—2008（节选）

3.4　昼间 day-time、夜间 night-time

根据《中华人民共和国环境噪声污染防治法》，"昼间"是指 6：00 至 22：00 之间的时段；"夜间"是指 22：00 至次日 6：00 之间的时段。

县级以上人民政府为环境噪声污染防治的需要（如考虑时差、作息习惯差异等）而对昼间、夜间的划分另有规定的，应按其规定执行。

4　声环境功能区分类

按区域的使用功能特点和环境质量要求，声环境功能区分为以下五种类型：

0 类声环境功能区：指康复疗养区等特别需要安静的区域。

1 类声环境功能区：指以居民住宅、医疗卫生、文化教育、科研设计、行政办公为主要功能，需要保持安静的区域。

2 类声环境功能区：指以商业金融、集市贸易为主要功能，或者居住、商业、工业混杂，需要维护住宅安静的区域。

3 类声环境功能区：指以工业生产、仓储物流为主要功能，需要防止工业噪声对周围环境产生严重影响的区域。

4 类声环境功能区：指交通干线两侧一定距离之内，需要防止交通噪声对周围环境产生严重影响的区域，包括 4a 类和 4b 类两种类型。4a 类为高速公路、一级公路、二级公路、城市快速路、城市主干路、城市次干路、城市轨道交通（地面段）、内河航道两侧区域；4b 类为铁路干线两侧区域。

5   环境噪声限值

5.1   各类声环境功能区适用表 1 规定的环境噪声等效声级限值。

表 1   环境噪声限值 [dB（A）]

声环境功能区类别		时段	
		昼间	夜间
0 类		50	40
1 类		55	45
2 类		60	50
3 类		65	55
4 类	4a 类	70	55
	4b 类	70	60

5.4   各类声环境功能区夜间突发噪声，其最大声级超过环境噪声限值的幅度不得高于 15dB（A）。

第七篇　检查检测与鉴定加固

一、《施工现场机械设备检查技术规范》JGJ 160—2016

4.1.5 柴油发电机组严禁与外电线路并列运行,且应采取电气隔离措施与外电线路互锁。当两台及以上发电机组并列运行时,必须装设同步装置,且应在机组同步后再向负载供电。

二、《市容环卫工程项目规范》GB 55013—2021

1 总则

1.0.1 为规范市容环卫工程建设,保障工程运行安全、人身安全及公共卫生安全,防止二次污染和光污染,实现市容环境干净、整洁、有序,为政府监管提供技术依据,制定本规范。

1.0.2 市容环卫工程项目必须执行本规范。

1.0.3 市容环卫工程建设、运行维护应遵循有效发挥服务功能、安全生产、环境保护的原则。

1.0.4 工程建设所采用的技术方法和措施是否符合本规范要求,由相关责任主体判定。其中,创新性的技术方法和措施,应进行论证并符合本规范中有关性能的要求。

2 基本规定

2.0.1 市容环卫工程布局应根据周边环境、交通人流、市政配套设施的影响,按照减少环境影响、方便市容环卫作业等原则确定。

2.0.2 市容环卫工程应满足垃圾分类、垃圾及时清运、市容环境清洁及质量的要求。

2.0.3 市容环卫工程应具备应对灾害性气候、突发公共卫生事件的功能。

2.0.4 市容环卫工程的建设和运行、市容环境清洁维护过程中应具备有效的污染控制和安全防护措施。

2.0.5 应根据服务范围内的垃圾清运量、垃圾清运距离、处理设施布局以及垃圾分类要求等构建生活垃圾分类收运系统。

2.0.6　垃圾收集设施和转运站的规模应满足服务范围内分类垃圾收集、转运的需求。

2.0.7　户外广告及招牌、景观照明设施设置应安全、整洁，应注重昼夜景观效果，不应损害建筑物、街景和城市轮廓线的重要特征，不应破坏被依附载体的整体效果，不应影响被依附载体的使用功能，不应影响建（构）筑物安全，不应影响交通安全和消防通道使用。

2.0.8　市容环卫工程应定期进行安全检查、维护保养，及时更新。

2.0.9　市容环卫工程的机械设备应由受过专业培训的人员使用、维护。

3　垃圾收集设施

3.1　一般规定

3.1.1　垃圾收集设施应满足垃圾分类投放、分类收集的要求，与分类运输方式相适应，并应符合下列规定：

　　1　垃圾收集设施投放口高度应符合成人人体工程学的要求；

　　2　生活垃圾收集设施的分类投放口位置、分类投放容器应设置分类标志；

　　3　应设置分类储存设备或场所，容量应满足垃圾暂存的需求；

　　4　垃圾收集桶/箱、垃圾集装箱应与垃圾收集运输车辆相匹配。

3.1.2　生活垃圾收集设施的规模应根据服务区域人口规模、分类垃圾清运量、收集频次等综合确定。

3.1.3　垃圾收集设施位置应便于垃圾分类投放和收运车辆安全作业，不应占用消防通道和盲道。

3.1.4　垃圾收集设施建设和运行过程中应有效控制噪声、污水、臭气和垃圾等二次污染，并满足消防安全要求。

3.2 垃圾收集点

3.2.1 生活垃圾收集点类型应根据垃圾清运量、分类类别、生活习惯、收运模式、地形、气候等因素选用。

3.2.2 生活垃圾收集点布局应根据垃圾产生分布、投放距离、收集模式、周边环境等因素综合确定，并应符合下列规定：

1 城镇住宅小区、新农村集中居住点的生活垃圾收集点服务半径应小于或等于 120m；

2 封闭式住宅小区应设置生活垃圾收集点；

3 村庄生活垃圾收集点应按自然村设置；

4 交通客运设施、文体设施、步行街、广场、旅游景点（区）等人流聚集的公共场所应设置废物箱。

3.2.3 生活垃圾收集房（间）应符合下列规定：

1 生活垃圾收集房（间）的地面应硬化处理；

2 城镇住宅小区的生活垃圾收集房（间）、民用建筑内附属配套的生活垃圾收集房（间）应有给水排水设施，地面坡度应有利于排水，冲洗的污水应排入污水管网；

3 民用建筑内附属配套的生活垃圾收集房（间）的地面和墙面应由防水和耐腐蚀材料制成或涂有相应材料的涂层；

4 民用建筑内配套建设的生活垃圾收集房（间）设置在地下时，应设置机械通风系统。

3.2.4 新建及改建的生活垃圾收集房（间）的建筑面积应满足服务范围内分类垃圾桶/箱放置的需求。

3.2.5 城市高层写字楼、商贸综合体、新建住宅小区应设置装修垃圾收集点，应指定大件垃圾投放场所，并应符合下列规定：

1 装修垃圾收集点的地面应硬化处理；

2 未设置垃圾箱时，装修垃圾收集点的四周应有遮挡。

3.2.6 废物箱、垃圾桶/箱应符合下列规定：

1 城镇废物箱应防雨、耐腐蚀；垃圾桶/箱应密闭、耐腐蚀；垃圾桶应采用标准规格。

2 农村垃圾收集点的垃圾桶/箱应密闭。

3.3 垃圾收集站

3.3.1 生活垃圾收集站应有主体建筑，主体建筑应封闭。

3.3.2 生活垃圾收集站应设置收运机动车进出通道，通道应符合进站车辆的最大宽度及荷载要求。

3.3.3 生活垃圾收集站应有通风、除臭、隔声、污水收集及排放措施，并应设置消毒、杀虫、灭鼠等装置。

3.3.4 生活垃圾收集站地面和 1.5m 以下内墙面应采用防水、耐磨材料制成，或涂有相应材料的涂层；地面防水等级不应低于Ⅱ级。

3.3.5 生活垃圾收集站的相应位置应设置交通指示标志、烟火禁止和警告标志。

3.3.6 生活垃圾收集站的受料装置应与进料方式相匹配。

3.3.7 生活垃圾收集站的机械设备应与收集站作业工艺相匹配，工作能力应按日有效运行时间和高峰时段垃圾量确定。

3.3.8 生活垃圾集装箱应不易变形并有防腐措施；集装箱的密封性应保证装载后不产生垃圾拖挂及污水渗漏。

4 垃圾转运站

4.0.1 垃圾转运站应满足分类转运的要求，并与后续处理方式相适应。

4.0.2 垃圾转运站建设和运行过程中应有效控制噪声、污水、臭气和垃圾等二次污染，并应满足消防、电气和作业安全要求。

4.0.3 生活垃圾转运站按照设计日转运能力分为大、中、小型三大类和Ⅰ、Ⅱ、Ⅲ、Ⅳ、Ⅴ五小类，不同规模转运站的设计转运量划分区间应符合表 4.0.3 的规定。

表4.0.3   生活垃圾转运站分类

类型		设计转运量（t/d）
大型	Ⅰ类	≥1000
	Ⅱ类	≥450，<1000
中型	Ⅲ类	≥150，<450
小型	Ⅳ类	≥50，<150
	Ⅴ类	<50

4.0.4 生活垃圾转运站设计规模应满足服务区域在服务年限范围内的垃圾增长及垃圾收运季节波动性需求，并应符合下式规定：

$$Q_D = K_s \times Q_c \qquad (4.0.4)$$

式中：Q_D——转运站设计规模（转运量，t/d）。

Q_c——服务区域生活垃圾清运量（年平均值，t/d）；清运量有实测值时，按实测值确定；无实测值时，按服务人口和人均垃圾量确定，人均垃圾量应按当地实测值选用。

K_s——生活垃圾排放季节性波动系数，指年度最大月清运量与平均月清运量的比值，应按当地实测值选用。

4.0.5 垃圾转运站布局应按垃圾产生分布、处理设施布局、垃圾收运模式等综合确定。

4.0.6 垃圾转运站选址应根据服务区域、转运能力、污染控制等因素，设在交通便利且易于安排清运线路的地点，并应具备保障垃圾转运站正常运行的供水、供电、污水排放、通信等条件。

4.0.7 垃圾转运工艺应按提高设备工作效率、降低能耗及作业安全卫生风险、减轻环卫工人劳动作业强度的原则确定，并应符合下列规定：

1   垃圾物流应顺畅；

2   应减少垃圾裸露时间；

3　生活垃圾转运站不应采用垃圾落地转运方式。

4.0.8　垃圾转运站的总体布置应依据其规模、类型，综合工艺要求及技术路线确定，并应符合下列规定：

1　垃圾转运站站内道路应满足站内各功能区最大规格垃圾运输车辆的荷载和通行要求；

2　垃圾转运站车辆出入口应设置在远离周边主要环境保护目标的一端；

3　大型生活垃圾转运站的人、车辆出入口应分开设置。

4.0.9　垃圾转运站应有主体建筑，且主体建筑应满足垃圾转运工艺及配套设备的安装、拆换与维护的要求，并应符合下列规定：

1　垃圾转运站的卸料、装料工位应满足车辆回转要求；

2　垃圾转运车间的空间与面积均应满足车辆倾卸作业要求；

3　生活垃圾收集车卸料及压缩装箱作业车间应封闭；

4　垃圾转运车间的卸料口和车辆进出口应安装便于启闭的门，设置非敞开式通风口；

5　生活垃圾转运车间作业区地面及 3m 以下内墙面应采用防水、耐磨材料制成或涂有相应材料的涂层，且应便于清洗；地面防水等级不应低于 Ⅱ 级。

4.0.10　生活垃圾转运站主体建筑火灾危险性类别应为丁类；生活垃圾转运站的可回收垃圾储存间火灾危险性类别应为丙类。

4.0.11　生活垃圾转运站应配置转运单元，其实际转运能力应满足高峰时段要求；生活垃圾转运站压缩设备工作能力应与设计规模相匹配，并应符合下列规定：

1　生活垃圾转运作业单元数量应根据高峰期垃圾转运量确定，备用系数不应小于 0.2；除 Ⅴ 类小型转运站外，生活垃圾转运站的转运作业单元数不应少于 2 个。只有 1 个转运单元的小型生活垃圾转运站应具有转运单元故障应急措施。

2　生活垃圾转运站压缩设备的工作能力应根据日有效运行时间和高峰期垃圾量等因素与生活垃圾转运站及转运单元的设计

规模相匹配，备用系数不应小于0.2。

4.0.12 垃圾转运站排水系统应符合下列规定：

    1 垃圾转运站内应雨污分流；

    2 垃圾转运站内应设置污水导排设施；

    3 垃圾转运站应采取有效的污水处理或排放措施。

4.0.13 垃圾转运站的环境保护设施应与垃圾转运站主体设施同时设计、同时施工、同时投入使用，并应符合下列规定：

    1 生活垃圾转运站应有通风、除臭、隔声等措施；并配置消毒、杀虫设施及装置；

    2 建筑垃圾转运站应有通风、除尘、隔声等环境保护设施；

    3 大、中型生活垃圾转运站应设置独立抽排风/除臭系统；

    4 卸料时，必须同时启动通风、除尘/除臭系统。

4.0.14 垃圾转运站的电气及运行安全防护措施应符合下列规定：

    1 垃圾转运站作业区电源开关及插座应设置在离地面1.5m以上，电源开关及插座防护等级不应低于IP55；

    2 垃圾卸料、转运作业区应设置车辆作业指示标牌和作业安全标志；

    3 垃圾卸料工位应设置倒车限位装置及报警装置。

4.0.15 垃圾转运车应与垃圾转运集装箱相匹配，并应符合下列规定：

    1 垃圾转运车应满足沿途道路通行条件及后续处理设施与卸料场地要求；

    2 垃圾转运集装箱应保证装卸料顺畅，关闭严实、密封可靠；并应具有足够的强度和刚度；

    3 垃圾转运集装箱应有防腐蚀措施；其密封性应保证装载后不产生垃圾拖挂及污水渗漏。

4.0.16 大中型生活垃圾转运站应具备称量及备用电源应急功能，并应符合下列规定：

    1 大中型生活垃圾转运站应设置垃圾称重计量装置；

2 大型生活垃圾转运站供电系统应按二级负荷用户要求设置。

5 公共厕所

5.0.1 城镇各类工作场所及人流聚集的公共场所应设置公共厕所，公共厕所的服务半径不应大于300m。

5.0.2 农村公共活动场所、村民委员会、无卫生设施的农户居住区域应设置公共厕所。

5.0.3 公共厕所的厕位数应根据开放时间段的如厕人数、峰值系数确定。

5.0.4 公共厕所位置应方便出入、便于粪便污水排放；公共厕所的化粪池和贮粪池与饮用水源的卫生防护距离不应小于30m，与地埋式生活饮用水贮水池的卫生防护距离不应小于10m。

5.0.5 公共厕所的男女厕位比例应根据男女如厕性别比例、大小便人数、如厕时间确定。

6 户外广告及招牌设施

6.0.1 户外广告设施不应设置在下列位置：

1 交通信号设施、交通标志、交通执勤岗设施、道路隔离栏、人行天桥护栏、高架轨道隔声墙、道路及桥梁防撞墙与隔声墙；

2 道路交叉口视距三角形范围内，水利工程管理范围内，各类地下管线、架空线及其他生命线工程保护范围内，消防通道及消防场地内；

3 国家机关、文物保护单位、名胜风景区、中小学及幼儿园等的建筑控制地带；

4 危房或设置后可能危及建（构）筑物和设施安全的位置。

6.0.2 户外招牌设施不应设置在下列位置：

1 建筑物用地范围以外的区域；

2 危房或设置后可能危及建（构）筑物和设施安全的位置；

3 影响市政公用设施、交通安全设施、交通标志、消防设施、消防安全标志、通信设施正常使用的位置。

6.0.3 车身设置的户外广告设施不应影响行车安全，并应符合下列规定：

1 车头及车身两侧车窗不应设置户外广告设施，车后窗设置的广告不应影响安全驾驶；

2 车身设置的电子显示装置类广告在行驶过程中不应播放动态画面和声音。

6.0.4 户外广告或招牌设施不应侵入道路建筑限界，下缘距车行道路面的净空高度不应小于 4.5m，距人行道路面的净空高度不应小于 2.5m。

6.0.5 大型高立柱户外广告设施不应设置在隧道体及隧道两端下沉地段两侧，不应设置在主桥、引桥和匝道上。

6.0.6 户外广告及招牌设施的喷绘材料不应采用易燃材料。位于步行街、广场、商场、大型文体设施、车站、机场等人员聚集密度高的公共场所设置的户外广告及招牌设施的喷绘材料应采用不燃或难燃材料。

6.0.7 户外广告及招牌设施的结构应按承载能力极限状态的基本组合和正常使用极限状态的标准组合进行设计。考虑地震作用时，应按地震作用效应和其他荷载效应的基本组合进行设计。设计工作年限超过 20 年的，结构构件重要性系数 γ_0 不应小于 1.1；设计工作年限 10 年的，γ_0 不应小于 1.0；设计工作年限不超过 5 年的，γ_0 不应小于 0.9。

6.0.8 作用在户外广告及招牌设施结构上的荷载以风荷载为主控荷载，风荷载标准值应按基本风压取值。

6.0.9 户外广告或招牌设施的结构应进行强度、刚度和稳定性验算。

6.0.10 依附于建（构）筑物的户外广告或招牌设施的锚固支座应与建（构）筑物的结构件连接，并应直接承担户外广告或招牌设施传递的荷载。设施结构与墙面支座的连接应按不低于正常内力的 2.0 倍验算支座连接安全性。

6.0.11　在风荷载作用下，户外广告及招牌设施钢结构的变形值应符合下列规定：

1　钢结构的变形容许值应符合表 6.0.11-1 的规定；

表 6.0.11-1　户外广告及招牌设施钢结构的变形容许值

序号	形式	项目	容许值
1	落地式及屋顶式结构	顶点水平位移	≤$H/100$
		横梁挠度值	≤$L/150$
2	单（双）立柱结构	顶点水平位移值	≤$H/150$（$H\leqslant22m$ 时）
			≤$H/180$（$H>22m$ 时）
3	墙面式结构	悬臂梁挠度值	≤$L/150$

注：H 为顶点离地面（屋面）高度；L 为横梁跨度（长度），悬臂梁为悬臂长度的 2 倍。

2　LED 显示屏钢结构的变形容许值应符合表 6.0.11-2 的规定。

表 6.0.11-2　LED 显示屏钢结构的变形容许值

序号	构件名称	项目	容许值
1	屋顶及落地设置的显示屏构架	顶点水平位移	≤$H/300$
2	安装屏杆	挠度值	≤$L/300$（$L\leqslant3m$ 时）
3	水平抗风桁架或梁	挠度值	≤$L/250$（$L\leqslant3m$ 时）
4	垂直抗风桁架或柱	挠度值	≤$L/300$（$L\leqslant5m$ 时）
5	横杆、纵杆、竖杆、斜杆	挠度值	≤$L/200$

注：H 为结构顶点离屋面（地面）高度；L 为两支承（受力）点距离。

6.0.12　设施的钢结构构件及连接表面的防腐措施应满足耐腐、耐火性的要求。

7　景观照明设施

7.0.1　景观照明设施设置应确保夜间公共环境安全，并应符合

下列规定：

1 应避免干扰光对机动车驾驶员形成失能眩光或不舒适眩光，对机动车驾驶员产生的眩光的阈值增量不应大于 15%；

2 景观照明选用彩色光时，不应与道路、铁路、机场、航运等信号灯造成视觉上的混淆。

7.0.2 景观照明应合理选择照明光源、灯具、照明方式和照明时间，合理确定灯具安装位置、照射角度和遮光措施，以避免或减少产生光污染、减少能源消耗，并应符合下列规定：

1 景观照明灯具的上射光通比的限值不应超过表 7.0.2-1 的规定；

表 7.0.2-1 景观照明灯具的上射光通比的限值

环境区域	E0	E1	E2	E3	E4
上射光通比（%）	0	0	5	15	25

注：环境区域划分详见本规范附录 A。

2 应控制溢散光对相邻场所的光干扰，受干扰区内距离干扰源最近的住宅建筑居室窗户外表面的垂直照度的限值不应超过表 7.0.2-2 的规定；

表 7.0.2-2 住宅建筑居室窗户外表面的垂直照度的限值

环境区域		E0	E1	E2	E3	E4
垂直照度（lx）	熄灯时段前	—	2	5	10	25
	熄灯时段后	—	<0.1	1	2	5

注：1 环境区域划分详见本规范附录 A；
　　2 考虑对公共（道路）照明灯具会产生影响，E1 区熄灯时段的垂直面照度最大允许值可提高到 1lx。

3 应制定合理的景观照明开关灯时段和时间，严格控制关灯时段后仍开启的灯具类型、数量和光照强度；

4 在设置公共灯光艺术装置、激光表演装置、投影装置等特殊景观照明设施前，应对可能受到干扰光影响的潜在受害对象进行分析评估。

7.0.3　景观照明设施设置应结合所处环境的自然生态特性，正确选择照明参数，合理确定照明方式和照明时间，避免或减少人工照明对生态环境的影响，并应符合下列规定：

　　1　在自然保护区、森林公园、动物栖息地、沼泽、湿地等动植物对人工照明敏感的区域，应限制景观照明设施的设置；

　　2　不应对古树名木设置景观照明，且在其周边设置的景观照明设施不应对古树名木造成影响。

7.0.4　安装于建筑物顶端或高空外墙上，以及空旷的广场等有可能遭受雷击的景观照明设施，应与避雷装置可靠连接，当不在邻近的防雷装置的有效保护范围内时，应采取相应的防直击雷的措施并采取相应的防闪电电涌侵入措施，支撑景观照明设施的金属构件应接地。

7.0.5　景观照明设施的电气设备应采用防尘、防水、节能型，室外安装的照明配电箱与控制箱等的防护等级不应低于 IP54。

8　清洁维护

8.1　一般规定

8.1.1　应对道路、水域、建（构）筑物、施工工地、垃圾收运设施、户外广告及招牌设施、照明设施、居住区等进行清洁维护，保持市容环境干净、整洁。

8.1.2　市容环境清洁维护过程中不应造成环境污染、破坏原设施、影响居民正常生活。

8.1.3　应对重大活动、恶劣天气、特殊时期等突发情况制定清洁维护保障应急预案。

8.2　道路、水域清洁维护

8.2.1　道路、水域清洁维护过程中，不应产生垃圾、污水等二次污染，不应影响其他设施的正常运行。

8.2.2 道路清扫保洁应符合下列规定:

1 道路清扫保洁频次应根据道路清洁程度的重要性及道路污染程度确定;

2 清洁人行过街天桥和地下过街通道的路面、墙面、楼梯、栏杆上的污垢、涂写、刻画、张贴等时,不应损坏人行过街天桥、地下过街通道等设施;

3 道路清扫保洁收集的垃圾及回收的污水应在指定场地处置,不应直接扫入或倾倒入绿地、排水箅、排水井中;

4 日间机械化清扫保洁时间应避开城市道路交通高峰时段;

5 道路机械化洗扫、清洗、洒水作业模式应按照不同气候条件调整,当气温低于 4℃ 时,应停止洗扫、清洗、洒水作业或采用防冻措施;当台风、大雪、大雨等不适宜清洗的气候条件下,应停止机械化洗扫、清洗、洒水作业。

8.2.3 道路除雪、铲冰时应保证道路交通的可达性和功能性。

8.2.4 融雪剂的使用应符合下列规定:

1 融雪剂种类应根据环境温度、积雪量选择,并应控制融雪剂的施撒(洒)量;

2 气温高于 $-5℃$ 时,下雪前在引桥、立交桥等有坡度的道路上预施撒(洒)颗粒状融雪剂的量不应大于 $10g/m^2$;

3 机场、车站、码头、人行便道等交通设施,国家级风景名胜区不应使用氯化物类融雪剂;

4 施撒(洒)融雪剂后清除的雪不应堆放在绿地、绿化带中。

8.2.5 道路机械化清扫保洁、机械化除雪时应配有安全警示装置;城镇清扫保洁人员应穿着警示服。

8.2.6 村庄街巷两侧、田头地脚、山脚边坡、房前屋后不应堆放垃圾、杂物或存在安全隐患的危险物品。

8.2.7 对设置在道路及两侧、室外公共场所的交通、电力、通信、邮政、消防、生活服务、文体休闲等设施的清洁维护应符合下列规定:

1 不应影响周边行人的正常通行；

2 清洁措施及清洗剂不应破坏设施自身结构、涂层，油饰粉刷不应改变或遮盖设施自身标志。

8.2.8 水域保洁应符合下列规定：

1 打捞清除的漂浮废弃物应纳入当地生活垃圾收运系统；

2 在台风、雷暴雨、洪水、大雾、寒潮、高温等灾害性气候以及大潮汛期间，应暂停作业。

8.3 建（构）筑物、施工工地清洁维护

8.3.1 城市建（构）筑物应根据外墙立面材质确定清洗或粉饰频次。

8.3.2 清洗或粉饰建（构）筑物时应符合下列规定：

1 对建（构）筑物外表面进行粉饰或者重新装饰、装修时，应保持原建（构）筑物的色调、造型和建筑设计风格；

2 清洗维护作业不应损伤被清洗饰面、密封材料或嵌缝材料。

8.3.3 城市临街施工工地现场应设置围挡、围墙等遮挡措施。

8.3.4 城市施工工地应净车出场，车辆无抛洒滴漏。

8.4 垃圾收运设施、户外广告及招牌、景观照明设施清洁维护

8.4.1 垃圾收集设施应有专人管理，定期进行保洁、消毒杀菌，其中，城市厨余垃圾收集桶应每日清洗。

8.4.2 垃圾转运站供电设施、设备，电气、照明设备，通信管线，以及站内通道、给水排水、除尘、脱臭等设施应定期检查维护。

8.4.3 垃圾收集站和转运站设备维护管理时应采取保证人员安全的措施。

8.4.4 垃圾收运应由专业人员操作，并应符合下列规定：

1 垃圾收运车辆的厢（箱）体应密闭，收运过程中不应出现垃圾抛洒、污水滴漏现象；

2　生活垃圾收集运输频次应满足抑制病媒传播及其危害的要求；

3　分类收集的各类垃圾不应混装混运。

8.4.5　对突发公共卫生事件期间受污染的生活垃圾应单独设置隔离垃圾收集点，并应专车运输且不应纳入生活垃圾转运站。

8.4.6　替代环境卫生设施未交付前，不应停止使用或拆除原环境卫生设施。

8.4.7　户外广告及招牌、景观照明设施在大风、暴雨、暴雪、潮汛等恶劣季节性天气来临前，应进行安全检查。

8.5　清洁维护保障设施

8.5.1　清洁维护保障设施应满足市容环境清洁维护人员休息、车辆及船舶停放或停靠的要求。

8.5.2　环境卫生车辆停车场用地规模应根据环境卫生车辆类型和数量、停车场建设形式确定。

8.5.3　城市环境卫生车辆停车场应具备环境卫生车辆停放、清洗、常规维修及维护的功能，确保环境卫生车辆日常作业；需停放电动新能源车时，应具备车辆充电功能。

8.5.4　城市道路人工清扫保洁工作区域内应设置环卫工人作息点。

8.5.5　水域保洁管理站应按水域分段或分片设置。

8.5.6　水域保洁管理站应满足水域保洁打捞垃圾上岸转运、保洁和监察船舶停靠的要求。

附录 A　环境区域划分

A.0.1　环境区域应根据环境亮度和活动内容按下列规定划分：

1　E_0 区为天然暗环境区，国家公园、自然保护区和天文台所在地区等；

2　E_1 区为暗环境区，无人居住的乡村地区等；

3　E_2 区为低亮度环境区，低密度乡村居住区等；

4 E₃ 区为中等亮度环境区，城乡居住区等；

5 E₄ 区为高亮度环境区，城镇中心和商业区等。

三、《城镇环境卫生设施除臭技术标准》CJJ 274—2018

4.1.20 用于收集可能含有可燃气体臭气的风机，应具有防爆性能。

4.2.8 对于长期堆放和储存生活垃圾、有机易腐垃圾及渗沥液的设施或场所，在启动风机收集臭气前，应测试臭气中的甲烷浓度，当甲烷浓度超过 1.25% 时，应先进行通风，并应使甲烷浓度降低至 1.25% 以下时，方可启动风机。

5.1.6 当所处理臭气中的可燃气体浓度可能达到爆炸浓度范围时，不得采用易于引起臭气爆炸或爆燃的除臭工艺。

5.6.4 除臭设备检修前必须停止运行，并应先排除内部气体，通入空气，确认安全后方可进入设备内部检修。进入设备内部检修的人员必须佩戴安全防护用品。

四、《生活垃圾处理处置工程项目规范》GB 55012—2021 (节选)

6 建筑垃圾处理工程

6.1 一般规定

6.1.1 建筑垃圾应按照工程渣土、工程泥浆、工程垃圾、拆除垃圾和装修垃圾等从源头分类收集、分类运输、分类处理处置。

6.1.2 工程渣土、工程泥浆、工程垃圾和拆除垃圾应优先就近利用。

6.1.3 建筑垃圾储存、卸料、上料及处理过程中应采取抑尘除尘、降噪措施。

6.1.4 建筑垃圾原料、产品储存堆场应确保堆体的稳定安全性。

6.2　转运调配

6.2.1　转运调配场应配置接收及储存系统、堆垛设备、粉尘控制系统、配套设施等。

6.2.2　进场建筑垃圾应根据工程渣土、工程泥浆、工程垃圾、拆除垃圾和装修垃圾及其细分分类堆放，并应设置标识。

6.2.3　转运调配场应合理设置开挖空间及进出口。

6.2.4　转运调配场应配备装载机、推土机等作业机械，配备机械数量应与作业需求相适应。

6.3　资源化利用

6.3.1　资源化利用厂应配置接收及储存系统、破碎系统、筛分系统、粉尘控制系统、噪声控制系统、配套设施等。

6.3.2　建筑垃圾应按成分进行资源化。

6.3.3　资源化利用应选用节能、高效的设备。

6.3.4　工程渣土应结合废弃矿坑（山）复垦工程、堆坡造景工程、路基回填工程等再利用。

6.3.5　工程泥浆应脱水处理后再利用，脱水处理产生余水应净化处理后排放。

6.4　堆填

6.4.1　堆填场应配置垃圾坝、地下水与地表水收集导排系统、填埋作业、封场覆盖及生态修复系统、安全与环境监测等。

6.4.2　进行堆填处理的物料中废沥青、废旧管材、废旧木材、金属、橡（胶）塑（料）、竹木、纺织物等含量不应大于5%。

6.4.3　堆填前应清除基底的垃圾、淤泥、树根等杂物，抽除坑穴积水。

6.4.4　堆填前应验算地基承载力、堆体厚度和坡度，确保堆体稳定和安全。

6.4.5　堆填场地应设置有效的截排水措施，堆体应进行覆盖，防止雨水及地表水入侵，确保堆体稳定。

6.5　填埋处置

6.5.1　填埋处置场应配置垃圾坝、防渗系统、地下水与地表水收集导排系统、渗沥液收集导排系统、填埋作业、封场覆盖及生态修复系统、填埋气导排处理与利用系统、安全与环境监测、污水处理系统、臭气控制与处理系统等。

6.5.2　工程泥浆和高含水率的工程渣土填埋处置前应进行预处理，处理后抗剪强度指标应满足堆填体边坡稳定安全控制要求。填埋作业应控制堆填速率，当堆填速率超过 1m/月时，应对堆体和地基稳定性进行监测。

6.5.3　填埋库区地基应是具有承载填埋体负荷的自然土层或经过地基处理的稳定土层，并应进行承载力计算、最大堆高验算、地基沉降及不均匀沉降计算。

6.5.4　应对填埋堆体边坡、堆体沉降、封场覆盖进行稳定性分析，确保填埋堆体和封场覆盖层的安全稳定。

6.5.5　不同类别建筑垃圾应分区填埋，各区根据填料的抗剪强度特性设置不同的堆填高度和坡度。

6.5.6　建筑垃圾填埋场地应设置有效地下水收集导排系统和环场截洪沟，堆体表面应采取防渗、排水及雨污分流措施，场地下游应设置泥沙沉淀池。

6.5.7　填埋结束后应对填埋场进行封场覆盖和生态修复。

五、《危险房屋鉴定标准》JGJ 125—2016

5.3.2　砌体结构构件检查应包括下列主要内容：

　1　查明不同类型构件的构造连接部位状况；

　2　查明纵横墙交接处的斜向或竖向裂缝状况；

　3　查明承重墙体的变形、裂缝和拆改状况；

　4　查明拱脚裂缝和位移状况，以及圈梁和构造柱的完损情况；

5 确定裂缝宽度、长度、深度、走向、数量及分布，并应观测裂缝的发展趋势。

5.4.2 混凝土结构构件检查应包括下列主要内容：

1 查明墙、柱、梁、板及屋架的受力裂缝和钢筋锈蚀状况；

2 查明柱根和柱顶的裂缝状况；

3 查明屋架倾斜以及支撑系统的稳定性情况。

5.5.2 木结构构件检查应包括下列主要内容：

1 查明腐蚀、虫蛀、木材缺陷、节点连接、构造缺陷、下挠变形及偏心失稳情况；

2 查明木屋架端节点受剪面裂缝状况；

3 查明屋架的平面外变形及屋盖支撑系统稳定性情况。

5.6.2 钢结构构件检查应包括下列主要内容：

1 查明各连接节点的焊缝、螺栓、铆钉状况；

2 查明钢柱与梁的连接形式以及支撑杆件、柱脚与基础连接部位的损坏情况；

3 查明钢屋架杆件弯曲、截面扭曲、节点板弯折状况和钢屋架挠度、倾向倾斜等偏差状况。

6.2.2 在地基、基础、上部结构构件危险性呈关联状态时，应联系结构的关联性判定其影响范围。

6.2.3 房屋危险性等级鉴定应符合下列规定：

1 在第一阶段地基危险性鉴定中，当地基评定为危险状态时，应将房屋评定为 D 级；

2 当地基评定为非危险状态时，应在第二阶段鉴定中，综合评定房屋基础及上部结构（含地下室）的状况后作出判断。

六、《既有建筑维护与改造通用规范》GB 55022—2021

1 总则

1.0.1 为在既有建筑维护与改造中保障人身健康和生命财产安全、公共安全、生态环境安全，满足经济社会管理基本需要，依据有关法律、法规，制定本规范。

1.0.2 既有建筑的维护与改造必须执行本规范。

1.0.3 工程建设所采用的技术方法和措施是否符合本规范要求，由相关责任主体判定。其中，创新性的技术方法和措施，应进行论证并符合本规范中有关性能的要求。

2 基本规定

2.0.1 既有建筑未经批准不得擅自改动建筑物主体结构和改变使用功能。

2.0.2 既有建筑应确定维护周期，并对其进行周期性的检查。

2.0.3 既有建筑的维护应符合下列基本规定：

 1 应保障建筑的使用功能；

 2 应维持建筑达到设计工作年限；

 3 不得降低建筑的安全性与抗灾性能。

2.0.4 既有建筑的改造应符合下列基本规定：

 1 应满足改造后的建筑安全性需求；

 2 不得降低建筑的抗灾性能；

 3 不得降低建筑的耐久性。

2.0.5 既有建筑维护与改造前应进行现场踏勘，并应针对建筑的具体特点，制定维护方案或进行修缮与改造设计。施工前应编制施工组织设计，制定针对性的安全防护措施，并应编制应急预案。

2.0.6 既有建筑维护与改造工程施工中，应保证相关人员的安全和健康。

2.0.7 既有建筑维护与改造工程施工中，应区分作业区、危险区和工程相邻影响区，应设置安全警示和引导标志，并应采取相应安全防护措施。

2.0.8 施工现场应保障消防安全，按现行制度做好临时用电管理，严格履行动火审批制度。

2.0.9 既有建筑维护与改造时，应对白蚁危害情况进行检查；

当发现白蚁危害时，应对房屋进行白蚁蚁害评估及防治。

2.0.10 既有建筑维护与改造工程施工中，应采取有效措施控制施工现场的粉尘、废气、废弃物、噪声、振动等造成的影响。

2.0.11 既有建筑维护与改造工程应进行质量控制。工程全部完成后，应进行验收。

2.0.12 既有建筑维护与改造工程，应及时收集、整理工程项目各环节的资料，建立、健全项目档案。相关档案资料应妥善保管；既有建筑物管理权移交时，应同时移交建筑物的相关档案。

3 检 查

3.1 一般规定

3.1.1 既有建筑的检查应对建筑、结构以及设施设备分别进行。检查分为日常检查、特定检查两类。

3.1.2 在日常使用维护过程中，应对既有建筑的使用环境以及损伤和运行情况等进行定期的日常检查，检查周期每年不应少于1次。

3.1.3 在雨季、供暖季以及遭受台风、暴雨、大雪和大风等特殊环境前后，应对既有建筑进行特定检查。

3.1.4 既有建筑在实施检查后，应根据检查结果等进行评定，存在下列情况时，应进行检测鉴定：

    1 发现危及使用安全的缺陷、变形和损伤；

    2 达到设计工作年限拟继续使用；

    3 进行纠倾和改造前；

    4 改变用途或使用环境前；

    5 受到自然灾害、人为灾害、环境改变或事故的较大影响；

    6 设备系统的安全性、使用性和系统效能等不符合有关规定和要求；

    7 使用功能改变导致建筑抗震设防类别提高。

3.1.5 对既有建筑中不同专业、类别或类型的检查，应选取相适应的方法，明确内容，制定合理的方案。

3.1.6 既有建筑检查前，应收集建筑、结构及设施设备方面的勘察设计、施工、监测、验收、历次检查及评定、维护和改造情况等相关资料。

3.1.7 既有建筑评定应基于真实、可靠的检查结果、检测数据、资料和分析给出评定结果。

3.1.8 既有建筑检查及评定中发现的损伤，应根据损伤的程度采取修缮、改造、更新置换或废弃拆除等处理措施；在采取上述措施前，应及时采取停用或临时解除危险的措施。

3.2 建筑检查

3.2.1 建筑日常检查应包括下列主要内容：

    1 屋面的渗漏和损坏状况；

    2 女儿墙、出屋面烟囱、附属构筑物等的变形和损坏情况；

    3 外墙饰面的开裂、渗漏、空鼓和脱落等损伤状况；

    4 外墙门窗、幕墙等围护结构的密封性、破损状况以及与主体结构连接的缺陷、变形、损伤情况；

    5 遮阳篷、雨篷、空调架、晾衣架、窗台花架、避雷装置等建筑外立面附加设施的损坏以及与主体结构连接的缺陷、变形、损伤情况；

    6 室内装饰装修与主体结构连接的缺陷、变形、损伤情况。

3.2.2 建筑特定检查应包括下列主要内容：

    1 临近雨季时，防水和排水状况；

    2 临近供暖季时，外门窗、幕墙的密封性；

    3 在台风、暴雨、大雪和大风等前后，外墙外保温层、装饰部分、变形缝盖板、外墙门窗、幕墙等的损坏及其连接的缺陷、变形、损伤状况；

    4 临近雨季时，地下建筑出入口、天井、风井等防雨水倒灌状况。

3.2.3 在日常检查和特定检查内容的基础上，对建筑现状进行评定时，应包括下列内容：

1 根据屋面防水层和保温层的构造、外墙外保温系统的构造、防火性能、外墙门窗、幕墙等围护结构的损坏程度，评定外围护系统的安全性和适用性；

2 根据梁、柱、板、墙等构件饰面以及内部装修的防火措施等，评定室内装饰装修的安全性和使用性；

3 根据疏散通道、安全出口、消防通道、防火防烟分区、防火间距等情况，评定建筑防火安全；

4 根据地下建筑出入口、窗井、风井等防雨水倒灌设施的、可靠性和有效性，评定地下建筑防汛安全。

3.3 结构检查

3.3.1 结构日常检查应包括下列主要内容：

1 结构的使用荷载变化情况；

2 建筑周围环境变化和结构整体及局部变形；

3 结构构件及其连接的缺陷、变形、损伤。

3.3.2 结构特定检查应包括下列内容：

1 在台风、大雪、大风前后，屋盖、支撑系统及其连接节点的缺陷、变形、损伤；

2 在暴雨前后，既有建筑周围地面变形、周围山体滑坡、地基下沉、结构倾斜变形。

3.3.3 在日常检查和特定检查内容的基础上，应对结构的现状进行评定。

3.4 设施设备检查

3.4.1 设施设备日常检查应包括下列主要内容：

1 设施设备所处的工作环境；

2 设施设备、电气线路、附属管线、管道、阀门及其连接的材料等老化、渗漏、防护层损坏情况；

3 系统运行的异常振动和噪声情况。

3.4.2 设施设备特定检查应包括下列主要内容：

1 临近雨季时，屋面与室外排水设备、防雷装置的完好状况；

2 临近供暖季时，供暖设备和系统的运行状况和安全性以及供水、排水、供暖、消防管道与系统防冻措施的完好状况；

3 在台风、暴雨、大雪和大风等前后，设施设备、附属管线、管道、阀门及其连接状况；

4 临近雨季时，地下建筑挡水和排水设施设备的完好状况。

3.4.3 对设施设备评定，应包括下列主要内容：

1 设施设备系统正常运行的有效性和安全性；

2 设施设备、附属管线、管道及其连接材料等的耐次性；

3 设施设备、附属管线、管道及其连接的保温、防冻、防电击、防高温、防辐射、防火、防雷、防污染、消毒等防护措施的有效性。

3.4.4 给水排水设备，应进行给水排水能力、管道和阀门的渗漏和损坏状况等的评定。

3.4.5 采暖设施设备，应进行管道保温措施、系统供给能力、设备和管道承压能力等评定。

3.4.6 通风和空调设备。应进行风管和系统的风量、空调机组水流量和供热（冷）量等的评定。

3.4.7 电气设施设备，应进行（变）配电装置的完整性、电气故障发生时自动切断电源功能、防雷与接地装置等设施的评定。

3.4.8 建筑智能化系统，应定期进行信息设施系统、信息化应用系统、安全防范系统、智能化集成系统等检查及评定。

3.4.9 火灾自动报警系统、消火栓系统、自动喷水灭火系统、气体灭火系统、防排烟系统、应急照明疏散指示等消防设施设备应每年至少进行 1 次全面检查及评定。

3.4.10 受到自然灾害、人为灾害较大影响的既有建筑，应重点评定设施设备运行的安全性和有效性。

3.4.11 存在被雨水倒灌风险的既有地下建筑，应重点评定防汛设施设备运行的安全性和有效性。

4   修缮

4.1   一般规定

4.1.1   既有建筑应按照房屋修缮计划，依据房屋检查及评定结果进行周期性修缮，当发生危及房屋使用和人身财产安全的紧急情况时，应立即实施应急抢险修缮。

4.1.2   既有建筑经检查和评定确认存在下列影响使用安全或公共安全的问题之一时，应及时进行修缮：

    1   建筑物发生异常变形；

    2   结构构件损坏，承载能力不足；

    3   建筑外饰面及保温层存在脱落危险；

    4   屋面、外墙、门窗等外围护系统渗漏；

    5   消防设施故障；

    6   供水水泵运行中断、设施设备故障；

    7   排水设施堵塞、爆裂；

    8   用电系统的元器件、线路老化导致产生安全风险；

    9   防雷设施故障；

    10   地下建筑被雨水倒灌；

    11   外部环境因素影响，造成建筑不能正常使用。

4.1.3   在实施应急抢险修缮时，应先行通过排险、加固等措施及时解除房屋的险情。

4.1.4   既有建筑修缮前应由专业技术人员对其现状进行现场查勘和评定，并应收集原设计及改扩建图纸、使用情况及报修记录、历年修缮资料、房屋安全使用检查及评定等相关资料，根据检查、查勘和评定结果进行修缮设计，再实施修缮。

4.1.5   修缮设计文件应包括设计依据、修缮要求及方法的说明、修缮内容、修缮用料及用量说明等，根据修缮内容的复杂程度，用文字、符号、图纸等进行书面表达和记录。

4.2　建筑修缮

4.2.1　既有建筑渗漏修缮，应根据房屋防水等级、使用要求、渗漏量、部位等情况，查明渗漏原因并制定修缮方案；修缮应同时检查其结构、基层和保温层的牢固、平整等情况，凡有缺陷，应先补强处理缺陷后修缮。

4.2.2　既有建筑屋面修缮，应符合下列规定：

　　1　应先对屋面结构构件进行查勘并修缮其损坏处。对突出屋面的建（构）筑物与屋面交接处的节点，应采用防水材料或密封材料进行防水处理。

　　2　斜屋面瓦片应与结构构件有效连接且坚实牢固；当屋脊、泛水、天沟、天窗、水落管等产生渗漏时，应修缮或拆换。

　　3　当平屋面防水层开裂、起壳，及平台、雨篷防水层开裂、起壳时，应对损坏的保温隔热层进行修缮或更换。

　　4　当金属屋面板材搭接缝处、采光板接缝处及固定螺栓处渗漏时，应进行修缮，修补折弯屋面板，紧固螺栓，重新铺贴防水卷材或涂刷防水涂料，确保无渗漏。

4.2.3　既有建筑外墙清洗维护，应符合下列规定：

　　1　清洗维护不得采用强酸或强碱的清洗剂以及有毒有害化学品；

　　2　清洗维护作业时，应采用专业清洗设备、工具和安防措施，不得在同一垂直方向的上下面同时作业。

4.2.4　既有建筑外墙饰面修缮，应符合下列规定：

　　1　抹灰、涂装类外墙面修缮，应按基层、面层、涂层的表里关系顺序，由里及表进行修缮；新旧抹灰之间、面层与基层之间应粘结牢固；

　　2　清水墙面风化、灰缝松动、断裂和漏嵌、接头不和顺，应修补完整，如风化面积过大应进行全补全嵌；

　　3　饰面类外墙面饰面层及砂浆层出现松动、起壳、开裂，应局部凿除后重铺，如有坠落危险应先行及时抢修。

4.2.5 既有建筑外墙外保温修缮，应符合下列规定：

1 外墙外保温系统存在裂缝、渗水、空鼓、脱落等问题时，应及时进行修缮；

2 修缮时应制定施工防火专项方案；

3 修缮前应对修缮区域内的外墙悬挂物进行安全检查，当外墙悬挂件强度不足或与墙体连接不牢固时，应采取加固措施或拆除、更换。

4.2.6 既有建筑玻璃、金属与石材等各类幕墙修缮，应符合下列规定：

1 应先对预埋件和连接件进行除锈和防腐处理，连接松动处应进行紧固，确保幕墙与主体结构可靠连接；

2 密封胶或密封胶条脱落或损坏时，应进行修补或更换，修缮用密封胶必须在有效期内使用，并通过检测试验，严禁建筑密封胶作为硅酮结构密封胶使用；

3 门、窗启闭不灵或附件损坏时，应及时进行修缮或更换，玻璃、金属，石材面板破损时，应及时采取防护措施并更换。

4.2.7 既有建筑室内外门窗或附件出现关启不便、变形、松动、锈蚀等影响正常使用时，应进行修缮、拆换或调换，门窗玻璃应符合厚度和安全要求。

4.2.8 既有建筑附墙管道、各类架设、招牌、雨篷等外墙悬挂物修缮应统筹设计，并应符合下列规定：

1 当外墙悬挂物有松动、锈胀、严重锈蚀、缺损等导致自身强度承载能力不足，或与墙体连接不牢固影响安全时，应进行修缮或更换；

2 当雨水管、冷凝水管坡度不当、有逆水接头，接头处漏水、积水，吊托卡与管道连接松动等现象时，应进行修缮；

3 当轻质雨篷、披水与墙接触处漏水时，应进行修缮；

4 当外挑构件上的安全玻璃有破损时，应使用安全玻璃进行修缮。

4.2.9 既有建筑室内装饰装修面与基层不牢固时，应予加固；

当饰面砖、饰面板、吊顶出现开裂、脱落时，应进行修缮或拆换。

4.2.10　建筑室内防水工程不得使用溶剂型防水涂料。

4.2.11　既有建筑室内楼梯修缮，应符合下列规定：

　　1　当楼梯、栏杆、扶手出现开裂、变形、残缺、松动、脱焊、锈蚀、腐朽时，应对受损部位进行局部修缮或整体拆换；

　　2　修缮后各种栏杆的设置高度、立杆间距和整体抗侧向水平推力，应符合设计安全要求；

　　3　楼梯修缮应采取必要的防潮、防蛀或防锈措施。

4.2.12　既有建筑室外环境和设施设备维护应与既有建筑主体修缮同步实施，主要包括道路设施修复和路面硬化，照明设施、排水设施、安全防范设施、垃圾收储设施、无障碍设施修缮及更新，绿化景观功能提升等内容；围护设施和附属用房如出现结构安全或影响正常使用的情况，应进行修缮。

4.2.13　对于湿陷性黄土地区建（构）筑物和管道应对防水措施进行维护，确保其功能有效，周边排水通道通畅，防止浸泡沉陷。

4.3　结构修缮

4.3.1　结构修缮材料及施工器具重量严禁超过相应楼屋面的设计荷载，从原结构上拆除下的废料应及时清运离场，严禁任意堆放于楼屋面上。

4.3.2　结构修缮中，严禁采用预浸法生产的纤维织物，严禁采用不饱和聚酯树脂和醇酸树脂作为胶粘剂。

4.3.3　既有建筑纠倾或地基基础处理前，应对其地基基础及上部结构进行鉴定。

4.3.4　地基纠倾施工应协调平稳、安全可控，位于边坡地段的既有建筑，严禁采用浸水法和辐射井射水法进行纠倾。

4.3.5　既有建筑纠倾或地基基础处理的施工应设置现场监测系统，施工过程应进行信息化管理。工程结束后，尚应进行变形跟踪监测。

4.3.6 既有建筑结构修缮施工前，应查明和保护好预埋的管线，评估剔凿作业对原结构承载力的影响，不应损伤需保留的结构构件。

4.3.7 混凝土构件修缮中，对影响其耐久性的材料缺陷、钢筋锈蚀及超过宽度限值的裂缝，应进行修缮；对因承载力不足而产生裂缝的构件，应及时加固。

4.3.8 砌体构件修缮中，应对承载力不足的空斗墙或酥碱严重的墙体进行拆砌或加固，新砌的墙体不应采用空斗墙。

4.3.9 木构件修缮中，置换或新增的木材应严格控制含水率。木构件支承于墙体中的部位，以及木柱与基础直接接触的部位，应进行防腐防潮处理。

4.3.10 钢构件修缮中，应对锈蚀部位进行除锈并重做防锈措施，对防火措施失效的部位补做防火措施。

4.4 设施设备维修

4.4.1 既有建筑的给水排水设施应进行日常和定期维护，确保其正常、安全运行。

4.4.2 生活给水系统所涉及的材料必须符合饮用水卫生标准。

4.4.3 幼儿园、养老院和有特殊功能要求的建筑的散热器必须加防护罩。

4.4.4 当制冷机组采用对人体有害的制冷剂时，应定期检查、检测和维护制冷剂泄漏报警装置及应急通风系统，泄漏报警装置及应急通风系统的各项功能应正常有效。

5 改造

5.1 一般规定

5.1.1 既有建筑改造前，应根据改造要求和目标，对所涉及的场地环境、建筑历史、结构安全、消防安全、人身安全、围护结构热工、隔声、通风、采光、日照等物理性能，室内环境舒适度、污染状况、机电设备安全及效能等内容进行检查评定或检测鉴定。

5.1.2 既有建筑的改造，应根据检查或鉴定结果进行设计。

5.1.3 既有建筑改造过程中应避免破坏原结构承重构件，如确需改动的，应对其进行有效处理。

5.2 建筑改造

5.2.1 既有建筑改造应编制改造项目设计方案，方案应明确改造范围、改造内容及相关技术指标。

5.2.2 在既有建筑的改造设计中，若改变了改造范围内建筑的间距，以及与之相关的改造范围外建筑的间距时，其间距不应低于消防间距标准的要求。

5.2.3 既有建筑应结合改造消除消防安全隐患，根据建筑物的使用功能、空间与平面特征和使用人员的特点，因地制宜提高建筑主要构件的耐火性能、加强防火分隔、增加疏散设施、提高消防设施的可靠性和有效性。

5.2.4 既有建筑改造后，新建或改造的无障设施应与周边无障碍设施相衔接。

5.2.5 既有建筑平改坡改造，应符合下列规定：

    1 应根据原屋顶情况及周围环境选择坡屋面形式及坡度，确保其保温隔热效果和结构安全性；

    2 应利用其原有平屋面排水系统，并应通畅；

    3 坡屋面采取防雷措施，并应利用原有的防雷装置；

    4 新坡顶下空间严禁堆物和另作他用。

5.2.6 既有住宅成套改造，应符合下列规定：

    1 当改变原有结构时，应先进行鉴定，消除安全隐患，确保结构安全；

    2 应集约利用原有空间，合理调整平面和空间布局，增添厨卫设施设备，完善房屋成套使用功能。

5.2.7 既有多层住宅加装电梯改造时，加装电梯不应与卧室紧邻布置，当起居室受条件限制需要紧邻布置时，应采取有效隔声和减振措施。

5.2.8 当既有建筑增加屋面荷载或改变使用功能时，应先做设计方案或评估报告。

5.2.9 既有建筑屋顶绿化改造，及增设太阳能、照明、通风等屋面设施时，应确保屋顶承重安全和防护安全，不应破坏防雷设施的有效性。

5.2.10 既有建筑改造时应对室内环境污染进行严格控制，不得使用国家禁使用、限制使用的建筑材料。

5.3　结构改造

5.3.1 既有建筑结构改造应明确改造后的使用功能和后续设计工作年限。在后续设计工作年限内，未经检测鉴定或设计许可，不得改变改造后结构的用途和使用环境。

5.3.2 既有建筑结构改造应进行抗震鉴定和设计，并应符合下列规定：

　　1 应根据既有建筑的使用功能和重要性确定抗震设防分类；

　　2 应根据实际需要和改造预期确定后续设计工作年限和相应的抗震鉴定方法；

　　3 应按照结构改造后的状态建立计算模型，进行结构分析和抗震鉴定，不满足要求的原结构应进行针对性的抗震加固；

　　4 改造中新增部分的结构应进行抗震设计。

5.3.3 当原结构承载能力不足时，应先加固结构。

5.3.4 既有建筑结构改造时，新设基础应考虑其对原基础的影响。除应满足地基承载力要求外，还应按变形协调原则进行地基变形验算，同时应评估新设基础施工对既有建筑地基的影响。

5.3.5 既有建筑屋面平改坡改造时，应根据房屋的具体情况，合理选择坡屋面的结构形式，采用轻质高强材料，新旧构件间应有可靠连接，新增结构应满足抗震、抗风、抗雪承载力要求。

5.3.6 当既有住宅采用外扩改造时,应符合下列规定:

1 应保证结构整体的抗震性能,并应确保房屋安全使用;

2 外扩部分应采用合理的结构形式,并应与原结构采取可靠连接措施,保证与原结构协同受力或变形协调。

5.3.7 既有多层住宅加装电梯改造时,应符合下列规定:

1 拟加装电梯的既有多层住宅应在正常使用条件下处于安全稳定状态,加装电梯不应降低原结构的安全性能;

2 加装电梯需对原结构墙体做局部开洞处理时,开洞位置应设置在原结构外墙门窗洞口处,并应对原结构的相关部位进行承载能为验算,必要时尚应进行整体验算,根据计算分析结果采取相应的补强加固措施;

3 当加装部分结构与原结构采用脱开的形式时,应进行地基承载力、地基变形验算,并应进行结构整体抗倾覆验算,确保加装部分的结构安全和正常使用;

4 当加装部分结构与原结构采用连接的形式时,应遵循变形协调共同受力原则,从基础到上部结构均应采取可靠措施以加强原结构与新增结构的整体性连接,避免沉降差对结构的不利影响,以确保结构安全。

5.4 设施设备改造

5.4.1 给水设施的改造应符合下列规定:

1 与城市公共供水管道连接的户外管道及其附属设施,应经验收合格后使用;

2 生活给水系统应充分利用市政供水管网的压力直接供水。

5.4.2 排水设施的改造应符合下列规定:

1 在实行雨污分流的地区,雨水和污水管道不应混接;

2 雨水系统的改造,应按照当地雨水排水系统规划的要求,更新原有不满足要求的雨水排水系统。

5.4.3 当供暖、通风及空调系统不能满足使用功能的要求,或有较大节能潜力时,应对相关设备或全系统进行改造。

5.4.4 供暖、通风及空调系统改造的内容，应根据建筑物的用途、规模、使用特点、室外气象条件、负荷变化情况等因素，通过对用户的影响程度比较确定。

5.4.5 当地下建筑出入口、窗井、风井等防雨水倒灌措施的可靠性、有效性和安全性不满足防淹要求时，应对相关设备或全系统进行改造。

5.4.6 既有建筑电气改造工程的设计，应在对既有建筑供配电系统、照明系统和防雷接地系统现场检查、评定的基础上，根据改造后建筑物的用电负荷情况和使用要求进行供配电系统、照明系统和防雷接地系统设计。

七、《钢绞线网片聚合物砂浆加固技术规程》JGJ 337—2015

5.1.5 采用钢绞线网片聚合物砂浆加固混凝土结构和砌体结构时，应对结构构件加固区采取标识措施，未经技术鉴定或设计许可，严禁任何人在加固定成后对加固区进行破坏性施工。

5.2.8 钢绞线网片聚合物砂浆加固的现场施工样板应进行实体见证检验，且其检验结果应满足下列条件之一：

1 正拉粘结强度不小于 2.5N/mm²。

2 样板破坏形式为基材内聚破坏。

八、《既有建筑鉴定与加固通用规范》GB 55021—2021（节选）

1 总则

1.0.1 为保障既有建筑质量、安全，保证人民群众生命财产安全和人身健康，防止并减少既有建筑加固、改造和更新活动中的工程事故，提高既有建筑安全水平，制定本规范。

1.0.2 既有建筑的检测、鉴定和加固必须执行本规范。

1.0.3 既有建筑的鉴定与加固、应遵循先检测、鉴定，后加固设计、施工与验收的原则。

1.0.4 工程建设所采用的技术方法和措施是否符合本规范要求，

由相关责任主体判定。其中，创新性的技术方法和措施，应进行论证并符合本规范中有关性能的要求。

2　基本规定

2.0.1　既有建筑应定期进行安全性检查，并应依据检查结果，及时采取相应措施。

2.0.2　既有建筑在下列情况下应进行鉴定：

　　1　达到设计工作年限需要继续使用；

　　2　改建、扩建、移位以及建筑用途或使用环境改变前；

　　3　原设计未考虑抗震设防或抗震设防要求提高；

　　4　遭受灾害或事故后；

　　5　存在较严重的质量缺陷或损伤、疲劳、变形、振动影响、毗邻工程施工影响；

　　6　日常使用中发现安全隐患；

　　7　有要求需进行质量评价时。

2.0.3　既有建筑在下列情况下应进行加固：

　　1　经安全性鉴定确认需要提高结构构件的安全性；

　　2　经抗震鉴定确认需要加强整体性、改善构件的受力状况、提高综合抗震能力。

2.0.4　既有建筑的鉴定与加固应符合下列规定：

　　1　既有建筑的鉴定应同时进行安全性鉴定和抗震鉴定；

　　2　既有建筑的加固应进行承载能力加固和抗震能力加固，且应以修复建筑物安全使用功能、延长其工作年限为目标；

　　3　既有建筑应满足防倒塌的整体牢固性，以及紧急状态时人员从建筑中撤离等安全性应急功能要求。

2.0.5　既有建筑的加固必须采用质量合格，符合安全、卫生、环保要求的材料、产品和设备。

2.0.6　既有建筑的加固必须按规定的程序进行加固设计；不得将鉴定报告直接用于施工。

2.0.7　既有建筑的加固施工必须进行加固工程的施工质量检验

和竣工验收；合格后方允许投入使用。

3　调查、检测与监测

3.1　一般规定

3.1.1　既有建筑鉴定与加固前，应查阅工程图纸、搜集资料，并应对建筑物使用条件、使用环境、结构现状等进行现场调查、检测，必要时应进行监测。其工作的范围、内容、深度和技术要求，应满足鉴定与加固工作的需要。

3.1.2　当既有建筑的工程图纸和资料不全或已失真时，应进行现场详细核查和检测。

3.1.3　既有建筑鉴定、加固前的结构调查、检测与监测，应符合下列规定：

　　1　应采用适合结构现状和现场作业的检测和监测方法；

　　2　当既有建筑结构取样量受条件限制时，应作为个案通过专门研究进行处理；

　　3　既有建筑结构构件的材料性能检测结果和变形、损伤的检测、监测结果，应能为结构鉴定提供可靠的依据。检测、监测结果未经综合分析，不得直接作出鉴定结论；

　　4　应采取措施保障现场检测、监测作业安全，并应制定应急处理处置预案；

　　5　检测、监测结束后，应及时对其所造成的结构构件局部破损进行修复。

3.2　场地和地基基础

3.2.1　既有建筑群所在场地的调查、检测与监测，应收集该场地内建筑群的历次灾害、场地的工程地质和地震地质的有关资料，并应对边坡场地的稳定性等性能进行勘察。

3.2.2　既有建筑地基基础现状的调查、检测与监测，应符合下列规定：

1　收集原始岩土工程勘察报告及有关地基基础设计的图纸；

2　检查地基变形在主体结构及建筑周边的反应；

3　当变形、损伤有发展时，应进行检测和监测；

4　当需通过现场检测确定地基的岩土性能或地基承载力时，应对场地、地基岩土进行近位勘察。

3.3　主体结构

3.3.1　主体结构现状的调查、检测与监测，应包括下列内容：

1　结构体系及其结构布置；

2　结构构件及其连接；

3　结构缺陷、损伤和腐蚀；

4　结构位移和变形；

5　影响建筑安全的非结构构件。

3.3.2　对钢筋混凝土结构构件和砌体结构构件，应检查整体倾斜、局部外闪、构件酥裂、老化、构造连接损伤、结构构件的材质与强度。

3.3.3　对钢结构构件和木结构构件，应检查材料性能、构件及节点、连接的变形、裂缝、损伤、缺陷，尚应重点检查下列部位钢材的腐蚀或木材的腐朽、虫蛀的状况：

1　埋入地下或淹没水中的接近地面或水面的部位；

2　易积水或遭水蒸气侵袭部位；

3　受干湿交替作用的节点、连接部位；

4　易积灰的潮湿部位和难喷刷涂层的间隙部位；

5　钢索节点和锚塞部位。

6　既有建筑加固

6.1　一般规定

6.1.1　既有建筑经技术鉴定或设计确认需要加固时，应依据鉴定结果和委托方的要求进行整体结构、局部结构或构件的加固设计和施工。

6.1.2 加固设计应明确结构加固后的用途、使用环境和加固设计工作年限。在加固设计工作年限内，未经技术鉴定或设计许可，不得改变加固后结构的用途和使用环境。

6.1.3 加固既有建筑全体结构时，应按下列规定进行设计计算：

　　1 结构上的作用应经调查、检测核实，其设计值应符合现行标准的规定；

　　2 加固设计计算时，结构构件的尺寸应根据鉴定报告结果综合确定，并应计入实际荷载偏心、结构构件变形造成的附加内力；

　　3 原结构、构件的材料强度等级和力学性能标准值，应结合原设计文件和现场检测综合取值；

　　4 加固材料性能的标准值应具有按规定置信水平确定的95％的强度保证率；

　　5 验算结构、构件承载力时，应计入应变滞后的影响，以及加固部分与原结构共同工作程度；

　　6 当加固后改变传力路线或使结构质量增大时，应对相关结构、构件及建筑物地基基础进行验算。

6.1.4 既有建筑的加固设计，应与实际施工方法相结合，采取有效措施保证新增构件和部件与原结构连接可靠，新增截面与原截面连接牢固，形成整体共同工作，并应避免对地基基础及未加固部分的结构、构件造成不利影响。

6.1.5 加固前应按设计的规定卸除或部分卸除作用在结构上的荷载。

6.1.6 对高温、高湿、低温、冻融、化学腐蚀、振动、收缩应力、温度应力、地基不均匀沉降等影响因素引起的原结构损坏，应在加固设计中提出有效的防治对策，并按设计规定的顺序进行治理和加固。

6.1.7 对加固过程中可能出现倾斜、失稳、过大变形或坍塌的结构，应在加固设计文件中提出相应的临时性安全措施。

6.1.8 增大截面法、置换混凝土法、粘贴钢板法、粘贴碳纤维复合材法加固混凝土构件时，被加固的混凝土结构构件，其现场实测混凝土强度推定值不得低于 13.0MPa；采用胶粘加固时，混凝土表面的正拉粘结强度平均值不得低于 1.5MPa，且不得用于素混凝土构件以及纵向受力钢筋一侧配筋率小于 0.2％的构件。

6.1.9　采用结构胶粘结加固结构构件时，应对原结构构件进行验算；加固后正截面受弯承载力应符合现行标准的规定，并应验算其受剪承载力。

6.2　材料

6.2.1　结构加固用的混凝土，应符合下列规定：

　　1　混凝土强度等级应高于原结构、构件的强度等级，且不低于最低强度等级要求；

　　2　加固工程使用的混凝土应在施工前试配，经检验其性能符合设计要求后方允许使用。

6.2.2　结构加固新增的钢构件和钢筋，应选用较低强度等级的牌号；当采用高强度级别牌号时，应考虑二次受力的不利影响。

6.2.3　结构加固用的植筋应采用带肋钢筋或全螺纹螺杆，不得采用光圆钢筋；锚栓应采用有锁键效应的后扩底机械锚栓，或栓体有倒锥或全螺纹的胶粘型锚栓。

6.2.4　加固用型钢、钢板外表面应进行防锈蚀处理，表面防锈蚀涂层应对钢板及胶粘剂无害。

6.2.5　当被加固构件的表面有防火要求时，其防护层效能应符合耐火等级及耐火极限要求。

6.2.6　结构加固用的纤维应为连续纤维，碳纤维应优先选用聚丙烯腈基不大于 15K 的小丝束纤维；芳纶纤维应选用饱和吸水率不大于 4.5％的对位芳香族聚酰胺长丝纤维，结构加固严禁使用高碱玻璃纤维、中碱玻璃纤维和采用预浸法生产的纤维织物。

6.2.7　加固用结构胶，其性能应满足被加固构件长期所处的环境和环境温湿度的要求。

6.2.8　凡涉及工程安全的加固材料应通过安全性能的检验和鉴定。纤维复合材和结构胶安全性能的合格标准应符合本规范附录A和附录B的规定。

6.3　地基基础加固

6.3.1　既有建筑地基基础的加固设计应符合下列规定：

　　1　应进行地基承载力、地基变形、基础承载力验算；

　　2　既有建筑地基基础加固后或增加荷载后，建筑物相邻基础的沉降量、沉降差、局部倾斜和整体倾斜的允许值应严格控制，保证建筑结构安全和正常使用；

　　3　受较大水平荷载或位于斜坡上的既有建筑地基基础加固，以及邻近新建建筑、深基坑开挖、新建地下工程基础埋深大于既有建筑基础埋深并对既有建筑产生影响时，尚应进行地基稳定性验算；

　　4　对液化地基、软土地基或明显不均匀地基上的建筑，应采取相应的针对性措施。

6.3.2　建筑物的托换加固、纠倾加固、移位加固应设置现场监测系统，实时控制纠倾变位、移位变位和结构的变形。

6.3.3　既有建筑地基基础加固工程，应对其在施工和使用期间进行沉降观测直至沉降达到稳定为止。

6.4　主体结构整理加固

6.4.1　结构的整体加固方案应根据结构类型，从结构体系、抗震构造措施、抗震承载力及易倒易损构件等方面综合考虑后确定。

6.4.2　结构加固后的承载能力验算和结构抗震能力验算应符合下列规定：

　　1　应对永久荷载与可变荷载下的承载能力进行验算。

　　2　对地震作用下的结构抗震能力验算，应按下列规定进行，且不应低于原建造时的抗震要求：

1）当采用楼层综合抗震能力指数进行结构抗震验算时，体系影响系数和局部影响系数应根据房屋加固后的状态取值，加固后楼层综合抗震能力指数应不小于1.0，并应防止出现新的综合抗震能力指数突变的楼层。

2）对于 A 类和 B 类建筑，多层砌体房屋加固后的楼层综合抗震能力指数应符合下式规定：

$$\beta_s = \eta\psi_{1s}\psi_{2s}\beta_0 \qquad (6.4.2\text{-}1)$$

式中：β_s——加固后楼层的综合抗震能力指数；

η——加固增强系数；

β_0——楼层原有的抗震能力指数；

ψ_{1s}、ψ_{2s}——分别为加固后体系影响系数和局部影响系数。

3）对于 A 类和 B 类建筑，多层钢筋混凝土房屋加固后的楼层综合抗震能力指数应按本规范第 5.3.1 条～第 5.3.3 条的规定计算，但楼层的受剪承载力、楼层弹性地震剪力、体系影响系数和局部影响系数均应按加固后的情况确定。

4）对其他既有建筑结构，其抗震加固后的抗震承载力应符合下式规定，并应防止加固后出现新的层间受剪承载力突变的楼层。

$$S \leqslant \psi_{1s}\psi_{2s}R_s/\gamma_{Rs} \qquad (6.4.2\text{-}2)$$

式中：S——加固后结构构件内力组合的设计值；

ψ_{1s}、ψ_{2s}——分别为加固后体系影响系数和局部影响系数；

R_s——加固后计入应变滞后等的构件承载力设计值；

γ_{Rs}——抗震加固的承载力调整系数。

6.5 混凝土构件加固

6.5.1 当采用增大截面法加固受弯和受压构件时，被加固构件的界面处理及其粘结质量应满足按整体截面计算的要求。

6.5.2 钢筋混凝土构件增大截面加固的构造应符合下列规定：

1 新增混凝土层的最小厚度，板不应小于 40mm；梁、柱不应小于 60mm；

2 加固用的钢筋，应采用热轧带肋钢筋；

3 新增受力钢筋与原受力钢筋的净间距不应小于 25mm，并应采用短筋或箍筋与原钢筋焊接；

4 当截面受拉区一侧加固时，应设置 U 形箍筋，并应焊在原箍筋上，单面(双面)焊的焊缝长度应为箍筋直径的 10 倍(5 倍)；

5 当用混凝土围套加固时，应设置环形箍筋或加锚式箍筋；

6 当受构造条件限制而采用植筋方式埋设 U 形箍时，应采用锚固型结构胶种植；

7 新增纵向钢筋应采取可靠的锚固措施。

6.6　钢构件加固

Ⅰ　增大截面法

6.6.1 当采用焊接连接、高强度螺栓连接或铆钉连接的增大截面法加固钢结构构件时，应符合下列规定：

1 完全卸荷状态下，应保证原构件的缺陷和损伤已得到有效补强，原构件钢材强度设计值已根据安全性鉴定报告确定；当采用焊接方法加固时，其新老构件之间的可焊性已得到确认。

2 负荷状态下，应核查原构件最大名义应力，对承受特重级、重级动力荷载或振动作用的结构构件，焊接加固后应对其剩余疲劳寿命进行评定；当处于低温下工作时，尚应对其低温冷脆风险进行评定。当评定结果确认有较大风险时，不得进行负荷状态下的加固。

6.6.2 钢构件增大截面加固的构造，应符合下列规定：

1 应采取措施保证加固件与原构件能够共同工作，板件应无明显变形，板件应有良好的稳定性，并避免产生不利的附加应力；

2 负荷状态下进行钢结构加固时，应避免加固件截面的变形或削弱对安全产生显著影响。

Ⅱ　粘贴钢板法

6.6.3　当采用粘贴钢板对钢结构受弯、受拉、受压或受剪的实腹式构件进行加固时，应符合下列规定：

　　1　粘贴钢板加固的钢构件，表面应采取喷砂方法进行处理；

　　2　粘贴在钢构件表面上的钢板，其最外层表面及每层钢板的周边均应进行防腐蚀处理；钢板表面处理用的清洁剂和防腐蚀材料不应对钢板及结构胶的工作性能和耐久性产生不利影响。

6.6.4　钢构件粘贴钢板加固构造，应符合下列规定：

　　1　当工字形钢梁的腹板局部稳定验算不满足要求时，应采用在腹板两侧粘贴 T 形钢件或角钢的方法进行增强，其 T 形钢件的粘贴宽度不应小于板厚的 25 倍。

　　2　在受弯构件受拉边或受压边表面上进行粘钢加固时，粘贴钢板的宽度不应超过加固构件的宽度；其受拉面沿构件轴向连续粘贴的加固钢板应延伸至支座边缘，且应在钢板端部及集中荷载作用点的两侧设置不少于 2M12 的连接螺栓；对受压边的粘钢加固，尚应在跨中位置设置不少于 2M12 的连接螺栓。

　　3　采用手工涂胶粘贴的单层钢板厚度不应大于 5mm，采用压力注胶粘贴的钢板厚度不应大于 10mm。

Ⅲ　外包钢筋混凝土法

6.6.5　当采用外包钢筋混凝土法加固受压、受弯或偏心受压的型钢构件时，应对原型钢构件进行清理，并应铲除原有的涂装层。

6.6.6　外包钢筋混凝土加固构造，应符合下列规定：

　　1　采用外包钢筋混凝土加固法时，混凝土强度等级不应低于 C30；外包钢筋混凝土的厚度不应小于 100mm。

　　2　外包钢筋混凝土内纵向受力钢筋的两端应有可靠连接和锚固。

3　采用外包钢筋混凝土加固时，对过渡层、过渡段及钢构件与混凝土间传力较大部位，应在原构件上设置抗剪连接件。

Ⅳ　钢管构件内填混凝土加固法

6.6.7　当采用内填混凝土加固法加固轴心受压和偏心受压的圆形或方形截面钢管构件时，应符合下列规定：

1　圆形钢管的外直径不应小于 200mm；钢管壁厚不应小于 4mm；

2　方形钢管的截面边长不应小于 200mm；钢管壁厚不应小于 6mm；

3　矩形截面钢管的高宽比 h/b 不应大于 2；

4　被加固钢管构件应无显著缺陷或损伤；当有显著缺陷或损伤时，应在加固前修复。

6.6.8　钢管构件内填混凝土加固构造，应符合下列规定：

1　混凝土强度等级不应低于 C30，且不应高于 C80。当采用普通混凝土时，应减小混凝土收缩的不利影响。

2　混凝土浇筑完毕后应将浇筑孔和排气孔补焊封闭。

6.7　砌体结构加固

Ⅰ　钢筋混凝土面层法

6.7.1　当采用钢筋混凝土面层加固砌体构件时，原砌体与后浇混凝土面层之间应做界面处理。

6.7.2　砌体构件外加混凝土面层加固的构造，应符合下列规定：

1　钢筋混凝土面层的截面厚度不应小于 60mm；当采用喷射混凝土施工时，不应小于 50mm。

2　混凝土强度等级不应低于 C25。

3　竖向受力钢筋直径不应小于 12mm，纵向钢筋的上下端均应锚固。

4　当采用围套式的钢筋混凝土面层加固砌体柱时，应采用封闭式箍筋。柱的两端各 500mm 范围内，箍筋应加密，其间距应取为 100mm。若加固后的构件截面高度 $h \geqslant 500$mm，尚应在截面两侧加设竖向构造钢筋，并应设置拉结钢筋。

5 当采用两对面增设钢筋混凝土面层加固带壁柱墙或窗间墙时，应沿砌体高度每隔 250mm 交替设置不等肢 U 形箍和等肢 U 形箍。不等肢 U 形箍在穿过墙上预钻孔后，应弯折焊成封闭箍。预钻孔内用结构胶填实。对带壁柱墙，尚应在其拐角部位增设竖向构造钢筋与 U 形箍筋焊牢。

Ⅱ 钢筋网水泥砂浆面层法

6.7.3 当采用钢筋网水泥砂浆面层加固砌体构件时，应符合下列规定：

1 对于受压构件，原砌筑砂浆的强度等级不应低于 M2.5；对砌块砌体，其原砌筑砂浆强度等级不应低于 M2.5。

2 块材严重风化的砌体，不应采用钢筋网水泥砂浆面层进行加固。

6.7.4 钢筋网水泥砂浆面层的构造，应符合下列规定：

1 当采用钢筋网水泥砂浆面层加固砌体承重构件时，其面层厚度，对室内正常湿度环境，应为 35mm～45mm；对于露天或潮湿环境，应为 45mm～50mm。

2 加固用的水泥砂浆强度及钢筋网保护层厚度应符合下列要求：

　1) 加固受压构件用的水泥砂浆，其强度等级不应低于 M15；加固受剪构件用的水泥砂浆，其强度等级不应低于 M10。

　2) 受力钢筋的砂浆保护层厚度，对墙不应小于 20mm，对柱不应小于 30mm；受力钢筋距砌体表面的距离不应小于 5mm。

3 当加固柱或壁柱时，其构造应符合下列规定：

　1) 竖向受力钢筋直径不应小于 10mm；受压钢筋一侧的

配筋率不应小于 0.2%；受拉钢筋的配筋率不应小于 0.15%。

2）柱的箍筋应采用闭合式，其直径不应小于 6mm，间距不应大于 150mm。柱的两端各 500mm 范围内，箍筋间距应为 100mm。

3）在壁柱中，不穿墙的 U 形筋应焊在壁柱角隅处的竖向构造筋上，其间距与柱的箍筋相同；穿墙的箍筋，在穿墙后应形成闭合箍；其直径应为 8mm～10mm，每隔 500mm～600mm 替换一支不穿墙的 U 形箍筋。

4）箍筋与竖向钢筋的连接应为焊接。

4 加固墙体时，应采用点焊方格钢筋网，网中竖向受力钢筋直径不应小于 8mm；水平分布钢筋的直径应为 6mm；网格尺寸不应大于 300mm。当采用双面钢筋网水泥砂浆时，钢筋网应采用穿通墙体的 S 形钢筋拉结；其竖向间距和水平间距均不应大于 500mm。

5 钢筋网四周应与楼板、梁、柱或墙体可靠连接。

6.8 木构件加固

6.8.1 当采用木材置换法加固时，应采用与原构件相近的木材，新旧连接除结合面处采用胶接外，置换连接段尚应增设钢板箍或纤维复合材环向围束封闭箍进行约束。

6.8.2 当采用粘贴纤维复合材加固时，应采用碳纤维、芳纶纤维或玻璃纤维复合材，并应符合下列规定：

1 加固木梁或受拉构件时，纤维复合材应在受拉面沿轴向粘贴并延伸至支座边缘，其端部和节点两侧应粘贴封闭箍或 U 形箍；

2 加固木柱时，应采用由连续纤维箍成的环向围束；其构造应符合本规范第 6.5.12 条的规定。

6.8.3 当采用型钢置换加固木桁架端节点时，新增型钢应伸入支承端，并与原木构件采用螺栓连接形成整体。

6.9　结构锚固技术

6.9.1　当结构加固采用植筋技术进行锚固时，应符合下列规定：

1　当采用种植全螺纹螺杆技术等植筋技术，新增构件为悬挑结构构件时，其原构件混凝土强度等级不得低于 C25；当新增构件为其他结构构件时，其原构件混凝土强度等级不得低于 C20。

2　采用植筋或全螺纹螺杆锚固时，其锚固部位的原构件混凝土不应有局部缺陷。

3　植筋不得用于素混凝土构件，包括纵向受力钢筋一侧配筋率小于 0.2% 的构件。素混凝土构件及低配筋率构件的锚固应采用锚栓，并应采用开裂混凝土的模式进行设计。

6.9.2　当混凝土构件加固采用锚栓技术进行锚固时，应符合下列规定：

1　混凝土强度等级不应低于 C25。

2　承重结构用的机械锚栓，应采用有锁键效应的后扩底锚栓；承重结构用的胶粘型锚栓，应采用倒锥形锚栓或全螺纹锚栓；不得使用膨胀锚栓作为承重结构的连接件。

3　承重结构用的锚栓，其公称直径不得小于 12mm；按构造要求确定的锚固深度 h_{ef} 不应小于 60mm，且不应小于混凝土保护层厚度。

4　锚栓的最小埋深应符合现行标准的规定。

5　锚栓防腐蚀标准应高于被固定物的防腐蚀要求。

九、《构筑物抗震鉴定标准》GB 50117—2014

3.0.2　现有构筑物的抗震设防类别应按现行国家标准《建筑工程抗震设防分类标准》GB 50223 分类，其抗震措施核查和抗震验算的综合鉴定应符合下列规定：

1　甲类，应经专门研究按不低于乙类的要求核查其抗震措施，抗震验算应按高于本地区设防烈度的要求采用。

2 乙类，6 度～8 度时应按高于本地区设防烈度一度的要求核查其抗震措施，9 度时应提高其抗震措施要求；抗震验算应按不低于本地区设防烈度的要求采用。

3 丙类，应按本地区设防烈度的要求核查其抗震措施和进行抗震验算。

4 丁类，7 度～9 度时，应允许按低于本地区设防烈度一度的要求核查其抗震措施，抗震验算应允许低于本地区设防烈度；6 度时应允许不做抗震鉴定。

3.0.5 属于下列情况之一的现有构筑物，应进行抗震鉴定：

1 达到和超过设计使用年限并需继续使用的构筑物。

2 未按抗震设防标准设计或建成后所在地区抗震设防要求提高的构筑物。

3 改建、扩建或改变原设计条件的构筑物。

十、《烟囱可靠性鉴定标准》 GB 51056—2014

3.1.1 烟囱在下列情况下，应进行可靠性鉴定：

1 存在严重的质量缺陷或出现严重的腐蚀、渗漏、损伤、变形时；

2 超过设计使用年限或目标使用年限，拟继续使用时；

3 使用条件或使用环境改变，对烟囱安全性不利时；

4 需要进行全面、大规模维修时；

5 遭受严重灾害或事故后，需要继续使用时；

第八篇　电气与智能

一、《电气装置安装工程　高压电器施工及验收规范》GB 50147—2010

4.4.1　在验收时，应进行下列检查：

4　断路器及其操动机构的联动应正常，无卡阻现象；分、合闸指示应正确；辅助开关动作应正确可靠。

5　密度继电器的报警、闭锁值应符合产品技术文件的要求，电气回路传动应正确。

6　六氟化硫气体压力、泄漏率和含水量应符合现行国家标准《电气装置安装工程　电气设备交接试验标准》GB 50150 及产品技术文件的规定。

5.2.7　GIS 元件的安装应在制造厂技术文件指导下按产品技术文件要求进行，并应符合下列要求：

6　预充氮气的箱体应先经排氮，然后充干燥空气，箱体内空气中的氧气含量必须达到 18％以上时，安装人员才允许进入内部进行检查或安装。

5.6.1　在验收时，应进行下列检查：

4　GIS 中的断路器、隔离开关、接地开关及其操动机构的联动应正常、无卡阻现象；分、合闸指示应正确；辅助开关及电气闭锁应动作正确、可靠。

5　密度继电器的报警、闭锁值应符合规定，电气回路传动应正确。

6　六氟化硫气体漏气率和含水量，应符合现行国家标准《电气装置安装工程　电气设备交接试验标准》GB 50150 及产品技术文件的规定。

6.4.1　验收时，应进行下列检查：

3　真空断路器与操动机构联动应正常、无卡阻；分、合闸指示应正确；辅助开关动作应准确、可靠。

6　高压开关柜应具备防止电气误操作的"五防"功能。

二、《电气装置安装工程　电力变压器、油浸电抗器、互感器施工及验收规范》GB 50148—2010

4.1.3　变压器、电抗器在装卸和运输过程中，不应有严重冲击和振动。电压在 220kV 及以上且容量在 150MV·A 及以上的变压器和电压为 330kV 及以上的电抗器均应装设三维冲击记录仪。冲击允许值应符合制造厂及合同的规定。

4.1.7　充干燥气体运输的变压器、电抗器油箱内的气体压力应保持在 0.01MPa～0.03MPa；干燥气体露点必须低于－40℃；每台变压器、电抗器必须配有可以随时补气的纯净、干燥气体瓶，始终保持变压器、电抗器内为正压力，并设有压力表进行监视。

4.4.3　充氮的变压器、电抗器需吊罩检查时，必须让器身在空气中暴露 15min 以上，待氮气充分扩散后进行。

4.5.3　有下列情况之一时，应对变压器、电抗器进行器身检查：

2　变压器、电抗器运输和装卸过程中冲撞加速度出现大于 3g 或冲撞加速度监视装置出现异常情况时，应由建设、监理、施工、运输和制造厂等单位代表共同分析原因并出具正式报告。必须进行运输和装卸过程分析，明确相关责任，并确定进行现场器身检查或返厂进行检查和处理。

4.5.5　进行器身检查时必须符合以下规定：

1　凡雨、雪天，风力达 4 级以上，相对湿度 75％以上的天气，不得进行器身检查。

2　在没有排氮前，任何人不得进入油箱。当油箱内的含氧量未达到 18％以上时，人员不得进入。

3　在内检过程中，必须向箱体内持续补充露点低于－40℃的干燥空气，以保持含氧量不得低于 18％，相对湿度不应大于 20％；补充干燥空气的速率，应符合产品技术文件要求。

4.9.1　绝缘油必须按现行国家标准《电气装置安装工程　电气设备交接试验标准》GB 50150 的规定试验合格后，方可注入变压器、电抗器中。

4.9.2 不同牌号的绝缘油或同牌号的新油与运行过的油混合使用前，必须做混油试验。

4.9.6 在抽真空时，必须将不能承受真空下机械强度的附件与油箱隔离；对允许抽同样真空度的部件，应同时抽真空；真空泵或真空机组应有防止突然停止或因误操作而引起真空泵油倒灌的措施。

4.12.1 变压器、电抗器在试运行前，应进行全面检查，确认其符合运行条件时，方可投入试运行。检查项目应包括以下内容和要求：

3 事故排油设施应完好，消防设施齐全。

5 变压器本体应两点接地。中性点接地引出后，应有两根接地引线与主接地网的不同干线连接，其规格应满足设计要求。

6 铁芯和夹件的接地引出套管、套管的末屏接地应符合产品技术文件的要求；电流互感器备用二次线圈端子应短接接地；套管顶部结构的接触及密封应符合产品技术文件的要求。

4.12.2 变压器、电抗器试运行时应按下列规定项目进行检查：

1 中性点接地系统的变压器，在进行冲击合闸时，其中性点必须接地。

5.3.1 互感器安装时应进行下列检查：

5 气体绝缘的互感器应检查气体压力或密度符合产品技术文件的要求，密封检查合格后方可对互感器充 SF_6 气体至额定压力，静置 24h 后进行 SF_6 气体含水量测量并合格。气体密度表、继电器必须经核对性检查合格。

5.3.6 互感器的下列各部位应可靠接地：

1 分级绝缘的电压互感器，其一次绕组的接地引出端子；电容式电压互感器的接地应符合产品技术文件的要求。

2 电容型绝缘的电流互感器，其一次绕组末屏的引出端子、铁芯引出接地端子。

3　互感器的外壳。

4　电流互感器的备用二次绕组端子应先短路后接地。

5　倒装式电流互感器二次绕组的金属导管。

6　应保证工作接地点有两根与主接地网不同地点连接的接地引下线。

三、《电气装置安装工程　母线装置施工及验收规范》GB 50149—2010

3.5.7　耐张线夹压接前应对每种规格的导线取试件两件进行试压，并应在试压合格后再施工。

四、《电气装置安装工程　电气设备交接试验标准》GB 50150—2016

4.0.5　定子绕组直流耐压试验和泄漏电流测量，应符合下列规定：

3　氢冷电机应在充氢前进行试验，严禁在置换氢过程中进行试验；

4.0.6　定子绕组交流耐压试验，应符合下列规定：

3　水内冷电机在通水情况下进行试验，水质应合格；氢冷电机应在充氢前进行试验，严禁在置换氢过程中进行；

五、《电气装置安装工程　电缆线路施工及验收标准》GB 50168—2018

5.2.10　金属电缆支架、桥架及竖井全长均必须有可靠的接地。

8.0.1　对爆炸和火灾危险环境、电缆密集场所或可能着火蔓延而酿成严重事故的电缆线路，防火阻燃措施必须符合设计要求。

六、《电气装置安装工程　接地装置施工及验收规范》GB 50169—2016

3.0.4　电气装置的下列金属部分，均必须接地：

1　电气设备的金属底座、框架及外壳和传动装置。

2　携带式或移动式用电器具的金属底座和外壳。

3　箱式变电站的金属箱体。

4　互感器的二次绕组。

5　配电、控制、保护用的屏（柜、箱）及操作台的金属框架和底座。

6　电力电缆的金属护层、接头盒、终端头和金属保护管及二次电缆的屏蔽层。

7　电缆桥架、支架和井架。

8　变电站（换流站）构、支架。

9　装有架空地线或电气设备的电力线路杆塔。

10　配电装置的金属遮拦。

11　电热设备的金属外壳。

4.1.8　严禁利用金属软管、管道保温层的金属外皮或金属网、低压照明网络的导线铅皮以及电缆金属护层作为接地线。

4.2.9　电气装置的接地必须单独与接地母线或接地网相连接，严禁在一条接地线中串接两个及两个以上需要接地的电气装置。

七、《电气装置安装工程　旋转电机施工及验收标准》GB 50170—2018

4.1.3　发电机、调相机必须有不少于 2 个明显接地点，并应分别引入接地网的不同位置，接地必须牢固可靠。

5.1.1　电动机必须有明显可靠的接地。

八、《电气装置安装工程　盘、柜及二次回路接线施工及验收规范》GB 50171—2012

4.0.6　成套柜的安装应符合下列规定：

　1　机械闭锁、电气闭锁应动作准确、可靠。

4.0.8　手车式柜的安装应符合下列规定：

　1　机械闭锁、电气闭锁应动作准确、可靠。

7.0.2　成套柜的接地母线应与主接地网连接可靠。

九、《电气装置安装工程　蓄电池施工及验收规范》GB 50172—2012

3.0.7　蓄电池室应采用防爆型灯具、通风电机，室内照明线应采用穿管暗敷，室内不得装设开关和插座。

十、《电气装置安装工程　低压电器施工及验收规范》GB 50254—2014

3.0.16　需要接地的电器金属外亮、框架必须可靠接地。

9.0.2　三相四线系统安装熔断器时，必须安装在相线上，中性线（N线）、保护中性线（PEN线）严禁安装熔断器。

十一、《电气装置安装工程　电力变流设备施工及验收规范》GB 50255—2014

4.0.4　变流柜和控制柜除设计采用绝缘安装外，其外露金属部分必须可靠接地，接地方式、接地线应符合设计要求，接地标识应明显。转动式门板与已接地的框架之间应有可靠的电气连接。

十二、《电气装置安装工程　起重机电气装置施工及验收规范》GB 50256—2014

3.0.9　起重机非带电金属部分的接地应符合下列规定：

　　2　司机室与起重机本体用螺栓连接时，必须进行电气跨接；其跨接点不应少于两处。

4.0.1　滑触线的布置应符合设计要求；当设计无要求时，应符合下列规定：

　　3　裸露式滑触线在靠近走梯、过道等行人可触及的部分，必须设有遮拦保护。

6.0.4　制动装置的安装应符合下列规定：

　　1　制动装置的动作必须迅速、准确、可靠。

6.0.9 起重荷载限制器的调试应符合下列规定：

1 起重荷载限制器综合误差，严禁大于 8%。

2 当载荷达到额定起重量的 90%时，必须发出提示性报警信号。

3 当载荷达到额定起重量的 110%时，必须自动切断起升机构电动机的电源，并应发出禁止性报警信号。

十三、《电气装置安装工程 爆炸和火灾危险环境电气装置施工及验收规范》GB 50257—2014

5.1.3 爆炸危险环境内采用的低压电缆和绝缘导线，其额定电压必须高于线路的工作电压，且不得低于 500V，绝缘导线必须敷设于钢管内。电气工作中性线绝缘层的额定电压，必须与相线电压相同，并必须在同一护套或钢管内敷设。

5.1.7 架空线路严禁跨越爆炸性危险环境；架空线路与爆炸性危险环境的水平距离，不应小于杆塔高度的 1.5 倍。

5.2.1 电缆线路在爆炸危险环境内，必须在相应的防爆接线盒或分线盒内连接或分路。

5.4.2 本质安全电路关联电路的施工，应符合下列规定：

1 本质安全电路与非本质安全电路不得共用同一电缆或钢管；本质安全电路或关联电路，严禁与其他电路共用同一条电缆或钢管。

7.1.1 在爆炸危险环境的电气设备的金属外壳、金属构架、安装在已接地的金属结构上的设备、金属配线管及其配件、电缆保护管、电缆的金属护套等非带电的裸露金属部分，均应接地。

7.2.2 引入爆炸危险环境的金属管道、配线的钢管、电缆的铠装及金属外壳，必须在危险区域的进口处接地。

十四、《民用闭路监视电视系统工程技术规范》GB 50198—2011

3.4.6 每路存储的图像分辨率必须不低于 352×288，每路存储的时间必须不少于 7×24h。

3.4.10　监控（分）中心的显示设备的分辨率必须不低于系统对采集规定的分辨率。

十五、《建筑电气与智能化通用规范》GB 55024—2022

1　总则

1.0.1　为在建筑电气与智能化系统工程建设中保障人身健康和生命财产安全、国家安全、生态环境安全，满足经济社会管理基本需要，依据有关法律、法规，制定本规范。

1.0.2　供电电压不超过 35kV 的工业与民用建筑和市政工程电气与智能化系统必须执行本规范。

1.0.3　工程建设所采用的技术方法和措施是否符合本规范要求，由相关责任主体判定。其中，创新性的技术方法和措施，应进行论证并符合本规范中有关性能的要求。

2　基本规定

2.0.1　建筑电气工程应能向电气设备输送和分配电能，当供配电系统或电气设备发生故障危及人身安全时，应具备在规定的时间内切断其电源的功能。

2.0.2　建筑智能化系统工程应具备为建筑物内的人员和有通信要求的设备提供信息服务的功能，当智能化系统发生故障时，应具备在规定的时间内报警的功能。

2.0.3　建筑物电气设备用房和智能化设备用房应符合下列规定：

　　1　不应设在卫生间、浴室等经常积水场所的直接下一层，当与其贴邻时，应采取防水措施；

　　2　地面或门槛应高出本层楼地面，其标高差值不应小于 0.10m，设在地下层时不应小于 0.15m；

　　3　无关的管道和线路不得穿越；

　　4　电气设备的正上方不应设置水管道；

　　5　变电所、柴油发电机房、智能化系统机房不应有变形缝穿越；

　　6　楼地面应满足电气设备和智能化设备荷载的要求。

2.0.4　电气设备用房和智能化设备用房的面积及设备布置，应满足布线间距及工作人员操作维护电气设备所必需的安全距离。电气设备和智能化设备用房的环境条件应满足电气与智能化系统的运行要求。

2.0.5　母线槽、电缆桥架和导管穿越建筑物变形缝处时，应设置补偿装置。

2.0.6　建筑电气工程和智能化系统工程的施工验收必须坚持设备运行安全、用电安全的原则，强化过程验收控制。

2.0.7　建筑电气和智能化系统使用时，应当制定运行维护方案，并应严格执行。

2.0.8　建筑电气工程和智能化系统工程中采用的电气设备和电线电缆，应为符合相应产品标准的合格产品。

2.0.9　建筑电气及智能化系统工程中采用的节能技术和产品，应在满足建筑功能要求的前提下，提高建筑设备及系统的能源利用效率，降低能耗。

3　电源及用房设计

3.1　电源及用电负荷分级

3.1.1　民用建筑主要用电负荷的分级应符合表 3.1.1 的规定。

表 3.1.1　民用建筑主要用电负荷分级

用电负荷级别	用电负荷分级依据	适用建筑物示例	用电负荷名称
特级	1）中断供电将危害人身安全、造成人身重大伤亡； 2）中断供电将在经济上造成特别重大损失； 3）在建筑中具有特别重要作用及重要场所中不允许中断供电的负荷	高度 150m 及以上的一类高层公共建筑	安全防范系统、航空障碍照明等

续表 3.1.1

用电负荷级别	用电负荷分级依据	适用建筑物示例	用电负荷名称
一级	1）中断供电将造成人身伤害； 2）中断供电将在经济上造成重大损失； 3）中断供电将影响重要用电单位的正常工作，或造成人员密集的公共场所秩序严重混乱	一类高层建筑	安全防范系统、航空障碍照明、值班照明、警卫照明、客梯、排水泵、生活给水泵等
二级	1）中断供电将在经济上造成较大损失； 2）中断供电将影响较重要用电单位的正常工作或造成公共场所秩序混乱	二类高层建筑	安全防范系统、客梯、排水泵、生活给水泵等
		一类和二类高层建筑	主要通道、走道及楼梯间照明等
三级	不属于特级、一级和二级的用电负荷	—	—

3.1.2 一级用电负荷应由两个电源供电，并应符合下列规定：

1 当一个电源发生故障时，另一个电源不应同时受到损坏；

2 每个电源的容量应满足全部一级、特级用电负荷的供电要求。

3.1.3 特级用电负荷应由 3 个电源供电，并应符合下列规定：

1 3 个电源应由满足一级负荷要求的两个电源和一个应急电源组成；

2 应急电源的容量应满足同时工作最大特级用电负荷的供电要求；

3 应急电源的切换时间，应满足特级用电负荷允许最短中断供电时间的要求；

4 应急电源的供电时间，应满足特级用电负荷最长持续运行时间的要求。

3.1.4 应急电源应由符合下列条件之一的电源组成：

1 独立于正常工作电源的，由专用馈电线路输送的城市电网电源；

2 独立于正常工作电源的发电机组；

3 蓄电池组。

3.1.5 当符合下列条件之一时，用电单位应设置自备电源：

1 特级负荷的应急电源不能满足本规范第 3.1.4 条第 1 款的规定；

2 提供的第二电源不能满足一级负荷要求；

3 两个电源切换时间不能满足用电设备允许中断供电时间要求。

3.1.6 建筑高度 150m 及以上的建筑应设置自备柴油发电机组。

3.1.7 用于应急供电的发电机组应处于自启动状态。当城市电网电源中断时，发电机组应能在规定的时间内启动。

3.1.8 与电网并网的光伏发电系统应具有相应的并网保护及隔离功能。

3.1.9 光伏发电系统在并网处应设置并网控制装置，并应设置专用标识和提示性文字符号。

3.1.10 人员可触及的可导电的光伏组件部位应采取电击安全防护措施并设警示标识。

3.2 电气装置用房

3.2.1 变电所布置应符合下列规定：

1 配电室、电容器室长度大于 7m 时，应至少设置两个出入口。

2 当成排布置的电气装置长度大于 6m 时，电气装置后面的通道应至少设置两个出口；当低压电气装置后面通道的两个出口之间距离大于 15m 时，尚应增加出口。

3 变电所直接通向建筑物内非变电所区域的出入口门，应为甲级防火门并应向外开启。

4 相邻高压电气装置室之间设置门时，应能双向开启。

5 相邻电气装置带电部分的额定电压不同时，应按较高的额定电压确定其安全净距；电气装置间距及通道宽度应满足安全净距的要求。

6 变电所的电缆夹层、电缆沟和电缆室应采取防水、排水措施。

3.2.2 民用建筑内设置的变电所，除应满足本规范第 3.2.1 条要求外，尚应符合下列规定：

1 不应设置裸露带电导体或装置；

2 不应设置带可燃性油的变压器和电气设备。

3.2.3 变电所设有裸露带电导体时，除应满足本规范第 3.2.1 条要求外，尚应符合下列规定：

1 低压裸露带电导体距地面的高度不应低于 2.5m；

2 3kV～35kV 电气装置间距及通道宽度应满足安全净距的要求；

3 裸露带电导体上方不应装有用电设备、明敷的照明线路和电力线路或管线跨越。

3.2.4 柴油发电机房布置应符合下列规定：

1 柴油发电机房内，机组之间、机组外廊至墙的距离应满足设备运输、就地操作、维护维修及布置辅助设备的需要；

2 柴油发电机间、控制室长度大于 7m 时，应至少设两个出入口。

3.2.5 专用蓄电池室应采用防爆型灯具，室内不得装设普通型开关和电源插座。

4   供配电设计

4.1   一般规定

4.1.1   应急电源与非应急电源之间,应采取防止并列运行的措施。

4.1.2   两个供电电源之间的切换时间应满足用电设备允许中断供电时间的要求。

4.1.3   备用电源应满足用电设备连续供电时间和供电容量的要求。

4.1.4   备用电源和应急电源共用柴油发电机组时,应符合下列规定:

    1   备用电源和应急电源应有各自的供电母线段及回路;

    2   备用电源的用电负荷不应接入应急电源供电回路。

4.1.5   当民用建筑的消防负荷和非消防负荷共用柴油发电机组时,应符合下列规定:

    1   消防负荷应设置专用的回路;

    2   应具备火灾时切除非消防负荷的功能;

    3   应具备储油量低位报警或显示的功能。

4.2   高压配电系统

4.2.1   继电保护装置应满足可靠性、灵敏性、速动性和选择性的要求。

4.2.2   高压配电系统的短路故障保护应具备可靠、快速且有选择地切除被保护设备和线路的短路故障的功能。

4.2.3   进户断路器应具有过负荷和短路电流延时速断保护功能。

4.2.4   配电断路器应具有过负荷和短路电流速断保护功能。

4.2.5   隔离开关与相应的断路器、接地开关之间应采取闭锁措施。

4.3 低压配电系统

4.3.1 由建筑物外引入的低压电源线路,应在总配电箱(柜)的受电端装设具有隔离功能的电器。

4.3.2 避难区域的用电设备应采用专用的供电回路。

4.3.3 电气设备外露可导电部分和外界可导电部分,严禁用作保护接地中性导体(PEN)。

4.3.4 在 TN-C 系统中,严禁断开保护接地中性导体(PEN),且不得装设断开保护接地中性导体(PEN)的任何电器。

4.3.5 供配电系统中,隔离电器不得采用半导体器件;功能性开关电器不得采用隔离器、熔断器和连接片。

4.3.6 低压配电回路应设置短路保护,并应在短路电流造成危害前切断电源。

4.3.7 对于因过负荷引起断电而造成更大损失的供电回路,过负荷保护应作用于信号报警,不应切断电源。

4.3.8 交流电动机应装设短路保护和接地故障保护。

4.3.9 当交流电动机反转会引起危险时,应有防止反转的安全措施。

4.3.10 当被控用电设备需要设置急停按钮时,急停按钮应设置在被控用电设备附近便于操作和观察处,且不得自动复位。

4.4 特低电压配电系统

4.4.1 特低电压配电系统的电压不应超过交流 50V 或直流 120V。

4.4.2 特低电压配电回路的布线应符合下列规定:

    1 特低电压配电回路的线缆应选用铜芯导体;

    2 铜芯导体应满足最小截面面积和机械强度的要求;

    3 当特低电压配电回路与低压配电回路敷设在同一金属槽盒内时,应采用带接地的金属隔离措施。

4.4.3 采用安全特低电压(SELV)供电的照明回路应设置过

负荷和短路保护。

4.5　电气照明系统

4.5.1　建筑物应设置照明供配电系统。照明配电终端回路应设短路保护、过负荷保护和接地故障保护，室外照明配电终端回路还应设置剩余电流动作保护电器作为附加防护。

4.5.2　允许人员进入的水池，安装在水下的灯具应选用防触电等级为Ⅲ类的灯具，供电电源应符合本规范第4.6.7条的规定。

4.5.3　室外灯具防护等级不应低于IP54，埋地灯具防护等级不应低于IP67，水下灯具的防护等级不应低于IP68。

4.5.4　当正常照明灯具安装高度在2.5m及以下，且灯具采用交流低压供电时，应设置剩余电流动作保护电器作为附加防护。疏散照明和疏散指示标志灯安装高度在2.5m及以下时，应采用安全特低电压供电。

4.5.5　疏散照明及疏散指示标志灯具的供配电设计应符合下列规定：

　　1　灯具应由主电源和蓄电池电源供电。蓄电池组正常情况下应保持充电状态，火灾情况下应保证蓄电池组的供电时间满足安全疏散要求。

　　2　集中控制型系统，其主电源应由消防电源供电。

4.5.6　消防应急照明回路严禁接入消防应急照明系统以外的开关装置、电源插座及其他负载。

4.5.7　设有消防控制室的公共建筑，消防疏散照明和疏散指示系统应能在消防控制室集中控制和状态监视。

4.5.8　人员密集场所的公共大厅和主要走道的一般照明应采取下列措施之一：

　　1　感应控制；

　　2　集中或区域集中控制，当集中或区域集中采用自动控制时，应具备手动控制功能。

4.5.9　安装在人员密集场所的吊装灯具玻璃罩，应采取防止玻璃破碎向下溅落的措施。

4.6　低压电击防护

4.6.1　电气设备应按外界影响条件分别采用以下一种或多种低压电击故障防护措施：

　　1　自动切断电源；

　　2　双重绝缘或加强绝缘；

　　3　电气分隔；

　　4　特低电压。

4.6.2　当电气设备采用保护电器自动切断电源作为低压电击故障防护措施时，对于线对地标称电压为交流 220V 的 TN 系统和 TT 系统，额定电流不超过 63A 的电源插座回路及额定电流不超过 32A 固定连接的电气设备的终端回路，切断电源的最长时间应符合下列规定：

　　1　TN 系统切断电源的最长时间应为 0.4s。

　　2　TT 系统切断电源的最长时间应为 0.2s，当 TT 系统采用过电流保护电器切断电源，且采取保护等电位联结措施时，其切断电源的最长时间应为 0.4s。

4.6.3　当电气设备采用双重绝缘或加强绝缘作为低压电击故障防护措施时，其绝缘外护物里的可导电部分严禁接地，且应有双重绝缘/加强绝缘的标识。

4.6.4　当电气分隔采用一台隔离变压器为一台用电设备供电时，应符合下列规定：

　　1　隔离变压器不应功能接地；

　　2　用电设备外露可导电部分严禁接地；

　　3　被分隔回路不应与地或其他回路保护导体及外露可导电部分连接。

4.6.5　当采用剩余电流动作保护电器作为电击防护附加防护措施时，应符合下列规定：

　　1　额定剩余电流动作值不应大于 30mA。

2 额定电流不超过 32A 的下列回路应装设剩余电流动作保护电器：

    1） 供一般人员使用的电源插座回路；

    2） 室内移动电气设备；

    3） 人员可触及的室外电气设备。

3 剩余电流动作保护电器不应作为唯一的保护措施。

4 采用剩余电流动作保护电器时应装设保护接地导体（PE）。

4.6.6 装有固定浴盆或淋浴场所的电击防护措施应符合下列规定：

1 0 区内电气设备应采用额定电压不超过交流 12V 或直流 30V 的安全特低电压（SELV）防护，供电电源装置应安装在 0 区和 1 区之外；

2 0 区和 1 区内安装的电气设备应采用固定的永久性连接方式；

3 0 区内不应装设开关设备、控制设备、电源插座和接线盒；

4 在装有浴盆和/或淋浴器的房间内部，应设置辅助等电位联结作为附加防护。

4.6.7 游泳池、戏水池及供人员游泳、戏水或其他类似活动场所的电击防护措施应符合下列规定：

1 0 区和 1 区内电气设备应采用额定电压不超过交流 12V 或直流 30V 的安全特低电压（SELV）供电，供电电源装置应安装在 0 区和 1 区之外；

2 0 区和 1 区内电气设备应安装游泳池专用的固定式电气设备；

3 0 区内不应安装开关设备、控制设备、电源插座和接线盒；

4 0 区、1 区和 2 区内，应设置辅助等电位联结作为附加防护。

4.6.8　允许人员进入的喷泉水池和积水处，应按游泳池的 0 区和 1 区的规定和要求执行。不允许人员进入的喷泉场所，其电击防护措施应符合下列规定：

1　0 区和 1 区的电击防护措施应采取下列一种或多种保护措施：

　1）采用安全特低电压（SELV）防护，且供电电源装置安装在 0 区和 1 区之外；

　2）采用剩余电流动作保护电器作为附加防护；

　3）采用符合本规范第 4.6.4 条的电气分隔措施，且供电电源装置安装在 0 区和 1 区之外。

2　0 区和 1 区内的电气设备应采取防止人员可触及的措施。

3　应采取符合本规范第 4.6.7 条第 3 款和第 4 款规定的措施。

4.6.9　装有桑拿浴加热器场所的电击防护措施应符合下列规定：

1　区域 1 内应只能安装桑拿浴加热器及其附件；

2　不应设置电源插座；

3　除桑拿浴加热器外，场所内配电回路均应采用额定剩余电流动作值不大于 30mA 的剩余电流动作保护电器作为附加防护。

4.6.10　加热电缆辐射供暖设备、公共厨房用电设备、电辅助加热的太阳能热水器、升降停车设备、人员可触及的室外金属电动门等用电设备的电击防护应设置附加防护，并应符合下列规定：

1　应采用额定剩余电流动作值不大于 30mA 的剩余电流动作保护电器；

2　应设置辅助等电位联结。

5　智能化系统设计

5.1　信息设施系统

5.1.1　信息接入系统设计应符合下列规定：

1 信息接入系统应具有将建筑物内所需的公共信息及专用信息接入的功能，通信网、有线电视网应接入有需求的建筑物内，并合理配置信息接入系统设施用房。

2 在公共信息网络已实现光纤传输的地区，信息设施工程必须采用光纤到用户或光纤到用户单元的方式建设。

5.1.2 建筑物应设置信息网络系统。信息网络系统应满足建筑使用功能、业务需求及信息传输的要求，并应配置信息安全保障设备及网络安全管理系统。

5.1.3 通信系统设计应符合下列规定：

1 公共建筑应配套建设与通信规划相适宜的公共通信设施；

2 公共移动通信信号应覆盖至建筑物的地下公共空间、客梯轿厢内。

5.1.4 有线电视系统设计应符合下列规定：

1 自设前端的用户应设置节目源监控设施；

2 有线电视系统终端输出电平应满足用户接收设备对输入电平的要求。

5.1.5 公共广播系统设计应符合下列规定：

1 公共广播系统应具有实时发布语音广播的功能。当公共广播系统具有多种语音广播用途时，应有一个广播传声器处于最高广播优先级。

2 紧急广播应具有最高级别的优先权，紧急广播系统备用电源的连续供电时间应与消防疏散指示标志照明备用电源的连续供电时间一致。

3 公共广播系统应能在手动或警报信号触发的 10s 内，向相关广播区播放警示信号（含警笛）、警报语音或实时指挥语音。

4 以现场环境噪声为基准，紧急广播的信噪比应等于或大于 12dB。

5.1.6 厅堂扩声系统设计应符合下列规定：

1 厅堂扩声系统对服务区以外人员活动区域不应造成环境噪声污染；

2 扬声器系统，必须有可靠的安全保障措施，且不应产生机械噪声。

5.1.7 会议系统和会议同声传译系统应具备与火灾自动报警系统联动的功能。

5.2　建筑设备管理系统

5.2.1 建筑设备管理系统设应符合下列规定：

1 应支持开放式系统技术；

2 应具备系统自诊断和故障部件自动隔离、自动唤醒、故障报警及自动监控功能；

3 应具备参数超限报警和执行保护动作的功能，并反馈其动作信号；

4 建筑设备管理系统与其他建筑智能化系统关联时，应配置与其他建筑智能化系统的通信接口。

5.2.2 设有建筑设备管理系统的地下机动车库应设置与排风设备联动的一氧化碳浓度监测装置。

5.2.3 当通风空调系统采用电加热器时，建筑设备管理系统应具有电加热器与送风机连锁、电加热器无风断电、超温断电保护及报警装置的监控功能，并具有对相应风机系统延时运行后再停机的监控功能。

5.2.4 建筑能效监管系统的设置不应影响用能系统与设备的功能，不应降低用能系统与设备的技术指标。

5.2.5 建筑设备管理系统应建立信息数据库，并应具备根据需要形成运行记录的功能。

5.3　公共安全系统

5.3.1 消防水泵、防烟和排烟风机应采用联动/连锁控制方式，还应在消防控制室设置手动控制消防水泵启动装置。

5.3.2 消防控制室应预留向上级消防监控中心报警的通信接口。

5.3.3 安防监控中心应具有防止非正常进入的安全防护措施及

对外的通信功能，且应预留向上级接处警中心报警的通信接口。

5.3.4　安防监控中心应采用专用回路供电，安全防范系统应按其负荷等级供电。

5.3.5　安全防范系统应具有防破坏的报警功能；安全防范系统的线缆应敷设在导管或电缆槽盒内。

5.3.6　出入口控制系统、停车库（场）管理系统应能接收消防联动控制信号，并应具有解除门禁控制的功能。

5.3.7　视频监控摄像机的探测灵敏度应与监控区域的环境最低照度相适应。

5.3.8　公共建筑自动扶梯上下端口处，应设视频监控摄像机。

6　布线系统设计

6.1　一般规定

6.1.1　电力线缆、控制线缆和智能化线缆敷设应符合下列规定：

　　1　不同电压等级的电力线缆不应共用同一导管或电缆桥架布线；

　　2　电力线缆和智能化线缆不应共用同一导管或电缆桥架布线；

　　3　在有可燃物闷顶和吊顶内敷设电力线缆时，应采用不燃材料的导管或电缆槽盒保护。

6.1.2　导管和电缆槽盒内配电电线的总截面面积不应超过导管或电缆槽盒内截面面积的 40%；电缆槽盒内控制线缆的总截面面积不应超过电缆槽盒内截面面积的 50%。

6.1.3　民用建筑红线内的室外供配电线路不应采用架空线敷设方式。

6.1.4　在隧道、管廊、竖井、夹层等封闭式电缆通道中，不得布置热力管道和输送可燃气体或可燃液体管道。

6.2　室内布线

6.2.1　室内干燥场所的线缆采用导管布线时，应符合下列规定：

1　采用金属导管布线时，其壁厚不应小于 1.5mm；

2　采用塑料导管暗敷布线时，应选用不低于中型的导管。

6.2.2　室内潮湿场所的线缆明敷时，应符合下列规定：

1　应采用防潮防腐材料制造的导管或电缆桥架；

2　当采取金属导管或电缆桥架时，应采取防潮防腐措施，且金属导管壁厚不应小于 2.0mm；

3　当采用可弯曲金属导管时，应选用防水重型的导管。

6.2.3　建筑物底层及地面层以下外墙内的线缆采用导管暗敷布线时，应符合下列规定：

1　采用金属导管布线时，其壁厚不应小于 2.0mm；

2　采用可弯曲金属导管布线时，应选用防水重型的导管；

3　采用塑料导管布线时，应选用重型的导管。

6.2.4　线缆采用导管暗敷布线时，应符合下列规定：

1　不应穿过设备基础；

2　当穿过建筑物外墙时，应采取止水措施。

6.2.5　火灾自动报警系统的电源和联动线路应采用金属导管或金属槽盒保护。

6.2.6　民用建筑内电力线缆、控制线缆和智能化线缆敷设应符合下列规定：

1　不应采用裸露带电导体布线；

2　除塑料护套电线外，其他电线不应采用直敷布线方式；

3　明敷的导管、电缆桥架，应选择燃烧性能不低于 B1 级的难燃材料制品或不燃材料制品。

6.2.7　除民用建筑和变电所外，其他建筑内低压裸露带电导体距地面的高度应符合下列规定：

1　无遮护的裸露带电导体至地面的距离不应小于 3.5m；

2　采用防护等级不低于 IP2X 的网孔遮护时，裸露带电导体至地面的距离不应小于 2.5m；

　　3　网状遮护与裸露带电导体的间距，不应小于 100mm。

6.2.8　电气及智能化竖井的位置和数量应根据建筑物高度、建筑物变形缝位置、防火分区、系统要求、供电回路半径等因素确定，并应符合下列规定：

　　1　不应与电梯井、其他专业管道井共用同一竖井；

　　2　不应贴邻热烟道、热力管道及其他散热量大的场所。

6.3　室外布线

6.3.1　电力线缆、控制线缆和智能化线缆室外布线应符合下列规定：

　　1　除安全特低电压外，室外埋地敷设的电力线缆、控制线缆和智能化线缆应采用护套线、电缆或光缆，并应采取相应的保护措施。

　　2　室外埋地敷设的电力线缆、控制线缆和智能化线缆不应平行布置在地下管道的正上方或正下方。

6.3.2　当采用电缆排管布线时，在线路转角、分支处以及变更敷设方式处，应设电缆人（手）孔井。电缆人（手）孔井不应设置在建筑物散水内。

7　防雷与接地设计

7.1　雷电防护

7.1.1　各类防雷建筑物应设接闪器、引下线、接地装置，并应采取防闪电电涌侵入的措施。建筑物的雷电防护分类应符合下列规定：

　　1　符合下列条件之一的建筑物应划为第三类防雷建筑物：

　　　1）高度超过 20m，且不高于 100m 的建筑物；

　　　2）预计雷击次数大于或等于 0.05 次/a，且小于或等于 0.25 次/a 的建筑物；

  3）在平均雷暴日大于 15d/a 的地区，高度在 15m 及以上的烟囱、水塔等孤立的高耸建筑物；在平均雷暴日小于或等于 15d/a 的地区，高度在 20m 及以上的烟囱、水塔等孤立的高耸建筑物。

  2 符合下列条件之一的建筑物应划为第二类防雷建筑物：

  1）高度超过 100m 的建筑物；

  2）预计雷击次数大于 0.25 次/a 的建筑物。

7.1.2 第三类防雷建筑物的雷电防护措施应符合下列规定：

  1 当采用接闪网格法保护时，接闪网格不应大于 20m×20m 或 24m×16m；当采用滚球法保护时，滚球法保护半径不应大于 60m。

  2 专用引下线和专设引下线的平均间距不应大于 25m。

  3 建筑物外墙内侧和外侧垂直敷设的金属管道及类似金属物应在顶端和底端与防雷装置连接。

  4 建筑物地下一层或地面层、顶层的结构圈梁钢筋应连成闭合环路，中间层应在每间隔不超过 20m 的楼层连成闭合环路。闭合环路应与本楼层结构钢筋和所有专用引下线连接。

  5 应将高度 60m 及以上外墙上的栏杆、门窗等较大金属物直接或通过预埋件与防雷装置相连，高度 60m 及以上水平突出的墙体应设置接闪器并与防雷装置相连。

7.1.3 第二类防雷建筑物的雷电防护措施应符合下列规定：

  1 当采用接闪网格法保护时，接闪网格不应大于 10m×10m 或 12m×8m；当采用滚球法保护时，滚球法保护半径不应大于 45m。

  2 专用引下线的平均间距不应大于 18m。

  3 建筑物外墙内侧和外侧垂直敷设的金属管道及类似金属物应在顶端和底端与防雷装置连接，并应在高度 100m～250m 区域内每间隔不超过 50m 与防雷装置连接一处，高度 0～100m 区域内在 100m 附近楼层与防雷装置连接。

  4 应符合本规范第 7.1.2 条第 4 款的规定。

5 应将高度45m及以上外墙上的栏杆、门窗等较大金属物直接或通过预埋件与防雷装置相连，高度45m及以上水平突出的墙体应设置接闪器并与防雷装置相连。

7.1.4 高度超过250m或雷击次数大于0.42次/a的第二类防雷建筑物的雷电防护措施应符合下列规定：

1 当采用接闪网格法保护时，接闪网格不应大于5m×5m或6m×4m；当采用滚球法保护时，滚球法保护半径不应大于30m。

2 专用引下线的间距不应大于12m。

3 建筑物外墙内侧和外侧垂直敷设的金属管道及类似金属物应在顶端和底端与防雷装置连接，并应在高度250m以上区域每间隔不超过20m与防雷装置连接一处，在高度100m～250m区域内每间隔不超过50m连接一处，高度0～100m区域内在100m附近楼层与防雷装置连接。

4 在高度250m及以上区域应每层连成闭合环路，闭合环路应与本楼层结构钢筋和所有专用引下线连接；高度250m以下区域应按本规范第7.1.2条第4款的规定执行。

5 应将高度30m及以上外墙上的栏杆、门窗等较大金属物直接或通过预埋件与防雷装置相连，高度30m及以上水平突出的墙体应设置接闪器并与防雷装置相连。

7.1.5 各类防雷建筑物除应符合本规范第7.1.2条～第7.1.4条的规定外，尚应符合下列规定：

1 在建筑物的地下一层或地面层处，下列物体应与防雷装置做防雷等电位连接：

1）建筑物结构钢筋及金属构件；

2）进出建筑物处的金属管道和线路。

2 当建筑物的电气与智能化系统需要做防雷击电磁脉冲时，应在设计时将建筑物的金属支撑物、金属框架或结构钢筋等自然构件、金属管道、配电的保护接地系统等与防雷装置组成一个接地系统。

7.1.6　进出防雷建筑物的线路应采取防雷电波侵入措施。进出防雷建筑物的低压电气系统和智能化系统应装设电涌保护器，并应符合下列规定：

1　当闪电直接闪击引入防雷建筑物的架空或室外明敷设的线路上时，应选择Ⅰ级试验的电涌保护器；

2　电涌保护器严禁并联后作为大通流容量的电涌保护器使用。

7.1.7　防雷建筑物设置的接闪器应符合以下规定：

1　当建筑物采用接闪带保护时，接闪带应装设在建筑物易受雷击的屋角、屋脊、女儿墙及屋檐等部位。

2　当接闪带采用热镀锌圆钢或扁钢制成时，其截面面积不应小于 $50mm^2$。

3　当接闪杆采用热镀锌圆钢或钢管制成时，热镀锌圆钢的直径不应小于 $20mm$，热镀锌钢管的直径不应小于 $40mm$。

4　当采用金属屋面作为接闪器时，金属板应无绝缘层覆盖。

5　当双层彩钢板屋面作为接闪器时，其夹层中的保温材料必须为不燃或难燃材料。

6　易燃材料构成的屋顶上不得直接安装接闪器。可燃材料构成的屋顶上安装接闪器时，接闪器的支撑架应采用隔热层与可燃材料之间隔离。

7　接闪杆、接闪线或接闪网的支柱、接闪带、接闪网上，严禁悬挂电源线、通信线、广播线、电视接收天线等。

7.1.8　防雷建筑物的防雷引下线应符合下列规定：

1　建筑物易受雷击的部位应设专用引下线或专设引下线，且不应少于 2 根。专用引下线或专设引下线应沿建筑物外轮廓均匀设置。

2　建筑物应利用其结构钢筋或钢结构柱作为专用引下线，当无结构钢筋或钢结构柱可利用时，应设置专设引下线。

3　单根钢筋或圆钢作专用引下线或专设引下线时，其直径不应小于 $10mm$。

4　专用引下线和专设引下线上端应与接闪器可靠连接，下端应与防雷接地装置可靠连接。

5　建筑物外的引下线敷设在人员可停留或经过的区域时，应采用下列一种或两种方法，防止跨步电压、接触电压和旁侧闪络电压对人员造成伤害：

　　1）外露引下线在高 2.7m 以下部分应穿能耐受 100kV 冲击电压（1.2/50μs 波形）的绝缘保护管；

　　2）应设立阻止人员进入的带警示牌的护栏，护栏与引下线水平距离不应小于 3m。

7.1.9　防雷建筑物防雷的接地装置应符合下列规定：

1　当利用敷设在混凝土中的单根钢筋或圆钢作为防雷接地装置时，钢筋或圆钢的直径不应小于 10mm；

2　当基础材料及周围土壤达到泄放雷电流要求时，应利用基础内钢筋网作为防雷接地装置。

7.2　接地系统

7.2.1　TN 接地系统的保护接地中性导体（PEN）或保护接地导体（PE）对地应有效可靠连接，并应符合下列规定：

1　TN-C-S 接地系统的 PEN 从某点分为中性导体（N）和 PE 后不应再合并或相互接触，且 N 不应再接地；

2　TN-S 接地系统的 N 与 PE 应分别设置。

7.2.2　TT 接地系统的电气设备外露可导电部分所连接的接地装置不应与变压器中性点的接地装置相连接。

7.2.3　IT 接地系统电源侧所有带电部分应与地隔离或某一点通过高阻抗接地，电气设备的外露可导电部分应直接接地。

7.2.4　下列电气设备外露可导电部分严禁接地：

1　采用设置非导电场所保护方式的电气设备外露可导电部分；

2　采用不接地的等电位联结保护方式的电气设备外露可导电部分。

7.2.5 除本规范第 7.2.4 条的规定外，交流电气设备的外露可导电部分应进行保护性接地。

7.2.6 除本规范第 7.2.4 条的规定外，智能化系统的接地应符合下列规定：

1 当智能化系统由 TN 交流配电系统供电时，应采用 TN-S 或 TN-C-S 接地系统；

2 智能化系统及机房内电气设备和智能化设备的外露可导电部分、外界可导电部分、建筑物金属结构应等电位联结并接地；

3 智能化系统单独设置的接地线应采用截面面积不小于 $25mm^2$ 的铜材。

7.2.7 除另有要求外，接地系统应采用共用接地装置，共用接地装置的电阻值应满足各种接地的最小电阻值的要求。

7.2.8 接地装置应符合下列规定：

1 当利用混凝土中的单根钢筋或圆钢作为接地装置时，钢筋或圆钢的直径不应小于 10mm；

2 总接地端子连接接地极或接地网的接地导体，不应少于 2 根且分别连接在接地极或接地网的不同点上；

3 不得利用输送可燃液体、可燃气体或爆炸性气体的金属管道作为电气设备的保护接地导体（PE）和接地极；

4 接地装置采用不同材料时，应考虑电化学腐蚀的影响；

5 铝导体不应作为埋设于土壤中的接地极、接地导体和连接导体。

7.2.9 保护导体应符合下列规定：

1 除测试以外，保护接地导体（PE）、接地导体和保护联结导体应确保自身可靠连接；

2 民用建筑中电气设备的外界可导电部分不得用作保护接地导体（PE）；除国家现行产品标准允许外，电气设备的外露可导电部分不得用作保护接地导体（PE）。

7.2.10 单独敷设的保护接地导体（PE）最小截面面积应符合

下列规定：

1 在有机械损伤防护时，铜导体不应小于 $2.5mm^2$；

2 无机械损伤防护时，铜导体不应小于 $4mm^2$，铝导体不应小于 $16mm^2$。

7.2.11 变电所接地装置的接触电压和跨步电压不应超过允许值。

7.2.12 各种输送可燃气体、易燃液体的金属工艺设备、容器和管道，以及安装在易燃、易爆环境的风管必须设置静电防护措施。

7.3 等电位联结

7.3.1 建筑物内的接地导体、总接地端子和下列可导电部分应实施保护等电位联结：

1 进出建筑物外墙处的金属管线；

2 便于利用的钢结构中的钢构件及钢筋混凝土结构中的钢筋。

7.3.2 接到总接地端子的保护联结导体的截面面积，其最小值应符合表 7.3.2 的规定；由等电位箱接至电气装置单独敷设的保护联结导体最小截面面积应符合本规范第 7.2.10 条的规定。

表 7.3.2　保护联结导体截面面积的最小值（mm^2）

导体材料	铜	铝	钢
最小值	6	16	50

7.3.3 辅助等电位的联结导体应与区域内的下列可导电部分相连接：

1 人员能同时触及的固定电气设备的外露可导电部分和外界可导电部分；

2 保护接地导体；

3 安装非安全特低电压供电的电动阀门的金属管道。

8　施工

8.1　高压设备安装

8.1.1　对预充氮气的气体绝缘组合电气设备（GIS）箱体，其组件安装前应经过排氮处理，并应对箱体内充干燥空气至氧气含量达到 18% 以上时，安装人员方可进入 GIS 箱体内部进行检查或安装。

8.1.2　六氟化硫断路器或 GIS 投运前应进行检查，并应符合下列规定：

　　1　断路器、隔离开关、接地开关及其操动机构的联动应正常，分、合闸指示应正确，辅助开关动作应准确；

　　2　密度继电器的报警、闭锁值应正确，电气回路传动应准确；

　　3　六氟化硫气体压力、泄漏率和含水量应符合使用说明书的要求。

8.1.3　真空断路器和高压开关柜投运前应进行检查，并应符合下列规定：

　　1　真空断路器与操动机构联动应正常，分、合闸指示应正确，辅助开关动作应准确；

　　2　高压开关柜应具备防止电气误操作的防护功能。

8.2　变压器、互感器安装

8.2.1　充干燥气体运输的变压器油箱内的气体压力应保持在 0.01MPa～0.03MPa；干燥气体露点必须低于 $-40℃$；每台变压器必须配有可以随时补气的纯净、干燥气体瓶，始终保持变压器内为正压力，并设有压力表进行监视。

8.2.2　充氮的变压器需吊罩检查时，器身必须在空气中暴露 15min 以上，待氮气充分扩散后进行。

8.2.3　油浸变压器在装卸和运输过程中，不应有严重冲击和振动，当出现异常情况时，应进行现场器身检查或返厂进行检查和处理。

8.2.4   油浸变压器进行器身检查时必须符合以下规定：

1   凡雨、雪天，风力达 4 级以上，相对湿度 75％以上的天气，不得进行器身检查；

2   在没有排氮前，任何人员不得进入油箱；当油箱内的含氧量达到 18％以上时，人员方可进入；

3   在内检过程中，必须向箱体内持续补充露点低于－40℃的干燥空气，应保持含氧量不低于 18％，相对湿度不大于 20％。

8.2.5   绝缘油必须试验合格后，方可注入变压器内。不同牌号的绝缘油或同牌号的新油与运行过的油混合使用前，必须做混油试验。

8.2.6   油浸变压器试运行前应进行全面检查，确认符合运行条件时，方可投入试运行，并应符合下列规定：

1   事故排油设施应完好，消防设施应齐全；

2   铁芯和夹件的接地引出套管、套管的末屏接地、套管顶部结构的接触及密封应完好。

8.2.7   中性点接地的变压器，在进行冲击合闸前，中性点必须接地并应检查合格。

8.2.8   互感器的接地应符合下列规定：

1   分级绝缘的电压互感器，其一次绕组的接地引出端子应接地可靠；电容式电压互感器的接地应合格；

2   互感器的外壳应接地可靠；

3   电流互感器的备用二次绕组端子应先短路后接地；

4   倒装式电流互感器二次绕组的金属导管应接地可靠。

8.3   应急电源安装

8.3.1   柴油发电机馈电线路连接后，相序应与原供电系统的相序一致。

8.3.2   当柴油发电机组为消防负荷和非消防负荷同时供电时，

应验证消防负荷设有专用的回路，当火灾条件时应具备能自动切除该发电机组所带的非消防负荷的功能。

8.3.3　EPS/UPS 应进行下列技术参数检查：

1　初装容量；

2　输入回路断路器的过载和短路电流整定值；

3　蓄电池备用时间及应急电源装置的允许过载能力；

4　对控制回路进行动作试验，检验 EPS/UPS 的电源切换时间；

5　投运前，应核对 EPS/UPS 各输出回路的负荷量，且不应超过 EPS/UPS 的额定最大输容量。

8.4　配电箱（柜）安装

8.4.1　配电箱（柜）的机械闭锁、电气闭锁应动作准确、可靠。

8.4.2　变电所低压配电柜的保护接地导体与接地干线应采用螺栓连接，防松零件应齐全。

8.4.3　配电箱（柜）安装应符合下列规定：

1　室外落地式配电箱（柜）应安装在高出地坪不小于200mm 的底座上，底座周围应采取封闭措施；

2　配电箱（柜）不应设置在水管接头的下方。

8.4.4　当配电箱（柜）内设有中性导体（N）和保护接地导体（PE）母排或端子板时，应符合下列规定：

1　N 母排或 N 端子板必须与金属电器安装板做绝缘隔离，PE 母排或 PE 端子板必须与金属电器安装板做电气连接；

2　PE 线必须通过 PE 母排或 PE 端子板连接；

3　不同回路的 N 线或 PE 线不应连接在母排同一孔上或端子上。

8.4.5　电气设备安装应牢固可靠，且锁紧零件齐全。落地安装的电气设备应安装在基础上或支座上。

8.5 用电设备安装

8.5.1 用电设备安装在室外或潮湿场所时，其接线口或接线盒应采取防水防潮措施。

8.5.2 电动机接线应符合下列规定：

　　1 电动机接线盒内各线缆之间均应有电气间隙，并采取绝缘防护措施；

　　2 电动机电源线与接线端子紧固时不应损伤电动机引出线套管。

8.5.3 灯具的安装应符合下列规定：

　　1 灯具的固定应牢固可靠，在砌体和混凝土结构上严禁使用木楔、尼龙塞和塑料塞固定；

　　2 Ⅰ类灯具的外露可导电部分必须与保护接地导体可靠连接，连接处应设置接地标识；

　　3 接线盒引至嵌入式灯具或槽灯的电线应采用金属柔性导管保护，不得裸露；柔性导管与灯具壳体应采用专用接头连接；

　　4 从接线盒引至灯具的电线截面面积应与灯具要求相匹配且不应小于 $1mm^2$；

　　5 埋地灯具、水下灯具及室外灯具的接线盒，其防护等级应与灯具的防护等级相同，且盒内导线接头应做防水绝缘处理；

　　6 安装在人员密集场所的灯具玻璃罩，应有防止其向下溅落的措施；

　　7 在人行道等人员来往密集场所安装的落地式景观照明灯，当采用表面温度大于 $60℃$ 的灯具且无围栏防护时，灯具距地面高度应大于 $2.5m$，灯具的金属构架及金属保护管应分别与保护导体采用焊接或螺栓连接，连接处应设置接地标识；

　　8 灯具表面及其附件的高温部位靠近可燃物时，应采取隔热、散热防火保护措施。

8.5.4 标志灯安装在疏散走道或通道的地面上时，应符合下列规定：

  1　标志灯管线的连接处应密封；

  2　标志灯表面应与地面平顺，且不应高于地面 3mm。

8.5.5　电源插座及开关安装应符合下列规定：

  1　电源插座接线应正确；

  2　同一场所的三相电源插座，其接线的相序应一致；

  3　保护接地导体（PE）在电源插座之间不应串联连接；

  4　相线与中性导体（N）不得利用电源插座本体的接线端子转接供电；

  5　暗装的电源插座面板或开关面板应紧贴墙面或装饰面，导线不得裸露在装饰层内。

8.6　智能化设备安装

8.6.1　智能化设备的安装应牢固、可靠，安装件必须能承受设备的重量及使用、维修时附加的外力。吊装或壁装设备应采取防坠落措施。

8.6.2　在搬动、架设显示屏单元过程中应断开电源和信号连接线缆，严禁带电操作。

8.6.3　大型扬声器系统应单独固定，并应避免扬声器系统工作时引起墙面和吊顶产生共振。

8.6.4　设在建筑物屋顶上的共用天线应采取防止设备或其部件损坏后坠落伤人的安全防护措施。

8.7　布线系统

8.7.1　电缆桥架本体之间的连接应牢固可靠，金属电缆桥架与保护导体的连接应符合下列规定：

  1　电缆桥架全长不大于 30m 时，不应少于 2 处与保护导体可靠连接；全长大于 30m 时，每隔 20m～30m 应增加一个连接点，起始端和终点端均应可靠接地；

  2　非镀锌电缆桥架本体之间连接板的两端应跨接保护联结导体，保护联结导体的截面面积应符合设计要求；

3 镀锌电缆桥架本体之间不跨接保护联结导体时，连接板每端不应少于 2 个有防松螺帽或防松垫圈的连接固定螺栓。

8.7.2 室外的电缆桥架进入室内或配电箱（柜）时应有防雨水进入的措施，电缆槽盒底部应有泄水孔。

8.7.3 母线槽的金属外壳等外露可导电部分应与保护导体可靠连接，并应符合下列规定：

1 每段母线槽的金属外壳间应连接可靠，母线槽全长应有不少于 2 处与保护导体可靠连接；

2 母线槽的金属外壳末端应与保护导体可靠连接；

3 连接导体的材质、截面面积应符合设计要求。

8.7.4 当母线与母线、母线与电器或设备接线端子采用多个螺栓搭接时，各螺栓的受力应均匀，不应使电器或设备的接线端子受额外的应力。

8.7.5 导管敷设应符合下列规定：

1 暗敷于建筑物、构筑物内的导管，不应在截面长边小于 500mm 的承重墙体内剔槽埋设。

2 钢导管不得采用对口熔焊连接；镀锌钢导管或壁厚小于或等于 2mm 的钢导管，不得采用套管熔焊连接。

3 敷设于室外的导管管口不应敞口垂直向上，导管管口应在盒、箱内或导管端部设置防水弯。

4 严禁将柔性导管直埋于墙体内或楼（地）面内。

8.7.6 电缆敷设应符合下列规定：

1 并联使用的电力电缆，敷设前应确保其型号、规格、长度相同；

2 电缆在电气竖井内垂直敷设及电缆在大于 45°倾斜的支架上或电缆桥架内敷设时，应在每个支架上固定；

3 电缆出入电缆桥架及配电箱（柜）应固定可靠，其出入口应采取防止电缆损伤的措施；

4 电缆头应可靠固定，不应使电器元器件或设备端子承受额外应力；

　5　耐火电缆连接附件的耐火性能不应低于耐火电缆本体的耐火性能。

8.7.7　交流单芯电缆或分相后的每相电缆敷设应符合下列规定：

　1　不应单独穿钢导管、钢筋混凝土楼板或墙体；

　2　不应单独进出导磁材料制成的配电箱（柜）、电缆桥架等；

　3　不应单独用铁磁夹具与金属支架固定。

8.7.8　电线敷设应符合下列规定：

　1　同一交流回路的电线应敷设于同一金属电缆槽盒或金属导管内；

　2　电线在电缆槽盒内应按回路分段绑扎，电线出入电缆槽盒及配电箱（柜）应采取防止电线损伤的措施；

　3　塑料护套线严禁直接敷设在建筑物顶棚内、墙体内、抹灰层内、保温层内、装饰面内或可燃物表面。

8.7.9　导线连接应符合下列规定：

　1　导线的接头不应裸露，不同电压等级的导线接头应分别经绝缘处理后设置在各自的专用接线盒（箱）或器具内；

　2　截面面积 $6mm^2$ 及以下铜芯导线间的连接应采用导线连接器或缠绕搪锡连接；

　3　截面面积大于 $2.5mm^2$ 的多股铜芯导线与设备、器具、母排的连接，除设备、器具自带插接式端子外，应加装接线端子；

　4　导线接线端子与电气器具连接不得采取降容连接。

8.7.10　电线或电缆敷设应有标识，并应符合下列规定：

　1　高压线路应设有明显的警示标识；

　2　电缆首端、末端、检修孔和分支处应设置永久性标识，直埋电缆应设置标示桩；

　3　电力线缆接线端在配电箱（柜）内，应按回路用途做好标识。

8.8 防雷与接地

8.8.1 接闪器必须与防雷专设或专用引下线焊接或卡接器连接。

8.8.2 专设引下线与可燃材料的墙壁或墙体保温层间距应大于 0.1m。

8.8.3 防雷引下线、接地干线、接地装置的连接应符合下列规定：

1 专设引下线之间应采用焊接或螺栓连接，专设引下线与接地装置应采用焊接或螺栓连接；

2 接地装置引出的接地线与接地装置应采用焊接连接，接地装置引出的接地线与接地干线、接地干线与接地干线应采用焊接或螺栓连接；

3 当连接点埋设于地下、墙体内或楼板内时不应采用螺栓连接。

8.8.4 接地干线穿过墙体、基础、楼板等处时应采用金属导管保护。

8.8.5 接地体（线）采用搭接焊时，其搭接长度必须符合下列规定：

1 扁钢不应小于其宽度的 2 倍，且应至少三面施焊；

2 圆钢不应小于其直径的 6 倍，且应两面施焊；

3 圆钢与扁钢连接时，其长度不应小于圆钢直径的 6 倍，且应两面施焊；

4 扁钢与钢管应紧贴 3/4 钢管表面上下两侧施焊，扁钢与角钢应紧贴角钢外侧两面施焊。

8.8.6 电气设备或电气线路的外露可导电部分应与保护导体直接连接，不应串联连接。

8.8.7 金属电缆支架与保护导体应可靠连接。

8.8.8 严禁利用金属软管、管道保温层的金属外皮或金属网、电线电缆金属护层作为保护导体。

9　检验和验收

9.1　一般规定

9.1.1　当设备、材料、成品和半成品进场后，因产品质量问题有异议或现场无条件做检测时，应送有资质的实验室做检测。

9.1.2　应采用核查、检定或校准等方式，确认用于工程施工验收的检验检测仪器设备满足检验检测要求。

9.2　电气设备检验

9.2.1　高压的电气装置、布线系统以及继电保护系统应做交接试验，且应合格。

9.2.2　高压电动机和 100kW 以上低压电动机应做交接试验且应合格。

9.2.3　低压配电箱（柜）内的剩余电流动作保护电器应按比例在施加额定剩余动作电流（$I_{\Delta n}$）的情况下测试动作时间，且测试值应符合限值要求。

9.2.4　质量大于 10kg 的灯具，固定装置和悬吊装置应按灯具质量的 5 倍恒定均布荷载做强度试验，且不得大于固定点的设计最大荷载，持续时间不得少于 15min。

9.3　智能化系统检测

9.3.1　施工前应检查吊装、壁装设备的各种预埋件的安全性和防腐处理等情况。

9.3.2　公共广播系统的检测应符合下列规定：

　　1　当公共广播系统具有紧急广播功能时，应验证紧急广播具有最高优先权，并应以现场环境噪声为基准，检测紧急广播的信噪比；

　　2　当紧急广播系统具有火灾应急广播功能时，应检查传输线缆、电缆槽盒和导管的防火保护措施。

9.4   线路检测

9.4.1   布线工程施工后,必须进行回路的绝缘电阻检测。

9.4.2   当配电箱(柜)内终端用电回路中,所设过电流保护电器兼作故障防护时,应在回路终端测量接地故障回路阻抗。

9.4.3   接地装置的接地电阻值应经检测合格。

9.5   验收

9.5.1   实行生产许可证或强制性认证的产品,应查验生产许可证或认证的认证范围、有效性及真实性。

9.5.2   施工过程应严格按本规范第 8 章及第 9 章的相关条款施工和检验,并逐项做好检查,安装完成后必须做好相关记录。

9.5.3   高压电气交接试验应由具有专业调试条件的单位完成,并应出具调试报告。

9.5.4   过程验收应在施工单位自检合格的基础上,由建设单位或监理单位组织验收,并做好验收记录。

9.5.5   竣工验收应检查系统运行的符合性、稳定性和安全性,应以资料审查和目视检查为主,以实测实量为辅。

9.5.6   竣工验收时应检查下列工程质量控制记录:

    1   设计文件和图纸会审记录及设计变更与工程洽商记录;

    2   主要设备、器具、材料的合格证和进场验收记录;

    3   隐蔽工程检查记录;

    4   电气设备交接试验检验记录;

    5   电动机检查(抽芯)记录;

    6   接地电阻测试记录;

    7   绝缘电阻测试记录;

    8   接地故障回路阻抗测试记录;

    9   剩余电流动作保护电器测试记录;

    10   电气设备空载试运行和负荷试运行记录;

    11   各类电源自动切换或通断装置的动作检验记录,EPS/

UPS应急持续供电时间记录；

  12　灯具固定装置及悬吊装置的载荷强度试验记录；

  13　建筑照明通电试运行记录；

  14　吊装、壁装智能化设备安装预埋件安全性检查记录；

  15　紧急广播系统检测记录；

  16　过程验收记录。

9.5.7　竣工验收应抽测下列工程安全和功能检验项目，抽测结果应符合本规范的规定：

  1　各类电源自动切换或通断装置动作情况；

  2　馈电线路的绝缘电阻；

  3　接地故障回路阻抗；

  4　开关插座接线的正确性；

  5　剩余电流动作保护电器的动作电流和时间。

10　运行维护

10.1　一般规定

10.1.1　建筑电气与智能化系统运行维护工作应符合下列规定：

  1　对高压固定电气设备进行运行维护，除进行电气测量外，不得带电作业；

  2　对低压固定电气设备进行运行维护，当不停电作业时，应采取安全预防措施；

  3　在易燃、易爆区域内或潮湿场所进行低压电气设备检修或更换时，必须断开电源，不得带电作业；

  4　不得带电作业的现场，停电后应在操作现场悬挂"禁止合闸、有人工作"标志牌，停送电必须由专人负责。

10.1.2　建筑电气及智能化系统运行维护应建立资料管理制度，并应符合下列规定：

  1　运行维护资料应包含建筑电气及智能化系统的原始技术资料和动态管理资料；

2 原始技术资料在该建筑电气及智能化系统使用期间应长期保存;

3 动态管理资料的保存时间不应少于5年。

10.2 运行

10.2.1 人员密集场所的建筑电气与智能化系统的运行应制定应急预案。

10.2.2 高压配电室、变压器室、低压配电室、控制室、柴油发电机房、智能化系统机房等的运行应符合下列规定:

1 对外出入口应有防止无关人员擅自出入的措施;

2 房间内的通道应保持畅通,且房间内除了放置用于操作和维修的用具、设备外不得作其他储存用途;

3 设有通风装置的房间应保证其通风装置运行正常。

10.2.3 安装在用户处,用于供电企业结算用的电能计量装置运行应符合下列规定:

1 应保持电能计量装置封印完好,装置本身不受损坏或丢失;

2 发现电能计量装置故障时,应及时通知供电企业进行处理。

10.2.4 建筑智能化系统的运行应符合下列规定:

1 公共安全系统应连续正常运行,突发情况下系统应能存储数据;

2 建筑能效监管系统应连续正常运行;

3 安装于建筑智能化系统中的网络防火墙和防病毒软件应始终保持运行状态。

10.3 维护

10.3.1 变压器、柴油发电机组、蓄电池组应定期进行维护,并应符合下列规定:

1 作为应急电源的柴油发电机组运行停止后应检查储油箱

内的油量报警装置和油量，确保满足应急运行时间要求，油位显示应正常；

2 作为应急电源的蓄电池组应定期做放电测试，以确保满足全部应急负荷的应急供电时间。

10.3.2 剩余电流动作保护电器的维护应符合下列规定：

1 剩余电流动作保护电器投入运行后，应定期进行试验按钮操作，检查其动作特性是否正常；雷击活动期和用电高峰期应增加试验次数；

2 用于手持式电动工具、不连续使用的剩余电流动作保护电器，应在每次使用前进行试验按钮操作；

3 为检验剩余电流动作保护电器在运行中的动作特性及其变化，运行维护单位应配置专用测试仪器，定期做动作特性试验。

10.3.3 公共区域内装有固定浴盆或淋浴的场所、游泳池和其他水池、装有桑拿加热器的房间等特殊场所在运营前应按本规范第4.6.6条～第4.6.9条的规定检查电气安全防护措施。

10.3.4 公共区域电气照明装置以及其他公众可触及的用电设备应定期进行维护。

10.3.5 下列固定电气设备应定期进行检测，当测试结果不满足使用要求时，应进行缺陷修复：

1 公共娱乐场所、潮湿场所、易燃易爆区域内的低压固定电气设备；

2 高压固定电气设备。

10.3.6 建筑物防雷装置、接地装置和等电位联结应定期进行维护，建筑物遭受雷击后应增加防雷装置和接地装置的检查、测试，当测试结果不满足使用要求时，应进行缺陷修复。

10.4 维修

10.4.1 建筑电气与智能化系统出现故障时应及时进行维修，具备应急功能的电气与智能化系统在维修期间应采取相应的应急措施。

10.4.2　建筑电气系统在维修过程中，更换元器件应符合下列规定：

　　1　更换工作不应危及现有电气装置的安全。

　　2　更换电气装置内断路器、熔断器、热继电器、剩余电流保护电器等保护性元器件时必须满足设计要求。

10.4.3　建筑电气与智能化系统遭遇水淹和火灾后，当需要继续使用时，必须进行全面检测，并应根据检测结果进行处理，以实现正常使用。

10.4.4　拆除建筑电气和智能化系统应符合下列规定：

　　1　拆除前，拆除部分应与带电部分在电气上进行断开、隔离；

　　2　邻近带电部分设备拆除后，应立即对拆除处带电设备外露的带电部分进行电气安全防护；

　　3　拆除电容器组、蓄电池组等可能带电的储能设备时应采取安全措施，设备处理应按国家相关规定执行。

十六、《住宅建筑电气设计规范》JGJ 242—2011

4.3.2　设置在住宅建筑内的变压器，应选择干式、气体绝缘或非可燃性液体绝缘的变压器。

8.4.3　家居配电箱应装设同时断开相线和中性线的电源进线开关电器，供电回路应装设短路和过负荷保护电器，连接手持式及移动式家用电器的电源插座回路应装设剩余电流动作保护器。

10.1.1　建筑高度为 100m 或 35 层及以上的住宅建筑和年预计雷击次数大于 0.25 的住宅建筑，应按第二类防雷建筑物采取相应的防雷措施。

10.1.2　建筑高度为 50m～100m 或 19 层～34 层的住宅建筑和年预计雷击次数大于或等于 0.05 且小于或等于 0.25 的住宅建筑，应按不低于第三类防雷建筑物采取相应的防雷措施。

十七、《交通建筑电气设计规范》JGJ 243—2011

6.4.7 Ⅱ类及以上民用机场航站楼、特大型和大型铁路旅客车站、集民用机场航站楼或铁路及城市轨道交通车站等为一体的大型综合交通枢纽站、地铁车站、磁浮列车站及具有一级耐火等级的交通建筑内，成束敷设的电线电缆应采用绝缘及护套为低烟无卤阻燃的电线电缆。

8.4.2 应急照明的配电应按相应建筑的最高级别负荷电源供给，且应能自动投入。

十八、《商店建筑电气设计规范》JGJ 392—2016

3.5.4 大型超级市场应设置自备电源。

4.5.5 超级市场、菜市场中水产区高于交流 50V 的电气设备应设置在 2 区以外，防护等级不应低于 IPX2。

5.3.6 大（中）型商店建筑、总建筑面积大于 500m² 的地下和半地下商店应在通往安全出口的疏散走道地面上增设能保持视觉连续的灯光或蓄光疏散指示标志。

5.3.7 大型商店、地下或半地下商店建筑内应急照明及疏散指示标志的备用电源应采用自备电源。

9.7.4 商店的收银台应设置视频安防监控系统。

十九、《会展建筑电气设计规范》JGJ 333—2014

8.3.6 展位箱、综合展位箱的出线开关以及配电箱（柜）直接为展位用电设备供电的出线开关，应装设不超过 30mA 剩余电流动作保护装置。

二十、《医疗建筑电气设计规范》JGJ 312—2013

7.1.2 对于需进行射线防护的房间，其供电、通信的电缆沟或电气管线严禁造成射线泄漏；其他电气管线不得进入和穿过射线防护房间。

9.3.1 医疗场所配电系统的接地形式严禁采用 TN-C 系统。

二十一、《教育建筑电气设计规范》JGJ 310—2013

4.3.3 附设在教育建筑内的变电所，不应与教室、宿舍相贴邻。

5.2.4 中小学、幼儿园的电源插座必须采用安全型。幼儿活动场所电源插座底边距地不应低于 1.8m。

二十二、《金融建筑电气设计规范》JGJ 284—2012

4.2.1 金融设施的用电负荷等级应符合表 4.2.1 的规定。

表 4.2.1   金融设施的用电负荷等级

金融设施等级	用电负荷等级
特级	一级负荷中特别重要的负荷
一级	一级负荷
二级	二级负荷
三级	三级负荷

19.2.1 自助银行及自动柜员机室的现金装填区域应设置视频安全监控装置、出入口控制装置和入侵报警装置，且应具备与 110 报警系统联网功能。

二十三、《建筑电气工程电磁兼容技术规范》GB 51204—2016

8.3.5 电源滤波器金属外壳必须与电磁屏蔽室的金属屏蔽层做可靠的电气连接并接地。

二十四、《20kV 及以下变电所设计规范》GB 50053—2013

2.0.2 油浸变压器的车间内变电所，不应设在三、四级耐火等级的建筑物内；当设在二级耐火等级的建筑物内时，建筑物应采取局部防火措施。

4.1.3 户内变电所每台油最大于或等于 100kg 的油浸三相变压器，应设在单独的变压器室内，并应有储油或挡油、排油等防火设施。

4.2.3 当露天或半露天变压器供给一级负荷用电时，相邻油浸变压器的净距不应小于 5m；当小于 5m 时，应设置防火墙。

6.1.1 变压器室、配电室和电容器室的耐火等级不应低于二级。

6.1.2 位于下列场所的油浸变压器室的门应采用甲级防火门：

　　1 有火灾危险的车间内；

　　2 容易沉积可燃粉尘、可燃纤维的场所；

　　3 附近有粮、棉及其他易燃物大量集中的霉天堆场；

　　4 民用建筑物内，门通向其他相邻房间；

　　5 油浸变压器室下面有地下室。

6.1.3 民用建筑内变电所防火门的设置应符合下列规定：

　　1 变电所位于高层主体建筑或裙房内时，通向其他相邻房间的门应为甲级防火门，通向过道的门应为乙级防火门；

　　2 变电所位于多层建筑物的二层或更高层时，通向其他相邻房间的门应为甲级防火门，通向过道的门应为乙级防火门；

　　3 变电所位于单层建筑物内或多层建筑物的一层时，通向其他相邻房间或过道的门应为乙级防火门；

　　4 变电所位于地下层或下面有地下层时，通向其他相邻房间或过道的门应为甲级防火门；

　　5 变电所附近堆有易燃物品或通向汽车库的门应为甲级防火门；

　　6 变电所直接通向室外的门应为丙级防火门。

6.1.5 当露天或半露天变电所安装油浸变压器，且变压器外廓与生产建筑物外墙的距离小于 5m 时，建筑物外墙在下列范围内不得有门、窗或通风孔：

　　1 油量大于 1000kg 时，在变压器总高度加 3m 及外廓两侧各加 3m 的范围内；

　　2 油量小于或等于 1000kg 时，在变压器总高度加 3m 及外廓两侧各加 1.5m 的范围内。

6.1.6 高层建筑物的裙房和多层建筑物内的附设变电所及车间

内变电所的油浸变压器室，应设置容量为 100％变压器油量的储油池。

6.1.7 当设置容量不低于 20％变压器油量的挡油池时，应有能将油排到安全场所的设施。位于下列场所的油浸变压器室，应设置容量为 100％变压器油量的储油池或挡油设施：

    1 容易沉积可燃粉尘、可燃纤维的场所；

    2 附近有粮、棉及其他易燃物大量集中的露天场所；

    3 油浸变压器室下面有地下室。

6.1.9 在多层建筑物或高层建筑物裙房的首层布置油浸变压器的变电站时，首层外墙开口部位的上方应设置宽度不小于 1.0m 的不燃烧体防火挑檐或高度不小于 1.2m 的窗槛墙。

二十五、《供配电系统设计规范》GB 50052—2009

3.0.1 电力负荷应根据对供电可靠性的要求及中断供电在对人身安全、经济损失上所造成的影响程度进行分级，并应符合下列规定：

    1 符合下列情况之一时，应视为一级负荷。

        1）中断供电将造成人身伤害时。

        2）中断供电将在经济上造成重大损失时。

        3）中断供电将影响重要用电单位的正常工作。

    2 在一级负荷中，当中断供电将造成人员伤亡或重大设备损坏或发生中毒、爆炸和火灾等情况的负荷，以及特别重要场所的不允许中断供电的负荷，应视为一级负荷中特别重要的负荷。

    3 符合下列情况之一时，应视为二级负荷。

        1）中断供电将在经济上造成较大损失时。

        2）中断供电将影响较重要用电单位的正常工作。

    4 不属于一级和二级负荷者应为三级负荷。

3.0.2 一级负荷应由双重电源供电，当一电源发生故障时，另一电源不应同时受到损坏。

3.0.3 一级负荷中特别重要的负荷供电，应符合下列要求：

1 除应由双重电源供电外，尚应增设应急电源，并严禁将其他负荷接入应急供电系统。

2 设备的供电电源的切换时间，应满足设备允许中断供电的要求。

3.0.9 备用电源的负荷严禁接入应急供电系统。

4.0.2 应急电源与正常电源之间，应采取防止并列运行的措施。当有特殊要求，应急电源向正常电源转换需短暂并列运行时，应采取安全运行的措施。

二十六、《低压配电设计规范》GB 50054—2011

3.1.4 在 TN-C 系统中不应将保护接地中性导体隔离，严禁将保护接地中性导体接入开关电器。

3.1.7 半导体开关电器，严禁作为隔离电器。

3.1.10 隔离器、熔断器和连接片，严禁作为功能性开关电器。

3.1.12 采用剩余电流动作保护电器作为间接接触防护电器的回路时，必须装设保护导体。

3.2.13 装置外可导电部分严禁作为保护接地中性导体的一部分。

4.2.6 配电室通道上方裸带电体距地面的高度不应低于 2.5m；当低于 2.5m 时，应设置不低于现行国家标准《外壳防护等级（IP 代码）》GB 4208 规定的 IP××B 级或 IP2× 级的遮栏或外护物，遮栏或外护物底部距地面的高度不应低于 2.2m。

7.4.1 除配电室外，无遮护的裸导体至地面的距离，不应小于 3.5m；采用防护等级不低于现行国家标准《外壳防护等级（IP 代码）》GB 4208 规定的 IP2× 的网孔遮栏时，不应小于 2.5m。网状遮栏与裸导体的间距，不应小于 100mm；板状遮栏与裸导体的间距，不应小于 50mm。

二十七、《通用用电设备配电设计规范》GB 50055—2011

2.3.1 交流电动机应装设短路保护和接地故障的保护。

2.5.5　当反转会引起危险时，反接制动的电动机应采取防止制动终了时反转的措施。

2.5.6　电动机旋转方向的错误将危及人员和设备安全时，应采取防止电动机倒相造成旋转方向错误的措施。

3.1.13　在起重机的滑触线上严禁连接与起重机无关的用电设备。

二十八、《电力工程电缆设计标准》GB 50217—2018

5.1.9　在隧道、沟、浅槽、竖井、夹层等封闭式电缆通道中，不得布置热力管道，严禁有可燃气体或可燃液体的管道穿越。

二十九、《综合布线系统工程设计规范》GB 50311—2016

4.1.1　在公用电信网络已实现光纤传输的地区，建筑物内设置用户单元时，通信设施工程必须采用光纤到用户单元的方式建设。

4.1.2　光纤到用户单元通信设施工程的设计必须满足多家电信业务经营者平等接入、用户单元内的通信业务使用者可自由选择电信业务经营者的要求。

4.1.3　新建光纤到用户单元通信设施工程的地下通信管道、配线管网、电信间、设备间等通信设施，必须与建筑工程同步建设。

8.0.10　当电缆从建筑物外面进入建筑物时，应选用适配的信号线路浪涌保护器。

三十、《通信局（站）防雷与接地工程设计规范》GB 50689—2011

1.0.6　通信局（站）雷电过电压保护工程，必须选用经过国家认可的第三方检测部门测试合格的防雷器。

3.1.1　通信局（站）的接地系统必须采用联合接地的方式。

3.1.2　大、中型通信局（站）必须采用 TN-S 或 TN-C-S 供电方式。

3.6.8 接地线中严禁加装开关或熔断器。

3.9.1 接地线与设备及接地排连接时必须加装铜接线端子，并应压（焊）接牢固。

3.10.3 计算机控制中心或控制单元必须设置在建筑物的中部位置，并必须避开雷电浪涌集中的雷电流分布通道，且计算机严禁直接使用建筑物外墙体的电源插孔。

3.11.2 通信局（站）范围内，室外严禁采用架空走线。

3.13.6 局站机房内配电设备的正常不带电部分均应接地，严禁作接零保护。

3.14.1 室内的走线架及各类金属构件必须接地，各段走线架之间必须采用电气连接。

4.8.1 楼顶的各种金属设施，必须分别与楼顶避雷带或接地预留端子就近连通。

5.3.1 宽带接入点用户单元的设备必须接地。

5.3.4 出入建筑物的网络线必须在网络交换机接口处加装网络数据 SPD。

6.4.3 接地排严禁连接到铁塔塔角。

6.6.4 GPS 天线设在楼顶时，GPS 馈线在楼顶布线严禁与避雷带缠绕。

7.4.6 缆线严禁系挂在避雷网或避雷带上。

9.2.9 可插拔防雷模块严禁简单并联作为 80kA、120kA 等量级的 SPD 使用。

三十一、《会议电视会场系统工程设计规范》GB 50635—2010

3.1.8 会议电视会场的各种吊装设备和吊装件必须有可靠的安全保障措施。

3.4.3 光源、灯具的设计应符合下列规定：

  6 灯具的外壳应可靠接地。

  7 灯具及其附件应采取防坠落措施。

8　当灯具需要使用悬吊装置时，其悬吊装置的安全系数不应小于 9。

3.4.4　调光、控制系统的设计应符合下列规定：

5　调光设备的金属外壳应可靠接地。

6　灯光电缆必须采用阻燃型铜芯电缆。

三十二、《数据中心设计规范》GB 50174—2017

8.4.4　数据中心内所有设备的金属外壳，各类金属管道、金属线槽、建筑物金属结构必须进行等电位联结并接地。

13.2.1　数据中心的耐火等级不应低于二级。

13.2.4　当数据中心与其他功能用房在同一建筑内时，数据中心与建筑内其他功能用房之间应采用耐火极限不低于 2.0h 的防火隔墙和 1.5h 的楼板隔开，隔墙上开门应采用甲级防火门。

13.3.1　采用管网式气体灭火系统或细水雾灭火系统的主机房，应同时设置两组独立的火灾探测器，火灾报警系统应与灭火系统和视频监控系统联动。

13.4.1　设置气体灭火系统的主机房，应配置专用空气呼吸器或氧气呼吸器。

三十三、《互联网数据中心工程技术规范》GB 51195—2016

1.0.4　在我国抗震设防烈度 7 度以上（含 7 度）地区 IDC 工程中使用的主要电信设备必须经电信设备抗震性能检测合格。

4.2.2　施工开始以前必须对机房的安全条件进行全面检查，应符合下列规定：

1　机房内必须配备有效的灭火消防器材，机房基础设施中的消防系统工程应施工完毕，并应具备保持性能良好，满足 IT 设备系统安装、调测施工要求的使用条件。

2　楼板预留孔洞应配置非燃烧材料的安全盖板，已用的电缆走线孔洞应用非燃烧材料封堵。

3　机房内严禁存放易燃、易爆等危险物品。

4　机房内不同电压的电源设备、电源插座应有明显区别标志。

三十四、《宽带光纤接入工程设计规范》YD 5206—2014

1.0.5　工程中采用的电信设备必须取得工业和信息化部"电信设备进网许可证"。

1.0.6　在我国抗震设防烈度 7 烈度以上（含 7 烈度）地区公用电信网中使用的主要电信设备必须经电信设备抗双性能检测合格。

7.7.4　墙壁光缆敷设安装应符合以下要求。

2　跨越街坊、院内通路等应采用钢绞线吊挂，其缆线最低点距地面必须符合表 7.7.4-1 的规定。

表 7.7.4-1　墙壁光缆跨越街坊、院内通路线缆最低点距地面距离

名称	与线路交越时垂直净距（m）
市区街道	5.5
胡同（里弄）	5.0
铁路	7.5
公路	5.5
土路	5.0

注：铁路不包含高铁。

3　墙壁光缆与其他管线的最小间距必须符合表 7.7.4-2 的规定。

表 7.7.4-2　墙壁光缆与其他管线的最小间距

管线种类	平行净距（mm）	垂直交叉净距（mm）
电力线	200	100
避雷引下线	1000	300
保护地线	50	20
给水线	150	20

续表 7.7.4-2

管线种类	平行净距（mm）	垂直交叉净距（mm）
压缩空气管	150	20
热力管（不包封）	500	500
热力管（包封）	300	300
燃气管	300	20
其他通信线路	150	100

9.3.3 抗震烈度为 6 烈度及 6 烈度以上的机房，铁架安装必须采取抗震加固措施。铁架和机架加固方式应符合《电信设备安装抗震设计规范》YD 5059 中的相关要求。

第九篇　消　　防

一、《建筑防火通用规范》GB 55037—2022（节选）*

1　总则

1.0.1　为预防建筑火灾、减少火灾危害，保障人身和财产安全，使建筑防火要求安全适用、技术先进、经济合理，依据有关法律、法规，制定本规范。

1.0.2　除生产和储存民用爆炸物品的建筑外，新建、改建和扩建建筑在规划、设计、施工、使用和维护中的防火，以及既有建筑改造、使用和维护中的防火，必须执行本规范。

1.0.3　生产和储存易燃易爆物品的厂房、仓库等，应位于城镇规划区的边缘或相对独立的安全地带。

1.0.4　城镇耐火等级低的既有建筑密集区，应采取防火分隔措施、设置消防车通道、完善消防水源和市政消防给水与市政消火栓系统。

1.0.5　既有建筑改造应根据建筑的现状和改造后的建筑规模、火灾危险性和使用用途等因素确定相应的防火技术要求，并达到本规范规定的目标、功能和性能要求。城镇建成区内影响消防安全的既有厂房、仓库等应迁移或改造。

1.0.6　在城市建成区内不应建设压缩天然气加气母站、一级汽车加油站、加气站、加油加气合建站。

1.0.7　城市消防站应位于易燃易爆危险品场所或设施全年最小频率风向的下风侧，其用地边界距离加油站、加气站、加油加气合建站不应小于50m，距离甲、乙类厂房和易燃易爆危险品储存场所不应小于200m。城市消防站执勤车辆的主出入口，距离人员密集的大型公共建筑的主要疏散出口不应小于50m。

---

* 限于篇幅，1.0.8、1.0.9未收录。

2 基本规定

2.1 目标与功能

2.1.1 建筑的防火性能和设防标准应与建筑的高度（埋深）、层数、规模、类别、使用性质、功能用途、火灾危险性等相适应。

2.1.2 建筑防火应达到下列目标要求：

1 保障人身和财产安全及人身健康；

2 保障重要使用功能，保障生产、经营或重要设施运行的连续性；

3 保护公共利益；

4 保护环境、节约资源。

2.1.3 建筑防火应符合下列功能要求：

1 建筑的承重结构应保证其在受到火或高温作用后，在设计耐火时间内仍能正常发挥承载功能；

2 建筑应设置满足在建筑发生火灾时人员安全疏散或避难需要的设施；

3 建筑内部和外部的防火分隔应能在设定时间内阻止火灾蔓延至相邻建筑或建筑内的其他防火分隔区域；

4 建筑的总平面布局及与相邻建筑的间距应满足消防救援的要求。

2.1.4 在赛事、博览、避险、救灾及灾区生活过渡期间建设的临时建筑或设施，其规划、设计、施工和使用应符合消防安全要求。灾区过渡安置房集中布置区域应按照不同功能区域分别单独划分防火分隔区域。每个防火分隔区域的占地面积不应大于 2500m²，且周围应设置可供消防车通行的道路。

2.1.5 厂房内的生产工艺布置和生产过程控制，工艺装置、设备与仪器仪表、材料等的设计和设置，应根据生产部位的火灾危险性采取相应的防火、防爆措施。

2.1.6 交通隧道的防火要求应根据其建设位置、封闭段的长度、交通流量、通行车辆的类型、环境条件及附近消防站设置情况等因素综合确定。

2.1.7 建筑中有可燃气体、蒸气、粉尘、纤维爆炸危险性的场所或部位，应采取防止形成爆炸条件的措施；当采用泄压、减压、结构抗爆或防爆措施时，应保证建筑的主要承重结构在燃烧爆炸产生的压强作用下仍能发挥其承载功能。

2.1.8 在有可燃气体、蒸气、粉尘、纤维爆炸危险性的环境内，可能产生静电的设备和管道均应具有防止发生静电或静电积累的性能。

2.1.9 建筑中散发较空气轻的可燃气体、蒸气的场所或部位，应采取防止可燃气体、蒸气在室内积聚的措施；散发较空气重的可燃气体、蒸气或有粉尘、纤维爆炸危险性的场所或部位，应符合下列规定：

　　1 楼地面应具有不发火花的性能，使用绝缘材料铺设的整体楼地面面层应具有防止发生静电的性能；

　　2 散发可燃粉尘、纤维场所的内表面应平整、光滑，易于清扫；

　　3 场所内设置地沟时，应采取措施防止可燃气体、蒸气、粉尘、纤维在地沟内积聚，并防止火灾通过地沟与相邻场所的连通处蔓延。

2.2　消防救援设施

2.2.1 建筑的消防救援设施应与建筑的高度（埋深）、进深、规模等相适应，并应满足消防救援的要求。

2.2.2 在建筑与消防车登高操作场地相对应的范围内，应设置直通室外的楼梯或直通楼梯间的入口。

2.2.3 除有特殊要求的建筑和甲类厂房可不设置消防救援口外，在建筑的外墙上应设置便于消防救援人员出入的消防救援口，并应符合下列规定：

　　1 沿外墙的每个防火分区在对应消防救援操作面范围内设

置的消防救援口不应少于 2 个;

　　2　无外窗的建筑应每层设置消防救援口,有外窗的建筑应自第三层起每层设置消防救援口;

　　3　消防救援口的净高度和净宽度均不应小于 1.0m,当利用门时,净宽度不应小于 0.8m;

　　4　消防救援口应易于从室内和室外打开或破拆,采用玻璃窗时,应选用安全玻璃;

　　5　消防救援口应设置可在室内和室外识别的永久性明显标志。

2.2.4　设置机械加压送风系统并靠外墙或可直通屋面的封闭楼梯间、防烟楼梯间,在楼梯间的顶部或最上一层外墙上应设置常闭式应急排烟窗,且该应急排烟窗应具有手动和联动开启功能。

2.2.5　除有特殊功能、性能要求或火灾发展缓慢的场所可不在外墙或屋顶设置应急排烟排热设施外,下列无可开启外窗的地上建筑或部位均应在其每层外墙和(或)屋顶上设置应急排烟排热设施,且该应急排烟排热设施应具有手动、联动或依靠烟气温度等方式自动开启的功能:

　　1　任一层建筑面积大于 2500m² 的丙类厂房;

　　2　任一层建筑面积大于 2500m² 的丙类仓库;

　　3　任一层建筑面积大于 2500m² 的商店营业厅、展览厅、会议厅、多功能厅、宴会厅,以及这些建筑中长度大于 60m 的走道;

　　4　总建筑面积大于 1000m² 的歌舞娱乐放映游艺场所中的房间和走道;

　　5　靠外墙或贯通至建筑屋顶的中庭。

2.2.6　除城市综合管廊、交通隧道和室内无车道且无人员停留的机械式汽车库可不设置消防电梯外,下列建筑均应设置消防电梯,且每个防火分区可供使用的消防电梯不应少于 1 部:

　　1　建筑高度大于 33m 的住宅建筑;

　　2　5 层及以上且建筑面积大于 3000m²(包括设置在其他建

筑内第五层及以上楼层）的老年人照料设施；

3 一类高层公共建筑，建筑高度大于 32m 的二类高层公共建筑；

4 建筑高度大于 32m 的丙类高层厂房；

5 建筑高度大于 32m 的封闭或半封闭汽车库；

6 除轨道交通工程外，埋深大于 10m 且总建筑面积大于 3000m² 的地下或半地下建筑（室）。

2.2.7 埋深大于 15m 的地铁车站公共区应设置消防专用通道。

2.2.8 除仓库连廊、冷库穿堂和筒仓工作塔内的消防电梯可不设置前室外，其他建筑内的消防电梯均应设置前室。消防电梯的前室应符合下列规定：

1 前室在首层应直通室外或经专用通道通向室外，该通道与相邻区域之间应采取防火分隔措施。

2 前室的使用面积不应小于 6.0m²，合用前室的使用面积应符合本规范第 7.1.8 条的规定；前室的短边不应小于 2.4m。

3 前室或合用前室应采用防火门和耐火极限不低于 2.00h 的防火隔墙与其他部位分隔。除兼作消防电梯的货梯前室无法设置防火门的开口可采用防火卷帘分隔外，不应采用防火卷帘或防火玻璃墙等方式替代防火隔墙。

2.2.9 消防电梯井和机房应采用耐火极限不低于 2.00h 且无开口的防火隔墙与相邻井道、机房及其他房间分隔。消防电梯的井底应设置排水设施，排水井的容量不应小于 2m³，排水泵的排水量不应小于 10L/s。

2.2.10 消防电梯应符合下列规定：

1 应能在所服务区域每层停靠；

2 电梯的载重量不应小于 800kg；

3 电梯的动力和控制线缆与控制面板的连接处、控制面板的外壳防水性能等级不应低于 IPX5；

4 在消防电梯的首层入口处，应设置明显的标识和供消防救援人员专用的操作按钮；

5 电梯轿厢内部装修材料的燃烧性能应为 A 级；

6 电梯轿厢内部应设置专用消防对讲电话和视频监控系统的终端设备。

2.2.11 建筑高度大于 250m 的工业与民用建筑，应在屋顶设置直升机停机坪。

2.2.12 屋顶直升机停机坪的尺寸和面积应满足直升机安全起降和救助的要求，并应符合下列规定：

1 停机坪与屋面上突出物的最小水平距离不应小于 5m；

2 建筑通向停机坪的出口不应少于 2 个；

3 停机坪四周应设置航空障碍灯和应急照明装置；

4 停机坪附近应设置消火栓。

2.2.13 供直升机救助使用的设施应避免火灾或高温烟气的直接作用，其结构承载力、设备与结构的连接应满足设计允许的人数停留和该地区最大风速作用的要求。

2.2.14 消防通信指挥系统应具有下列基本功能：

1 责任辖区和跨区域灭火救援调度指挥；

2 火场及其他灾害事故现场指挥通信；

3 通信指挥信息管理；

4 集中接收和处理责任辖区火灾、以抢救人员生命为主的危险化学品泄漏、道路交通事故、地震及其次生灾害、建筑坍塌、重大安全生产事故、空难、爆炸及恐怖事件和群众遇险事件等灾害事故报警。

2.2.15 消防通信指挥系统的主要性能应符合下列规定：

1 应采用北京时间计时，计时最小量度为秒，系统内保持时钟同步；

2 应能同时受理 2 起以上火灾、以抢救人员生命为主的危险化学品泄漏、道路交通事故、地震及其次生灾害、建筑坍塌、重大安全生产事故、空难、爆炸及恐怖事件和群众遇险事件等灾害事故报警；

3 应能同时对 2 起以上火灾、以抢救人员生命为主的危险化学品泄漏、道路交通事故、地震及其次生灾害、建筑坍塌、重大安全生产事故、空难、爆炸及恐怖事件和群众遇险事件等灾害事故进行灭火救援调度指挥；

4 城市消防通信指挥系统从接警到消防站收到第一出动指令的时间不应大于 45s。

2.2.16 消防通信指挥系统的运行安全应符合下列规定：

1 重要设备或重要设备的核心部件应有备份；

2 指挥通信网络应相对独立、常年畅通；

3 系统软件不能正常运行时，应能保证电话接警和调度指挥畅通；

4 火警电话呼入线路或设备出现故障时，应能切换到火警应急接警电话线路或设备接警。

3 建筑总平面布局

3.1 一般规定

3.1.1 建筑的总平面布局应符合减小火灾危害、方便消防救援的要求。

3.1.2 工业与民用建筑应根据建筑使用性质、建筑高度、耐火等级及火灾危险性等合理确定防火间距，建筑之间的防火间距应保证任意一侧建筑外墙受到的相邻建筑火灾辐射热强度均低于其临界引燃辐射热强度。

3.1.3 甲、乙类物品运输车的汽车库、修车库、停车场与人员密集场所的防火间距不应小于 50m，与其他民用建筑的防火间距不应小于 25m；甲类物品运输车的汽车库、修车库、停车场与明火或散发火花地点的防火间距不应小于 30m。

3.2 工业建筑

3.2.1 甲类厂房与人员密集场所的防火间距不应小于 50m，与明火或散发火花地点的防火间距不应小于 30m。

3.2.2 甲类仓库与高层民用建筑和设置人员密集场所的民用建筑的防火间距不应小于50m，甲类仓库之间的防火间距不应小于20m。

3.2.3 除乙类第5项、第6项物品仓库外，乙类仓库与高层民用建筑和设置人员密集场所的其他民用建筑的防火间距不应小于50m。

3.2.4 飞机库与甲类仓库的防火间距不应小于20m。飞机库与喷漆机库贴邻建造时，应采用防火墙分隔。

3.3 民用建筑

3.3.1 除裙房与相邻建筑的防火间距可按单、多层建筑确定外，建筑高度大于100m的民用建筑与相邻建筑的防火间距应符合下列规定：

1 与高层民用建筑的防火间距不应小于13m；

2 与一、二级耐火等级单、多层民用建筑的防火间距不应小于9m；

3 与三级耐火等级单、多层民用建筑的防火间距不应小于11m；

4 与四级耐火等级单、多层民用建筑和木结构民用建筑的防火间距不应小于14m。

3.3.2 相邻两座通过连廊、天桥或下部建筑物等连接的建筑，防火间距应按照两座独立建筑确定。

3.4 消防车道与消防车登高操作场地

3.4.1 工业与民用建筑周围、工厂厂区内、仓库库区内、城市轨道交通的车辆基地内、其他地下工程的地面出入口附近，均应设置可通行消防车并与外部公路或街道连通的道路。

3.4.2 下列建筑应至少沿建筑的两条长边设置消防车道：

1 高层厂房，占地面积大于3000m² 的单、多层甲、乙、丙类厂房；

2 占地面积大于 1500m² 的乙、丙类仓库；

3 飞机库。

3.4.3 除受环境地理条件限制只能设置 1 条消防车道的公共建筑外，其他高层公共建筑和占地面积大于 3000m² 的其他单、多层公共建筑应至少沿建筑的两条长边设置消防车道。住宅建筑应至少沿建筑的一条长边设置消防车道。当建筑仅设置 1 条消防车道时，该消防车道应位于建筑的消防车登高操作场地一侧。

3.4.4 供消防车取水的天然水源和消防水池应设置消防车道，天然水源和消防水池的最低水位应满足消防车可靠取水的要求。

3.4.5 消防车道或兼作消防车道的道路应符合下列规定：

1 道路的净宽度和净空高度应满足消防车安全、快速通行的要求；

2 转弯半径应满足消防车转弯的要求；

3 路面及其下面的建筑结构、管道、管沟等，应满足承受消防车满载时压力的要求；

4 坡度应满足消防车满载时正常通行的要求，且不应大于 10%，兼作消防救援场地的消防车道，坡度尚应满足消防车停靠和消防救援作业的要求；

5 消防车道与建筑外墙的水平距离应满足消防车安全通行的要求，位于建筑消防扑救面一侧兼作消防救援场地的消防车道应满足消防救援作业的要求；

6 长度大于 40m 的尽头式消防车道应设置满足消防车回转要求的场地或道路；

7 消防车道与建筑消防扑救面之间不应有妨碍消防车操作的障碍物，不应有影响消防车安全作业的架空高压电线。

3.4.6 高层建筑应至少沿其一条长边设置消防车登高操作场地。未连续布置的消防车登高操作场地，应保证消防车的救援作业范围能覆盖该建筑的全部消防扑救面。

3.4.7 消防车登高操作场地应符合下列规定：

1 场地与建筑之间不应有进深大于 4m 的裙房及其他妨碍

消防车操作的障碍物或影响消防车作业的架空高压电线；

2　场地及其下面的建筑结构、管道、管沟等应满足承受消防车满载时压力的要求；

3　场地的坡度应满足消防车安全停靠和消防救援作业的要求。

4　建筑平面布置与防火分隔

4.1　一般规定

4.1.1　建筑的平面布置应便于建筑发生火灾时的人员疏散和避难，有利于减小火灾危害、控制火势和烟气蔓延。同一建筑内的不同使用功能区域之间应进行防火分隔。

4.1.2　工业与民用建筑、地铁车站、平时使用的人民防空工程应综合其高度（埋深）、使用功能和火灾危险性等因素，根据有利于消防救援、控制火灾及降低火灾危害的原则划分防火分区。防火分区的划分应符合下列规定：

1　建筑内横向应采用防火墙等划分防火分区，且防火分隔应保证火灾不会蔓延至相邻防火分区；

2　建筑内竖向按自然楼层划分防火分区时，除允许设置敞开楼梯间的建筑外，防火分区的建筑面积应按上、下楼层中在火灾时未封闭的开口所连通区域的建筑面积之和计算；

3　高层建筑主体与裙房之间未采用防火墙和甲级防火门分隔时，裙房的防火分区应按高层建筑主体的相应要求划分；

4　除建筑内游泳池、消防水池等的水面、冰面或雪面面积，射击场的靶道面积，污水沉降池面积，开敞式的外走廊或阳台面积等可不计入防火分区的建筑面积外，其他建筑面积均应计入所在防火分区的建筑面积。

4.1.3　下列场所应采用防火门、防火窗、耐火极限不低于2.00h的防火隔墙和耐火极限不低于 1.00h 的楼板与其他区域分隔：

1 住宅建筑中的汽车库和锅炉房;

2 除居住建筑中的套内自用厨房可不分隔外,建筑内的厨房;

3 医疗建筑中的手术室或手术部、产房、重症监护室、贵重精密医疗装备用房、储藏间、实验室、胶片室等;

4 建筑中的儿童活动场所、老年人照料设施;

5 除消防水泵房的防火分隔应符合本规范第 4.1.7 条的规定,消防控制室的防火分隔应符合本规范第 4.1.8 条的规定外,其他消防设备或器材用房。

4.1.4 燃油或燃气锅炉、可燃油油浸变压器、充有可燃油的高压电容器和多油开关、柴油发电机房等独立建造的设备用房与民用建筑贴邻时,应采用防火墙分隔,且不应贴邻建筑中人员密集的场所。上述设备用房附设在建筑内时,应符合下列规定:

1 当位于人员密集的场所的上一层、下一层或贴邻时,应采取防止设备用房的爆炸作用危及上一层、下一层或相邻场所的措施;

2 设备用房的疏散门应直通室外或安全出口;

3 设备用房应采用耐火极限不低于 2.00h 的防火隔墙和耐火极限不低于 1.50h 的不燃性楼板与其他部位分隔,防火隔墙上的门、窗应为甲级防火门、窗。

4.1.5 附设在建筑内的燃油或燃气锅炉房、柴油发电机房,除应符合本规范第 4.1.4 条的规定外,尚应符合下列规定:

1 常(负)压燃油或燃气锅炉房不应位于地下二层及以下,位于屋顶的常(负)压燃气锅炉房与通向屋面的安全出口的最小水平距离不应小于 6m;其他燃油或燃气锅炉房应位于建筑首层的靠外墙部位或地下一层的靠外侧部位,不应贴邻消防救援专用出入口、疏散楼梯(间)或人员的主要疏散通道。

2 建筑内单间储油间的燃油储存量不应大于 $1m^3$。油箱的通气管设置应满足防火要求,油箱的下部应设置防止油品流散的设施。储油间应采用耐火极限不低于 3.00h 的防火隔墙与发电机间、锅炉间分隔。

　　3　柴油机的排烟管、柴油机房的通风管、与储油间无关的电气线路等，不应穿过储油间。

　　4　燃油或燃气管道在设备间内及进入建筑物前，应分别设置具有自动和手动关闭功能的切断阀。

4.1.6　附设在建筑内的可燃油油浸变压器、充有可燃油的高压电容器和多油开关等的设备用房，除应符合本规范第 4.1.4 条的规定外，尚应符合下列规定：

　　1　油浸变压器室、多油开关室、高压电容器室均应设置防止油品流散的设施；

　　2　变压器室应位于建筑的靠外侧部位，不应设置在地下二层及以下楼层；

　　3　变压器室之间、变压器室与配电室之间应采用防火门和耐火极限不低于 2.00h 的防火隔墙分隔。

4.1.7　消防水泵房的布置和防火分隔应符合下列规定：

　　1　单独建造的消防水泵房，耐火等级不应低于二级；

　　2　附设在建筑内的消防水泵房应采用防火门、防火窗、耐火极限不低于 2.00h 的防火隔墙和耐火极限不低于 1.50h 的楼板与其他部位分隔；

　　3　除地铁工程、水利水电工程和其他特殊工程中的地下消防水泵房可根据工程要求确定其设置楼层外，其他建筑中的消防水泵房不应设置在建筑的地下三层及以下楼层；

　　4　消防水泵房的疏散门应直通室外或安全出口；

　　5　消防水泵房的室内环境温度不应低于 5℃；

　　6　消防水泵房应采取防水淹等的措施。

4.1.8　消防控制室的布置和防火分隔应符合下列规定：

　　1　单独建造的消防控制室，耐火等级不应低于二级；

　　2　附设在建筑内的消防控制室应采用防火门、防火窗、耐火极限不低于 2.00h 的防火隔墙和耐火极限不低于 1.50h 的楼板与其他部位分隔；

　　3　消防控制室应位于建筑的首层或地下一层，疏散门应直通室外或安全出口；

　　4　消防控制室的环境条件不应干扰或影响消防控制室内火灾报警与控制设备的正常运行；

　　5　消防控制室内不应敷设或穿过与消防控制室无关的管线；

　　6　消防控制室应采取防水淹、防潮、防啮齿动物等的措施。

4.1.9　汽车库不应与甲、乙类生产场所或库房贴邻或组合建造。

4.2　工业建筑

4.2.1　除特殊工艺要求外，下列场所不应设置在地下或半地下：

　　1　甲、乙类生产场所；

　　2　甲、乙类仓库；

　　3　有粉尘爆炸危险的生产场所、滤尘设备间；

　　4　邮袋库、丝麻棉毛类物质库。

4.2.2　厂房内不应设置宿舍。直接服务于生产的办公室、休息室等辅助用房的设置，应符合下列规定：

　　1　不应设置在甲、乙类厂房内；

　　2　与甲、乙类厂房贴邻的辅助用房的耐火等级不应低于二级，并应采用耐火极限不低于 3.00h 的抗爆墙与厂房中有爆炸危险的区域分隔，安全出口应独立设置；

　　3　设置在丙类厂房内的辅助用房应采用防火门、防火窗、耐火极限不低于 2.00h 的防火隔墙和耐火极限不低于 1.00h 的楼板与厂房内的其他部位分隔，并应设置至少 1 个独立的安全出口。

4.2.3　设置在厂房内的甲、乙、丙类中间仓库，应采用防火墙和耐火极限不低于 1.50h 的不燃性楼板与其他部位分隔。

4.2.4　与甲、乙类厂房贴邻并供该甲、乙类厂房专用的 10kV 及以下的变（配）电站，应采用无开口的防火墙或抗爆墙一面贴邻，与乙类厂房贴邻的防火墙上的开口应为甲级防火窗。其他变（配）电站应设置在甲、乙类厂房以及爆炸危险性区域外，不应与甲、乙类厂房贴邻。

4.2.5 甲、乙类仓库和储存丙类可燃液体的仓库应为单、多层建筑。

4.2.6 仓库内的防火分区或库房之间应采用防火墙分隔，甲、乙类库房内的防火分区或库房之间应采用无任何开口的防火墙分隔。

4.2.7 仓库内不应设置员工宿舍及与库房运行、管理无直接关系的其他用房。甲、乙类仓库内不应设置办公室、休息室等辅助用房，不应与办公室、休息室等辅助用房及其他场所贴邻。丙、丁类仓库内的办公室、休息室等辅助用房，应采用防火门、防火窗、耐火极限不低于 2.00h 的防火隔墙和耐火极限不低于 1.00h 的楼板与其他部位分隔，并应设置独立的安全出口。

4.2.8 使用和生产甲、乙、丙类液体的场所中，管、沟不应与相邻建筑或场所的管、沟相通，下水道应采取防止含可燃液体的污水流入的措施。

4.3 民用建筑

4.3.1 民用建筑内不应设置经营、存放或使用甲、乙类火灾危险性物品的商店、作坊或储藏间等。民用建筑内除可设置为满足建筑使用功能的附属库房外，不应设置生产场所或其他库房，不应与工业建筑组合建造。

4.3.2 住宅与非住宅功能合建的建筑应符合下列规定：

　　1 除汽车库的疏散出口外，住宅部分与非住宅部分之间应采用耐火极限不低于 2.00h，且无开口的防火隔墙和耐火极限不低于 2.00h 的不燃性楼板完全分隔。

　　2 住宅部分与非住宅部分的安全出口和疏散楼梯应分别独立设置。

　　3 为住宅服务的地上车库应设置独立的安全出口或疏散楼梯，地下车库的疏散楼梯间应按本规范第 7.1.10 条的规定分隔。

　　4 住宅与商业设施合建的建筑按照住宅建筑的防火要求建

造的，应符合下列规定：

 1）商业设施中每个独立单元之间应采用耐火极限不低于2.00h且无开口的防火隔墙分隔；

 2）每个独立单元的层数不应大于2层，且2层的总建筑面积不应大于300m²；

 3）每个独立单元中建筑面积大于200m²的任一楼层均应设置至少2个疏散出口。

4.3.3 商店营业厅、公共展览厅等的布置应符合下列规定：

 1 对于一、二级耐火等级建筑，应布置在地下二层及以上的楼层；

 2 对于三级耐火等级建筑，应布置在首层或二层；

 3 对于四级耐火等级建筑，应布置在首层。

4.3.4 儿童活动场所的布置应符合下列规定：

 1 不应布置在地下或半地下；

 2 对于一、二级耐火等级建筑，应布置在首层、二层或三层；

 3 对于三级耐火等级建筑，应布置在首层或二层；

 4 对于四级耐火等级建筑，应布置在首层。

4.3.5 老年人照料设施的布置应符合下列规定：

 1 对于一、二级耐火等级建筑，不应布置在楼地面设计标高大于54m的楼层上；

 2 对于三级耐火等级建筑，应布置在首层或二层；

 3 居室和休息室不应布置在地下或半地下；

 4 老年人公共活动用房、康复与医疗用房，应布置在地下一层及以上楼层，当布置在半地下或地下一层、地上四层及以上楼层时，每个房间的建筑面积不应大于200m²且使用人数不应大于30人。

4.3.6 医疗建筑中住院病房的布置和分隔应符合下列规定：

 1 不应布置在地下或半地下；

 2 对于三级耐火等级建筑，应布置在首层或二层；

3　建筑内相邻护理单元之间应采用耐火极限不低于 2.00h 的防火隔墙和甲级防火门分隔。

4.3.7　歌舞娱乐放映游艺场所的布置和分隔应符合下列规定：

1　应布置在地下一层及以上且埋深不大于 10m 的楼层；

2　当布置在地下一层或地上四层及以上楼层时，每个房间的建筑面积不应大于 200m²；

3　房间之间应采用耐火极限不低于 2.00h 的防火隔墙分隔；

4　与建筑的其他部位之间应采用防火门、耐火极限不低于 2.00h 的防火隔墙和耐火极限不低于 1.00h 的不燃性楼板分隔。

4.3.8　Ⅰ级木结构建筑中的下列场所应布置在首层、二层或三层：

1　商店营业厅、公共展览厅等；

2　儿童活动场所、老年人照料设施；

3　医疗建筑中的住院病房；

4　歌舞娱乐放映游艺场所。

4.3.9　Ⅱ级木结构建筑中的下列场所应布置在首层或二层：

1　商店营业厅、公共展览厅等；

2　儿童活动场所、老年人照料设施；

3　医疗建筑中的住院病房。

4.3.10　Ⅲ级木结构建筑中的下列场所应布置在首层：

1　商店营业厅、公共展览厅等；

2　儿童活动场所。

4.3.11　燃气调压用房、瓶装液化石油气瓶组用房应独立建造，不应与居住建筑、人员密集的场所及其他高层民用建筑贴邻；贴邻其他民用建筑的，应采用防火墙分隔，门、窗应向室外开启。瓶装液化石油气瓶组用房应符合下列规定：

1　当与所服务建筑贴邻布置时，液化石油气瓶组的总容积不应大于 1m³，并应采用自然气化方式供气；

2　瓶组用房的总出气管道上应设置紧急事故自动切断阀；

3　瓶组用房内应设置可燃气体探测报警装置。

4.3.12　建筑内使用天然气的部位应便于通风和防爆泄压。

4.3.13　四级生物安全实验室应独立划分防火分区，或与三级生物安全实验室共用一个防火分区。

4.3.14　交通车站、码头和机场的候车（船、机）建筑乘客公共区、交通换乘区和通道的布置应符合下列规定：

　　1　不应设置公共娱乐、演艺或经营性住宿等场所；

　　2　乘客通行的区域内不应设置商业设施，用于防火隔离的区域内不应布置任何可燃物体；

　　3　商业设施内不应使用明火。

4.3.15　一、二级耐火等级建筑内的商店营业厅，当设置自动灭火系统和火灾自动报警系统并采用不燃或难燃装修材料时，每个防火分区的最大允许建筑面积应符合下列规定：

　　1　设置在高层建筑内时，不应大于 4000m²；

　　2　设置在单层建筑内或仅设置在多层建筑的首层时，不应大于 10000m²；

　　3　设置在地下或半地下时，不应大于 2000m²。

4.3.16　除有特殊要求的建筑、木结构建筑和附建于民用建筑中的汽车库外，其他公共建筑中每个防火分区的最大允许建筑面积应符合下列规定：

　　1　对于高层建筑，不应大于 1500m²。

　　2　对于一、二级耐火等级的单、多层建筑，不应大于 2500m²；对于三级耐火等级的单、多层建筑，不应大于 1200m²；对于四级耐火等级的单、多层建筑，不应大于 600m²。

　　3　对于地下设备房，不应大于 1000m²；对于地下其他区域，不应大于 500m²。

　　4　当防火分区全部设置自动灭火系统时，上述面积可以增加 1.0 倍；当局部设置自动灭火系统时，可按该局部区域建筑面积的 1/2 计入所在防火分区的总建筑面积。

4.3.17　总建筑面积大于 20000m² 的地下或半地下商店，应分隔为多个建筑面积不大于 20000m² 的区域且防火分隔措施应可靠、有效。

4.4 其他工程

4.4.1 地铁车站的公共区与设备区之间应采取防火分隔措施，车站内的商业设施和非地铁功能设施的布置应符合下列规定：

1 公共区内不应设置公共娱乐场所；

2 在站厅的乘客疏散区、站台层、出入口通道和其他用于乘客疏散的专用通道内，不应布置商业设施或非地铁功能设施；

3 站厅公共区内的商业设施不应经营或储存甲、乙类火灾危险性的物品，不应储存可燃性液体类物品。

4.4.2 地铁车站的站厅、站台、出入口通道、换乘通道、换乘厅与非地铁功能设施之间应采取防火分隔措施。

4.4.3 地铁工程中的下列场所应分别独立设置，并应采用防火门（窗）、耐火极限不低于 2.00h 的防火隔墙和耐火极限不低于 1.50h 的楼板与其他部位分隔：

1 车站控制室（含防灾报警设备室）、车辆基地控制室（含防灾报警设备室）、环控电控室、站台门控制室；

2 变电站、配电室、通信及信号机房；

3 固定灭火装置设备室、消防水泵房；

4 废水泵房、通风机房、蓄电池室；

5 车站和车辆基地内火灾时需继续运行的其他房间。

4.4.4 在地铁车辆基地建筑的上部建造其他功能的建筑时，车辆基地建筑与其他功能的建筑之间应采用耐火极限不低于 3.00h 的楼板分隔，车辆基地建筑中承重的柱、梁和墙体的耐火极限均不应低于 3.00h，楼板的耐火极限不应低于 2.00h。

4.4.5 交通隧道内的变电站、管廊、专用疏散通道、通风机房及其他辅助用房等，应采用耐火极限不低于 2.00h 的防火隔墙等与车行隧道分隔。

5　建筑结构耐火

5.1　一般规定

5.1.1　建筑的耐火等级或工程结构的耐火性能，应与其火灾危险性，建筑高度、使用功能和重要性，火灾扑救难度等相适应。

5.1.2　地下、半地下建筑（室）的耐火等级应为一级。

5.1.3　建筑高度大于 100m 的工业与民用建筑楼板的耐火极限不应低于 2.00h。一级耐火等级工业与民用建筑的上人平屋顶，屋面板的耐火极限不应低于 1.50h；二级耐火等级工业与民用建筑的上人平屋顶，屋面板的耐火极限不应低于 1.00h。

5.1.4　建筑中承重的下列结构或构件应根据设计耐火极限和受力情况等进行耐火性能验算和防火保护设计，或采用耐火试验验证其耐火性能：

　　1　金属结构或构件；

　　2　木结构或构件；

　　3　组合结构或构件；

　　4　钢筋混凝土结构或构件。

5.1.5　下列汽车库的耐火等级应为一级：

　　1　Ⅰ类汽车库，Ⅰ类修车库；

　　2　甲、乙类物品运输车的汽车库或修车库；

　　3　其他高层汽车库。

5.1.6　电动汽车充电站建筑、Ⅱ类汽车库、Ⅱ类修车库、变电站的耐火等级不应低于二级。

5.1.7　裙房的耐火等级不应低于高层建筑主体的耐火等级。除可采用木结构的建筑外，其他建筑的耐火等级应符合本章的规定。

5.2　工业建筑

5.2.1　下列工业建筑的耐火等级应为一级：

1 建筑高度大于 50m 的高层厂房；

2 建筑高度大于 32m 的高层丙类仓库，储存可燃液体的多层丙类仓库，每个防火分隔间建筑面积大于 3000m² 的其他多层丙类仓库；

3 Ⅰ类飞机库。

5.2.2 除本规范第 5.2.1 条规定的建筑外，下列工业建筑的耐火等级不应低于二级：

1 建筑面积大于 300m² 的单层甲、乙类厂房；

2 高架仓库；

3 Ⅱ、Ⅲ类飞机库；

4 使用或储存特殊贵重的机器、仪表、仪器等设备或物品的建筑；

5 高层厂房、高层仓库。

5.2.3 除本规范第 5.2.1 条和第 5.2.2 条规定的建筑外，下列工业建筑的耐火等级不应低于三级：

1 甲、乙类厂房；

2 单、多层丙类厂房；

3 多层丁类厂房；

4 单、多层丙类仓库；

5 多层丁类仓库。

5.2.4 丙、丁类物流建筑应符合下列规定：

1 建筑的耐火等级不应低于二级；

2 物流作业区域和辅助办公区域应分别设置独立的安全出口或疏散楼梯；

3 物流作业区域与辅助办公区域之间应采用耐火极限不低于 3.00h 的防火隔墙和耐火极限不低于 2.00h 的楼板分隔。

5.3 民用建筑

5.3.1 下列民用建筑的耐火等级应为一级：

1 一类高层民用建筑；

  2 二层和二层半式、多层式民用机场航站楼；

  3 A 类广播电影电视建筑；

  4 四级生物安全实验室。

5.3.2 下列民用建筑的耐火等级不应低于二级：

  1 二类高层民用建筑；

  2 一层和一层半式民用机场航站楼；

  3 总建筑面积大于 $1500m^2$ 的单、多层人员密集场所；

  4 B 类广播电影电视建筑；

  5 一级普通消防站、二级普通消防站、特勤消防站、战勤保障消防站；

  6 设置洁净手术部的建筑，三级生物安全实验室；

  7 用于灾时避难的建筑。

5.3.3 除本规范第 5.3.1 条、第 5.3.2 条规定的建筑外，下列民用建筑的耐火等级不应低于三级：

  1 城市和镇中心区内的民用建筑；

  2 老年人照料设施、教学建筑、医疗建筑。

5.4 其他工程

5.4.1 地铁工程地下出入口通道、地上控制中心建筑、地上主变电站的耐火等级不应低于一级。地铁的地上车站建筑的耐火等级不应低于三级。

5.4.2 交通隧道承重结构体的耐火性能应与其车流量、隧道封闭段长度、通行车辆类型和隧道的修复难度等情况相适应。

5.4.3 城市交通隧道的消防救援出入口的耐火等级不应低于一级。城市交通隧道的地面重要设备用房、运营管理中心及其他地面附属用房的耐火等级不应低于二级。

6 建筑构造与装修

6.1 防火墙

6.1.1 防火墙应直接设置在建筑的基础或具有相应耐火性能的框架、梁等承重结构上，并应从楼地面基层隔断至结构梁、楼板或屋面板的底面。防火墙与建筑外墙、屋顶相交处，防火墙上的门、窗等开口，应采取防止火灾蔓延至防火墙另一侧的措施。

6.1.2 防火墙任一侧的建筑结构或构件以及物体受火作用发生破坏或倒塌并作用到防火墙时，防火墙应仍能阻止火灾蔓延至防火墙的另一侧。

6.1.3 防火墙的耐火极限不应低于3.00h。甲、乙类厂房和甲、乙、丙类仓库内的防火墙，耐火极限不应低于4.00h。

6.2 防火隔墙与幕墙

6.2.1 防火隔墙应从楼地面基层隔断至梁、楼板或屋面板的底面基层，防火隔墙上的门、窗等开口应采取防止火灾蔓延至防火隔墙另一侧的措施。

6.2.2 住宅分户墙、住宅单元之间的墙体、防火隔墙与建筑外墙、楼板、屋顶相交处，应采取防止火灾蔓延至另一侧的防火封堵措施。

6.2.3 建筑外墙上、下层开口之间应采取防止火灾沿外墙开口蔓延至建筑其他楼层内的措施。在建筑外墙上水平或竖向相邻开口之间用于防止火灾蔓延的墙体、隔板或防火挑檐等实体分隔结构，其耐火性能均不应低于该建筑外墙的耐火性能要求。住宅建筑外墙上相邻套房开口之间的水平距离或防火措施应满足防止火灾通过相邻开口蔓延的要求。

6.2.4 建筑幕墙应在每层楼板外沿处采取防止火灾通过幕墙空腔等构造竖向蔓延的措施。

6.3 竖井、管线防火和防火封堵

6.3.1 电梯井应独立设置，电梯井内不应敷设或穿过可燃气体或甲、乙、丙类液体管道及与电梯运行无关的电线或电缆等。电梯层门的耐火完整性不应低于 2.00h。

6.3.2 电气竖井、管道井、排烟或通风道、垃圾井等竖井应分别独立设置，井壁的耐火极限均不应低于 1.00h。

6.3.3 除通风管道井、送风管道井、排烟管道井、必须通风的燃气管道竖井及其他有特殊要求的竖井可不在层间的楼板处分隔外，其他竖井应在每层楼板处采取防火分隔措施，且防火分隔组件的耐火性能不应低于楼板的耐火性能。

6.3.4 电气线路和各类管道穿过防火墙、防火隔墙、竖井井壁、建筑变形缝处和楼板处的孔隙应采取防火封堵措施。防火封堵组件的耐火性能不应低于防火分隔部位的耐火性能要求。

6.3.5 通风和空气调节系统的管道、防烟与排烟系统的管道穿过防火墙、防火隔墙、楼板、建筑变形缝处，建筑内未按防火分区独立设置的通风和空气调节系统中的竖向风管与每层水平风管交接的水平管段处，均应采取防止火灾通过管道蔓延至其他防火分隔区域的措施。

6.4 防火门、防火窗、防火卷帘和防火玻璃墙

6.4.1 防火门、防火窗应具有自动关闭的功能，在关闭后应具有烟密闭的性能。宿舍的居室、老年人照料设施的老年人居室、旅馆建筑的客房开向公共内走廊或封闭式外走廊的疏散门，应在关闭后具有烟密闭的性能。宿舍的居室、旅馆建筑的客房的疏散门，应具有自动关闭的功能。

6.4.2 下列部位的门应为甲级防火门：

  1 设置在防火墙上的门、疏散走道在防火分区处设置的门；
  2 设置在耐火极限要求不低于 3.00h 的防火隔墙上的门；
  3 电梯间、疏散楼梯间与汽车库连通的门；

4 室内开向避难走道前室的门、避难间的疏散门；

5 多层乙类仓库和地下、半地下及多、高层丙类仓库中从库房通向疏散走道或疏散楼梯间的门。

6.4.3 除建筑直通室外和屋面的门可采用普通门外，下列部位的门的耐火性能不应低于乙级防火门的要求，且其中建筑高度大于 100m 的建筑相应部位的门应为甲级防火门：

1 甲、乙类厂房，多层丙类厂房，人员密集的公共建筑和其他高层工业与民用建筑中封闭楼梯间的门；

2 防烟楼梯间及其前室的门；

3 消防电梯前室或合用前室的门；

4 前室开向避难走道的门；

5 地下、半地下及多、高层丁类仓库中从库房通向疏散走道或疏散楼梯的门；

6 歌舞娱乐放映游艺场所中的房间疏散门；

7 从室内通向室外疏散楼梯的疏散门；

8 设置在耐火极限要求不低于 2.00h 的防火隔墙上的门。

6.4.4 电气竖井、管道井、排烟道、排气道、垃圾道等竖井井壁上的检查门，应符合下列规定：

1 对于埋深大于 10m 的地下建筑或地下工程，应为甲级防火门；

2 对于建筑高度大于 100m 的建筑，应为甲级防火门；

3 对于层间无防火分隔的竖井和住宅建筑的合用前室，门的耐火性能不应低于乙级防火门的要求；

4 对于其他建筑，门的耐火性能不应低于丙级防火门的要求，当竖井在楼层处无水平防火分隔时，门的耐火性能不应低于乙级防火门的要求。

6.4.5 平时使用的人民防空工程中代替甲级防火门的防护门、防护密闭门、密闭门，耐火性能不应低于甲级防火门的要求，且不应用于平时使用的公共场所的疏散出口处。

6.4.6 设置在防火墙和要求耐火极限不低于 3.00h 的防火隔墙

上的窗应为甲级防火窗。

6.4.7 下列部位的窗的耐火性能不应低于乙级防火窗的要求：

　　1 歌舞娱乐放映游艺场所中房间开向走道的窗；

　　2 设置在避难间或避难层中避难区对应外墙上的窗；

　　3 其他要求耐火极限不低于 2.00h 的防火隔墙上的窗。

6.4.8 用于防火分隔的防火卷帘应符合下列规定：

　　1 应具有在火灾时不需要依靠电源等外部动力源而依靠自重自行关闭的功能；

　　2 耐火性能不应低于防火分隔部位的耐火性能要求；

　　3 应在关闭后具有烟密闭的性能；

　　4 在同一防火分隔区域的界限处采用多樘防火卷帘分隔时，应具有同步降落封闭开口的功能。

6.4.9 用于防火分隔的防火玻璃墙，耐火性能不应低于所在防火分隔部位的耐火性能要求。

6.5　建筑的内部和外部装修

6.5.1 建筑内部装修不应擅自减少、改动、拆除、遮挡消防设施或器材及其标识、疏散指示标志、疏散出口、疏散走道或疏散横通道，不应擅自改变防火分区或防火分隔、防烟分区及其分隔，不应影响消防设施或器材的使用功能和正常操作。

6.5.2 下列部位不应使用影响人员安全疏散和消防救援的镜面反光材料：

　　1 疏散出口的门；

　　2 疏散走道及其尽端、疏散楼梯间及其前室的顶棚、墙面和地面；

　　3 供消防救援人员进出建筑的出入口的门、窗；

　　4 消防专用通道、消防电梯前室或合用前室的顶棚、墙面和地面。

6.5.3 下列部位的顶棚、墙面和地面内部装修材料的燃烧性能均应为 A 级：

  1 避难走道、避难层、避难间；

  2 疏散楼梯间及其前室；

  3 消防电梯前室或合用前室。

6.5.4 消防控制室地面装修材料的燃烧性能不应低于 B_1 级，顶棚和墙面内部装修材料的燃烧性能均应为 A 级。下列设备用房的顶棚、墙面和地面内部装修材料的燃烧性能均应为 A 级：

  1 消防水泵房、机械加压送风机房、排烟机房、固定灭火系统钢瓶间等消防设备间；

  2 配电室、油浸变压器室、发电机房、储油间；

  3 通风和空气调节机房；

  4 锅炉房。

6.5.5 歌舞娱乐放映游艺场所内部装修材料的燃烧性能应符合下列规定：

  1 顶棚装修材料的燃烧性能应为 A 级；

  2 其他部位装修材料的燃烧性能均不应低于 B_1 级；

  3 设置在地下或半地下的歌舞娱乐放映游艺场所，墙面装修材料的燃烧性能应为 A 级。

6.5.6 下列场所设置在地下或半地下时，室内装修材料不应使用易燃材料、石棉制品、玻璃纤维、塑料类制品，顶棚、墙面、地面的内部装修材料的燃烧性能均应为 A 级：

  1 汽车客运站、港口客运站、铁路车站的进出站通道、进出站厅、候乘厅；

  2 地铁车站、民用机场航站楼、城市民航值机厅的公共区；

  3 交通换乘厅、换乘通道。

6.5.7 除有特殊要求的场所外，下列生产场所和仓库的顶棚、墙面、地面和隔断内部装修材料的燃烧性能均应为 A 级：

  1 有明火或高温作业的生产场所；

  2 甲、乙类生产场所；

  3 甲、乙类仓库；

  4 丙类高架仓库、丙类高层仓库；

5 地下或半地下丙类仓库。

6.5.8 建筑的外部装修和户外广告牌的设置，应满足防止火灾通过建筑外立面蔓延的要求，不应妨碍建筑的消防救援或火灾时建筑的排烟与排热，不应遮挡或减小消防救援口。

6.6 建筑保温

6.6.1 建筑的外保温系统不应采用燃烧性能低于 B_2 级的保温材料或制品。当采用 B_1 级或 B_2 级燃烧性能的保温材料或制品时，应采取防止火灾通过保温系统在建筑的立面或屋面蔓延的措施或构造。

6.6.2 建筑的外围护结构采用保温材料与两侧不燃性结构构成无空腔复合保温结构体时，该复合保温结构体的耐火极限不应低于所在外围护结构的耐火性能要求。当保温材料的燃烧性能为 B_1 级或 B_2 级时，保温材料两侧不燃性结构的厚度均不应小于 50mm。

6.6.3 飞机库的外围护结构、内部隔墙和屋面保温隔热层，均应采用燃烧性能为 A 级的材料，飞机库大门及采光材料的燃烧性能均不应低于 B_1 级。

6.6.4 除本规范第 6.6.2 条规定的情况外，下列老年人照料设施的内、外保温系统和屋面保温系统均应采用燃烧性能为 A 级的保温材料或制品：

　1 独立建造的老年人照料设施；

　2 与其他功能的建筑组合建造且老年人照料设施部分的总建筑面积大于 $500m^2$ 的老年人照料设施。

6.6.5 除本规范第 6.6.2 条规定的情况外，下列建筑或场所的外墙外保温材料的燃烧性能应为 A 级：

　1 人员密集场所；

　2 设置人员密集场所的建筑。

6.6.6 除本规范第 6.6.2 条规定的情况外，住宅建筑采用与基层墙体、装饰层之间无空腔的外墙外保温系统时，保温材料或制品的燃烧性能应符合下列规定：

1 建筑高度大于 100m 时，应为 A 级；

2 建筑高度大于 27m、不大于 100m 时，不应低于 B_1 级。

6.6.7 除本规范第 6.6.3 条～第 6.6.6 条规定的建筑外，其他建筑采用与基层墙体、装饰层之间无空腔的外墙外保温系统时，保温材料或制品的燃烧性能应符合下列规定：

1 建筑高度大于 50m 时，应为 A 级；

2 建筑高度大于 24m、不大于 50m 时，不应低于 B_1 级。

6.6.8 除本规范第 6.6.3 条～第 6.6.5 条规定的建筑外，其他建筑采用与基层墙体、装饰层之间有空腔的外墙外保温系统时，保温系统应符合下列规定：

1 建筑高度大于 24m 时，保温材料或制品的燃烧性能应为 A 级；

2 建筑高度不大于 24m 时，保温材料或制品的燃烧性能不应低于 B_1 级；

3 外墙外保温系统与基层墙体、装饰层之间的空腔，应在每层楼板处采取防火分隔与封堵措施。

6.6.9 下列场所或部位内保温系统中保温材料或制品的燃烧性能应为 A 级：

1 人员密集场所；

2 使用明火、燃油、燃气等有火灾危险的场所；

3 疏散楼梯间及其前室；

4 避难走道、避难层、避难间；

5 消防电梯前室或合用前室。

6.6.10 除本规范第 6.6.3 条和第 6.6.9 条规定的场所或部位外，其他场所或部位内保温系统中保温材料或制品的燃烧性能均不应低于 B_1 级。当采用 B_1 级燃烧性能的保温材料时，保温系统的外表面应采取使用不燃材料设置防护层等防火措施。

7　安全疏散与避难设施

7.1　一般规定

7.1.1　建筑的疏散出口数量、位置和宽度，疏散楼梯（间）的形式和宽度，避难设施的位置和面积等，应与建筑的使用功能、火灾危险性、耐火等级、建筑高度或层数、埋深、建筑面积、人员密度、人员特性等相适应。

7.1.2　建筑中的疏散出口应分散布置，房间疏散门应直接通向安全出口，不应经过其他房间。疏散出口的宽度和数量应满足人员安全疏散的要求。各层疏散楼梯的净宽度应符合下列规定：

　　1　对于建筑的地上楼层，各层疏散楼梯的净宽度均不应小于其上部各层中要求疏散净宽度的最大值；

　　2　对于建筑的地下楼层或地下建筑、平时使用的人民防空工程，各层疏散楼梯的净宽度均不应小于其下部各层中要求疏散净宽度的最大值。

7.1.3　建筑中的最大疏散距离应根据建筑的耐火等级、火灾危险性、空间高度、疏散楼梯（间）的形式和使用人员的特点等因素确定，并应符合下列规定：

　　1　疏散距离应满足人员安全疏散的要求；

　　2　房间内任一点至房间疏散门的疏散距离，不应大于建筑中位于袋形走道两侧或尽端房间的疏散门至最近安全出口的最大允许疏散距离。

7.1.4　疏散出口门、疏散走道、疏散楼梯等的净宽度应符合下列规定：

　　1　疏散出口门、室外疏散楼梯的净宽度均不应小于0.80m；

　　2　住宅建筑中直通室外地面的住宅户门的净宽度不应小于0.80m，当住宅建筑高度不大于18m且一边设置栏杆时，室内疏散楼梯的净宽度不应小于1.0m，其他住宅建筑室内疏散楼梯的净宽度不应小于 1.1m；

3 疏散走道、首层疏散外门、公共建筑中的室内疏散楼梯的净宽度均不应小于 1.1m；

4 净宽度大于 4.0m 的疏散楼梯、室内疏散台阶或坡道，应设置扶手栏杆分隔为宽度均不大于 2.0m 的区段。

7.1.5 在疏散通道、疏散走道、疏散出口处，不应有任何影响人员疏散的物体，并应在疏散通道、疏散走道、疏散出口的明显位置设置明显的指示标志。疏散通道、疏散走道、疏散出口的净高度均不应小于 2.1m。疏散走道在防火分区分隔处应设置疏散门。

7.1.6 除设置在丙、丁、戊类仓库首层靠墙外侧的推拉门或卷帘门可用于疏散门外，疏散出口门应为平开门或在火灾时具有平开功能的门，且下列场所或部位的疏散出口门应向疏散方向开启：

1 甲、乙类生产场所；

2 甲、乙类物质的储存场所；

3 平时使用的人民防空工程中的公共场所；

4 其他建筑中使用人数大于 60 人的房间或每樘门的平均疏散人数大于 30 人的房间；

5 疏散楼梯间及其前室的门；

6 室内通向室外疏散楼梯的门。

7.1.7 疏散出口门应能在关闭后从任何一侧手动开启。开向疏散楼梯（间）或疏散走道的门在完全开启时，不应减少楼梯平台或疏散走道的有效净宽度。除住宅的户门可不受限制外，建筑中控制人员出入的闸口和设置门禁系统的疏散出口门应具有在火灾时自动释放的功能，且人员不需使用任何工具即能容易地从内部打开，在门内一侧的显著位置应设置明显的标识。

7.1.8 室内疏散楼梯间应符合下列规定：

1 疏散楼梯间内不应设置烧水间、可燃材料储藏室、垃圾道及其他影响人员疏散的凸出物或障碍物。

2 疏散楼梯间内不应设置或穿过甲、乙、丙类液体管道。

3 在住宅建筑的疏散楼梯间内设置可燃气体管道和可燃气体

计量表时，应采用敞开楼梯间，并应采取防止燃气泄漏的防护措施；其他建筑的疏散楼梯间及其前室内不应设置可燃或助燃气体管道。

4 疏散楼梯间及其前室与其他部位的防火分隔不应使用卷帘。

5 除疏散楼梯间及其前室的出入口、外窗和送风口，住宅建筑疏散楼梯间前室或合用前室内的管道井检查门外，疏散楼梯间及其前室或合用前室内的墙上不应设置其他门、窗等开口。

6 自然通风条件不符合防烟要求的封闭楼梯间，应采取机械加压防烟措施或采用防烟楼梯间。

7 防烟楼梯间前室的使用面积，公共建筑、高层厂房、高层仓库、平时使用的人民防空工程及其他地下工程，不应小于 $6.0m^2$；住宅建筑，不应小于 $4.5m^2$。与消防电梯前室合用的前室的使用面积，公共建筑、高层厂房、高层仓库、平时使用的人民防空工程及其他地下工程，不应小于 $10.0m^2$；住宅建筑，不应小于 $6.0m^2$。

8 疏散楼梯间及其前室上的开口与建筑外墙上的其他相邻开口最近边缘之间的水平距离不应小于 $1.0m$。当距离不符合要求时，应采取防止火势通过相邻开口蔓延的措施。

7.1.9 通向避难层的疏散楼梯应使人员在避难层处必须经过避难区上下。除通向避难层的疏散楼梯外，疏散楼梯（间）在各层的平面位置不应改变或应能使人员的疏散路线保持连续。

7.1.10 除住宅建筑套内的自用楼梯外，建筑的地下或半地下室、平时使用的人民防空工程、其他地下工程的疏散楼梯间应符合下列规定：

1 当埋深不大于 $10m$ 或层数不大于 2 层时，应为封闭楼梯间；

2 当埋深大于 $10m$ 或层数不小于 3 层时，应为防烟楼梯间；

3 地下楼层的疏散楼梯间与地上楼层的疏散楼梯间，应在直通室外地面的楼层采用耐火极限不低于 2.00h 且无开口的防火隔墙分隔；

　　4　在楼梯的各楼层入口处均应设置明显的标识。

7.1.11　室外疏散楼梯应符合下列规定：

　　1　室外疏散楼梯的栏杆扶手高度不应小于 1.10m，倾斜角度不应大于 45°；

　　2　除 3 层及 3 层以下建筑的室外疏散楼梯可采用难燃性材料或木结构外，室外疏散楼梯的梯段和平台均应采用不燃材料；

　　3　除疏散门外，楼梯周围 2.0m 内的墙面上不应设置其他开口，疏散门不应正对梯段。

7.1.12　火灾时用于辅助人员疏散的电梯及其设置应符合下列规定：

　　1　应具有在火灾时仅停靠特定楼层和首层的功能；

　　2　电梯附近的明显位置应设置标示电梯用途的标志和操作说明；

　　3　其他要求应符合本规范有关消防电梯的规定。

7.1.13　设置在消防电梯或疏散楼梯间前室内的非消防电梯，防火性能不应低于消防电梯的防火性能。

7.1.14　建筑高度大于 100m 的工业与民用建筑应设置避难层，且第一个避难层的楼面至消防车登高操作场地地面的高度不应大于 50m。

7.1.15　避难层应符合下列规定：

　　1　避难区的净面积应满足该避难层与上一避难层之间所有楼层的全部使用人数避难的要求。

　　2　除可布置设备用房外，避难层不应用于其他用途。设置在避难层内的可燃液体管道、可燃或助燃气体管道应集中布置，设备管道区应采用耐火极限不低于 3.00h 的防火隔墙与避难区及其他公共区分隔。管道井和设备间应采用耐火极限不低于 2.00h 的防火隔墙与避难区及其他公共区分隔。设备管道区、管道井和设备间与避难区或疏散走道连通时，应设置防火隔间，防火隔间的门应为甲级防火门。

3　避难层应设置消防电梯出口、消火栓、消防软管卷盘、灭火器、消防专线电话和应急广播。

4　在避难层进入楼梯间的入口处和疏散楼梯通向避难层的出口处，均应在明显位置设置标示避难层和楼层位置的灯光指示标识。

5　避难区应采取防止火灾烟气进入或积聚的措施，并应设置可开启外窗。

6　避难区应至少有一边水平投影位于同一侧的消防车登高操作场地范围内。

7.1.16　避难间应符合下列规定：

1　避难区的净面积应满足避难间所在区域设计避难人数避难的要求；

2　避难间兼作其他用途时，应采取保证人员安全避难的措施；

3　避难间应靠近疏散楼梯间，不应在可燃物库房、锅炉房、发电机房、变配电站等火灾危险性大的场所的正下方、正上方或贴邻；

4　避难间应采用耐火极限不低于 2.00h 的防火隔墙和甲级防火门与其他部位分隔；

5　避难间应采取防止火灾烟气进入或积聚的措施，并应设置可开启外窗，除外窗和疏散门外，避难间不应设置其他开口；

6　避难间内不应敷设或穿过输送可燃液体、可燃或助燃气体的管道；

7　避难间内应设置消防软管卷盘、灭火器、消防专线电话和应急广播；

8　在避难间入口处的明显位置应设置标示避难间的灯光指示标识。

7.1.17　汽车库或修车库的室内疏散楼梯应符合下列规定：

1　建筑高度大于 32m 的高层汽车库，应为防烟楼梯间；

2 建筑高度不大于 32m 的汽车库，应为封闭楼梯间；

3 地上修车库，应为封闭楼梯间；

4 地下、半地下汽车库，应符合本规范第 7.1.10 条的规定。

7.1.18 汽车库内任一点至最近人员安全出口的疏散距离应符合下列规定：

1 单层汽车库、位于建筑首层的汽车库，无论汽车库是否设置自动灭火系统，均不应大于 60m。

2 其他汽车库，未设置自动灭火系统时，不应大于 45m；设置自动灭火系统时，不应大于 60m。

7.2 工业建筑

7.2.1 厂房中符合下列条件的每个防火分区或一个防火分区的每个楼层，安全出口不应少于 2 个：

1 甲类地上生产场所，一个防火分区或楼层的建筑面积大于 100m² 或同一时间的使用人数大于 5 人；

2 乙类地上生产场所，一个防火分区或楼层的建筑面积大于 150m² 或同一时间的使用人数大于 10 人；

3 丙类地上生产场所，一个防火分区或楼层的建筑面积大于 250m² 或同一时间的使用人数大于 20 人；

4 丁、戊类地上生产场所，一个防火分区或楼层的建筑面积大于 400m² 或同一时间的使用人数大于 30 人；

5 丙类地下或半地下生产场所，一个防火分区或楼层的建筑面积大于 50m² 或同一时间的使用人数大于 15 人；

6 丁、戊类地下或半地下生产场所，一个防火分区或楼层的建筑面积大于 200m² 或同一时间的使用人数大于 15 人。

7.2.2 高层厂房和甲、乙、丙类多层厂房的疏散楼梯应为封闭楼梯间或室外楼梯。建筑高度大于 32m 且任一层使用人数大于 10 人的厂房，疏散楼梯应为防烟楼梯间或室外楼梯。

7.2.3 占地面积大于 300m² 的地上仓库，安全出口不应少于 2

个；建筑面积大于 $100m^2$ 的地下或半地下仓库，安全出口不应少于 2 个。仓库内每个建筑面积大于 $100m^2$ 的房间的疏散出口不应少于 2 个。

7.2.4 高层仓库的疏散楼梯应为封闭楼梯间或室外楼梯。

7.3　住宅建筑

7.3.1 住宅建筑中符合下列条件之一的住宅单元，每层的安全出口不应少于 2 个：

　　1 任一层建筑面积大于 $650m^2$ 的住宅单元；

　　2 建筑高度大于 54m 的住宅单元；

　　3 建筑高度不大于 27m，但任一户门至最近安全出口的疏散距离大于 15m 的住宅单元；

　　4 建筑高度大于 27m、不大于 54m，但任一户门至最近安全出口的疏散距离大于 10m 的住宅单元。

7.3.2 住宅建筑的室内疏散楼梯应符合下列规定：

　　1 建筑高度不大于 21m 的住宅建筑，当户门的耐火完整性低于 1.00h 时，与电梯井相邻布置的疏散楼梯应为封闭楼梯间；

　　2 建筑高度大于 21m、不大于 33m 的住宅建筑，当户门的耐火完整性低于 1.00h 时，疏散楼梯应为封闭楼梯间；

　　3 建筑高度大于 33m 的住宅建筑，疏散楼梯应为防烟楼梯间，开向防烟楼梯间前室或合用前室的户门应为耐火性能不低于乙级的防火门；

　　4 建筑高度大于 27m、不大于 54m 且每层仅设置 1 部疏散楼梯的住宅单元，户门的耐火完整性不应低于 1.00h，疏散楼梯应通至屋面；

　　5 多个单元的住宅建筑中通至屋面的疏散楼梯应能通过屋面连通。

7.4　公共建筑和非住宅类居住建筑

7.4.1 公共建筑内每个防火分区或一个防火分区的每个楼层的

安全出口不应少于2个；仅设置1个安全出口或1部疏散楼梯的公共建筑应符合下列条件之一：

1 除托儿所、幼儿园外，建筑面积不大于200m² 且人数不大于50人的单层公共建筑或多层公共建筑的首层；

2 除医疗建筑、老年人照料设施、儿童活动场所、歌舞娱乐放映游艺场所外，符合表7.4.1规定的公共建筑。

表7.4.1 仅设置1个安全出口或1部疏散楼梯的公共建筑

建筑的耐火等级或类型	最多层数	每层最大建筑面积（m²）	人数
一、二级	3层	200	第二、三层的人数之和不大于50人
三级、木结构建筑	3层	200	第二、三层的人数之和不大于25人
四级	2层	200	第二层人数不大于15人

7.4.2 公共建筑内每个房间的疏散门不应少于2个；儿童活动场所、老年人照料设施中的老年人活动场所、医疗建筑中的治疗室和病房、教学建筑中的教学用房，当位于走道尽端时，疏散门不应少于2个；公共建筑内仅设置1个疏散门的房间应符合下列条件之一：

1 对于儿童活动场所、老年人照料设施中的老年人活动场所，房间位于两个安全出口之间或袋形走道两侧且建筑面积不大于50m²；

2 对于医疗建筑中的治疗室和病房、教学建筑中的教学用房，房间位于两个安全出口之间或袋形走道两侧且建筑面积不大于75m²；

3 对于歌舞娱乐放映游艺场所，房间的建筑面积不大于50m² 且经常停留人数不大于15人；

4 对于其他用途的场所，房间位于两个安全出口之间或袋形走道两侧且建筑面积不大于120m²；

5 对于其他用途的场所，房间位于走道尽端且建筑面积不大于 50m²；

6 对于其他用途的场所，房间位于走道尽端且建筑面积不大于 200m²、房间内任一点至疏散门的直线距离不大于 15m、疏散门的净宽度不小于 1.40m。

7.4.3 位于高层建筑内的儿童活动场所，安全出口和疏散楼梯应独立设置。

7.4.4 下列公共建筑的室内疏散楼梯应为防烟楼梯间：

1 一类高层公共建筑；

2 建筑高度大于 32m 的二类高层公共建筑。

7.4.5 下列公共建筑中与敞开式外廊不直接连通的室内疏散楼梯均应为封闭楼梯间：

1 建筑高度不大于 32m 的二类高层公共建筑；

2 多层医疗建筑、旅馆建筑、老年人照料设施及类似使用功能的建筑；

3 设置歌舞娱乐放映游艺场所的多层建筑；

4 多层商店建筑、图书馆、展览建筑、会议中心及类似使用功能的建筑；

5 6 层及 6 层以上的其他多层公共建筑。

7.4.6 剧场、电影院、礼堂和体育馆的观众厅或多功能厅的疏散门不应少于 2 个，且每个疏散门的平均疏散人数不应大于 250 人；当容纳人数大于 2000 人时，其超过 2000 人的部分，每个疏散门的平均疏散人数不应大于 400 人。

7.4.7 除剧场、电影院、礼堂、体育馆外的其他公共建筑，疏散出口、疏散走道和疏散楼梯各自的总净宽度，应根据疏散人数和每 100 人所需最小疏散净宽度计算确定，并应符合下列规定：

1 疏散出口、疏散走道和疏散楼梯每 100 人所需最小疏散净宽度不应小于表 7.4.7 的规定值。

2 除不用作其他楼层人员疏散并直通室外地面的外门总净宽度，可按本层的疏散人数计算确定外，首层外门的总净宽度应按该建筑疏散人数最大一层的人数计算确定。

表 7.4.7 疏散出口、疏散走道和疏散楼梯每 100 人所
需最小疏散净宽度（m/100 人）

建筑层数或埋深		建筑的耐火等级或类型		
		一、二级	三级、木结构建筑	四级
地上楼层	1 层～2 层	0.65	0.75	1.00
	3 层	0.75	1.00	—
	不小于 4 层	1.00	1.25	—
地下、半地下楼层	埋深不大于 10m	0.75	—	—
	埋深大于 10m	1.00	—	—
	歌舞娱乐放映游艺场所及其他人员密集的房间	1.00		

3 歌舞娱乐放映游艺场所中录像厅的疏散人数，应根据录像厅的建筑面积按不小于 1.0 人/m^2 计算；歌舞娱乐放映游艺场所中其他用途房间的疏散人数，应根据房间的建筑面积按不小于 0.5 人/m^2 计算。

7.4.8 医疗建筑的避难间设置应符合下列规定：

1 高层病房楼应在第二层及以上的病房楼层和洁净手术部设置避难间；

2 楼地面距室外设计地面高度大于 24m 的洁净手术部及重症监护区，每个防火分区应至少设置 1 间避难间；

3 每间避难间服务的护理单元不应大于 2 个，每个护理单元的避难区净面积不应小于 25.0m^2；

4 避难间的其他防火要求，应符合本规范第 7.1.16 条的规定。

7.5 其他工程

7.5.1 地铁车站中站台公共区至站厅公共区或其他安全区域的

疏散楼梯、自动扶梯和疏散通道的通过能力，应保证在远期或客流控制期中超高峰小时最大客流量时，一列进站列车所载乘客及站台上的候车乘客能在 4min 内全部撤离站台，并应能在 6min 内全部疏散至站厅公共区或其他安全区域。

7.5.2 地铁车站的安全出口应符合下列规定：

1 车站每个站厅公共区直通室外的安全出口不应少于 2 个；

2 地下一层与站厅公共区同层布置侧式站台的车站，每侧站台直通室外的安全出口不应少于 2 个；

3 位于站厅公共区同方向相邻两个安全出口之间的水平净距不应小于 20m；

4 设备区的安全出口应独立设置，有人值守的设备和管理用房区域的安全出口不应少于 2 个，其中有人值守的防火分区应至少有 1 个直通室外的安全出口。

7.5.3 两条单线载客运营地下区间之间应设置联络通道，载客运营地下区间内应设置纵向疏散平台。

7.5.4 地铁工程中的出入口控制装置，应具有与火灾自动报警系统联动控制自动释放和断电自动释放的功能，并应能在车站控制室或消防控制室内手动远程控制。

7.5.5 城市综合管廊工程的每个舱室均应设置人员逃生口和消防救援出入口。人员逃生口和消防救援出入口的尺寸应方便人员进出，其间距应根据电力电缆、热力管道、燃气管道的敷设情况，管廊通风与消防救援等需要综合确定。

8 消防设施

8.1 消防给水和灭火设施

8.1.1 建筑应设置与其建筑高度（埋深）、体积、面积、长度，火灾危险性，建筑附近的消防力量布置情况，环境条件等相适应的消防给水设施、灭火设施和器材。除地铁区间、综合管廊的燃气舱和住宅建筑套内可不配置灭火器外，建筑内应配置灭火器。

8.1.2 建筑中设置的消防设施与器材应与所设置场所的火灾危险性、可燃物的燃烧特性环境条件、设置场所的面积和空间净高、使用人员特征、防护对象的重要性和防护目标等相适应，满足设置场所灭火、控火、早期报警、防烟、排烟、排热等需要，并应有利于人员安全疏散和消防救援。

8.1.3 设置在建筑内的固定灭火设施应符合下列规定：

　　1 灭火剂应适用于扑救设置场所或保护对象的火灾类型，不应用于扑救遇灭火介质会发生化学反应而引起燃烧、爆炸等物质的火灾；

　　2 灭火设施应满足在正常使用环境条件下安全、可靠运行的要求；

　　3 灭火剂储存间的环境温度应满足灭火剂储存装置安全运行和灭火剂安全储存的要求。

8.1.4 除居住人数不大于 500 人且建筑层数不大于 2 层的居住区外，城镇（包括居住区、商业区、开发区、工业区等）应沿可通行消防车的街道设置市政消火栓系统。

8.1.5 除城市轨道交通工程的地上区间和一、二级耐火等级且建筑体积不大于 3000m³ 的戊类厂房可不设置室外消火栓外，下列建筑或场所应设置室外消火栓系统：

　　1 建筑占地面积大于 300m² 的厂房、仓库和民用建筑；

　　2 用于消防救援和消防车停靠的建筑屋面或高架桥；

　　3 地铁车站及其附属建筑、车辆基地。

8.1.6 除四类城市交通隧道、供人员或非机动车辆通行的三类城市交隧道可不设置消防给水系统外，城市交通隧道应设置消防给水系统。

8.1.7 除不适合用水保护或灭火的场所、远离城镇且无人值守的独立建筑、散装粮食仓库、金库可不设置室内消火栓系统外，下列建筑应设置室内消火栓系统：

　　1 建筑占地面积大于 300m² 的甲、乙、丙类厂房；

　　2 建筑占地面积大于 300m² 的甲、乙、丙类仓库；

3 高层公共建筑，建筑高度大于 21m 的住宅建筑；

4 特等和甲等剧场，座位数大于 800 个的乙等剧场，座位数大于 800 个的电影院，座位数大于 1200 个的礼堂，座位数大于 1200 个的体育馆等建筑；

5 建筑体积大于 5000m³ 的下列单、多层建筑：车站、码头、机场的候车（船、机）建筑，展览、商店、旅馆和医疗建筑，老年人照料设施，档案馆，图书馆；

6 建筑高度大于 15m 或建筑体积大于 10000m³ 的办公建筑、教学建筑及其他单、多层民用建筑；

7 建筑面积大于 300m² 的汽车库和修车库；

8 建筑面积大于 300m² 且平时使用的人民防空工程；

9 地铁工程中的地下区间、控制中心、车站及长度大于 30m 的人行通道，车辆基地内建筑面积大于 300m² 的建筑；

10 通行机动车的一、二、三类城市交通隧道。

8.1.8 除散装粮食仓库可不设置自动灭火系统外，下列厂房或生产部位、仓库应设置自动灭火系统：

1 地上不小于 50000 纱锭的棉纺厂房中的开包、清花车间，不小于 5000 锭的麻纺厂房中的分级、梳麻车间，火柴厂的烤梗、筛选部位；

2 地上占地面积大于 1500m² 或总建筑面积大于 3000m² 的单、多层制鞋、制衣、玩具及电子等类似用途的厂房；

3 占地面积大于 1500m² 的地上木器厂房；

4 泡沫塑料厂的预发、成型、切片、压花部位；

5 除本条第 1 款～第 4 款规定外的其他乙、丙类高层厂房；

6 建筑面积大于 500m² 的地下或半地下丙类生产场所；

7 除占地面积不大于 2000m² 的单层棉花仓库外，每座占地面积大于 1000m² 的棉、毛、丝、麻、化纤、毛皮及其制品的地上仓库；

8 每座占地面积大于 600m² 的地上火柴仓库；

9 邮政建筑内建筑面积大于 500m² 的地上空邮袋库；

10 设计温度高于 0℃ 的地上高架冷库，设计温度高于 0℃ 且每个防火分区建筑面积大于 1500m² 的地上非高架冷库；

11 除本条第 7 款～第 10 款规定外，其他每座占地面积大于 1500m² 或总建筑面积大于 3000m² 的单、多层丙类仓库；

12 除本条第 7 款～第 11 款规定外，其他丙、丁类地上高架仓库，丙、丁类高层仓库；

13 地下或半地下总建筑面积大于 500m² 的丙类仓库。

8.1.9 除建筑内的游泳池、浴池、溜冰场可不设置自动灭火系统外，下列民用建筑、场所和平时使用的人民防空工程应设置自动灭火系统：

1 一类高层公共建筑及其地下、半地下室；

2 二类高层公共建筑及其地下、半地下室中的公共活动用房、走道、办公室、旅馆的客房、可燃物品库房；

3 建筑高度大于 100m 的住宅建筑；

4 特等和甲等剧场，座位数大于 1500 个的乙等剧场，座位数大于 2000 个的会堂或礼堂，座位数大于 3000 个的体育馆，座位数大于 5000 个的体育场的室内人员休息室与器材间等；

5 任一层建筑面积大于 1500m² 或总建筑面积大于 3000m² 的单、多层展览建筑、商店建筑、餐饮建筑和旅馆建筑；

6 中型和大型幼儿园，老年人照料设施，任一层建筑面积大于 1500m² 或总建筑面积大于 3000m² 的单、多层病房楼、门诊楼和手术部；

7 除本条上述规定外，设置具有送回风道（管）系统的集中空气调节系统且总建筑面积大于 3000m² 的其他单、多层公共建筑；

8 总建筑面积大于 500m² 的地下或半地下商店；

9 设置在地下或半地下、多层建筑的地上第四层及以上楼层、高层民用建筑内的歌舞娱乐放映游艺场所，设置在多层建筑第一层至第三层且楼层建筑面积大于 300m² 的地上歌舞娱乐放映游艺场所；

10　位于地下或半地下且座位数大于 800 个的电影院、剧场或礼堂的观众厅；

11　建筑面积大于 1000m² 且平时使用的人民防空工程。

8.1.10　除敞开式汽车库可不设置自动灭火设施外，Ⅰ、Ⅱ、Ⅲ类地上汽车库，停车数大于 10 辆的地下或半地下汽车库，机械式汽车库，采用汽车专用升降机作汽车疏散出口的汽车库，Ⅰ类的机动车修车库均应设自动灭火系统。

8.1.11　下列建筑或部位应设置雨淋灭火系统：

1　火柴厂的氯酸钾压碾车间；

2　建筑面积大于 100m² 且生产或使用硝化棉、喷漆棉、火胶棉、赛璐珞胶片、硝化纤维的场所；

3　乒乓球厂的轧坯、切片、磨球、分球检验部位；

4　建筑面积大于 60m² 或储存量大于 2t 的硝化棉、喷漆棉、火胶棉、赛璐珞胶片、硝化纤维库房；

5　日装瓶数量大于 3000 瓶的液化石油气储配站的灌瓶间、实瓶库；

6　特等和甲等剧场的舞台葡萄架下部，座位数大于 1500 个的乙等剧场的舞台葡萄架下部，座位数大于 2000 个的会堂或礼堂的舞台葡萄架下部；

7　建筑面积大于或等于 400m² 的演播室，建筑面积大于或等于 500m² 的电影摄影棚。

8.1.12　下列建筑应设置与室内消火栓等水灭火系统供水管网直接连接的消防水泵接合器，且消防水泵接合器应位于室外便于消防车向室内消防给水管网安全供水的位置：

1　设置自动喷水、水喷雾、泡沫或固定消防炮灭火系统的建筑；

2　6 层及以上并设置室内消火栓系统的民用建筑；

3　5 层及以上并设置室内消火栓系统的厂房；

4　5 层及以上并设置室内消火栓系统的仓库；

5　室内消火栓设计流量大于 10L/s 且平时使用的人民防空

工程；

    6 地铁工程中设置室内消火栓系统的建筑或场所；

    7 设置室内消火栓系统的交通隧道；

    8 设置室内消火栓系统的地下、半地下汽车库和 5 层及以上的汽车库；

    9 设置室内消火栓系统，建筑面积大于 10000m² 或 3 层及以上的其他地下、半地下建筑（室）。

8.2 防烟与排烟

8.2.1 下列部位应采取防烟措施：

    1 封闭楼梯间；

    2 防烟楼梯间及其前室；

    3 消防电梯的前室或合用前室；

    4 避难层、避难间；

    5 避难走道的前室，地铁工程中的避难走道。

8.2.2 除不适合设置排烟设施的场所、火灾发展缓慢的场所可不设置排烟设施外，工业与民用建筑的下列场所或部位应采取排烟等烟气控制措施：

    1 建筑面积大于 300m²，且经常有人停留或可燃物较多的地上丙类生产场所，丙类厂房内建筑面积大于 300m²，且经常有人停留或可燃物较多的地上房间；

    2 建筑面积大于 100m² 的地下或半地下丙类生产场所；

    3 除高温生产工艺的丁类厂房外，其他建筑面积大于 5000m² 的地上丁类生产场所；

    4 建筑面积大于 1000m² 的地下或半地下丁类生产场所；

    5 建筑面积大于 300m² 的地上丙类库房；

    6 设置在地下或半地下、地上第四层及以上楼层的歌舞娱乐放映游艺场所，设置在其他楼层且房间总建筑面积大于 100m² 的歌舞娱乐放映游艺场所；

    7 公共建筑内建筑面积大于 100m² 且经常有人停留的

房间；

8 公共建筑内建筑面积大于 $300m^2$ 且可燃物较多的房间；

9 中庭；

10 建筑高度大于 32m 的厂房或仓库内长度大于 20m 的疏散走道，其他厂房或仓库内长度大于 40m 的疏散走道，民用建筑内长度大于 20m 的疏散走道。

8.2.3 除敞开式汽车库、地下一层中建筑面积小于 $1000m^2$ 的汽车库、地下一层中建筑面积小于 $1000m^2$ 的修车库可不设置排烟设施外，其他汽车库、修车库应设置排烟设施。

8.2.4 通行机动车的一、二、三类城市交通隧道内应设置排烟设施。

8.2.5 建筑中下列经常有人停留或可燃物较多且无可开启外窗的房间或区域应设置排烟设施：

1 建筑面积大于 $50m^2$ 的房间；

2 房间的建筑面积不大于 $50m^2$，总建筑面积大于 $200m^2$ 的区域。

8.3 火灾自动报警系统

8.3.1 除散装粮食仓库、原煤仓库可不设置火灾自动报警系统外，下列工业建筑或场所应设置火灾自动报警系统：

1 丙类高层厂房；

2 地下、半地下且建筑面积大于 $1000m^2$ 的丙类生产场所；

3 地下、半地下且建筑面积大于 $1000m^2$ 的丙类仓库；

4 丙类高层仓库或丙类高架仓库。

8.3.2 下列民用建筑或场所应设置火灾自动报警系统：

1 商店建筑、展览建筑、财贸金融建筑、客运和货运建筑等类似用途的建筑；

2 旅馆建筑；

3 建筑高度大于 100m 的住宅建筑；

4 图书或文物的珍藏库，每座藏书超过 50 万册的图书馆，重要的档案馆；

5 地市级及以上广播电视建筑、邮政建筑、电信建筑，城市或区域性电力、交通和防灾等指挥调度建筑；

6 特等、甲等剧场，座位数超过1500个的其他等级的剧场或电影院，座位数超过2000个的会堂或礼堂，座位数超过3000个的体育馆；

7 疗养院的病房楼，床位数不少于100张的医院的门诊楼、病房楼、手术部等；

8 托儿所、幼儿园，老年人照料设施，任一层建筑面积大于500m² 或总建筑面积大于1000m² 的其他儿童活动场所；

9 歌舞娱乐放映游艺场所；

10 其他二类高层公共建筑内建筑面积大于50m² 的可燃物品库房和建筑面积大于500m² 的商店营业厅，以及其他一类高层公共建筑。

8.3.3 除住宅建筑的燃气用气部位外，建筑内可能散发可燃气体、可燃蒸气的场所应设置可燃气体探测报警装置。

9 供暖、通风和空气调节系统

9.1 一般规定

9.1.1 除有特殊功能或性能要求的场所外，下列场所的空气不应循环使用：

1 甲、乙类生产场所；

2 甲、乙类物质储存场所；

3 产生燃烧或爆炸危险性粉尘、纤维且所排除空气的含尘浓度不小于其爆炸下限25%的丙类生产或储存场所；

4 产生易燃易爆气体或蒸气且所排除空气的含气体浓度不小于其爆炸下限值10%的其他场所；

5 其他具有甲、乙类火灾危险性的房间。

9.1.2 甲、乙类生产场所的送风设备，不应与排风设备设置在同一通风机房内。用于排除甲、乙类物质的排风设备，不应与其他房间的非防爆送、排风设备设置在同一通风机房内。

9.1.3　排除有燃烧或爆炸危险性物质的风管，不应穿过防火墙，或爆炸危险性房间、人员聚集的房间、可燃物较多的房间的隔墙。

9.2　供暖系统

9.2.1　甲、乙类火灾危险性场所内不应采用明火、燃气红外线辐射供暖。存在粉尘爆炸危险性的场所内不应采用电热散热器供暖。在储存或产生可燃气体或蒸气的场所内使用的电热散热器及其连接器，应具备相应的防爆性能。

9.2.2　下列场所应采用不循环使用的热风供暖：

　　1　生产过程中散发的可燃气体、蒸气、粉尘或纤维，与供暖管道、散热器表面接触能引起燃烧的场所；

　　2　生产过程中散发的粉尘受到水、水蒸气作用能引起自燃、爆炸或产生爆炸性气体的场所。

9.2.3　采用燃气红外线辐射供暖的场所，应采取防火和通风换气等安全措施。

9.3　通风和空气调节系统

9.3.1　下列场所应设置通风换气设施：

　　1　甲、乙类生产场所；

　　2　甲、乙类物质储存场所；

　　3　空气中含有燃烧或爆炸危险性粉尘、纤维的丙类生产或储存场所；

　　4　空气中含有易燃易爆气体或蒸气的其他场所；

　　5　其他具有甲、乙类火灾危险性的房间。

9.3.2　下列通风系统应单独设置：

　　1　甲、乙类生产场所中不同防火分区的通风系统；

　　2　甲、乙类物质储存场所中不同防火分区的通风系统；

3 排除的不同有害物质混合后能引起燃烧或爆炸的通风系统;

4 除本条第1款、第2款规定外,其他建筑中排除有燃烧或爆炸危险性气体、蒸气、粉尘、纤维的通风系统。

9.3.3 排除有燃烧或爆炸危险性气体、蒸气或粉尘的排风系统应符合下列规定:

1 应采取静电导除等静电防护措施;

2 排风设备不应设置在地下或半地下;

3 排风管道应具有不易积聚静电的性能,所排除的空气应直接通向室外安全地点。

10 电气

10.1 消防电气

10.1.1 建筑高度大于150m的工业与民用建筑的消防用电应符合下列规定:

1 应按特级负荷供电;

2 应急电源的消防供电回路应采用专用线路连接至专用母线段;

3 消防用电设备的供电电源干线应有两个路由。

10.1.2 除筒仓、散装粮食仓库及工作塔外,下列建筑的消防用电负荷等级不应低于一级:

1 建筑高度大于50m的乙、丙类厂房;

2 建筑高度大于50m的丙类仓库;

3 一类高层民用建筑;

4 二层式、二层半式和多层式民用机场航站楼;

5 Ⅰ类汽车库;

6 建筑面积大于5000m² 且平时使用的人民防空工程;

7 地铁工程;

8 一、二类城市交通隧道。

10.1.3 下列建筑的消防用电负荷等级不应低于二级：

1 室外消防用水量大于 30L/s 的厂房；

2 室外消防用水量大于 30L/s 的仓库；

3 座位数大于 1500 个的电影院或剧场，座位数大于 3000 个的体育馆；

4 任一层建筑面积大于 3000m² 的商店和展览建筑；

5 省（市）级及以上的广播电视、电信和财贸金融建筑；

6 总建筑面积大于 3000m² 的地下、半地下商业设施；

7 民用机场航站楼；

8 Ⅱ类、Ⅲ类汽车库和Ⅰ类修车库；

9 本条上述规定外的其他二类高层民用建筑；

10 本条上述规定外的室外消防用水量大于 25L/s 的其他公共建筑；

11 水利工程，水电工程；

12 三类城市交通隧道。

10.1.4 建筑内消防应急照明和灯光疏散指示标志的备用电源的连续供电时间应满足人员安全疏散的要求，且不应小于表 10.1.4 的规定值。

表 10.1.4 建筑内消防应急照明和灯光疏散指示标志的
备用电源的连续供电时间

建筑类别		连续供电时间（h）
建筑高度大于 100m 的民用建筑		1.5
建筑高度不大于 100m 的医疗建筑，老年人照料设施，总建筑面积大于 100000m² 的其他公共建筑		1.0
水利工程，水电工程，总建筑面积大于 20000m² 的地下或半地下建筑		1.0
城市轨道交通工程	区间和地下车站	1.0
	地上车站、车辆基地	0.5

续表 10.1.4

建筑类别		连续供电时间（h）
城市交通隧道	一、二类	1.5
	三类	1.0
城市综合管廊工程，平时使用的人民防空工程，除上述规定外的其他建筑		0.5

10.1.5 建筑内的消防用电设备应采用专用的供电回路，当其中的生产、生活用电被切断时，应仍能保证消防用电设备的用电需要。除三级消防用电负荷外，消防用电设备的备用消防电源的供电时间和容量，应能满足该建筑火灾延续时间内消防用电设备的持续用电要求。不同建筑的设计火灾延续时间不应小于表10.1.5的规定。

表 10.1.5 不同建筑的设计火灾延续时间

建筑类别	具体类型	设计火灾延续时间（h）
仓库	甲、乙、丙类仓库	3.0
	丁、戊类仓库	2.0
厂房	甲、乙、丙类厂房	3.0
	丁、戊类厂房	2.0
公共建筑	一类高层建筑、建筑体积大于100000m³ 的公共建筑	3.0
	其他公共建筑	2.0
住宅建筑	一类高层住宅建筑	2.0
	其他住宅建筑	1.0
平时使用的人民防空工程	总建筑面积不大于3000m²	1.0
	总建筑面积大于3000m²	2.0
城市交通隧道	一、二类	3.0
	三类	2.0
城市轨道交通工程		2.0

10.1.6　除按照三级负荷供电的消防用电设备外，消防控制室、消防水泵房的消防用电设备及消防电梯等的供电，应在其配电线路的最末一级配电箱内设置自动切换装置。防烟和排烟风机房的消防用电设备的供电，应在其配电线路的最末一级配电箱内或所在防火分区的配电箱内设置自动切换装置。防火卷帘、电动排烟窗、消防潜污泵、消防应急照明和疏散指示标志等的供电，应在所在防火分区的配电箱内设置自动切换装置。

10.1.7　消防配电线路的设计和敷设，应满足在建筑的设计火灾延续时间内为消防用电设备连续供电的需要。

10.1.8　除筒仓、散装粮食仓库和火灾发展缓慢的场所外，下列建筑应设置灯光疏散指示标志，疏散指示标志及其设置间距、照度应保证疏散路线指示明确、方向指示正确清晰、视觉连续：

　　1　甲、乙、丙类厂房，高层丁、戊类厂房；

　　2　丙类仓库，高层仓库；

　　3　公共建筑；

　　4　建筑高度大于 27m 的住宅建筑；

　　5　除室内无车道且无人员停留的汽车库外的其他汽车库和修车库；

　　6　平时使用的人民防空工程；

　　7　地铁工程中的车站、换乘通道或连接通道、车辆基地、地下区间内的纵向疏散平台；

　　8　城市交通隧道、城市综合管廊；

　　9　城市的地下人行通道；

　　10　其他地下或半地下建筑。

10.1.9　除筒仓、散装粮食仓库和火灾发展缓慢的场所外，厂房、丙类仓库、民用建筑、平时使用的人民防空工程等建筑中的下列部位应设置疏散照明：

　　1　安全出口、疏散楼梯（间）、疏散楼梯间的前室或合用前室、避难走道及其前室、避难层、避难间、消防专用通道、兼作人员疏散的天桥和连廊；

2 观众厅、展览厅、多功能厅及其疏散口；

3 建筑面积大于 200m² 的营业厅、餐厅、演播室、售票厅、候车（机、船）厅等人员密集的场所及其疏散口；

4 建筑面积大于 100m² 的地下或半地下公共活动场所；

5 地铁工程中的车站公共区，自动扶梯、自动人行道，楼梯，连接通道或换乘通道，车辆基地，地下区间内的纵向疏散平台；

6 城市交通隧道两侧，人行横通道或人行疏散通道；

7 城市综合管廊的人行道及人员出入口；

8 城市地下人行通道。

10.1.10 建筑内疏散照明的地面最低水平照度应符合下列规定：

1 疏散楼梯间、疏散楼梯间的前室或合用前室、避难走道及其前室、避难层、避难间、消防专用通道，不应低于 10.0lx；

2 疏散走道、人员密集的场所，不应低于 3.0lx；

3 本条上述规定场所外的其他场所，不应低于 1.0lx。

10.1.11 消防控制室、消防水泵房、自备发电机房、配电室、防排烟机房以及发生火灾时仍需正常工作的消防设备房应设置备用照明，其作业面的最低照度不应低于正常照明的照度。

10.1.12 可能处于潮湿环境内的消防电气设备，外壳的防尘与防水等级应符合下列规定：

1 对于交通隧道，不应低于 IP55；

2 对于城市综合管廊及其他潮湿环境，不应低于 IP45。

10.2 非消防电气线路与设备

10.2.1 空气调节系统的电加热器应与送风机连锁，并应具有无风断电、超温断电保护装置。

10.2.2 地铁工程中的地下电力电缆和数据通信线缆、城市综合管廊工程中的电力电缆，应采用燃烧性能不低于 B_1 级的电缆或阻燃型电线。

10.2.3 电气线路的敷设应符合下列规定：

1 电气线路敷设应避开炉灶、烟囱等高温部位及其他可能受高温作业影响的部位，不应直接敷设在可燃物上；

2 室内明敷的电气线路，在有可燃物的吊顶或难燃性、可燃性墙体内敷设的电气线路，应具有相应的防火性能或防火保护措施；

3 室外电缆沟或电缆隧道在进入建筑、工程或变电站处应采取防火分隔措施，防火分隔部位的耐火极限不应低于 2.00h，门应采用甲级防火门。

10.2.4 城市交通隧道内的供电线路应与其他管道分开敷设，在隧道内借道敷设的 10kV 及以上的高压电缆应采用耐火极限不低于 2.00h 的耐火结构与隧道内的其他区域分隔。

10.2.5 架空电力线路不应跨越生产或储存易燃、易爆物质的建筑，仓库区域，危险品站台，及其他有爆炸危险的场所，相互间的最小水平距离不应小于电杆或电塔高度的 1.5 倍。1kV 及以上的架空电力线路不应跨越可燃性建筑屋面。

11　建筑施工

11.0.1 建筑施工现场应根据场内可燃物数量、燃烧特性、存放方式与位置，可能的火源类型和位置，风向、水源和电源等现场情况采取防火措施，并应符合下列规定：

1 施工现场临时建筑或设施的布置应满足现场消防安全要求；

2 易燃易爆危险品库房与在建建筑、固定动火作业区、邻近人员密集区、建筑物相对集中区及其他建筑的间距应符合防火要求；

3 当可燃材料堆场及加工场所、易燃易爆危险品库房的上方或附近有架空高压电力线时，其布置应符合本规范第 10.2.5 条的规定；

4 固定动火作业区应位于可燃材料存放位置及加工场所、易燃易爆危险品库房等场所的全年最小频率风向的上风侧。

11.0.2 建筑施工现场应设置消防水源、配置灭火器材，在建高层建筑应随建设高度同步设置消防供水竖管与消防软管卷盘、室内消火栓接口。在建建筑和临时建筑均应设置疏散门、疏散楼梯等疏散设施。

11.0.3 建筑施工现场的临时办公用房与生活用房、发电机房、变配电站、厨房操作间、锅炉房和可燃材料与易燃易爆物品库房,当围护结构、房间隔墙和吊顶采用金属夹芯板材时,芯材的燃烧性能应为 A 级。

11.0.4 扩建、改建建筑施工时,施工区域应停止建筑正常使用。非施工区域如继续正常使用,应符合下列规定:

　　1 在施工区域与非施工区域之间应采取防火分隔措施;

　　2 外脚手架搭设不应影响安全疏散、消防车正常通行、外部消防救援;

　　3 焊接、切割、烘烤或加热等动火作业前和作业后,应清理作业现场的可燃物,作业现场及其下方或附近不能移走的可燃物应采取防火措施;

　　4 不应直接在裸露的可燃或易燃材料上动火作业;

　　5 不应在具有爆炸危险性的场所使用明火、电炉,以及高温直接取暖设备。

11.0.5 保障施工现场消防供水的消防水泵供电电源应能在火灾时保持不间断供电,供配电线路应为专用消防配电线路。

11.0.6 施工现场临时供配电线路选型、敷设,照明器具设置,施工所需易燃和可燃物质使用、存放,用火、用电和用气均应符合消防安全要求。

12 使用与维护

12.0.1 市政消火栓、室外消火栓、消防水泵接合器等室外消防设施周围应设置防止机动车辆撞击的设施。消火栓、消防水泵接合器两侧沿道路方向各 5m 范围内禁止停放机动车,并应在明显位置设置警示标志。

12.0.2 建筑周围的消防车道和消防车登高操作场地应保持畅

通，其范围内不应存放机动车辆，不应设置隔离桩、栏杆等可能影响消防车通行的障碍物，并应设置明显的消防车道或消防车登高操作场地的标识和不得占用、阻塞的警示标志。

12.0.3 地下、半地下场所内不应使用或储存闪点低于 60℃ 的液体、液化石油气及其他相对密度不小于 0.75 的可燃气体，不应敷设输送上述可燃液体或可燃气体的管道。

12.0.4 瓶装液化石油气的使用应符合下列规定：

　　1 在高层建筑内不应使用瓶装液化石油气；

　　2 液化石油气钢瓶应避免受到日光直射或火源、热源的直接辐射作用，与灶具的间距不应小于 0.5m；

　　3 瓶装液化石油气应与其他化学危险物品分开存放；

　　4 充装量不小于 50kg 的液化石油气容器应设置在所服务建筑外的单层专用房间内，并应采取防火措施；

　　5 液化石油气容器不应超量罐装，不应使用超量罐装的气瓶；

　　6 不应敲打、倒置或碰撞液化石油气容器，不应倾倒残液或私自灌气。

12.0.5 存放瓶装液化石油气和使用可燃气体、可燃液体的房间，应防止可燃气体在室内积聚。

12.0.6 在建筑使用或运营期间，应确保疏散出口、疏散通道畅通，不被占用、堵塞或封闭。

12.0.7 照明灯具使用应满足消防安全要求，开关、插座和照明灯具靠近可燃物时，应采取隔热、散热等防火措施。

　　二、《消防设施通用规范》**GB 55036—2022**（节选）*

1 总则

1.0.1 为使建设工程中的消防设施有效发挥作用，减少火灾危

---

　　* 限于篇幅，1.0.3 未收录。

害，依据有关法律、法规，制定本规范。

1.0.2 建设工程中消防设施的设计、施工、验收、使用和维护必须执行本规范。

2 基本规定

2.0.1 用于控火、灭火的消防设施，应能有效地控制或扑救建（构）筑物的火灾；用于防护冷却或防火分隔的消防设施，应能在规定时间内阻止火灾蔓延。

2.0.2 消防给水与灭火设施应具有在火灾时可靠动作，并按照设定要求持续运行的性能；与火灾自动报警系统联动的灭火设施，其火灾探测与联动控制系统应能联动灭火设施及时启动。

2.0.3 消防给水与灭火设施的性能和防护措施应与防护对象、防护目的及应用环境条件相适应，满足消防给水与灭火设施稳定和可靠运行的要求。

2.0.4 消防给水与灭火设施中位于爆炸危险性环境的供水管道及其他灭火介质输送管道和组件，应采取静电防护措施。

2.0.5 消防设施的施工现场应满足施工的要求。消防设施的安装过程应进行质量控制，每道工序结束后应进行质量检查。隐蔽工程在隐蔽前应进行验收；其他工程在施工完成后，应对其安装质量、系统与设备的功能进行检查、测试。

2.0.6 消防给水与灭火设施中的供水管道及其他灭火剂输送管道，在安装后应进行强度试验、严密性试验和冲洗。

2.0.7 消防设施的安装工程应进行工程质量和消防设施功能验收，验收结果应有明确的合格与不合格的结论。

2.0.8 消防设施施工、验收过程应有相应的记录，并应存档。

2.0.9 消防设施投入使用后，应定期进行巡查、检查和维护，并应保证其处于正常运行或工作状态，不应擅自关停、拆改或移动。超过有效期的灭火介质、消防设施或经检验不符合继续使用要求的管道、组件和压力容器不应使用。

2.0.10 消防设施上或附近应设置区别于环境的明显标识，说明文字应准确、清楚且易于识别，颜色、符号或标志应规范。手动操作按钮等装置处应采取防止误操作或被损坏的防护措施。

3　消防给水与消火栓系统

3.0.1　消防给水系统应满足水消防系统在设计持续供水时间内所需水量、流量和水压的要求。

3.0.2　低压消防给水系统的系统工作压力应大于或等于0.60MPa。高压和临时高压消防给水系统的系统工作压力应符合下列规定：

　　1　对于采用高位消防水池、水塔供水的高压消防给水系统，应为高位消防水池、水塔的最大静压；

　　2　对于采用市政给水管网直接供水的高压消防给水系统，应根据市政给水管网的工作压力确定；

　　3　对于采用高位消防水箱稳压的临时高压消防给水系统，应为消防水泵零流量时的压力与消防水泵吸水口的最大静压之和；

　　4　对于采用稳压泵稳压的临时高压消防给水系统，应为消防水泵零流量时的水压与消防水泵吸水口的最大静压之和、稳压泵在维持消防给水系统压力时的压力两者的较大值。

3.0.3　设置市政消火栓的市政给水管网，平时运行工作压力应大于或等于0.14MPa，应保证市政消火栓用于消防救援时的出水流量大于或等于15L/s，供水压力（从地面算起）大于或等于0.10MPa。

3.0.4　室外消火栓系统应符合下列规定：

　　1　室外消火栓的设置间距、室外消火栓与建（构）筑物外墙、外边缘和道路路沿的距离，应满足消防车在消防救援时安全、方便取水和供水的要求；

　　2　当室外消火栓系统的室外消防给水引入管设置倒流防止器时，应在该倒流防止器前增设1个室外消火栓；

　　3　室外消火栓的流量应满足相应建（构）筑物在火灾延续

时间内灭火、控火、冷却和防火分隔的要求；

　　4　当室外消火栓直接用于灭火且室外消防给水设计流量大于 30L/s 时，应采用高压或临时高压消防给水系统。

3.0.5　室内消火栓系统应符合下列规定：

　　1　室内消火栓的流量和压力应满足相应建（构）筑物在火灾延续时间内灭火、控火的要求；

　　2　环状消防给水管道应至少有 2 条进水管与室外供水管网连接，当其中一条进水管关闭时，其余进水管应仍能保证全部室内消防用水量；

　　3　在设置室内消火栓的场所内，包括设备层在内的各层均应设置消火栓；

　　4　室内消火栓的设置应方便使用和维护。

3.0.6　室内消防给水系统由生活、生产给水系统管网直接供水时，应在引入管处采取防止倒流的措施。当采用有空气隔断的倒流防止器时，该倒流防止器应设置在清洁卫生的场所，其排水口应采取防止被水淹没的措施。

3.0.7　消防水源应符合下列规定：

　　1　水质应满足水基消防设施的功能要求；

　　2　水量应满足水基消防设施在设计持续供水时间内的最大用水量要求；

　　3　供消防车取水的消防水池和用作消防水源的天然水体、水井或人工水池、水塔等，应采取保障消防车安全取水与通行的技术措施，消防车取水的最大吸水高度应满足消防车可靠吸水的要求。

3.0.8　消防水池应符合下列规定：

　　1　消防水池的有效容积应满足设计持续供水时间内的消防用水量要求，当消防水池采用两路消防供水且在火灾中连续补水能满足消防用水量要求时，在仅设置室内消火栓系统的情况下，有效容积应大于或等于 50m³，其他情况下应大于或等于 100m³；

　　2　消防用水与其他用水共用的水池，应采取保证水池中的消防用水量不作他用的技术措施；

　　3　消防水池的出水管应保证消防水池有效容积内的水能被全部利用，水池的最低有效水位或消防水泵吸水口的淹没深度应满足消防水泵在最低水位运行安全和实现设计出水量的要求；

　　4　消防水池的水位应能就地和在消防控制室显示，消防水池应设置高低水位报警装置；

　　5　消防水池应设置溢流水管和排水设施，并应采用间接排水。

3.0.9　高层民用建筑、3层及以上单体总建筑面积大于 $10000m^2$ 的其他公共建筑，当室内采用临时高压消防给水系统时，应设置高位消防水箱。

3.0.10　高位消防水箱应符合下列规定：

　　1　室内临时高压消防给水系统的高位消防水箱有效容积和压力应能保证初期灭火所需水量；

　　2　屋顶露天高位消防水箱的人孔和进出水管的阀门等应采取防止被随意关闭的保护措施；

　　3　设置高位水箱间时，水箱间内的环境温度或水温不应低于5℃；

　　4　高位消防水箱的最低有效水位应能防止出水管进气。

3.0.11　消防水泵应符合下列规定：

　　1　消防水泵应确保在火灾时能及时启动；停泵应由人工控制，不应自动停泵。

　　2　消防水泵的性能应满足消防给水系统所需流量和压力的要求。

　　3　消防水泵所配驱动器的功率应满足所选水泵流量扬程性能曲线上任何一点运行所需功率的要求。

　　4　消防水泵应采取自灌式吸水。从市政给水管网直接吸水的消防水泵，在其出水管上应设置有空气隔断的倒流防止器。

　　5　柴油机消防水泵应具备连续工作的性能，其应急电源应满足消防水泵随时自动启泵和在设计持续供水时间内持续运行的要求。

3.0.12 消防水泵控制柜应位于消防水泵控制室或消防水泵房内，其性能应符合下列规定：

1 消防水泵控制柜位于消防水泵控制室内时，其防护等级不应低于 IP30；位于消防水泵房内时，其防护等级不应低于 IP55。

2 消防水泵控制柜在平时应使消防水泵处于自动启泵状态。

3 消防水泵控制柜应具有机械应急启泵功能，且机械应急启泵时，消防水泵应能在接受火警后 5min 内进入正常运行状态。

3.0.13 稳压泵的公称流量不应小于消防给水系统管网的正常泄漏量，且应小于系统自动启动流量，公称压力应满足系统自动启动和管网充满水的要求。

4 自动喷水灭火系统

4.0.1 自动喷水灭火系统的系统选型、喷水强度、作用面积、持续喷水时间等参数，应与防护对象的火灾特性、火灾危险等级、室内净空高度及储物高度等相适应。

4.0.2 自动喷水灭火系统的选型应符合下列规定：

1 设置早期抑制快速响应喷头的仓库及类似场所、环境温度高于或等于 4℃ 且低于或等于 70℃ 的场所，应采用湿式系统。

2 环境温度低于 4℃ 或高于 70℃ 的场所，应采用干式系统。

3 替代干式系统的场所，或系统处于准工作状态时严禁误喷或严禁管道充水的场所，应采用预作用系统。

4 具有下列情况之一的场所或部位应采用雨淋系统：

1）火灾蔓延速度快、闭式喷头的开启不能及时使喷水有效覆盖着火区域的场所或部位；

2）室内净空高度超过闭式系统应用高度，且必须迅速扑救初期火灾的场所或部位；

3）严重危险级Ⅱ级场所。

4.0.3 自动喷水灭火系统的喷水强度和作用面积应满足灭火、控火、防护冷却或防火分隔的要求。

4.0.4 自动喷水灭火系统的持续喷水时间应符合下列规定：

1 用于灭火时，应大于或等于 1.0h，对于局部应用系统，应大于或等于 0.5h；

2 用于防护冷却时，应大于或等于设计所需防火冷却时间；

3 用于防火分隔时，应大于或等于防火分隔处的设计耐火时间。

4.0.5 洒水喷头应符合下列规定：

1 喷头间距应满足有效喷水和使可燃物或保护对象被全部覆盖的要求；

2 喷头周围不应有遮挡或影响洒水效果的障碍物；

3 系统水力计算最不利点处喷头的工作压力应大于或等于 0.05MPa；

4 腐蚀性场所和易产生粉尘、纤维等的场所内的喷头，应采取防止喷头堵塞的措施；

5 建筑高度大于 100m 的公共建筑，其高层主体内设置的自动喷水灭火系统应采用快速响应喷头；

6 局部应用系统应采用快速响应喷头。

4.0.6 每个报警阀组控制的供水管网水力计算最不利点洒水喷头处应设置末端试水装置，其他防火分区、楼层均应设置 DN25 的试水阀。末端试水装置应具有压力显示功能，并应设置相应的排水设施。

4.0.7 自动喷水灭火系统环状供水管网及报警阀进出口采用的控制阀，应为信号阀或具有确保阀位处于常开状态的措施。

5 泡沫灭火系统

5.0.1 泡沫灭火系统的工作压力、泡沫混合液的供给强度和连续供给时间，应满足有效灭火或控火的要求。

5.0.2 保护场所中所用泡沫液应与灭火系统的类型、扑救的可燃物性质、供水水质等相适应，并应符合下列规定：

1 用于扑救非水溶性可燃液体储罐火灾的固定式低倍数泡沫灭火系统，应使用氟蛋白或水成膜泡沫液；

2 用于扑救水溶性和对普通泡沫有破坏作用的可燃液体火灾的低倍数泡沫灭火系统，应使用抗溶水成膜、抗溶氟蛋白或低黏度抗溶氟蛋白泡沫液；

3 采用非吸气型喷射装置扑救非水溶性可燃液体火灾的泡沫-水喷淋系统、泡沫枪系统、泡沫炮系统，应使用3％型水成膜泡沫液；

4 当采用海水作为系统水源时，应使用适用于海水的泡沫液。

5.0.3 储罐的低倍数泡沫灭火系统类型应符合下列规定：

1 对于水溶性可燃液体和对普通泡沫有破坏作用的可燃液体固定顶储罐，应为液上喷射系统；

2 对于外浮顶和内浮顶储罐，应为液上喷射系统；

3 对于非水溶性可燃液体的外浮顶储罐和内浮顶储罐、直径大于18m的非水溶性可燃液体固定顶储罐、水溶性可燃液体立式储罐，当设置泡沫炮时，泡沫炮应为辅助灭火设施；

4 对于高度大于7m或直径大于9m的固定顶储罐，当设置泡沫枪时，泡沫枪应为辅助灭火设施。

5.0.4 储罐或储罐区低倍数泡沫灭火系统扑救一次火灾的泡沫混合液设计用量，应大于或等于罐内用量、该罐辅助泡沫枪用量、管道剩余量三者之和最大的一个储罐所需泡沫混合液用量。

5.0.5 固定顶储罐的低倍数液上喷射泡沫灭火系统，每个泡沫产生器应设置独立的混合液管道引至防火堤外，除立管外，其他泡沫混合液管道不应设置在罐壁上。

5.0.6 储罐或储罐区固定式低倍数泡沫灭火系统，自泡沫消防水泵启动至泡沫混合液或泡沫输送到保护对象的时间应小于或等于5min。当储罐或储罐区设置泡沫站时，泡沫站应符合下列规定：

1 室内泡沫站的耐火等级不应低于二级；

2 泡沫站严禁设置在防火堤、围堰、泡沫灭火系统保护区或其他火灾及爆炸危险区域内；

3 靠近防火堤设置的泡沫站应具备远程控制功能，与可燃液体储罐罐壁的水平距离应大于或等于20m。

5.0.7 设置中倍数或高倍数全淹没泡沫灭火系统的防护区应符合下列规定：

1 应为封闭或具有固定围挡的区域，泡沫的围挡应具有在设计灭火时间内阻止泡沫流失的性能；

2 在系统的泡沫液量中应补偿围挡上不能封闭的开口所产生的泡沫损失；

3 利用外部空气发泡的封闭防护区应设置排气口，排气口的位置应能防止燃烧产物或其他有害气体回流到泡沫产生器进气口。

5.0.8 对于中倍数或高倍数泡沫灭火系统，全淹没系统应具有自动控制、手动控制和机械应急操作的启动方式，自动控制的固定式局部应用系统应具有手动和机械应急操作的启动方式，手动控制的固定式局部应用系统应具有机械应急操作的启动方式。

5.0.9 泡沫液泵的工作压力和流量应满足泡沫灭火系统设计要求，同时应保证在设计流量范围内泡沫液供给压力大于供水压力。

6 水喷雾、细水雾灭火系统

6.0.1 水喷雾灭火系统和细水雾灭火系统的工作压力、供给强度、持续供给时间和响应时间，应满足系统有效灭火、控火、防护冷却或防火分隔的要求。

6.0.2 水喷雾灭火系统和细水雾灭火系统水源的水量与水质，应满足系统灭火、控火、防护冷却或防火分隔以及可靠运行和持续喷雾的要求。

6.0.3 水喷雾灭火系统和细水雾灭火系统的管道应为具有相应

耐腐蚀性能的金属管道。

6.0.4 自动控制的水喷雾灭火系统和细水雾灭火系统应具有自动控制、手动控制和机械应急操作的启动方式。

6.0.5 水喷雾灭火系统的水雾喷头应符合下列规定：

    1 应能使水雾直接喷射和覆盖保护对象；

    2 与保护对象的距离应小于或等于水雾喷头的有效射程；

    3 用于电气火灾场所时，应为离心雾化型水雾喷头；

    4 水雾喷头的工作压力，用于灭火时，应大于或等于 0.35MPa；用于防护冷却时，应大于或等于 0.15MPa。

6.0.6 细水雾灭火系统的细水雾喷头应符合下列规定：

    1 应保证细水雾喷放均匀并完全覆盖保护区域；

    2 与遮挡物的距离应能保证遮挡物不影响喷头正常喷放细水雾，不能保证时应采取补偿措施；

    3 对于使用环境可能使喷头堵塞的场所，喷头应采取相应的防护措施。

6.0.7 细水雾灭火系统的持续喷雾时间应符合下列规定：

    1 对于电子信息系统机房、配电室等电子、电气设备间，图书库、资料库、档案库、文物库、电缆隧道和电缆夹层等场所，应大于或等于 30min；

    2 对于油浸变压器室、涡轮机房、柴油发电机房、液压站、润滑油站、燃油锅炉房等含有可燃液体的机械设备间，应大于或等于 20min；

    3 对于厨房内烹饪设备及其排烟罩和排烟管道部位的火灾，应大于或等于 15s，且冷却水持续喷放时间应大于或等于 15min。

6.0.8 细水雾灭火系统中过滤器的材质应为不锈钢、铜合金，或其他耐腐蚀性能不低于不锈钢、铜合金的金属材料。滤器的网孔孔径与喷头最小喷孔孔径的比值应小于或等于 0.8。

7 固定消防炮、自动跟踪定位射流灭火系统

7.0.1 固定消防炮、自动跟踪定位射流灭火系统的类型和灭火

剂应满足扑灭和控制保护对象火灾的要求，水炮灭火系统和泡沫炮灭火系统不应用于扑救遇水发生化学反应会引起燃烧或爆炸等物质的火灾。

7.0.2 室内固定水炮灭火系统应采用湿式给水系统，且消防炮安装处应设置消防水泵启动按钮。为水炮和泡沫炮灭火系统供水的临时高压消防给水系统应具有自动启动功能。

7.0.3 室内固定消防炮的设置应保证消防炮的射流不受建筑结构或设施的遮挡。

7.0.4 室外固定消防炮应符合下列规定：

1 消防炮的射流应完全覆盖被保护场所及被保护物，其喷射强度应满足灭火或冷却的要求；

2 消防炮应设置在被保护场所常年主导风向的上风侧；

3 炮塔应采取防雷击措施，并设置防护栏杆和防护水幕，防护水幕的总流量应大于或等于 6L/s。

7.0.5 固定消防炮平台和炮塔应具有与环境条件相适应的耐腐蚀性能或防腐蚀措施，其结构应能同时承受消防炮喷射反力和使用场所最大风力，满足消防炮正常操作使用的要求。

7.0.6 固定水炮、泡沫炮灭火系统从启动至炮口喷射水或泡沫的时间应小于或等于 5min，固定干粉炮灭火系统从启动至炮口喷射干粉的时间应小于或等于 2min。

7.0.7 固定水炮灭火系统的水炮射程、供给强度、流量、连续供水时间等应符合下列规定：

1 灭火用水的连续供给时间，对于室内火灾，应大于或等于 1.0h；对于室外火灾，应大于或等于 2.0h。

2 灭火及冷却用水的供给强度应满足完全覆盖被保护区域和灭火、控火的要求。

3 水炮灭火系统的总流量应大于或等于系统中需要同时开启的水炮流量之和、灭火用水计算总流量与冷却用水计算总流量之和两者的较大值。

7.0.8 固定泡沫炮灭火系统的泡沫混合液流量、泡沫液储存量等应符合下列规定：

1 泡沫混合液的总流量应大于或等于系统中需要同时开启的泡沫炮流量之和、灭火面积与供给强度的乘积两者的较大值；

2 泡沫液的储存总量应大于或等于其计算总量的 1.2 倍；

3 泡沫比例混合装置应具有在规定流量范围内自动控制混合比的功能。

7.0.9 固定干粉炮灭火系统的干粉存储量、连续供给时间等应符合下列规定：

1 干粉的连续供给时间应大于或等于 60s；

2 干粉的储存总量应大于或等于其计算总量的 1.2 倍；

3 干粉储存罐应为压力储罐，并应满足在最高使用温度下安全使用的要求；

4 干粉驱动装置应为高压氮气瓶组，氮气瓶的额定充装压力应大于或等于 15MPa；

5 干粉储存罐和氮气驱动瓶应分开设置。

7.0.10 固定消防炮灭火系统中的阀门应设置工作位置锁定装置和明显的指示标志。

7.0.11 自动跟踪定位射流灭火系统应符合下列规定：

1 自动消防炮灭火系统中单台炮的流量，对于民用建筑，不应小于 20L/s；对于工业建筑，不应小于 30L/s。

2 持续喷水时间不应小于 1.0h。

3 系统应具有自动控制、消防控制室手动控制和现场手动控制的启动方式。消防控制室手动控制和现场手动控制相对于自动控制应具有优先权。

4 自动消防炮灭火系统和喷射型自动射流灭火系统在自动控制状态下，当探测到火源后，应至少有 2 台灭火装置对火源扫描定位和至少 1 台且最多 2 台灭火装置自动开启射流，且射流应能到达火源。

5 喷洒型自动射流灭火系统在自动控制状态下，当探测到火源后，对应火源探测装置的灭火装置应自动开启射流，且其中应至少有一组灭火装置的射流能到达火源。

8　气体灭火系统

8.0.1　全淹没二氧化碳灭火系统不应用于经常有人停留的场所。

8.0.2　全淹没气体灭火系统的防护区应符合下列规定：

　　1　防护区围护结构的耐超压性能，应满足在灭火剂释放和设计浸渍时间内保持围护结构完整的要求；

　　2　防护区围护结构的密闭性能，应满足在灭火剂设计浸渍时间内保持防护区内灭火剂浓度不低于设计灭火浓度或设计惰化浓度的要求；

　　3　防护区的门应向疏散方向开启，并应具有自行关闭的功能。

8.0.3　全淹没气体灭火系统的设计灭火浓度或设计惰化浓度应符合下列规定：

　　1　对于二氧化碳灭火系统，设计灭火浓度应大于或等于灭火浓度的 1.7 倍，且应大于或等于 34%（体积百分比浓度）；

　　2　对于其他气体灭火系统，设计灭火浓度应大于或等于灭火浓度的 1.3 倍，设计惰化浓度应大于或等于惰化浓度的 1.1 倍；

　　3　在经常有人停留的防护区，灭火剂释放后形成的浓度应低于人体的有毒性反应浓度。

8.0.4　一个组合分配气体灭火系统中的灭火剂储存量，应大于或等于该系统所保护的全部防护区中需要灭火剂储存量的最大者。

8.0.5　灭火剂的喷放时间和浸渍时间应满足有效灭火或惰化的要求。

8.0.6　用于保护同一防护区的多套气体灭火系统应能在灭火时同时启动，相互间的动作响应时差应小于或等于 2s。

8.0.7　全淹没气体灭火系统的喷头布置应满足灭火剂在防护区内均匀分布的要求，其射流方向不应直接朝向可燃液体的表面。

局部应用气体灭火系统的喷头布置应能保证保护对象全部处于灭火剂的淹没范围内。

8.0.8 用于扑救可燃、助燃气体火灾的气体灭火系统，在其启动前应能联动和手动切断可燃、助燃气体的气源。

8.0.9 气体灭火系统的管道和组件、灭火剂的储存容器及其他组件的公称压力，不应小于系统运行时所需承受的最大工作压力。灭火剂的储存容器或容器阀应具有安全泄压和压力显示的功能，管网系统中的封闭管段上应具有安全泄压装置。安全泄压装置应能在设定压力下正常工作，泄压方向不应朝向操作面或人员疏散通道。低压二氧化碳灭火系统的安全泄压装置应通过专用泄压管将泄压气体直接排至室外。高压二氧化碳储存容器应设置二氧化碳泄漏监测装置。

8.0.10 管网式气体灭火系统应具有自动控制、手动控制和机械应急操作的启动方式。预制式气体灭火系统应具有自动控制和手动控制的启动方式。

9 干粉灭火系统

9.0.1 全淹没干粉灭火系统的防护区应符合下列规定：

1 在系统动作时防护区不能关闭的开口应位于防护区内高于楼地板面的位置，其总面积应小于或等于该防护区总内表面积的 15%；

2 防护区的门应向疏散方向开启，并应具有自行关闭的功能。

9.0.2 局部应用干粉灭火系统的保护对象应符合下列规定：

1 保护对象周围的空气流速应小于或等于 2m/s；

2 在喷头与保护对象之间的喷头喷射角范围内不应有遮挡物；

3 可燃液体保护对象的液面至容器缘口的距离应大于或等于 150mm。

9.0.3 干粉灭火系统应保证系统动作后在防护区内或保护对象

周围形成设计灭火浓度，并应符合下列规定：

　　1 对于全淹没干粉灭火系统，干粉持续喷放时间不应大于 30s；

　　2 对于室外局部应用干粉灭火系统，干粉持续喷放时间不应小于 60s；

　　3 对于有复燃危险的室内局部应用干粉灭火系统，干粉持续喷放时间不应小于 60s；对于其他室内局部应用干粉灭火系统，干粉持续喷放时间不应小于 30s。

9.0.4 用于保护同一防护区或保护对象的多套干粉灭火系统应能在灭火时同时启动，相互间的动作响应时差应小于或等于 2s。

9.0.5 组合分配干粉灭火系统的灭火剂储存量，应大于或等于该系统所保护的全部防护区中需要灭火剂储存量的最大者。

9.0.6 干粉灭火系统的管道及附件、干粉储存容器和驱动气体储瓶的性能应满足在系统最大工作压力和相应环境条件下正常工作的要求，喷头的单孔直径应大于或等于 6mm。

9.0.7 干粉灭火系统应具有在启动前或同时联动切断防护区或保护对象的气体、液体供应源的功能。

9.0.8 用于经常有人停留场所的局部应用干粉灭火系统应具有手动控制和机械应急操作的启动方式，其他情况的全淹没和局部应用干粉灭火系统均应具有自动控制、手动控制和机械应急操作的启动方式。

10　灭火器

10.0.1 灭火器的配置类型应与配置场所的火灾种类和危险等级相适应，并应符合下列规定：

　　1 A 类火灾场所应选择同时适用于 A 类、E 类火灾的灭火器。

　　2 B 类火灾场所应选择适用于 B 类火灾的灭火器。B 类火灾场所存在水溶性可燃液体（极性溶剂）且选择水基型灭火器时，应选用抗溶性的灭火器。

3 C类火灾场所应选择适用于C类火灾的灭火器。

4 D类火灾场所应根据金属的种类、物态及其特性选择适用于特定金属的专用灭火器。

5 E类火灾场所应选择适用于E类火灾的灭火器。带电设备电压超过1kV且灭火时不能断电的场所不应使用灭火器带电扑救。

6 F类火灾场所应选择适用于E类、F类火灾的灭火器。

7 当配置场所存在多种火灾时，应选用能同时适用扑救该场所所有种类火灾的灭火器。

10.0.2 灭火器设置点的位置和数量应根据被保护对象的情况和灭火器的最大保护距离确定，并应保证最不利点至少在1具灭火器的保护范围内。灭火器的最大保护距离和最低配置基准应与配置场所的火灾危险等级相适应。

10.0.3 灭火器配置场所应按计算单元计算与配置灭火器，并应符合下列规定：

1 计算单元中每个灭火器设置点的灭火器配置数量应根据配置场所内的可燃物分布情况确定。所有设置点配置的灭火器灭火级别之和不应小于该计算单元的保护面积与单位灭火级别最大保护面积的比值。

2 一个计算单元内配置的灭火器数量应经计算确定且不应少于2具。

10.0.4 灭火器应设置在位置明显和便于取用的地点，且不应影响人员安全疏散。当确需设置在有视线障碍的设置点时，应设置指示灭火器位置的醒目标志。

10.0.5 灭火器不应设置在可能超出其使用温度范围的场所，并应采取与设置场所环境条件相适应的防护措施。

10.0.6 当灭火器配置场所的火灾种类、危险等级和建（构）筑物总平面布局或平面布置等发生变化时，应校核或重新配置灭火器。

10.0.7 灭火器应定期维护、维修和报废。灭火器报废后，应按照等效替代的原则更换。

10.0.8 符合下列情形之一的灭火器应报废：

1 筒体锈蚀面积大于或等于筒体总表面积的 1/3，表面有凹坑；

2 筒体明显变形，机械损伤严重；

3 器头存在裂纹、无泄压机构；

4 存在筒体为平底等结构不合理现象；

5 没有间歇喷射机构的手提式灭火器；

6 不能确认生产单位名称和出厂时间，包括铭牌脱落，铭牌模糊、不能分辨生产单位名称，出厂时间钢印无法识别等；

7 筒体有锡焊、铜焊或补缀等修补痕迹；

8 被火烧过；

9 出厂时间达到或超过表 10.0.8 规定的最大报废期限。

表 10.0.8 灭火器的最大报废期限

灭火器类型		报废期限（年）
手提式、推车式	水基型灭火器	6
	干粉灭火器	10
	洁净气体灭火器	
	二氧化碳灭火器	12

11 防烟与排烟系统

11.1 一般规定

11.1.1 防烟、排烟系统应满足控制建设工程内火灾烟气的蔓延、保障人员安全疏散、有利于消防救援的要求。

11.1.2 防烟、排烟系统应具有保证系统正常工作的技术措施，系统中的管道、阀门和组件的性能应满足其在加压送风或排烟过程中正常使用的要求。

11.1.3 机械加压送风管道和机械排烟管道均应采用不燃性材

料，且管道的内表面应光滑，管道的密闭性能应满足火灾时加压送风或排烟的要求。

11.1.4 加压送风机和排烟风机的公称风量，在计算风压条件下不应小于计算所需风量的 1.2 倍。

11.1.5 加压送风机、排烟风机、补风机应具有现场手动启动、与火灾自动报警系统联动启动和在消防控制室手动启动的功能。当系统中任一常闭加压送风口开启时，相应的加压风机均应能联动启动；当任一排烟阀或排烟口开启时，相应的排烟风机、补风机均应能联动启动。

11.2 防烟

11.2.1 下列建筑的防烟楼梯间及其前室、消防电梯的前室和合用前室应设置机械加压送风系统：

    1 建筑高度大于 100m 的住宅；

    2 建筑高度大于 50m 的公共建筑；

    3 建筑高度大于 50m 的工业建筑。

11.2.2 机械加压送风系统应符合下列规定：

    1 对于采用合用前室的防烟楼梯间，当楼梯间和前室均设置机械加压送风系统时，楼梯间、合用前室的机械加压送风系统应分别独立设置；

    2 对于在梯段之间采用防火隔墙隔开的剪刀楼梯间，当楼梯间和前室（包括共用前室和合用前室）均设置机械加压送风系统时，每个楼梯间、共用前室或合用前室的机械加压送风系统均应分别独立设置；

    3 对于建筑高度大于 100m 的建筑中的防烟楼梯间及其前室，其机械加压送风系统应竖向分段独立设置，且每段的系统服务高度不应大于 100m。

11.2.3 采用自然通风方式防烟的防烟楼梯间前室、消防电梯前室应具有面积大于或等于 2.0m² 的可开启外窗或开口，共用前室和合用前室应具有面积大于或等于 3.0m² 的可开启外窗或开口。

11.2.4　采用自然通风方式防烟的避难层中的避难区，应具有不同朝向的可开启外窗或开口，其可开启有效面积应大于或等于避难区地面面积的 2%，且每个朝向的面积均应大于或等于 2.0m²。避难间应至少有一侧外墙具有可开启外窗，其可开启有效面积应大于或等于该避难间地面面积的 2%，并应大于或等于 2.0m²。

11.2.5　机械加压送风系统的送风量应满足不同部位的余压值要求。不同部位的余压值应符合下列规定：

　　1　前室、合用前室、封闭避难层（间）、封闭楼梯间与疏散走道之间的压差应为 25Pa～30Pa；

　　2　防烟楼梯间与疏散走道之间的压差应为 40Pa～50Pa。

11.2.6　机械加压送风系统应与火灾自动报警系统联动，并应能在防火分区内的火灾信号确认后 15s 内联动同时开启该防火分区的全部疏散楼梯间、该防火分区所在着火层及其相邻上下各一层疏散楼梯间及其前室或合用前室的常闭加压送风口和加压送风机。

11.3　排烟

11.3.1　同一个防烟分区应采用同一种排烟方式。

11.3.2　设置机械排烟系统的场所应结合该场所的空间特性和功能分区划分防烟分区。防烟分区及其分隔应满足有效蓄积烟气和阻止烟气向相邻防烟分区蔓延的要求。

11.3.3　机械排烟系统应符合下列规定：

　　1　沿水平方向布置时，应按不同防火分区独立设置；

　　2　建筑高度大于 50m 的公共建筑和工业建筑、建筑高度大于 100m 的住宅建筑，其机械排烟系统应竖向分段独立设置，且公共建筑和工业建筑中每段的系统服务高度应小于或等于 50m，住宅建筑中每段的系统服务高度应小于或等于 100m。

11.3.4　兼作排烟的通风或空气调节系统，其性能应满足机械排烟系统的要求。

11.3.5 下列部位应设置排烟防火阀，排烟防火阀应具有在280℃时自行关闭和联锁关闭相应排烟风机、补风机的功能：

    1 垂直主排烟管道与每层水平排烟管道连接处的水平管段上；

    2 一个排烟系统负担多个防烟分区的排烟支管上；

    3 排烟风机入口处；

    4 排烟管道穿越防火分区处。

11.3.6 除地上建筑的走道或地上建筑面积小于 $500m^2$ 的房间外，设置排烟系统的场所应能直接从室外引入空气补风，且补风量和补风口的风速应满足排烟系统有效排烟的要求。

12 火灾自动报警系统

12.0.1 火灾自动报警系统应设置自动和手动触发报警装置，系统应具有火灾自动探测报警或人工辅助报警、控制相关系统设备应急启动并接收其动作反馈信号的功能。

12.0.2 火灾自动报警系统各设备之间应具有兼容的通信接口和通信协议。

12.0.3 火灾报警区域的划分应满足相关受控系统联动控制的工作要求，火灾探测区域的划分应满足确定火灾报警部位的工作要求。

12.0.4 火灾自动报警系统总线上应设置总线短路隔离器，每只总线短路隔离器保护的火灾探测器、手动火灾报警按钮和模块等设备的总数不应大于 32 点。总线在穿越防火分区处应设置总线短路隔离器。

12.0.5 火灾自动报警系统应设置火灾声、光警报器，火灾声、光警报器应符合下列规定：

    1 火灾声、光警报器的设置应满足人员及时接受火警信号的要求，每个报警区域内的火灾警报器的声压级应高于背景噪声15dB，且不应低于60dB；

2 在确认火灾后，系统应能启动所有火灾声、光警报器；

3 系统应同时启动、停止所有火灾声警报器工作；

4 具有语音提示功能的火灾声警报器应具有语音同步的功能。

12.0.6 火灾探测器的选择应满足设置场所火灾初期特征参数的探测报警要求。

12.0.7 手动报警按钮的设置应满足人员快速报警的要求，每个防火分区或楼层应至少设置1个手动火灾报警按钮。

12.0.8 除消防控制室设置的火灾报警控制器和消防联动控制器外，每台控制器直接连接的火灾探测器、手动报警按钮和模块等设备不应跨越避难层。

12.0.9 集中报警系统和控制中心报警系统应设置消防应急广播。具有消防应急广播功能的多用途公共广播系统，应具有强制切入消防应急广播的功能。

12.0.10 消防控制室内应设置消防专用电话总机和可直接报火警的外线电话，消防专用电话网络应为独立的消防通信系统。

12.0.11 消防联动控制应符合下列规定：

1 需要火灾自动报警系统联动控制的消防设备，其联动触发信号应为两个独立的报警触发装置报警信号的"与"逻辑组合；

2 消防联动控制器应能按设定的控制逻辑向各相关受控设备发出联动控制信号，并接受其联动反馈信号；

3 受控设备接口的特性参数应与消防联动控制器发出的联动控制信号匹配。

12.0.12 联动控制模块严禁设置在配电柜（箱）内，一个报警区域内的模块不应控制其他报警区域的设备。

12.0.13 可燃气体探测报警系统应独立组成，可燃气体探测器不应直接接入火灾报警控制器的报警总线。

12.0.14 电气火灾监控系统应独立组成，电气火灾监控探测器的设置不应影响所在场所供配电系统的正常工作。

12.0.15 火灾自动报警系统应单独布线，相同用途的导线颜色应一致，且系统内不同电压等级、不同电流类别的线路应敷设在不同线管内或同一线槽的不同槽孔内。

12.0.16 火灾自动报警系统的供电线路、消防联动控制线路应采用燃烧性能不低于 B_2 级的耐火铜芯电线电缆，报警总线、消防应急广播和消防专用电话等传输线路应采用燃烧性能不低于 B_2 级的铜芯电线电缆。

12.0.17 火灾自动报警系统中控制与显示类设备的主电源应直接与消防电源连接，不应使用电源插头。

12.0.18 火灾自动报警系统设备的防护等级应满足在设置场所环境条件下正常工作的要求。

三、《线型光纤感温火灾探测报警系统设计及施工规范》YB 4357—2013

3.2.1 线型光纤感温火灾探测报警系统应由火灾报警控制器、线型光纤感温火灾探测信号处理器、感温光纤、传输光缆等组成。

4.5.1 同一个光通道的不同光缆盘之间必须熔接。

4.5.2 光纤折断处，有明显损伤处必须熔接。

4.5.3 多个光纤光栅串接时必须熔接。

第十篇　造　　价

一、《建设工程工程量清单计价规范》GB 50500—2013

3.1.1　使用国有资金投资的建设工程发承包，必须采用工程量清单计价。

3.1.4　工程量清单应采用综合单价计价。

3.1.5　措施项目中的安全文明施工费必须按国家或省级、行业建设主管部门的规定计算，不得作为竞争性费用。

3.1.6　规费和税金必须按国家或省级、行业建设主管部门的规定计算，不得作为竞争性费用。

3.4.1　建设工程发承包，必须在招标文件、合同中明确计价中的风险内容及其范围，不得采用无限风险、所有风险或类似语句规定计价中的风险内容及范围。

4.1.2　招标工程量清单必须作为招标文件的组成部分，其准确性和完整性应由招标人负责。

4.2.1　分部分项工程项目清单必须载明项目编码、项目名称、项目特征、计量单位和工程量。

4.2.2　分部分项工程项目清单必须根据相关工程现行国家计量规范规定的项目编码、项目名称、项目特征、计量单位和工程量计算规则进行编制。

4.3.1　措施项目清单必须根据相关工程现行国家计量规范的规定编制。

5.1.1　国有资金投资的建设工程招标，招标人必须编制招标控制价。

6.1.3　投标报价不得低于工程成本。

6.1.4　投标人必须按招标工程量清单填报价格。项目编码、项目名称、项目特征、计量单位、工程量必须与招标工程量清单一致。

8.1.1　工程量必须按照相关工程现行国家计量规范规定的工程量计算规则计算。

8.2.1　工程量必须以承包人完成合同工程应予计量的工程量

确定。

11.1.1 工程完工后，发承包双方必须在合同约定时间内办理工程竣工结算。

二、《房屋建筑与装饰工程工程量计算规范》GB 50854—2013

1.0.3 房屋建筑与装饰工程计价，必须按本规范规定的工程量计算规则进行工程计量。

4.2.1 工程量清单应根据附录规定的项目编码、项目名称、项目特征、计量单位和工程量计算规则进行编制。

4.2.2 工程量清单的项目编码，应采用十二位阿拉伯数字表示，一至九位应按附录的规定设置，十至十二位应根据拟建工程的工程量清单项目名称和项目特征设置，同一招标工程的项目编码不得有重码。

4.2.3 工程量清单的项目名称应按附录的项目名称结合拟建工程的实际确定。

4.2.4 工程量清单项目特征应按附录中规定的项目特征，结合拟建工程项目的实际予以描述。

4.2.5 工程量清单中所列工程量应按附录中规定的工程量计算规则计算。

4.2.6 工程量清单的计量单位应按附录中规定的计量单位确定。

4.3.1 措施项目中列出了项目编码、项目名称、项目特征、计量单位、工程量计算规则的项目，编制工程量清单时，应按照本规范4.2分部分项工程的规定执行。

三、《仿古建筑工程工程量计算规范》GB 50855—2013

1.0.3 仿古建筑工程计价，必须按本规范规定的工程量计算规则进行工程计量。

4.2.1 工程量清单应根据附录规定的项目编码、项目名称、项目特征、计量单位和工程量计算规则进行编制。

4.2.2 工程量清单的项目编码，应采用十二位阿拉伯数字表示，一至九位应按附录的规定设置，十至十二位应根据拟建工程的工程量清单项目名称和项目特征设置，同一招标工程的项目编码不得有重码。

4.2.3　工程量清单的项目名称应按附录的项目名称结合拟建工程的实际确定。

4.2.4　工程量清单项目特征应按附录中规定的项目特征，结合拟建工程项目的实际予以描述。

4.2.5　工程量清单中所列工程量应按附录中规定的工程量计算规则计算。

4.2.6　工程量清单的计量单位应按附录中规定的计量单位确定。

4.3.1　措施项目中列出了项目编码、项目名称、项目特征、计量单位、工程量计算规则的项目，编制工程量清单时，应按照本规范 4.2 分部分项工程的规定执行。

四、《通用安装工程工程量计算规范》GB 50856—2013

1.0.3　通用安装工程计价，必须按本规范规定的工程量计算规则进行工程计量。

4.2.1　工程量清单应根据附录规定的项目编码、项目名称、项目特征、计量单位和工程量计算规则进行编制。

4.2.2　工程量清单的项目编码，应采用十二位阿拉伯数字表示，一至九位应按附录的规定设置，十至十二位应根据拟建工程的工程量清单项目名称和项目特征设置，同一招标工程的项目编码不得有重码。

4.2.3　工程量清单的项目名称应按附录的项目名称结合拟建工程的实际确定。

4.2.4　工程量清单项目特征应按附录中规定的项目特征，结合拟建工程项目的实际予以描述。

4.2.5　分部分项工程量清单中所列工程量应按附录中规定的工程量计算规则计算。

4.2.6　分部分项工程量清单的计量单位应按附录中规定的计量

单位确定。

4.3.1　措施项目中列出了项目编码、项目名称、项目特征、计量单位、工程量计算规则的项目，编制工程量清单时，应按照本规范 4.2 分部分项工程的规定执行。

五、《市政工程工程量计算规范》GB 50857—2013

1.0.3　市政工程计价，必须按本规范规定的工程量计算规则进行工程计量。

4.2.1　工程量清单应根据附录规定的项目编码、项目名称、项目特征、计量单位和工程量计算规则进行编制。

4.2.2　工程量清单的项目编码，应采用十二位阿拉伯数字表示，一至九位应按附录的规定设置，十至十二位应根据拟建工程的工程量清单项目名称和项目特征设置，同一招标工程的项目编码不得有重码。

4.2.3　工程量清单的项目名称应按附录的项目名称结合拟建工程的实际确定。

4.2.4　工程量清单项目特征应按附录中规定的项目特征，结合拟建工程项目的实际予以描述。

4.2.5　工程量清单中所列工程量应按附录中规定的工程量计算规则计算。

4.2.6　工程量清单的计量单位应按附录中规定的计量单位确定。

4.3.1　措施项目中列出了项目编码、项目名称、项目特征、计量单位、工程量计算规则的项目，编制工程量清单时，应按照本规范 4.2 分部分项工程的规定执行。

六、《园林绿化工程工程量计算规范》GB 50858—2013

1.0.3　园林绿化工程计价，必须按本规范规定的工程量计算规则进行工程计量。

4.2.1　工程量清单应根据附录规定的项目编码、项目名称、项目特征、计量单位和工程量计算规则进行编制。

4.2.2 工程量清单的项目编码，应采用十二位阿拉伯数字表示，一至九位应按附录的规定设置，十至十二位应根据拟建工程的工程量清单项目名称和项目特征设置，同一招标工程的项目编码不得有重码。

4.2.3 工程量清单的项目名称应按附录的项目名称结合拟建工程的实际确定。

4.2.4 工程量清单项目特征应按附录中规定的项目特征，结合拟建工程项目的实际予以描述。

4.2.5 工程量清单中所列工程量应按附录中规定的工程量计算规则计算。

4.2.6 工程量清单的计量单位应按附录中规定的计量单位确定。

4.3.1 措施项目中列出了项目编码、项目名称、项目特征、计量单位、工程量计算规则的项目，编制工程量清单时，应按照本规范4.2分部分项工程的规定执行。

七、《构筑物工程工程量计算规范》GB 50860—2013

1.0.3 构筑物工程计价，必须按本规范规定的工程量计算规则进行工程计量。

4.2.1 工程量清单应根据附录规定的项目编码、项目名称、项目特征、计量单位和工程量计算规则进行编制。

4.2.2 工程量清单的项目编码，应采用十二位阿拉伯数字表示，一至九位应按附录的规定设置，十至十二位应根据拟建工程的工程量清单项目名称和项目特征设置，同一招标工程的项目编码不得有重码。

4.2.3 工程量清单的项目名称应按附录的项目名称结合拟建工程的实际确定。

4.2.4 工程量清单项目特征应按附录中规定的项目特征，结合拟建工程项目的实际予以描述。

4.2.5 工程量清单中所列工程量应按附录中规定的工程量计算规则计算。

4.2.6 工程量清单的计量单位应按附录中规定的计量单位确定。

4.3.1 措施项目中列出了项目编码、项目名称、项目特征、计量单位、工程量计算规则的项目，编制工程量清单时，应按照本规范4.2分部分项工程的规定执行。

八、《城市轨道交通工程工程量计算规范》GB 50861—2013

1.0.3 城市轨道交通工程计价，必须按本规范规定的工程量计算规则进行工程计量。

4.2.1 工程量清单应根据附录规定的项目编码、项目名称、项目特征、计量单位和工程量计算规则进行编制。

4.2.2 工程量清单的项目编码，应采用十二位阿拉伯数字表示，一至九位应按附录的规定设置，十至十二位应根据拟建工程的工程量清单项目名称和项目特征设置，同一招标工程的项目编码不得有重码。

4.2.3 工程量清单的项目名称应按附录的项目名称结合拟建工程的实际确定。

4.2.4 工程量清单项目特征应按附录中规定的项目特征，结合拟建工程项目的实际予以描述。

4.2.5 工程量清单中所列工程量应按附录中规定的工程量计算规则计算。

4.2.6 工程量清单的计量单位应按附录中规定的计量单位确定。

4.3.1 措施项目中列出了项目编码、项目名称、项目特征、计量单位、工程量计算规则的项目，编制工程量清单时，应按照本规范4.2分部分项工程的规定执行。

九、《爆破工程工程量计算规范》GB 50862—2013

1.0.3 爆破工程计价，必须按本规范规定的工程量计算规则进行工程计量。

4.2.1 工程量清单应根据附录规定的项目编码、项目名称、项目特征、计量单位和工程量计算规则进行编制。

4.2.2 工程量清单的项目编码，应采用十二位阿拉伯数字表示，一至九位应按附录的规定设置，十至十二位应根据拟建工程的工程量清单项目名称和项目特征设置，同一招标工程的项目编码不得有重码。

4.2.3 工程量清单的项目名称应按附录的项目名称结合拟建工程的实际确定。

4.2.4 工程量清单项目特征应按附录中规定的项目特征，结合拟建工程项目的实际予以描述。

4.2.5 工程量清单中所列工程量应按附录中规定的工程量计算规则计算。

4.2.6 工程量清单的计量单位应按附录中规定的计量单位确定。

4.3.1 措施项目中列出了项目编码、项目名称、项目特征、计量单位、工程量计算规则的项目，编制工程量清单时，应按照本规范 4.2 分部分项工程的规定执行。